电力拖动控制系统

黄松清　编著

西南交通大学出版社
·成　都·

图书在版编目（ＣＩＰ）数据

电力拖动控制系统／黄松清编著. —成都：西南
交通大学出版社，2015.9
ISBN 978-7-5643-4096-4

Ⅰ．①电… Ⅱ．①黄… Ⅲ.①电力传动系统－控制系
统－高等学校－教材 Ⅳ．①TM921.5

中国版本图书馆 CIP 数据核字（2015）第 174378 号

电力拖动控制系统

黄松清　编著

责 任 编 辑	李芳芳	
特 邀 编 辑	林　莉　李　娟	
封 面 设 计	何东琳设计工作室	
出 版 发 行	西南交通大学出版社 （四川省成都市金牛区交大路 146 号）	
发行部电话	028-87600564　028-87600533	
邮 政 编 码	610031	
网　　　址	http://www.xnjdcbs.com	
印　　　刷	四川五洲彩印有限责任公司	
成 品 尺 寸	185 mm × 260 mm	
印　　　张	25.5	
字　　　数	637 千	
版　　　次	2015 年 9 月第 1 版	
印　　　次	2015 年 9 月第 1 次	
书　　　号	ISBN 978-7-5643-4096-4	
定　　　价	88.00 元	

前　言

纵观电力拖动控制系统的发展历程，直流、交流两大电气传动并存于各个工业领域。虽然各个时期科学技术的发展使其所处的地位、所起的作用不同，但它们始终是随着工业技术的发展，特别是控制理论、电力电子、计算机控制技术和微电子技术的发展，在相互竞争、相互促进中，不断完善并发生着变化。

随着生产技术的发展，对电气传动在启动、制动、正反转以及调速精度、调速范围、静态特性、动态响应等方面都提出了更高要求，这就要求对传动系统进行控制。

当今，随着节能要求的提出，向传动要效益就非常突出。电力系统中近 80% 的电能提供电机运行而消耗，提高这部分的运行经济值就非常重要。最终还是要研究对电机的控制。控制理论的发展，形成了一整套分析问题的方法。本书主要解决的问题是如何用自动控制的观点来描述电力拖动控制系统中各个环节，即传动系统的建模问题，再将自动控制分析问题的方法嫁接到本学科中来；针对电力电子技术的发展，主要研究与传动系统相关的内容，如主电路、PWM 控制策略、相关的变流电路等。本书包括绪论及九章内容。

绪论主要回顾电力拖动控制系统的发展历史，与相关专业课程间的关系，电力拖动控制系统的发展方向等。第 1 章主要介绍直流电机构成的直流传动系统，各个环节的构成，介绍如何用自控语言来描述各个环节，即建模，分析传动系统的机械特性，提出传动系统的性能指标，速度闭环的实现等内容。第 2 章主要介绍在充分利用直流电机的电枢电流基础上，设计电流、转速双闭环控制系统，典型系统的性能与参数间的关系，将电流环、转速环校正为典型方法，工程实际系统的合理近似方法。从控制理论的角度，推导转速微分负反馈满足全状态最优、双闭环系统在启动时满足准时间最优的一些应用。第 3 章主要介绍双闭环系统的数字实现，尤其基于计算机控制技术的实现方法，常见的速度测量方法、后续信号的处理、电力拖动控制系统数字实现的控制策略及改进方法。第 4 章主要介绍大功率半控器件实现的可逆直流传动系统，环流现象、环流的分类、环流的处理方法，有环流与无环流系统、基于逻辑控制的无逻辑控制系统，数字逻辑控制器等。第 5 章介绍交流电力拖动控制系统的组成，调压调速系统的开环、闭环机械特性，交流传动系统的节能运行等。第 6 章主要介绍交流异步电机的变频调速系统，基于等效电路变频调速的分类方法，与交流电机相对应的主功率电路、常见的四类脉宽调制（PWM）方法，高性能类比直流电机的矢量控制控制方法、基于非线性 Bang-Bang 控制的直接转矩控制方法等。第 7 章主要介绍绕线式交流异步电机的串级调速方法及相关的电力电子电路、机械特性等。第 8 章介绍同步电机的变频控制，包括直流无刷电机、永磁同步电机等。第 9 章主要介绍伺服控制系统的组成。

全书系统性强，不同性质的学校也可以根据需要进行取舍。全书的建议教学时间 72 学时，最好在学完电机学、计算机控制系统、自动控制原理、现代控制理论、电力电子技术后再学习本课程。

感谢母校西南交通大学电机系、东南大学电机系、东南大学自控系，没有母校的培养，就没有本人的今天，也不可能有本书的完成；感谢西南交通大学出版社，没有你们的大力协助也不可能有本书的完成；最后，西南交通大学出版社的编辑李芳芳为本书的出版付出了大量的精力，在此表示深深的谢意！

当然，写一本书需花费大力的精力，作者虽然努力，错误在所难免，希望大家批评指正！
联系方式：sqhuang@ahut.edu.cn

安徽工业大学电气与信息工程学院　自动化系　黄松清
2015 年 7 月于马鞍山　安徽工业大学　佳山校区

目　录

第 1 章　闭环控制的直流调速系统

电力拖动控制系统的性能实际上就是对电机产生电磁转矩的"驾驭"能力。因为传动系统的加速、减速、抗干扰（如负载的变化等）等都可以通过对电磁转矩的控制来实现，而这些性能指标在电机的调速系统中得到了很好的体现，所以，对传动系统的控制往往体现在对速度的控制上。直流电动机具有良好的启动、制动性能，可在大范围内平滑调速，在许多需要调速或快速正反转的电力拖动领域中得到了广泛的应用。近年来，由于直流电机存在的先天缺陷（参考图 1.1），高性能交流调速技术发展快速，交流调速系统正逐步取代直流电动机调速系统。然而，直流拖动控制系统在理论上和实践上都比较成熟，而且从控制的角度来看，它是分析交流拖动控制系统的基础，因此，掌握直流拖动控制系统还是至关重要的。

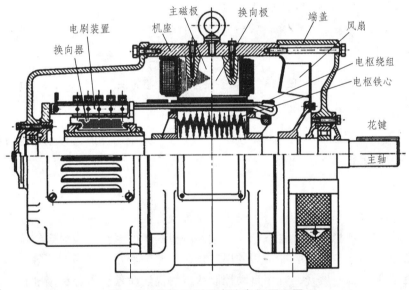

图 1.1　普通 Z 系列直流电机原理图

电力拖动控制系统是自动化专业的核心专业课，指导着学生如何用自动化理论知识来分析电力拖动控制系统。从经典控制理论的角度看，自动控制原理应该包含系统建模、系统分析、综合与校正三方面的内容。

1. 系统建模

系统建模主要是要将对象用"自控语言"来描述。在本课程中必须要对用到的元件、环节等用自动控制的方法描述，如直流电动机、相控整流、相控触发、斩波等。在自动化专业，主要是对两种系统的建模：一是连续系统，二是离散系统。

1

对于连续系统，常见的有四种方法，如图1.2所示。

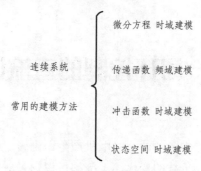

图1.2 连续系统常用的建模方法

对于离散系统，常见的也有四种方法，如图1.3所示。

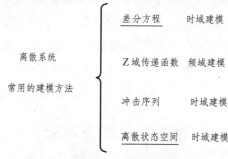

图1.3 离散系统常用的建模方法

2. 系统分析

在建立的用"自控语言"描述的系统上，主要分析系统的性能，包括定性分析、定量分析，一般分为时域分析与频域分析。

3. 综合与校正

分析系统的最终结果有两种：一种是满足系统规定要求，另一种是不满足系统要求。对于不满足系统要求（如稳定性、稳态响应、动态响应等）的系统，应对系统施加适当的控制器，即对系统进行综合与校正，如常用的串联校正、并联校正、反馈校正等。

本课程也按照此顺序展开，先用自动控制的方法描述对象；再分析用"自控语言"描述的对象；在引出传动系统性能指标的前提下，对系统进行分析；再对不满足性能指标的系统进行反馈控制。

从生产机械要求控制的物理量来看，电力拖动自动控制系统有调速系统、位置随动系统（伺服系统）、张力控制系统等多种类型，各种系统往往都是通过控制转速来实现的，因此调速系统是最基本的电力拖动控制系统。

直流电动机转速和其他参量之间的稳态关系可表示为

$$n = \frac{U_a - I_a R_a}{C_e \Phi_m} \tag{1.1}$$

2

式中　n——转速（r/min，rpm）；

U_a——电枢电压（V）；

I_a——电枢电流（A）；

R_a——电枢回路总电阻（Ω），要针对具体电路进行分析，如 SCR 导通电阻、线路电阻等；

$\varPhi_m$——直流电机每极每相主磁通（Wb）；

C_e——由直流电机结构决定的电动势常数。

在上式中，C_e 为常数，与直流电机结构有关；电枢电流 I_a 是由负载决定的。因此直流电动机的速度调节有三种方法：

① 改变电枢供电电压 U_a；

② 减弱主磁通 $\varPhi_m$；

③ 改变电枢回路电阻 R_a。

对于要求在一定范围内无级平滑调速的系统来说，以调节电枢（armature）供电电压的方式为最好；改变电阻只能实现有级调速（特性较软）；减弱磁通（弱磁）虽然能够平滑调速，但调速范围不大，往往只是配合电枢调压方案，在基速（额定转速）以上作小范围的弱磁升速。因此，自动控制的直流调速系统往往以调压调速为主。

1.1　直流调速系统常用的可控直流电源

调压调速是直流调速系统的主要方法，目前，调节电枢供电电压需要有专门的可控直流电源。

常用的可控直流电源有以下三种：

① 旋转变流机组：由交流电动机和直流发电机组成，获得可调的直流电压。

② 静止式可控整流器：用静止式的可控整流器获得可调的直流电压。

③ 直流斩波器或脉宽调制变换器：用恒定直流电源或不控整流电源供电，利用电力电子开关器件斩波或进行脉宽调制，产生可变的平均电压。

下面分别对各种可控直流电源及由它供电的直流调速系统作概括性的介绍。

1.1.1　旋转变流机组

如图 1.1.1 所示为旋转变流机组及由它供电的直流调速系统原理图。该系统由交流电动机（三相交流异步电动机或同步电动机）拖动直流发电机（G）实现发电，由直流发电机给需要调速的直流电动机（M）供电，调节直流发电机（G）的励磁电流 i_f 即可改变其输出电压，从而调节电动机的转速。

这样的调速系统简称 G-M 系统，国际上通称 Ward-Leonard 系统。为了给 G 和 M 提供励磁电源，通常专设一台直流励磁发电机（GE），可安装在变流机组同轴上，也可另外单用一台交流电动机拖动。

对系统的调速性能要求不高时，励磁电流（i_f）可直接由励磁电源供电；调整性能要求较高的闭环调速系统一般都应通过放大装置进行控制，如交磁放大机、磁放大器、晶体管电子放大器等。改变直流电动机（M）的方向时，端电压的极性和速度的转向都跟着改变，所以 G-M 系统的可逆运行是很容易实现的。

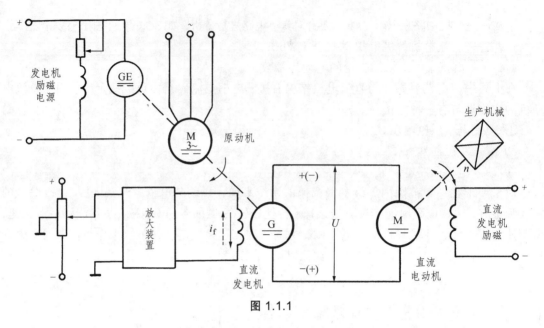

图 1.1.1

如图 1.1.2 所示为采用变流机组供电时电动机可逆四象限运行的机械特性。

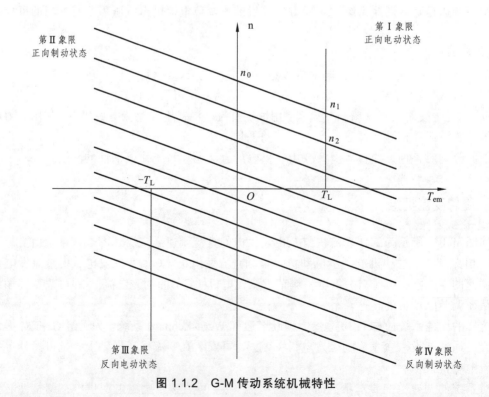

图 1.1.2　G-M 传动系统机械特性

由图 1.1.2 可见，无论是正转减速还是反转减速时，系统都能够实现回馈制动，因此 G-M 系统是可以在允许转矩范围内四象限运行的系统。

给 G-M 机组供电的直流调速系统在 20 世纪 60 年代以前曾被广泛使用，但该系统需要旋转变流机组（至少包含两台与调速直流电动机容量相当的旋转电机），还要一台励磁发电机，因此设备多、体积大、费用高、效率低，安装需打地基，运行有噪声，维护不方便。为了克服这些缺点，20 世纪 60 年代后，开始采用各种静止式的变压或变流装置来替代旋转变流机组。

1.1.2 静止式可控整流器

采用闸流管或汞弧整流器的离子拖动系统是最早应用于静止式变流装置供电的直流调速系统。虽然它克服了旋转变流机组的许多缺点，还大大缩短了系统响应时间，但闸流管容量小，汞弧整流器造价较高，维护麻烦，万一水银（具有单向导电性，目前还应用于开关限位）泄漏，将会污染环境，危害人体健康。

1957 年，晶闸管（俗称可控硅整流元件，简称"可控硅"，Semi-conducted Rectifier, SCR）问世，到了 20 世纪 60 年代，已生产出成套的晶闸管整流装置，逐步取代了旋转变流机组和离子拖动变流装置，变流技术产生了根本性的变革。如图 1.1.3 所示是晶闸管-直流电动机调速系统（简称 V-M 系统，又称静止 Ward-Leonard 系统）的原理图。

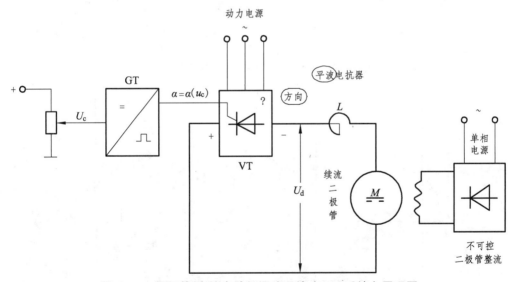

图 1.1.3　晶闸管-直流电动机调速系统（V-M 系统）原理图

图 1.1.3 中，VT 是晶闸管可控整流器，通过调节触发装置（GT）的控制电压（U_c）来改变触发脉冲的相位（α），即可改变平均整流电压（U_d），从而实现平滑调速。和旋转变流机组及离子拖动变流装置相比，晶闸管整流装置不仅在经济性和可靠性上都有很大的提高，而且在技术性能上也显示出较大的优越性。晶闸管可控整流器的功率放大倍数在 10^4 以上，其门极电流可以直接用电子元器件控制，不再像直流发电机那样需要较大功率的放大器。

在控制作用的快速性上，交流机组是秒级，而晶闸管整流器是毫秒级，大大提高了系统的动态性能。

晶闸管整流器也有它的缺点。首先，由于晶闸管的单向导电性，它不允许电流反向，给系统的可逆运行造成困难。

（1）由半控整流电路（从电路拓扑来看，单相全桥用两个可控器件和两个不可控器件，即晶闸管和二极管组成）构成的晶闸管-电动机调速系统（简称 V-M 系统）只允许单象限运行，如图 1.1.4（a）所示。

（2）全控整流电路可以实现有源逆变（有源逆变的负载为电源，可以提供 SCR 的换流），允许电动机工作在反转制动状态，因而能获得二象限（第Ⅰ、Ⅳ象限）运行，如图 1.1.4（b）所示。

（3）必须进行四象限运行时，如图 1.1.4（c）所示，只好采用正、反两组全控整流电路，所用变流设备要增加一倍，详见第 4 章可逆直流调速系统，如图 1.1.5 所示。

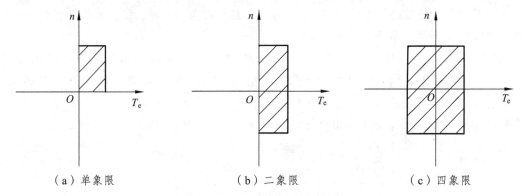

（a）单象限　　　　　　　（b）二象限　　　　　　　（c）四象限

图 1.1.4　V-M 系统运行工况图

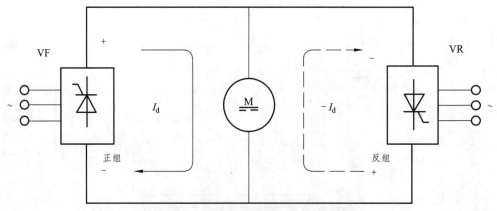

图 1.1.5　可逆直流调速系统示意图

晶闸管的另一个问题是对过电压、过电流、过高的电压变化率（$\mathrm{d}u/\mathrm{d}t$）和过大电流变化率（$\mathrm{d}i/\mathrm{d}t$）都十分敏感，其中任一指标超过允许值都可能在很短的时间内损坏器件，因此必须有可靠的保护电路和符合要求的散热条件，而且在选择器件时还应留有适当的裕量。现代晶闸管应用技术已经成熟，只要器件质量过关，装置设计合理，保护电路齐备，晶闸管装置的运行都是十分可靠的。

6

最后，谐波与无功功率造成的"电力公害"是晶闸管可控整流装置进一步普及的障碍。当系统处于深调速状态，即在较低速运行时，晶闸管的导通角 θ 很小，使得系统的功率因数很低，并产生较大的谐波电流，引起电网电压波形畸变，殃及附近的用电设备，即所谓的"电力公害"。在这种情况下，必须添置无功补偿和谐波滤波装置。

1.1.3 直流斩波器与脉宽调制变换器

在干线铁道电力机车、工矿电力机车、城市电车和地铁电车等电力牵引设备上，常采用直流串励或复励电动机（主要为得到牵引机械特性，即 $F \cdot v = C$），由恒压直流电网供电。过去采用切换电枢回路电阻方式来控制电机的启动、制动和调速，电阻耗电很大。

为了节能并实行无触点控制，现在多改用电力电子开关器件，如快速晶闸管（FSCR）、门极可关断晶闸管（GTO）、大功率三极管（GTR）、金属氧化膜场效应管（MOSFET）、绝缘栅双极性晶体管（IGBT）等。

采用简单的单管控制的电路称作直流斩波器（Chopper），后来逐渐发展成采用各种脉冲宽度调制（PWM）控制的开关电路，统称脉宽调制变换器（PWM Converter）。

直流斩波器-电动机系统的原理如图 1.1.6（a）所示。

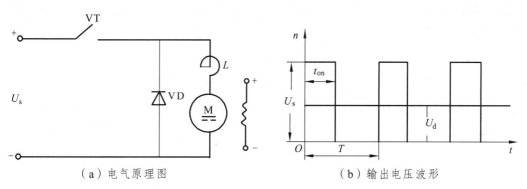

（a）电气原理图　　　　　　（b）输出电压波形

图 1.1.6　直流斩波控制的直流电动机

其中，VT 用开关符号表示任何一种电力电子开关器件，VD 表示续流二极管（Flying-Wheel Diode）。当 VT 导通时，直流电源电压 U_s 加到直流电动机上；当 VT 关断时，直流电源与直流电动机断开，直流电动机电流经 VD 续流，两端电压由于续流二极管的钳位作用接近于零。如此反复，得到电机端电压波形 $u = f(t)$，如图 1.1.6（b）所示，好像是电源电压 U_s 在 t_{on} 内被接通，在 $T - t_{on} = t_{off}$ 时间内被斩断，故称"斩波"。

这样，直流电动机的电枢两端平均电压为

$$U_d = \frac{t_{on}}{T} U_s = \rho U_s$$

式中　T——功率开关器件的开关周期（s）；

　　　t_{on}——导通时间（s）；

　　　ρ——占空比，$\rho = t_{on}/T = t_{on} \cdot f$，其中 f 为开关频率。

如图 1.1.7 所示为一种可逆脉宽调速系统的基本原理图（略去续流二极管），由 $VT_1 \sim VT_4$ 共 4 个电力电子开关器件构成桥式（或称 H 形）可逆脉冲宽度调制（Pulse Width Modulation，PWM）变换器。

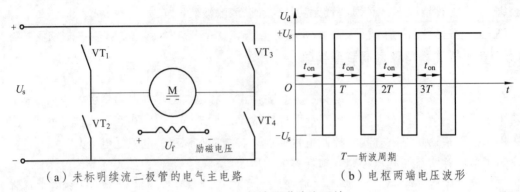

（a）未标明续流二极管的电气主电路   （b）电枢两端电压波形

图 1.1.7　H 桥式可逆脉宽系统

VT_1 和 VT_4 同时导通或关断，VT_2 和 VT_3 同时导通或关断，使直流电动机（M）的电枢两端承受电压为 $+U_s$ 或 $-U_s$。改变两组开关器件导通的时间，也就改变了电压脉冲的宽度，得到直流电动机两端电枢电压波形如图 1.1.7（b）所示。

如果用 t_{on} 表示 VT_1 和 VT_4 导通的时间，开关周期 T 和占空比 ρ 的定义和上面相同，则电动机电枢电压平均值 U_d 为

$$U_d = \frac{t_{on}}{T} U_s - \frac{T - t_{on}}{T} \cdot U_s = \left(2\frac{t_{on}}{T} - 1\right) \cdot U_s = (2\rho - 1)U_s$$

图 1.1.7 所示的电路，在一定的条件下，直流电动机电枢电压可以超过额定电压，也可以低于额定电压。从电力电子的角度讲，图 1.1.7 可以工作在降压（Buck）状态或升压（Boost）状态，如图 1.1.8 所示，为方便没有标明续流二极管。

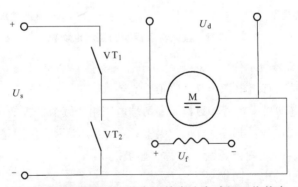

图 1.1.8　升压或降压状态下的直流电动机工作状态

1.2　晶闸管–电动机系统（V–M）的主要问题

V-M 系统本质上是带 R、L、C 负载的晶闸管整流电路。关于它的电路原理、电压和电流

8

波形、机械特性等问题，大家在电力电子课程中学习过，只是没有针对直流电动机作负载分析，而且直流电机对负载还有自身的特性。为了便于大家理解，本节按照分析和设计直流调速系统的需要，重点归纳 V-M 系统的几个主要问题：

（1）触发脉冲相位控制，要说明不同的触发角（α）如何由控制电压（U_c）得到，即如何描述 $\alpha = \alpha(U_c)$；

（2）电流脉动及其波形的连续与断续；

（3）抑制电流脉动的措施；

（4）V-M 系统的机械特性；

（5）主要环节的描述——晶闸管触发和整流装置的放大系数和传递函数。

1.2.1　触发脉冲的相位控制

如图 1.2.1 所示的 V-M 系统中，调节控制电压（U_c），从而改变触发装置（GT）输出脉冲的相位，即可方便地改变可控整流器（VT）输出瞬时电压（u_d）的波形以及平均电压（U_d）的数值。

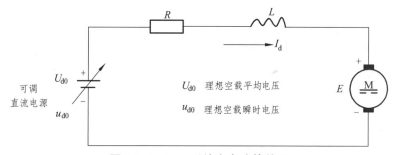

图 1.2.1　V-M 系统主电路等效图

如果把整流装置内阻（R_{REC}）移到装置外边，看成是其负载电路电阻的一部分，那么，整流电压便可以用其理想空载瞬时电压（u_{d0}）和理想空载平均电压（U_{d0}）来表示。这时，电压平衡方程式可写作

$$u_{d0} = E + i_d R + u_L = E + i_d R + L\frac{\mathrm{d}i_d}{\mathrm{d}t}$$

式中　E——电动机反电动势（V）；

$\quad\quad\ i_d$——整流电流瞬时值（A）；

$\quad\quad\ L$——主电路总电感（H）；

$\quad\quad\ R$——主电路等效电阻（Ω），$R = R_{REC} + R_a + R_L$；

$\quad\quad\ R_{REC}$——整流装置内阻（Ω），包括整流器内部的电阻、整流器件正向压降所对应的电阻、整流变压器漏抗换相压降对应的电阻；

$\quad\quad\ R_a$——直流电动机的电枢电阻（Ω）；

$\quad\quad\ R_L$——平波电抗器电阻（Ω）；

$\quad\quad\ u_L$——电感上的压降（V）。

对 u_{d0} 进行积分，并求一个周期内的平均值，即得理想空载整流平均电压（U_{d0}）。

用触发脉冲的相位（α）控制整流电压的平均值（U_{d0}）是晶闸管整流器的特点。U_{d0} 与触发脉冲相位（α）的关系因整流电路的形式而异。对于一般的全控整流电路，当电流波形连续时，

$$U_{d0} = f(\alpha) \tag{1.2.1}$$

可用下式表示：

$$U_{d0} = \frac{m}{\pi} U_m \sin\left(\frac{\pi}{m}\right)\cos\alpha \tag{1.2.2}$$

式中　α——从自然换相点算起的触发脉冲控制角；

　　　U_m——$\alpha = 0$ 时的整流电压波形峰值（V）；

　　　m——交流电源一周期内的整流电压脉波数。

对于不同的整流电路，它们的数值如表 1.2.1 所示。

表 1.2.1　不同整流拓扑的整流电压波形峰值、脉波数及平均整流电压

整流电路	单相全波	三相半波	三相全波	六相半波
U_m	$\sqrt{2}U_2$	$\sqrt{2}U_2$	$\sqrt{6}U_2$	$\sqrt{2}U_2$
m	2	3	6	6
U_{d0}	$0.9U_2\cos\alpha$	$1.17U_2\cos\alpha$	$2.34U_2\cos\alpha$	$1.35U_2\cos\alpha$

其中，U_2 为整流变压器二次侧相电压额定值（有效值）。对于单相全波整流电路，电阻、电感性负载整流电压表达式为

$$U_{d0} = 0.9U_2\cos\alpha \tag{1.2.3}$$

电容性负载整流电压表达式为

$$U_{d0} = 0.9U_2(1 + \cos\alpha / 2) \tag{1.2.4}$$

从上式可知，当 $\alpha \in \left(0, \dfrac{\pi}{2}\right)$ 时，输出直流平均电压 $U_{d0} > 0$，晶闸管装置处于整流状态，电功率从交流侧输送到直流侧；

当 $\alpha \in \left(\dfrac{\pi}{2}, \alpha_{max}\right)$ 时，输出直流平均电压 $U_{d0} < 0$，晶闸管装置处于有源逆变状态，电功率反向传送。

如图 1.2.2 所示为相控整流器的输出电压与触发角之间的控制曲线，其中有源逆变状态最多只能控制到某个最大的移相角 α_{max}，而不能调到 π，以避免逆变颠覆现象的发生。

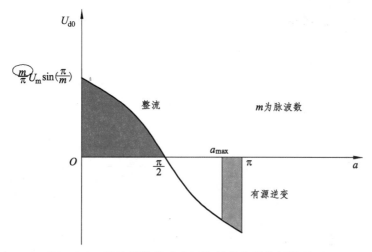

图 1.2.2　相控整流输出电压与触发角间的函数关系

1.2.2　整流装置电流脉动及其波形的连续与断续

整流电路的脉波数 $m = 2$（单相半波），3（三相半波），4（单相全波），6（三相全波），…，其数目总是有限的，一般比直流电机每对极下换向片的数目要少得多，因此，输出电压波形不能像直流发电机那样平直，除非主电路电感 $L = \infty$，否则输出电流总是脉动的。

由于电流波形出现脉动，可能出现电流连续和电流断续两种情况，这是 V-M 系统不同于 G-M 系统的又一个特点。当 V-M 系统主电路有足够大的电感量，而且电动机的负载也足够大时，整流电流便具有连续的脉动波形，如图 1.2.3 所示。

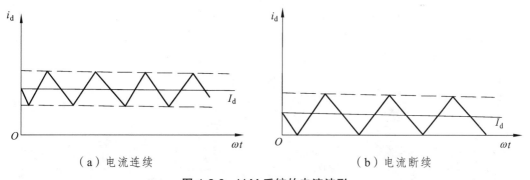

（a）电流连续　　　　　　　　　　　　　（b）电流断续

图 1.2.3　V-M 系统的电流波形

当电感量较小或负载较轻时，在某一相导通后电流升高的阶段，电感储能较少；在电流下降而下一相尚未被触发以前，电流已经衰减到零，造成电流波形断续，如图 1.2.3（b）所示。

电流波形的断续给用平均值描述的系统带来种种非线性因素，也引起机械特性的非线性，影响系统的运行性能。因此，实际应用中常希望尽量避免发生电流断续情况。

1.2.3　抑制电流脉动的措施

在 V-M 系统中，脉动电流会增加电机的发热，同时也会使传动系统产生转矩脉动。为了避免或减轻这种影响，需采取抑制电流脉动的措施。

（1）从整流电路的拓扑出发，增加整流电路相数，如图 1.2.4 所示的并联多重联结的 2 脉波整流电路，或采用多重化技术。

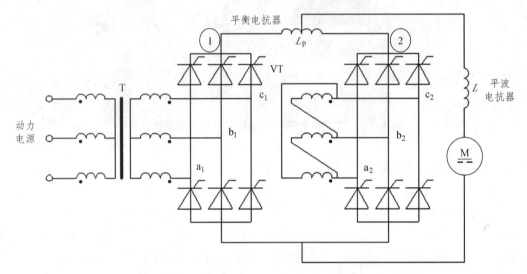

图 1.2.4　并联多重联结的 2 脉波整流电路

（2）设置平波电抗器。

平波电抗器的电感量一般按低速轻载时保证电流连续的条件来选择。通常首先给定最小电枢电流（ $I_{d\min}$ ）（以 A 为单位），再利用它计算所需的总电感量（以 mH 为单位），减去直流电机电枢电感，即得平波电抗器应有的电感值。

当然也可以按照系统要求的电流脉动量（即纹波系数）来选择。

对于单相桥式全控整流电路，总电感量的计算公式为

$$L = 2.87 \frac{U_2}{I_{d\min}}$$

（1.2.5）

对于三相半波整流电路：

$$L = 1.46 \frac{U_2}{I_{d\min}}$$

（1.2.6）

对于三相全桥整流电路：

$$L = 0.693 \frac{U_2}{I_{d\min}}$$

（1.2.7）

一般取 $I_{d\min}$ 为直流电动机额定电流的 5% ~ 10%。

12

1.2.4 晶闸管-电动机系统的机械特性

当电流连续时，V-M 系统的机械特性方程为

$$n = \frac{1}{K_e \Phi}(U_{d0} - I_d R) = \frac{1}{K_e \Phi}\left[\frac{m}{\pi} U_m \sin\left(\frac{\pi}{m}\right)\cos\alpha - I_d R\right] \quad (1.2.8)$$

改变控制角 α，即改变控制电压 U_C，可得一簇平行直线，该组直线特性和 G-M 系统的特性很相似，如图 1.2.5 所示。

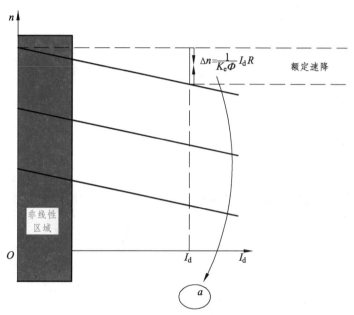

图 1.2.5 并联电流连续时 V-M 系统的机械特性

（箭头方向表示 α 增大方向）

图 1.2.5 中电流较小的部分画成虚线，表明这时电流可能断续，此时，式（1.2.8）已经不适用了。

上述结论说明，只要电流连续，晶闸管可控整流器就可以看成是一个线性的可控电压源。

当电流断续时，由于非线性因素，机械特性方程要复杂得多。以三相半波整流电路构成的 V-M 系统为例，电流断续时机械特性需用下列两个方程表示：

$$n = \frac{\sqrt{2}U_2\cos\varphi\left[\sin\left(\frac{\pi}{6}+\alpha+\theta-\varphi\right) - \sin\left(\frac{\pi}{6}+\alpha-\varphi\right)\right]e^{-\theta\cot\varphi}}{C_e\Phi(1-e^{-\theta\cot\varphi})} \quad (1.2.9)$$

$$I_d = \frac{3\sqrt{2}U_2}{2\pi R}\left[\cos\left(\frac{\pi}{6}+\alpha\right) - \cos\left(\frac{\pi}{6}+\alpha+\theta\right) - \frac{C_e\Phi}{\sqrt{2}U_2}\theta\right] \quad (1.2.10)$$

化简，得到

$$I_{\mathrm{d}} = \frac{0.675 U_2}{R} \left[\cos\left(\frac{\pi}{6} + \alpha\right) - \cos\left(\frac{\pi}{6} + \alpha + \theta\right) - \frac{C_{\mathrm{e}}\Phi}{\sqrt{2}U_2}\theta \right] \qquad (1.2.11)$$

式中 φ——阻抗角; $\varphi = \arctan\dfrac{\omega L}{R}$;

$\quad\quad\theta$——一个电流脉波的导通角。

当阻抗角值（φ）已知时，对于不同的控制角 α，可用数值解法求出一簇电流断续时的机械特性曲线（应注意：当 $\alpha < \pi/3$ 时，特性略有差异）。

对于每一条特性曲线，求解过程都计算到 $\theta = 2\pi/3$ 为止，因为 θ 角大于 $\dfrac{2}{3}\pi$ 时，电流为断续的。对应于 $\theta = 2\pi/3$ 的曲线是电流断续区与连续区的分界线。

如图 1.2.6（a）所示给出了完整的 V-M 系统机械特性曲线，其中包含了整流状态（$\alpha < 90°$）和逆变状态（$\alpha > 90°$），以及电流连续区和电流断续区。

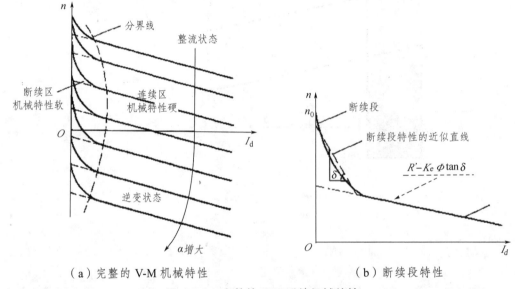

（a）完整的 V-M 机械特性　　　　　　（b）断续段特性

图 1.2.6　完整的 V-M 系统机械特性

由图 1.2.6（a）可知，当电流连续时，V-M 系统机械特性比较硬；电流断续段的系统机械特性则很软，而且呈显著的非线性，理想空载转速升得很高。

在分析调速系统时，只要电枢回路电感足够大，可以近似地只考虑连续段，即用连续特性及其延长线作为系统的特性，如图 1.2.6（a）中用虚线表示；对于断续特性比较显著的情况，其与实际工程的情况相差较远，可以改用另一段较陡的直线（考虑综合电阻）来逼近断续段特性，如图 1.2.6（b）所示。

这相当于把电枢回路总电阻（R）换成一个更大的等效电阻 R'，其数值可以从实测特性上计算出来，严重时 R' 可达实际电阻的几十倍。

14

1.2.5 晶闸管触发和整流装置的放大系数和传递函数

在进行调速系统的分析和设计时，可以把晶闸管触发和整流装置当作系统中的一个环节来看待。应用线性控制理论分析时，需求出这个环节的放大系数和传递函数。

触发电路是描述控制电压与触发角之间函数关系的电路，即

$$\alpha = \alpha(U_c) \tag{1.2.12}$$

它与整流电路一样，都是非线性的，只能在一定的工作范围内近似看成线性环节。

如有可能，最好先用实验方法测出该环节的输入-输出特性曲线，即

$$U_d = f(U_c) \tag{1.2.13}$$

实验方法如图 1.2.7 所示。

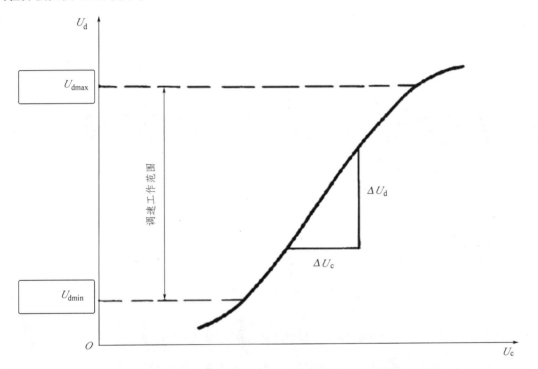

图 1.2.7 晶闸管触发与整流装置输入输出特性及放大倍数 K_S 测定

在实测中，图 1.2.7 往往采用锯齿波触发器移相（如 KC、KJ 系列集成触发器）得到，因此也可以认为是移相时的特性。

设计时，希望整个调速范围的工作点都落在该特性的近似线性范围之中，并有一定的调节余量。这时，晶闸管触发和整流装置的放大系数 K_S 可由工作范围内的特性曲线斜率决定，计算方法：

$$K_S = \frac{\Delta U_d}{\Delta U_C} \tag{1.2.14}$$

如果不可能实测特性，只好根据装置的参数估计（参数的工程估算）。例如，当触

15

发电路控制电压 U_c 的变化范围是 $0 \sim 10$ V, 对应的整流电压 U_d 的变化范围是 $0 \sim 220$ V 时, 可取

$$K_S = \frac{220}{10} = 22 \qquad (1.2.15)$$

在动态过程中, 可把晶闸管触发与整流装置看成是一个纯滞后环节, 其滞后效应是由晶闸管的失控时间引起的。

众所周知, 晶闸管一旦导通后, 控制电压 (U_c) 的变化在该器件关断前就不再起作用 (半控型器件), 直到下一相触发脉冲来到时才能使输出整流电压发生变化, 这就造成整流电压滞后于控制电压的状况。

下面以单相全波纯电阻负载整流波形为例, 讨论上述的滞后效应以及滞后时间, 如图 1.2.8 所示。

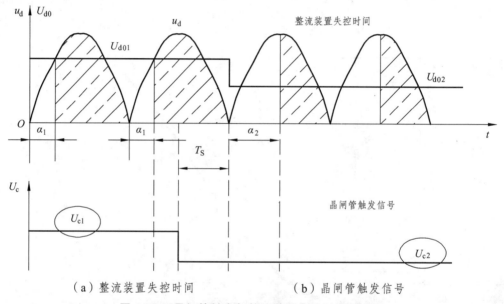

（a）整流装置失控时间　　　　　　　（b）晶闸管触发信号

图 1.2.8　晶闸管触发与整流装置失控时间示意图

假设在 t_1 时刻某一对晶闸管被触发导通, 控制角为 α_1, 如果控制电压 (U_c) 在 t_2 时刻发生变化, 控制电压由 U_{c1} 突降到 U_{c2}, 但由于晶闸管已经导通, 控制电压 (U_c) 的变化对它已不起作用, 整流输出电压并不会立即响应, 必须等待到 t_3 时刻该器件关断以后, 触发脉冲才有可能控制另一对晶闸管。设新的控制电压 U_{c2} 对应的控制角为 α_2, 则另一对晶闸管在 t_4 时刻才能导通, 平均整流电压降低。假设平均整流电压是从自然换相点开始计算的, 则平均整流电压在 t_3 时刻从 U_{d01} 降低到 U_{d02}, 从控制电压 (U_c) 发生变化的时刻 t_2 到 U_{d0} 响应变化的时刻 t_3 之间, 有一段失控时间 T_s。

应该指出, 如果有电感作用使得电流连续, 则 t_3 时刻与 t_4 时刻重合, 但失控时间 (T_s) 仍然存在。

显然, 失控时间 (T_s) 是随机的, 它的大小随控制电压 (U_c) 变化而改变, 最大可能的

16

失控时间就是两个相邻自然换相点之间的时间，与交流电源频率和整流电路拓扑结构有关，由下式确定：

$$T_{s\max} = \frac{1}{m \cdot f} \qquad (1.2.16)$$

式中　f——交流电源频率（Hz）；

　　　m——一个周期内整流电压的脉波数。

相对于整个系统的响应时间来说，失控时间（T_s）并不大，在一般情况下，可取其统计平均值，并认为是常数：

$$T_s = \frac{T_{s\max}}{2} \qquad (1.2.17)$$

或者按最严重的情况考虑，取

$$T_s = T_{s\max} \qquad (1.2.18)$$

如表 1.2.2 所示列出了不同整流电路的失控时间。

表 1.2.2　不同整流电路的失控时间

整流电路形式	最大失控时间 $T_{s\max}$（ms）	平均失控时间 T_s（ms）
单相半波	20	10
单相桥式（全波）	10	5
三相半波	6.67	3.33
三相桥式、六相半波	3.33	1.67

若用单位阶跃函数表示滞后，则晶闸管触发装置与控制电压间的函数关系为

$$\alpha = \alpha(U_c) \qquad (1.2.19)$$

整流电路的输入-输出关系为

$$U_{d0} = K_s \cdot U_c \cdot \text{step}(1 - T_s) \qquad (1.2.20)$$

利用 Laplace（拉氏变换）的位移定理，则晶闸管触发与整流装置的传递函数 $W_s(s)$ 为：

$$W_s(s) = \frac{U_{d0}(s)}{U_c(s)}$$

代入，可得

$$W_s(s) = K_s e^{-T_s s} \qquad (1.2.21)$$

显然，式（1.2.20）中包合指数函数 $e^{-T_s s}$，这是非线性的。它使系统成为非最小相位系统，系统的分析和设计比较麻烦。

为了简化，先将该指数函数按 Taylor（泰勒）级数展开，则上式变为

$$W_s(s) = \frac{K_s}{1 + T_s s + \frac{1}{2!}T_s^2 s^2 + \frac{1}{3!}T_s^3 s^3 + \cdots + \frac{1}{n!}T_s^n s^n + \cdots} \qquad (1.2.22)$$

考虑到失控时间 T_s 很小，可忽略高次项，则传递函数 $W_s(s)$ 可以近似看为一阶惯性环节：

$$W_s(s) \approx \frac{K_s}{1 + T_s s} \qquad (1.2.23)$$

这就实现了用"自动控制的语言"来描述相控整流装置的目的，为以后分析其性能提供了方便。

晶闸管触发与整流装置动态结构框图如图 1.2.9 所示。其中，图 1.2.9（a）是精确表达；图 1.2.9（b）为近似表达。

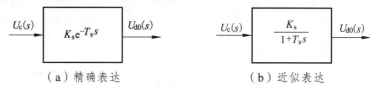

（a）精确表达　　　　　　　　　　（b）近似表达

图 1.2.9　晶闸管触发与整流装置动态结构图

1.3　直流脉宽调速系统的主要问题

自从全控型电力电子器件问世以后，就出现了采用脉冲宽度调制的高频开关控制方式，形成了脉宽调制（PWM）变换器-直流电动机调速系统，简称直流脉宽调速系统或直流 PWM 调速系统。

与 V-M 系统相比，PWM 系统在很多方面具有较大的优越性：

（1）主电路线路简单，需用的功率器件少（相控整流 6 个晶闸管，斩波 1 个晶闸管）；

（2）开关频率高，电流容易连续，谐波少，电机损耗及发热都较小；

（3）低速性能能好，稳速精度高，调速范围宽，可达 1 : 10 000 左右；

（4）若与快速响应的直流电动机配合，则系统频带宽，动态响应快，动态抗扰能力强；

（5）功率开关器件工作在开关状态（与模拟状态相比），导通损耗小，当开关频率适当时，开关损耗也不大，因而装置效率较高；

（6）直流电源采用不可控整流时，电网功率固数比相控整流器（二极管整流）高。

由于上述优点，直流 PWM 调速系统得到广泛应用，特别是在中、小容量的高动态性能要求系统中，已经完全取代了 V-M 系统。

在电力电子技术课程中已涉及全控型器件与器件控制、保护与应用技术相关内容，本书着重研究直流 PWM 调速系统的下列问题：

（1）PWM 变换器的工作状态和电压、电流波形；

（2）直流 PWM 调速系统的机械特性；

（3）直流 PWM 调速系统控制与变换器的数学模型；

（4）电能回馈（传动系统多象限运行的实质）与泵升电压（需要设计母线电压的保护）。

1.3.1 直流 PWM 变换器的工作状态和电压、电流波形

直流脉宽调制（PWM）变换器的作用是用脉冲宽度调制的方法，把恒定的直流电源电压调制为频率一定、宽度可变的脉冲电压序列，从而改变平均输出电压的大小，以调节直流电机转速。

PWM 变换器电路有多种形式，可分为不可逆与可逆两大类，其工作原理分别阐述如下。

1. 不可逆 PWM 变换器

如图 1.3.1（a）所示是简单的不可逆 PWM 变流器（Converter）-直流电动机传动系统主电路原理图。其中，U_S 为直流电源电压；C 为直流母线滤波电容；VT 为电力电子开关器件；VD 为续流二极管；M 为直流电动机；功率开关器件为 IGBT 或其他任何一种全控型开关器件，这种电路也称为降压型直流斩波变换电路（Buck 变换器）。

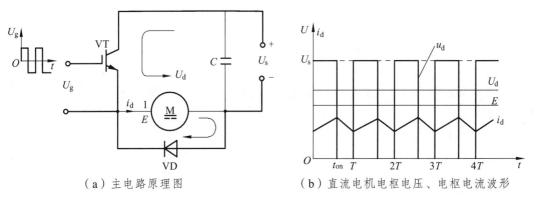

（a）主电路原理图   （b）直流电机电枢电压、电枢电流波形

图 1.3.1 不可逆 PWM 变换器-直流电动机传动系统

用于斩波的主功率开关管（VT）的控制极由脉宽可调的脉冲电压序列（U_g）驱动。在一个开关周期内，当 $t \in (0, t_{on})$ 时，U_g 为正，主功率开关管（VT）导通，电源电压通过主功率开关管（VT）加到直流电动机电枢两端。当 $t \in (t_{on}, T)$ 时，U_g 为负，主功率开关管（VT）关断，直流电动机电枢失去电源，经续流二极管（VD）续流。

这样，直流电动机电枢两端的平均电压为

$$U_d = \frac{T_{on}}{T} U_S = \rho \cdot U_S \qquad (1.3.1)$$

占空比（ρ）的取值范围为 $0 \leq \rho \leq 1$。改变占空比 ρ，即可调节直流电动机电枢电压，从而达到改变直流电动机转速的目的。

若令

$$\gamma = \frac{U_d}{U_s} \qquad (1.3.2)$$

为 PWM 电压系数，则在不可逆 PWM 变换器中存在 $\gamma = \rho$。

如图 1.3.1（b）所示绘出了稳态时直流电机电枢两端的电压（U_s）及平均电压 U_d 的波形：

$$U_s = f(t) \tag{1.3.3}$$

由于传动系统电磁惯性的影响，直流电动机电枢电流（i_d）：

$$i_d = g(t) \tag{1.3.4}$$

变化幅值比电压波形小，但仍旧是脉动的，平均值等于负载电流（I_{dL}），而负载电流（I_{dL}）可以表示为

$$I_{dL} = \frac{T_L}{C_m} \tag{1.3.5}$$

值得注意的是，式中C_m为直流电机的转矩系数。

图 1.3.1 中，还绘出了直流电动机的反电动势（E）波形，由于 PWM 变换器的开关频率高，电流的脉动幅值不大，转速和反电动势的波动就更小，一般可以忽略不计。

在简单的不可逆电路中，直流电机电枢电流（i_d）不能反向，因而没有制动能力，只能单象限运行。需要制动时，必须为反向转矩（对于他励直流电机就是反向电流），因为，如果

$$T_{em} = C_m \Phi i_d \tag{1.3.6}$$

如果T_{em}为负，则i_d为负，必须提供回路，如图 1.3.2（a）所示的两个开关管交替动作电路。

当 VT_1 导通时，直流电机电枢中流过正向电流i_d（$i_d > 0$）；VT_2 导通时，直流电机电枢中流过负向电流i_d（$i_d < 0$）。应注意，这个电路是不可逆的，只能工作在第Ⅰ、Ⅱ象限，因为直流平均电压（U_d）并没有改变极性。

如图 1.3.2（a）所示电路的电压和电流波形有三种不同情况，分别如图 1.3.2（b）、（c）和（d）所示。

无论何种状态，功率开关器件 VT_1 和 VT_2 的驱动电压都是大小相等、极性相反的，即：

$$U_{g2} = -U_{g1} \tag{1.3.7}$$

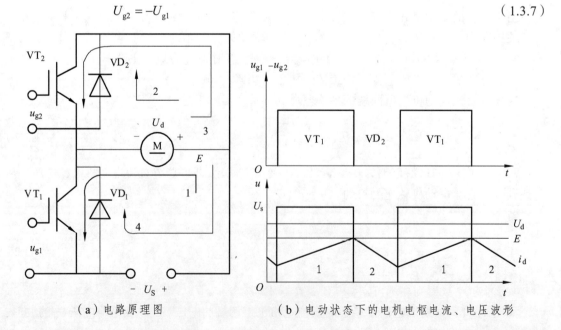

（a）电路原理图　　　　　　　（b）电动状态下的电机电枢电流、电压波形

20

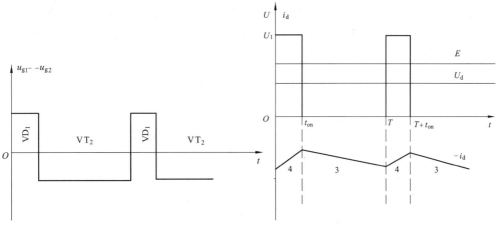

（c）制动状态下电机电枢电流、电压波形

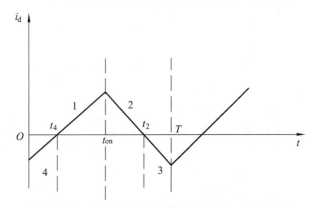

（d）轻载、电动状态下电机电枢电流、电压波形

图 1.3.2　具有制动功能的不可逆 PWM 直流电机传动系统

在一般电动状态，直流电机的电枢电流（i_d）始终为正值（其正方向见图 1.3.2（a））。设 t_{on} 为 VT_1 的导通时间，则当 $t \in (0, t_{on})$ 时，U_{g1} 为正，VT_1 导通；U_{g2} 为负，VT_2 关断。此时，电源电压（U_S）加到直流电动机电枢两端，电枢中流过电流 i_d，沿如图 1.3.2（a）所示的回路 1 流通。

当时间 $t \in (t_{on}, T)$ 时，U_{g1}、U_{g2} 都改变极性，VT_1 关断，但 VT_2 却不能立即导通，因此电枢电流 i_d 沿回路 2 经二极管 VD_2 续流，在 VD_2 两端产生的压降（其极性见图 1.3.2（a））给 VT_2 施加反压，使它失去导通的可能（钳位作用）。因此，实际上为 VT_1 和 VD_2 交替导通。虽然电路中多了 1 个功率开关器件 VT_2，但并没有被用上，所以电动状态下的电压和电流波形也就和简单的不逆电路波形（见图 1.3.1）完全一样。

在制动状态中，直流电机的电枢电流（i_d）为负值，VT_2 就发挥作用了。这种情况发生在电动运行过程中需要降速的时候。这时，先减小控制电压，使 U_{g1} 的正脉冲变窄，负脉冲变宽，从而使平均电枢电压（U_d）降低。但是，由于传动系统机电惯性作用，转速和反电动势还来不及变化，因而造成 $E > U_d$，很快使电枢电流（i_d）反向，VD_2 截止。

当 $t \in (t_{on}, T)$ 时，U_{g2} 为正，于是 VT_2 导通。反向电流沿回路 3 流通，产生能耗制动作用。

当 $t \in (T, T + t_{on})$，即下一周期 $(0, t_{on})$ 时，VT_2 关断，电枢电流（i_d）沿回路 4 经 VD_1 续

流，向电源回馈制动。与此同时，VD_1 两端压降钳住 VT_1，使 VT_1 不能导通。在制动状态，VT_2 和 VD_1 轮流导通，而 VT_1 始终截止，此时的电压和电流波形如图 1.3.2（c）所示。如表 1.3.1 所示归纳了不同工作状态下的导通器件与电枢电流（i_d）的回路及方向。

表 1.3.1　二象限不可逆 PWM 变换器在不同工作状态下的
导通器件与电流回路及方向

工作状态		工作区间			
		$0 \sim t_{on}$		$t_{on} \sim T$	
		$0 \sim t_4$	$t_4 \sim t_{on}$	$t_{on} \sim t_2$	$t_2 \sim T$
一般电动状态	导通器件	VT_1		VD_2	
	电流回路	1		2	
	电流方向	+		+	
制动状态	导通器件	VD_1		VT_2	
	电流回路	4		3	
	电流方向	−		−	
轻载电动状态	导通器件	VD_1	VT_1	VD_2	VT_2
	电流回路	4	1	2	3
	电流方向	−	+	+	−

在特殊情况，即轻载电动状态时，平均电流较小，以致在 VT_1 关断后，电枢电流（i_d）经 VD_2 续流时，电流在周期 T 前已经衰减到零，即图 1.3.2（d）中 $t \in [t_{on}, T]$ 期间的 $t = t_2$ 时刻，这时 VD_2 两端电压也降为零，VT_2 便提前导通，电流反向，产生局部时间的制动作用。轻载时，电流可在正、负值之间脉动，平均电流等于负载电流，一个周期分成四个阶段，如图 1.3.2（d）和表 1.3.1 所示。

如图 1.3.3 所示为双向 DC-DC 变换电路。

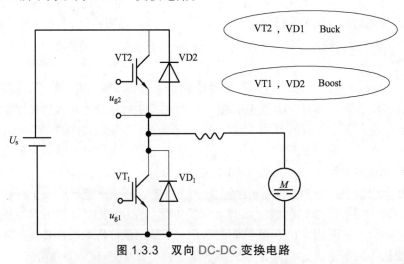

图 1.3.3　双向 DC-DC 变换电路

当 VT_2、VD_1 导通时，变换器工作在 Buck 状态；当 VT_1、VD_2 导通时，变换器工作在 Boost 状态。从图 1.3.3 不难看出电路何时工作在降压状态或升压状态。

2. 桥式可逆 PWM 变换器

可逆 PWM 变换器主电路有多种形式，最常用的是桥式（亦称 H 形）电路，如图 1.3.4 所示。

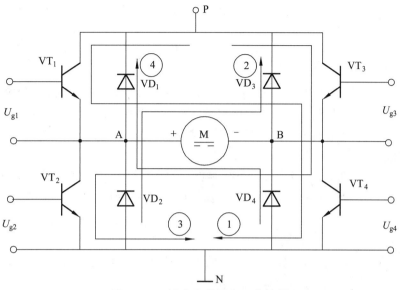

图 1.3.4　桥式可逆 PWM 变换器

这时，直流电动机（M）两端电压（U_{AB}）的极性随开关器件驱动电压极性的变化而改变，其控制方式有双极性、单极性、受限单极性等，这里只着重分析最常用的双极性控制的可逆 PWM 变换器。

双极式控制可逆 PWM 变换器的 4 个基极驱动电压波形如图 1.3.5 所示。

H 桥式双极性可逆 PWM 变换器基极驱动信号之间有一定的约束关系，它们之间的关系可以表述为：

当
$$U_{g1} = -U_{g2} = -U_{g3} = U_{g4} \qquad (1.3.8)$$

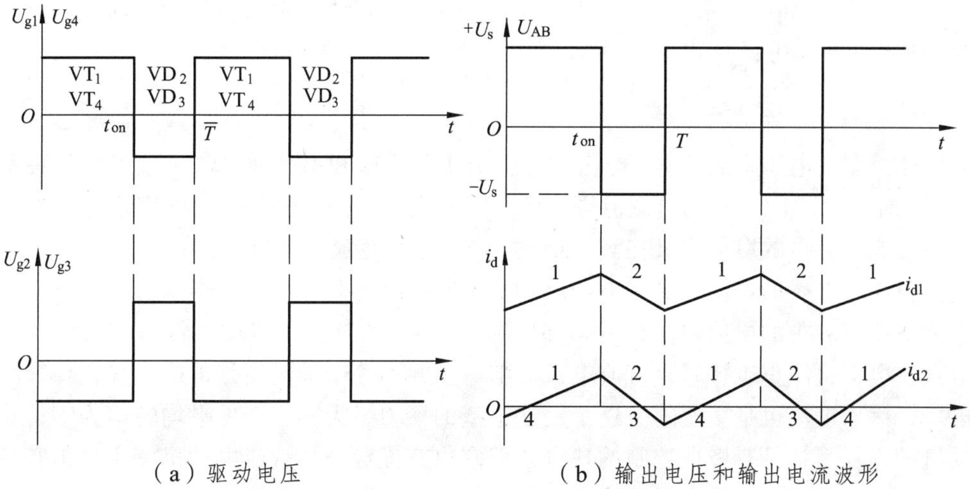

（a）驱动电压　　　　　　　　　（b）输出电压和输出电流波形

图 1.3.5　双极性可逆 PWM 变换器

在一个开关周期内，当 $t \in [0, t_{on}]$ 时，电枢两端的电压

$$U_{AB} = U_S \qquad (1.3.9)$$

电枢电流（i_d）沿回路 1 流通；

当 $t \in [t_{on}, T]$ 时，门极驱动电压反相，电枢电流（i_d）沿回路 2 经二极管续流，此时直流电机电枢电压

$$U_{AB} = -U_S \qquad (1.3.10)$$

因此，U_{AB} 在一个周期内具有正、负相间的脉冲波形，这就是双极式名称的由来。

图 1.3.5 也给出了双极性控制时的输出电压和电流波形。i_{d1} 相当于一般负载的情况，脉动电流的方向始终为正；i_{d2} 相当于轻载情况，电流可在正、负方向之间脉动，但平均值仍为正，等于负载电流。

在不同情况下，功率开关器件的导通、电流的方向与导通回路都和有制动电流通路的不可逆 PWM 变换器相似，直流电动机的正、反转则体现在驱动电压正、负脉冲的宽窄上。

当正脉冲较宽时，即 $t_{on} > \dfrac{T}{2}$，则电枢电压（U_{AB}）的平均值为正，电动机正转；当负脉冲较宽时，即 $t_{on} < \dfrac{T}{2}$，则电枢电压（U_{AB}）的平均值为负，电动机反转。

如果正、负脉冲相等，即 $t_{on} = \dfrac{T}{2}$，直流电机电枢平均输出电压为零，则电动机停止转动。

双极性控制可逆 PWM 变换器的输出平均电压（U_d）为

$$U_d = \frac{t_{on}}{T} \cdot U_s - \frac{T - t_{on}}{T} \cdot U_s \qquad (1.3.11)$$

化简，即

$$U_d = \left(\frac{2 t_{on}}{T} - 1 \right) U_s \qquad (1.3.12)$$

若占空比（ρ）和电压系数（γ）的定义与不可逆 PWM 变换器中相同，则在双极性控制的可逆 PWM 变换器中：

$$\gamma = 2\rho - 1 \qquad (1.3.13)$$

双极性控制的电压系数（γ）与占空比（ρ）关系就和不可逆 PWM 变换器的关系不一样了。调速时，占空比（ρ）的可调范围为 $[0, 1]$。相应地，电压系数（γ）的变化范围为 $[-1, 1]$。

当占空比（ρ）的取值定义在 $\rho > 0.5$ 时，γ 为正，直流电动机正转；

当占空比（ρ）的取值定义在 $\rho < 0.5$ 时，γ 为负，直流电动机反转；

当占空比（ρ）的取值定义在 $\rho = 0.5$ 时，γ 为零，直流电动机停止转动。

但直流电动机停止运行时，直流电机电枢电压并不等于零，而是正、负脉宽相等的交变脉冲电压，因而电流也是交变的。这个交变电流的平均值为零，产生平均转矩为零，陡然增大电动机的损耗，这是双极性控制的缺点。但它也有优点，在直流电动机停止时仍有高频微振电流，从而消除了正、反向时的静摩擦死区，起着所谓"动力润滑"的作用。

双极性控制的桥式可逆 PWM 变换器有以下优点：

（1）直流电动机的电枢电流一定连续；

（2）可使直流电动机在四象限运行；

（3）直流电动机停止时有微振电流，能消除静摩擦死区；

（4）低速平稳性好，系统的调速范围可达 1∶20 000 左右；

（5）低速时，每个功率开关器件的驱动脉冲仍较宽，有利于保证器件的可靠导通。

双极性控制的 H 桥式可逆 PWM 变换器的不足之处：在工作过程中，4 个功率开关器件可能都处于开关状态，开关损耗大，而且在切换时可能发生上、下桥臂直通的情况。为了防止直通，在上、下桥臂的驱动脉冲之间，应设置逻辑延时。为了克服上述缺点，可采用单极性控制，使部分器件处于常通或常断状态，以减少开关次数，降低开关损耗，提高可靠性，但系统的静、动态性能会略有降低。

关于单极性控制的 PWM 变换器，可参见相关的参考文献。

单极性、双极性 PWM 变换器可以通过如图 1.3.5 所示几个图形加以说明。

SPWM 采用等幅不等宽的脉冲来代替一个正弦半波。根据面积相等原则，得到一串脉冲高度不变但宽度按正弦规律变化的脉冲列。若要改变等效输出正弦波幅值，按同一比例改变各脉冲宽度即可。

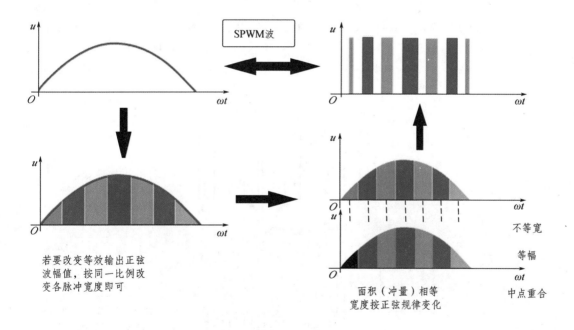

图 1.3.5　PWM 原理图

对于正弦波的负半周，采取同样的方法，得到 PWM 波形，正弦波一个完整周期的等效 PWM 波如图 1.3.6 所示。

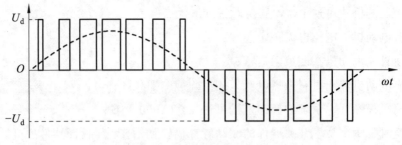

图 1.3.6 正弦波的等效 PWM 波

根据面积等效原理，正弦波还可等效为如图 1.3.7 所示的 PWM 波，而且这种方式在实际应用中更为广泛。

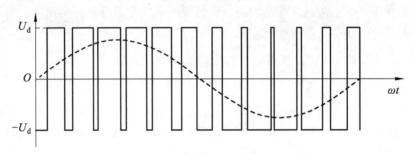

图 1.3.7 基于面积相等原理的 PWM 波

等幅 PWM 波：输入电源是恒定直流（直流斩波电路、PWM 逆变电路、PWM 整流电路），如图 1.3.8（a）所示。

不等幅 PWM 波：输入电源是交流或不是恒定的直流（斩控式交流调压电路、矩阵式变频电路），如图 1.3.8（b）所示。

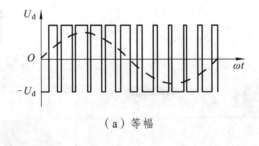

（a）等幅

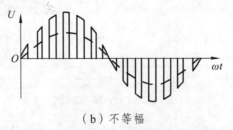

（b）不等幅

图 1.3.8 等幅 PWM 与不等幅 PWM

26

采用单极性 PWM 控制方式的单相桥逆变如图 1.3.9 所示。

在 u_r 和 u_c 的交点时刻控制 IGBT 的通断：

- u_r 正半周，V_1 保持通，V_2 保持断。当 $u_r > u_c$ 时，使 V_4 通，V_3 断，$u_o = U_d$。
- u_r 负半周，V_3 保持通，V_4 保持断。当 $u_r > u_c$ 时，使 V_2 通，V_1 断，$u_o = -U_d$。

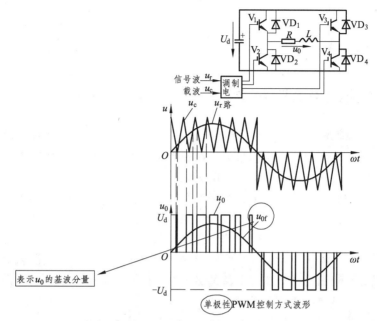

图 1.3.9　单极性 PWM 控制的单相桥式斩波电路

双极性 PWM 控制方式单相桥逆变如图 1.3.10 所示。

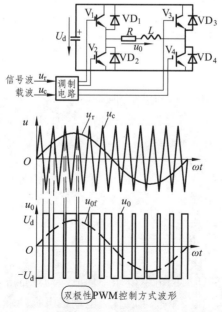

图 1.3.10　双极性 PWM 控制单相桥式斩波电路

u_r的半个周期内，三角波载有正有负，所得 PWM 波也有正有负，其幅值只有 $\pm U_d$ 两种电平。

在 u_r 和 u_c 的交点时刻控制 IGBT 的通断：

- 当 $u_r > u_c$ 时，给 V_1 和 V_4 导通信号，给 V_2 和 V_3 关断信号。如 $i_o > 0$，V_1 和 V_4；如 $i_o < 0$，VD_1 和 VD_4 导通。$u_o = U_d$。
- 当 $u_r < u_c$ 时，给 V_2 和 V_3 导通信号，给 V_1 和 V_4 关断信号。如 $i_o < 0$，V_2 和 V_3 通；如 $i_o > 0$，VD_2 和 VD_3 导通。$u_o = -U_d$。

1.3.2 直流脉宽调速系统的机械特性

由于采用了脉宽调制（PWM），严格地说，即使在稳态情况下，脉宽调速系统的转矩和转速也都是脉动的。所谓稳态，是指直流电动机的平均电磁转矩与负载转矩相平衡的状态，机械特性是平均转速与平均转矩（电流）的关系。

在中、小容量的脉宽调速系统中，绝缘栅双极性晶体管（IGBT）已经得到普遍的应用，其开关频率一般在 10 kHz 左右，最大电流脉动量在额定电流（I_N）的 5% 以下，转速脉动量不到额定空载转速的万分之一，可以忽略不计。

采用不同形式的 PWM 变换器，系统的机械特性是不一样的。对于带制动电流通路的不可逆电路和双极性控制的可逆电路，电流的方向是可逆的，无论是重载还是轻载，电流波形都是连续的，因此机械特性比较简单。

对于带制动电流通路的不可逆电路，电压平衡方程分为两个阶段：

当 $t \in [0, t_{on}]$ 时，电压平衡方程式为

$$U_s = Ri_d + L\frac{di_d}{dt} + E \qquad (1.3.14)$$

当 $t \in [t_{on}, T]$ 时，电压平衡方程式为

$$0 = Ri_d + L\frac{di_d}{dt} + E \qquad (1.3.15)$$

式中 R、L——直流电动机电枢电路的电阻和电感。

对于双极性控制的可逆电路，只是将式（1.3.15）中电源电压由 0 改为 $-U_s$，其他均不变，即当 $t \in [0, t_{on}]$ 时，电压平衡方程式为

$$U_s = Ri_d + L\frac{di_d}{dt} + E \qquad (1.3.16)$$

当 $t \in [t_{on}, T]$ 时，电压平衡方程式为

$$-U_s = Ri_d + L\frac{di_d}{dt} + E \qquad (1.3.17)$$

根据电压方程求出一个周期内的电枢电压平均值，即可推导出机械特性方程。

无论是上述哪一种情况，在一个周期内直流电动机电枢两端的平均电压都是

$$U_d = \gamma \cdot U_s \qquad (1.3.18)$$

28

只是电压波形系数（ γ ）与占空比（ ρ ）的关系不同，分别为 $\gamma = \rho$ 和 $\gamma = 2\rho - 1$ 。

平均电流和转矩分别用 I_d 和 T_e 表示，平均转速为

$$n = \frac{E}{C_e \Phi} \tag{1.3.19}$$

而电枢电感压降

$$u_L = L \frac{\mathrm{d}i_d}{\mathrm{d}t} \tag{1.3.20}$$

的平均值在稳态时应为零。

于是，无论是上述哪一组电压方程，其平均值方程都可写成

$$\gamma \cdot U_s = R \cdot I_d + E$$

代入直流电动机反电势的表达式

$$\gamma \cdot U_s = R \cdot I_d + C_e \cdot \Phi \cdot n \tag{1.3.21}$$

从式（1.3.21）中可以求出系统的机械特性为

$$n = \frac{\gamma \cdot U_s - R \cdot I_d}{C_e \cdot \Phi}$$

代入并化简，得到

$$n = \frac{\gamma \cdot U_s}{C_e \cdot \Phi} - \frac{R \cdot I_d}{C_e \Phi} = n_0 - \frac{R \cdot I_d}{C_e \Phi} \tag{1.3.22}$$

如果要在式（1.3.22）中体现转矩，则可以表示为

$$n = \frac{\gamma \cdot U_s}{C_e \Phi} - \frac{R}{C_e \cdot \Phi \cdot C_m \cdot \Phi} T_e$$

代入并化简，得到

$$n = n_0 - \frac{R \cdot T_e}{C_e \cdot C_m \cdot \Phi^2} \tag{1.3.23}$$

式中 n_0 ——理想空载转速，与电压系数（ γ ）成正比。

$$n_0 = \frac{\gamma \cdot U_s}{C_e \cdot \Phi} \tag{1.3.24}$$

式中 C_e 、 C_m ——直流电动机的电势常数、转矩常数。

如图 1.3.11 所示为直流电动机第 I 、 II 象限的机械特性，它适用于带制动作用的不可逆 PWM 变换器电路，双极性可逆 PWM 变换器机械特性与此相仿，只是扩展到第 II 、 IV 象限了。

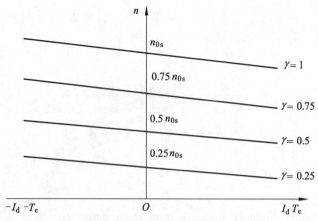

图 1.3.11　直流电动机第 I 、 II 象限的机械特性（电流连续）

对于直流电动机在同一方向旋转时电流不能反向的电路，轻载时会出现电流断续现象，把平均电压抬高，在理想空载时，理想空载转速会升到 n_0 ：

$$n_0 = \frac{U_s}{C_e \cdot \Phi} \tag{1.3.25}$$

1.3.3　PWM 控制与变换器的数学模型

无论哪种 PWM 控制变换器电路，其驱动电压都由 PWM 控制器发出，PWM 控制器可以是模拟式的，也可以是数字式的。如图 1.3.12 所示为 PWM 控制器和变换器的框图。

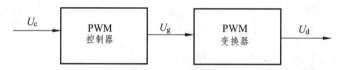

图 1.3.12　PWM 控制器和变换器的框图

其中，U_d 为 PWM 变换器输出直流平均电压；U_g 为 PWM 控制器输出到主电路开关器件的驱动电压；U_c 为 PWM 控制器的输入控制电压。

PWM 控制与变换器的动态数学模型和晶闸管（SCR）触发与整流装置基本一致。

按照上述对 PWM 变换器工作原理和波形的分析，不难看出，当控制器（如 PID）的输出控制电压（U_c）改变时，PWM 变换器输出平均电压（U_d）按线性规律变化，但其响应会有延迟，最大的时延是一个开关周期（T）。因此 PWM 控制与变换器（简称 PWM 装置）也可以看成是一个滞后环节，其传递函数可以写成：

$$W_s(s) = \frac{U_d(s)}{U_c(s)} = K_s \cdot e^{-T_s s} \tag{1.3.26}$$

式中，K_s 为 PWM 装置的放大倍数；T_s 为 PWM 装置的延迟时间，在数值上 $T_s < T$。

由于 PWM 装置的数学模型与晶闸管装置的数学模型一样，二者在控制系统中的作用也一样，所以 $W_s(s)$ 、 K_s 、 T_s 都采用相同的符号。

当开关频率设置为 10 kHz 时，$T = 0.1$ ms，在一般的直流电力拖动系统中，时间常数这么小的滞后环节一般是可以看作一阶惯性环节，故：

$$W_s(s) = \frac{K_s}{T_s \cdot s + 1} \qquad (1.3.27)$$

与晶闸管装置传递函数完全一致。

但须注意，式（1.3.27）是近似的传递函数，实际上 PWM 变换器不是一个线性环节，而是具有继电特性的非线性环节。继电控制系统在一定条件下会产生自激振荡，这是采用线性控制理论的传递函数不能分析出来的。

如果在实际系统中遇到这类问题，简单的解决办法是改变调节器或控制器的结构和参数；如果这样做不能奏效，可以在系统某一处施加高频的周期信号，人为地造成高频强制振荡，抑制系统中的自激振荡，并使继电环节的特性线性化，有关这方面的知识可以参阅非线性相关参考资料。

几种常见的非线性特性如图 1.3.13、图 1.3.14 所示，可以从侧面了解非线性的复杂性。

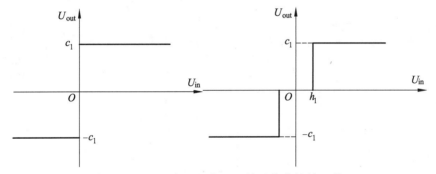

图 1.3.13　继电及具有死区的继电非线性环节

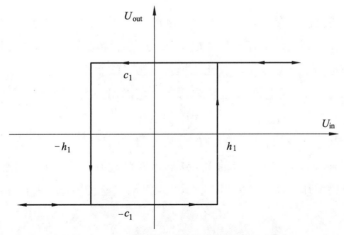

图 1.3.14　具有滞环的继电非线性环节

具有滞环的继电非线性环节可以采用下面的公式来描述，即

$$\begin{cases} u_{\text{out}}(m) = 0, \ u_{\text{in}}(m) > u_{\text{in}}^{0}(m) \ \text{and} \ u_{\text{in}}(m) \geqslant h_{1} \\ u_{\text{out}}(m) = -c_{1}, \ u_{\text{in}}(m) < -h_{1} \\ u_{\text{out}}(m) = u_{\text{out}}^{0}(m), \text{other} \end{cases} \quad (1.3.28)$$

1.3.4　电能回馈与泵升电压的限制

如图 1.3.15 所示是桥式可逆直流脉宽调速系统主电路的原理图，图中功率开关器件选用 IGBT，其吸收电路（Snubber）略去未画。

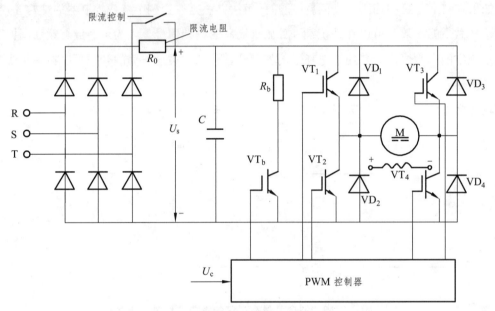

图 1.3.15　桥式可逆直流脉宽条数系统主回路原理图

PWM 变换器的直流电源通常由交流动力电源经不可控的二极管整流器产生，并采用大电解电容滤波，以获得恒定的直流电压（U_{s}）。由于电容容量较大，电源突加时相当于短路，势必产生很大的充电电流，容易损坏整流二极管。为了限制充电电流，在整流器和滤波电容之间串入限流电阻（R_{0}）（或电抗），合上电源后，延时用开关将限流电阻（R_{0}）短路，以免正常运行时在此限流电阻上造成压降，产生附加损耗。

随着电力电子技术的发展，图 1.3.15 的分列元器件已经实现了模块化，最前一级的整流模块单桥臂、三桥臂都有，而后一级的 PWM 斩波控制只有单桥臂或三桥臂，如果选用三桥臂，则可以将一个桥臂作为备用，使用三桥臂（第一、二、三桥臂中的任意两个桥臂），如图 1.3.16 所示。

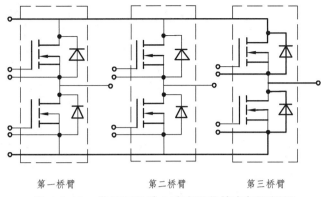

第一桥臂   第二桥臂   第三桥臂

图 1.3.16　常见三桥臂六功率开关管电气原理图

滤波电解电容器往往在 PWM 装置的体积和重量中占有不小的份额，因此滤波电解电容器容量的选择是 PWM 装置设计中的重要问题。

PWM 装置的参数计算方法可以在一般电工手册中查到。对于 PWM 变换器装置中的滤波电解电容器，其作用除滤波外，还有在直流电机制动时吸收运行传动系统动能的作用。由于直流电源靠二极管整流器供电，电流不能反向流动，即不可能向电网回馈电能，直流电机制动时只好对滤波电解电容器充电，这将使滤波电解电容器两端电压升高，产生"泵升电压"。假设电压由 U_{s} 提高到 U_{sm}，则电解电容器储能由 $A_{\mathrm{Cd}} = \dfrac{1}{2}C \cdot U_{\mathrm{s}}^2$ 增加到 $A_{\mathrm{Cdm}} = \dfrac{1}{2}C \cdot U_{\mathrm{sm}}^2$。

储能的增量应该等于运动系统在制动时释放的全部动能 A_{d}，于是

$$A_{\mathrm{d}} = \frac{1}{2}C \cdot U_{\mathrm{sm}}^2 - \frac{1}{2}C \cdot U_{\mathrm{s}}^2 \tag{1.3.29}$$

按制动储能要求，选择的电容应为

$$C = \frac{2A_{\mathrm{d}}}{U_{\mathrm{sm}}^2 - U_{\mathrm{s}}^2} \tag{1.3.30}$$

在工程实际中也可以按照直流母线滤波效果、纹波系数的要求来选择滤波用电解电容的容量大小。这种方法的选择，得到的电容值一般与式（1.3.30）不一样，往往取较大的值作为电容的标称容量。

电力电子功率开关器件的耐压值限制着最高泵升电压（U_{sm}），因此电解电容的容量就不可能很小，一般几千瓦的调速系统所需的电容量达到数千微法（μF）。对于电解电容的选择，其耐压值是关键。电容的价格与耐压有关。目前在传动系统中，电解电容的耐压值一般只有 350 VDC、400 VDC，VDC 是指直流耐压。如果用于三相整流电路的滤波，比较经济的方法如图 1.3.17 所示，即通过串联增加支路（C_1、C_3 或 C_2、C_4）的耐压，通过并联提高支路的负载电流能力。从图 1.3.17 可以看出，支路 C_1、C_3 与支路 C_2、C_4 也可采用一定的方法来进行均流，如串入相应的互感。

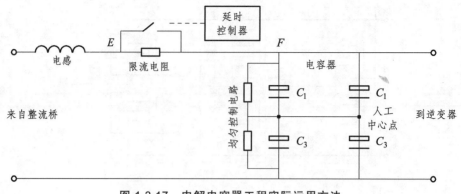

图 1.3.17　电解电容器工程实际运用方法

在大容量或负载有较大惯性的系统中，不可能只靠电容器来限制泵升电压，这时，可以采用图 1.3.15 中的耗能电阻（R_b）来消耗掉部分动能，R_b 也称为制动电阻。R_b 通过功率开关器件 VT_b 的控制，达到接入、断开，在泵升电压达到允许数值时接通而消耗动能的目的。

对于更大容量的系统，为了提高效率，可以在二极管不可控整流器输出端并接逆变器，把多余的能量逆变后回馈电网，如图 1.3.18 所示。当然，这样一来，系统就更复杂了。

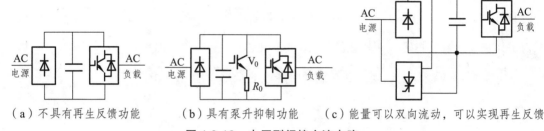

（a）不具有再生反馈功能　　（b）具有泵升抑制功能　　（c）能量可以双向流动，可以实现再生反馈

图 1.3.18　电压型间接交流电路

1.4　反馈控制闭环直流调速系统的稳态分析和设计

1.4.1　转速控制的要求和调速指标

任何一台需要控制传动系统转速的设备，其生产工艺对调速性能都有一定的要求。例如，最高转速与最低转速间的范围，是有级调速还是无级调速；在稳态运行时允许转速波动的大小；从正转运行变到反转运行的时间间隔；突加或突减负载时允许的转速波动（有些指标在交流调速中，意义更为明显）；运行停止时要求的定位精度（伺服系统的主要指标）等。但是，调速系统的好坏，有相应的技术指标要求，故本节着重介绍这方面的知识。

对于调速系统转速控制的要求有以下三个方面：

（1）调速：在一定的最高转速和最低转速范围内，分挡地（有级）或平滑地（无级）调节转速。

（2）稳速：以一定的精度在所需转速上稳定运行，在各种干扰下不允许有过大的转速波动，以确保产品质量。

（3）加、减速：频繁启动、制动的设备要求加、减速尽量快，以提高生产效率，不宜经受剧烈速度变化的机械则要求启动、制动尽量平稳。

为了进行定量分析，可以针对前两项要求定义两个调速指标，"调速范围"和"静差率"。这两个指标合称调速系统的稳态性能指标。

1. 调速范围（D）

生产机械要求直流电动机提供的最高转速（n_{max}）和最低转速（n_{min}）之比叫作调速范围，用大写字母 D 表示，即

$$D = \frac{n_{max}}{n_{min}} \tag{1.4.1}$$

2. 静差率（s）

当系统在某一转速下运行时，负载由理想空载变化到额定值时所对应的转速降落（Δn_N）与理想空载转速（n_0）之比，称作静差率（s），即

$$s = \frac{\Delta n_N}{n_0} \tag{1.4.2}$$

也可用百分数表示为：

$$s = \frac{\Delta n_N}{n_0} \times 100\% \tag{1.4.3}$$

显然，静差率（s）是用来衡量调速系统在负载变化时转速的稳定度的。它和机械特性的硬度有关，特性越硬，静差率越小，转速的稳定度就越高。

然而静差率（s）与机械特性的硬度又是有区别的。一般调压调速系统在不同转速下的机械特性是互相平行的，如图 1.4.1 所示。

对于图 1.4.1 中的两条机械曲线 a 和 b，两者的硬度相同，额定速降相同。

$$\Delta n_{Na} = \Delta n_{Nb} \tag{1.4.4}$$

但它们的静差率却不同，因为理想空载转速不一样，所以根据式（1.4.2）的定义，有

$$n_{0a} > n_{0b}$$

所以

$$s_a < s_b \tag{1.4.5}$$

这就是说，对于具有同样硬度的机械特性，理想空载转速越低，静差率越大，转速的相对稳定度也就越差。

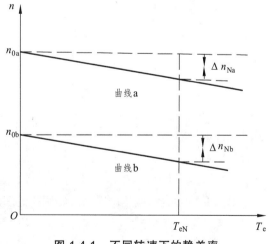

图 1.4.1　不同转速下的静差率

定义速度单位：

$$\frac{r}{min} = \frac{转}{每分钟} = rpm \tag{1.4.6}$$

在 1000 rpm 时降落 10 rpm，占 1%；在 100 rpm 时同样降落 10 rpm，就占 10%；如果 n_0 只有 10 rpm，再降落 10 rpm，就占 100%，这时电动机已经停止转动了。

所以，调速范围（D）和静差率（s）这两项指标不是彼此孤立的，必须同时变化才有意义。

在调速过程中，若额定速降相同，则转速越低时，静差率越大；如果低速时的静差率能满足设计要求，则高速时的静差率就更满足要求了。因此，调速系统的静差率指标应以最低速时所能达到的数值为准。

1.4.2　直流调压调速系统中调速范围、静差率和额定速降间的关系

在直流电动机调压调速系统中，一般以直流电动机的额定转速（n_N）作为最高转速，若额定负载下的转速降落为 Δn_N，按照上面分析的结果，该系统的静差率应该是最低速时的静差率，即

$$s = \frac{\Delta n_N}{n_N} = \frac{\Delta n_N}{n_{min} + \Delta n_N} \tag{1.4.7}$$

因此可以求出直流电机传动系统的最低转速为

$$n_{min} = \frac{\Delta n_N}{s} - \Delta n_N$$

代入上面的假设，即

$$n_{min} = \Delta n_N \cdot \frac{(1-s)}{s} \tag{1.4.8}$$

系统的调速范围（D）：

$$D = \frac{n_{max}}{n_{min}} = \frac{n_N}{n_{min}}$$

代入 n_{min}，得到

$$D = \frac{n_N \cdot s}{\Delta n_N (1-s)} \tag{1.4.9}$$

式（1.4.9）表示调压调速系统的调速范围（D）、静差率（s）和额定速降（Δn_N）之间应满足的关系。一个调速系统的调速范围，是指在最低速时还能满足所需静差率的转速可调范围。

对于同一个调速系统，额定速降（Δn_N）值一定，由式（1.4.2）可见，如果对静差率要求越严，即 s 值越小，系统能够允许的调速范围也越小。

1.4.3　开环调速系统及其存在的问题

如图 1.4.2 所示为前面讨论的常见的直流调速系统。其中图 1.4.2（a）为相控晶闸管-电动机调速系统；图 1.4.2（b）为可逆直流脉宽调速系统。

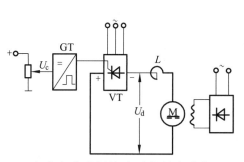
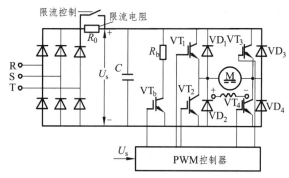

（a）相控晶闸管-电动机调速系统　　　　（b）可逆直流脉宽调速系统

图 1.4.2　常见直流调速系统

从图 1.4.2 可以看出它们都是开环调速系统，调节控制电压（U_c）就可以达到控制传动系统转速的目的。

如果负载的生产工艺对调速系统运行时的静差率（s）要求不高，这样的开环调速系统都能实现一定范围内的无级调速。但是，许多需要调速的生产机械常常对静差率（s）有一定的要求。例如龙门刨床，由于毛坯表面粗糙不平，加工时负载大小常有波动，但是，为了保证工件的加工精度和加工后的表面光洁度，加工过程中的速度必须基本稳定，也就是说，静差率（s）不能太大，一般要求调速范围 $D = 20 \sim 40$，静差率 $s \leqslant 5\%$。又如冶金企业中的热连轧机，各机架轧辊分别由单独的电动机拖动，钢材在几个机架内连续、多道次轧制，要求各机架出口线速度保持严格的比例关系，使被轧金属的秒流量相等，不致造成钢材拱起或拉断（崩钢、拉钢），如图 1.4.3 所示。

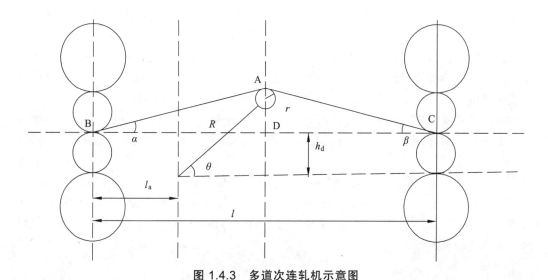

图 1.4.3　多道次连轧机示意图

【例 1.4.1】　一直流传动调速系统，直流电动机额定转速为 $n_N = 1\,430$ rpm，额定速降为

37

$\Delta n_{\text{N}} = 115\ \text{rpm}$。如果工作过程中，要求静差率不大于 30%，系统允许的调速范围是多少？如果要求静差率不大于 20%，系统允许的调速范围是多少？如果希望调速范围不小于 10，则静差率指标应该控制在何种程度上？

解 如果静差率不大于 30%，即

$$s \leqslant 30\%$$

根据式（1.4.9），则

$$D = \frac{n_{\text{N}} \cdot s}{\Delta n_{\text{N}}(1-s)} = \frac{1\,430 \times 0.3}{115 \times (1-0.3)} = \frac{429}{80.5} = 5.329 \qquad (1.4.10)$$

如果静差率不大于 20%，即

$$s \leqslant 20\%$$

根据式（1.4.9），则

$$D = \frac{n_{\text{N}} \cdot s}{\Delta n_{\text{N}}(1-s)} = \frac{1\,430 \times 0.2}{115 \times (1-0.2)} = \frac{286}{92} = 3.109 \qquad (1.4.11)$$

如果调速范围达到 10，即

$$D \geqslant 10$$

根据式（1.4.9），则

$$s = \frac{D \cdot \Delta n_{\text{N}}}{n_{\text{N}} + D \cdot \Delta n_{\text{N}}} = \frac{10 \times 115}{1\,430 + 10 \times 115} = \frac{1\,150}{2\,580} = 0.445\,7 = 44.57\% \qquad (1.4.12)$$

为了保证带材的纵向厚度公差，获得高精度的产品，现代森吉米尔轧机都配备了自动厚度控制（AGC）装置。

自动厚度控制（AGC）装置常常由测厚仪、电气控制装置和矫正厚度偏差执行机构组成。测厚仪连续测量带材厚度，一方面把厚度偏差显示并记录下来，另一方面把偏差信号输入到电气控制装置中；电气控制装置对偏差信号进行处理，然后指令执行机构动作进行厚度矫正；矫正厚度偏差执行机构根据电控装置的指令，通过压下电机或电-液伺服压下系统改变轧辊辊筒，或通过调节卷取机电枢电流改变卷取张力的大小，从而使带材厚度得到矫正。

为满足多道次可逆轧制系统的工艺要求，需使调速范围 $D = 3 \sim 10$ 时，保证静差率 $s \leqslant 0.2\% \sim 0.5\%$。在此情况下，开环调速系统就不能满足要求。这点可以通过例 1.4.2 来说明。

【例 1.4.2】 某国产龙门刨工作台采用直流电动机传动。相关的额定参数为：直流电动机额定电压为 220 V，额定电流为 305 A，额定功率为 60 kW，额定转速为 1 000 r/min。该龙门刨采用静止式 Ward-Leonard 系统，即晶闸管-直流电动机调压调速系统（V-M 系统）。V-M 系统的参数：主回路总电阻为 0.18 Ω，电机电势常数与每极每相最大磁通的乘积为 0.2 V/rpm。如果要求系统的调速性能为

$$\begin{cases} D \geqslant 20 \\ s \leqslant 5\% \end{cases} \qquad (1.4.13)$$

对系统不采用闭环，而直接开环，请问是否能够满足此要求？如果要满足此要求，系统的额定速降(Δn_N)最大能够达到多少？

解 假定电机电枢电流连续，则 V-M 系统的额定速降可以根据电枢等效电阻上的压降来计算，即

$$\Delta n_N = \frac{I_{dN} \cdot R}{C_e \cdot \Phi} = \frac{305 \times 0.18}{0.2} = \frac{54.9}{0.2} = 274.5 \text{（r/min）} \tag{1.4.14}$$

在机械特性的连续段，开环系统在额定负载条件下的静差率为

$$S_N = \frac{\Delta n_N}{n_N + \Delta n_N} = \frac{274.5}{1\ 000 + 274.5} = 0.215\ 4 = 21.54\% \tag{1.4.15}$$

从式（1.4.15）可以看出，该静差率已经大大超过式（1.4.13）第二式的静差率不超过 5% 的要求。

当然，如果此时还要求系统满足式（1.4.13）要求，即调速范围不小于 20，静差率不大于 5%，则根据式（1.4.9），得到额定条件下的速降(Δn_N)为

$$\Delta n_N = \frac{n_N \cdot s}{D \cdot (1-s)} \leq \frac{1\ 000 \times 0.05}{20 \times (1-0.05)} = \frac{50}{19} = 2.63 \text{（r/min）} \tag{1.4.16}$$

从例 1.4.2 可以看出，开环调速系统的额定速降达到 275 r/min，这与生产工艺要求的额定速降 2.63 r/min 相差近 100 倍，显然不能满足要求。此时开环传动已经无能为力。对于自动控制来说，则可以通过反馈控制来解决此问题。

例 1.4.2 计算的虽然是系统的额定速降，但实际反映了传动系统的速度不能满足系统的要求。根据自动控制的原理，既然速度满足不了要求，就必须引入速度反馈来对系统进行校正。

1.4.4 转速闭环调速系统的组成及系统的静特性

要对开环系统进行速度反馈，首先就必须获取速度信号。速度信号的获取，可以采用速度传感器，也可以利用现代控制理论中的观测器理论，将速度推测出来。而测速传感器最简单的就是利用电机可逆原理，采用测速发电机。当然测速发电机，可以是直流测速发电机，也可以是交流测速发电机。与直流电动机同轴安装一台测速发电机（TG），从而引出与被调量转速成正比的负反馈速度信号电压(U_n)，与给定电压(U_n^*)相比较后，得到转速偏差电压(ΔU_n)。当然，此速度偏差信号反映了当前运行的速度与给定值间的偏离程度，还必须经过控制器的作用，才能减小甚至消除此偏差。为了简单起见，先假设控制器就是最简单的比例放大器，且此比例放大器由模拟运算放大器实现。控制器的输出(U_c)控制功率变换装置（Unit of Power Electronic，UPE）的输出电压，达到通过改变直流电机电枢电压来控制电动机转速的目的。这就组成了速度负反馈控制的闭环直流调速系统，其原理框图如图 1.4.4 所示。

图 1.4.4 中，UPE 是由电力电子器件组成的变换器，其输入接三相（或单相）交流动力电源，输出为可控的直流电压(U_d)。

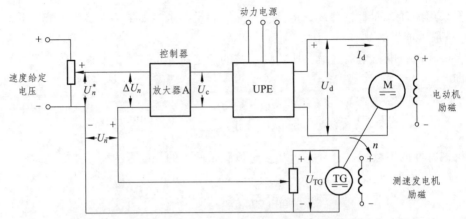

图 1.4.4　转速负反馈闭环直流调速系统原理图

对于中、小容量系统，电力电子开关器件多采用由绝缘门极双极晶体管（IGBT）或 P 型金属氧化膜场效应晶体管（P-MOSFET）组成的 PWM 变换器。

对于较大容量的系统，可采用其他电力电子开关器件，如门极可关断晶闸管（GTO）、集成门极换流晶闸管（Integrated Gate Commutated Thyristor，IGCT）等。

对于特大容量的系统，则常用晶闸管（SCR）、门极可关断晶闸管（GTO）等电力电子开关器件实现的电力电子变流装置。

根据自动控制原理，反馈控制的闭环系统是按被调量的偏差进行控制的系统，只要被调量出现偏差，它就会自动起到纠正偏差的作用。转速降落是由负载引起的转速偏差。

显然，闭环调速系统应该能够大大减小转速降落。实际效果怎么样？能否达到此效果？下面来分析闭环作用效果。分析过程中先分析稳态效果，再分析动态效果。

速度闭环调速系统稳态特性分析，主要分析减小转速降落原理。为了突出主要矛盾，先作如下假定：

（1）忽略各种非线性因素，假定系统中各环节的输入-输出关系都是线性的，或者只取其线性工作段；

（2）忽略控制电源和电位器的内阻。

在此假设下，图 1.4.4 的转速负反馈直流调速系统中的各个环节的稳态关系可以描述如下：

电压比较环节

$$\Delta U_n = U_n^* - U_n \tag{1.4.17}$$

放大器

$$U_C = K_p \cdot \Delta U_n \tag{1.4.18}$$

电力电子变换器

$$U_{d0} = K_s \cdot U_C \tag{1.4.19}$$

调速系统开环机械特性

$$n = \frac{U_{d0} - I_d \cdot R}{C_e \cdot \Phi} \tag{1.4.20}$$

测速反馈环节

$$U_n = \alpha \cdot n \tag{1.4.21}$$

式中　K_p——放大器的电压放大系数；

　　　K_s——电力电子变换器的电压放大系数；

　　　α——转速反馈系数（V/rpm）；

　　　U_{d0}——电力电子变换器装置理想空载输出电压（V）（变换器或变流器内阻已并入电枢回路总电阻（R）中）。

从式（1.4.17）~式（1.4.21）中消去中间变量，整理后，即得转速负反馈直流调速系统的静态特性方程式：

$$n = \frac{K_p \cdot K_s \cdot U_n^* - I_d \cdot R}{C_e \cdot \Phi(1 + K_p \cdot K_s \alpha /(C_e \cdot \Phi))}$$

代入各量表达式，并化简，得到

$$n = \frac{K_p \cdot K_s \cdot U_n^*}{C_e \cdot \Phi(1+K)} - \frac{R \cdot I_d}{C_e \cdot \Phi(1+K)} \tag{1.4.22}$$

其中

$$K = \frac{K_p \cdot K_s \cdot \alpha}{C_e \cdot \Phi} \tag{1.4.23}$$

K 称为闭环系统的开环放大系数。它相当于在测速反馈电位器输出端把反馈回路断开后，从放大器输入到测速反馈输出总的电压放大系数，是各环节单独的放大系数的乘积。须注意，直流电动机以

$$\frac{E}{n} = C_e \cdot \Phi$$

作为直流电动机环节放大系数。

闭环调速系统的静特性表示闭环系统直流电动机转速（n）与负载电流（I_d）（或转矩（T_e））间的稳态关系，它在形式上与开环机械特性相似，但本质上却有很大不同，故称为"静特性"，以示区别。

根据各环节的稳态关系式可以画出闭环系统的稳态结构框图，如图 1.4.5 所示。

图 1.4.5 中，各方框内的系数代表该环节的放大系数。运用结构图化简的相关规则，同样可以推出式（1.4.22）所表示的静特性方程式。方法如下：将给定量（U_n^*）和扰动量（$-I_d \cdot R$）看成是两个独立的输入量，先按它们分别作用下的系统（见图 1.4.5（b）、（c））求出各自的输出与输入关系式，由于已认为系统是线性的，可以把二者叠加起来，即得系统的静特性方程式。

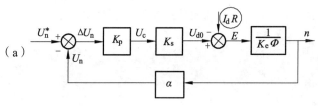

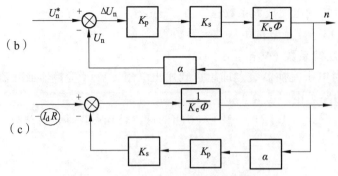

图 1.4.5　闭环系统的稳态结构框图

U_n^*—速度给定信号；　$U_n = \alpha \cdot n$—速度反馈信号；　$\Delta U_n = U_n^* - U_n$；　U_c—控制器输出信号；

α—转速反馈系数（V/rpm）；　K_s—功率变换装置电压放大系数；　K_p—控制器放大系数

1.4.5　转速开环系统机械特性和闭环系统静特性的关系

比较开环系统的机械特性和闭环系统的静特性,就能清楚地看出反馈闭环控制的优越性。

如果断开反馈回路，则上述系统的开环机械特性为

$$n = \frac{U_{d0} - R \cdot I_d}{C_e \cdot \Phi}$$

代入 U_{d0} 表达式，并化简

$$n = \frac{K_p \cdot K_s \cdot U_n^*}{C_e \cdot \Phi} - \frac{R \cdot I_d}{C_e \cdot \Phi} \tag{1.4.24}$$

定义相关的量，则

$$n = n_{0op} - \Delta n_{op}$$

而闭环时系统的静特性为

$$n = \frac{K_p \cdot K_s \cdot U_n^*}{C_e \cdot \Phi(1+K)} - \frac{R \cdot I_d}{C_e \cdot \Phi(1+K)}$$

定义相关的量，则

$$n = n_{0c1} - \Delta n_{c1} \tag{1.4.25}$$

式中，n_{0op}、n_{0c1} 分别表示开环和闭环系统的理想空载转速；Δn_{op}、Δn_{c1} 分别表示开环和闭环系统的稳态速降。

通过比较上面两个表达式，可以得到以下结论：

（1）闭环系统静特性比开环系统机械特性硬得多。

在同样的负载扰动下，开环系统和闭环系统的转速降落分别为

$$\Delta n_{op} = \frac{R \cdot I_d}{C_e \cdot \Phi} \tag{1.4.26}$$

$$\Delta n_{c1} = \frac{R \cdot I_d}{C_e \cdot \Phi(1+K)} \tag{1.4.27}$$

显然，当 K 值较大时，Δn_{c1} 比 Δn_{op} 小得多，也就是说，闭环系统的静特性要比开环机械

特性硬得多。

（2）闭环系统的静差率要比开环系统小得多。

闭环系统和开环系统的静差率分别为：

$$s_{c1} = \frac{\Delta n_{c1}}{n_{0c1}} \tag{1.4.28}$$

$$s_{op} = \frac{\Delta n_{op}}{n_{0op}} \tag{1.4.29}$$

按照理想空载转速相同的条件比较（注意理想空载转速的定义），则在

$$n_{0op} = n_{0c1} \tag{1.4.30}$$

的条件下，有

$$s_{c1} = \frac{s_{op}}{1+K} \tag{1.4.31}$$

（3）如果所要求的静差率一定，则闭环系统可以大大提高调速范围（D）。

如果直流电动机的最高转速都是额定转速（n_N），且对最低速静差率的要求相同，那么，根据式（1.4.9）

$$D = \frac{n_N \cdot s}{\Delta n_N (1-s)}$$

开环时的调速范围（D_{op}）：

$$D_{op} = \frac{n_N \cdot s}{\Delta n_{op} (1-s)} \tag{1.4.32}$$

闭环时的调速范围（D_{c1}）

$$D_{c1} = \frac{n_N \cdot s}{\Delta n_{c1} (1-s)} \tag{1.4.33}$$

代入 Δn_{c1} 的表达式，即

$$\Delta n_{c1} = \frac{R \cdot I_d}{C_e \cdot \Phi (1+K)}$$

得到

$$D_{c1} = (1+K) \cdot D_{op} \tag{1.4.34}$$

需要指出的是，上式成立的条件是开环和闭环系统的最高转速都是相同额定转速（n_N），而式（1.4.31）成立的条件是开环和闭环系统的理想空载转速（n_0）相同，两式的条件不一样。若在同一条件下计算，其结果在数值上会略有差别，但第（2）、（3）两条结论仍是正确的。

（4）要取得上述三项优点，闭环系统必须设置放大器。上述三项优点若要有效，都取决于一个条件，即 K 要足够大，因此必须设置放大器。

在闭环系统中，引入转速反馈电压（U_n）后，若要使转速偏差小，就必须把 $\Delta U_n = U_n^* - U_n$ 控制得很小，所以必须设置放大器，才能获得足够的控制电压（U_c）。

在开环系统中，由于 U_n^* 和 U_c 是属于同一数量级的空载电压，可以把 U_n^* 直接当作 U_c 来控制，放大器便是多余的了。

把以上四点概括起来，可得下述结论：

闭环调速系统可以获得比开环调速系统硬得多的稳态特性，从而在保证一定静差率的要求下，能够提高调速范围，但为此所需付出的代价是，必须增设电压放大器以及检测与反馈装置。

【例 1.4.3】 在例 1.4.2 中龙门刨床要求

$$\begin{cases} D = 20 \\ s \leqslant 5\% \end{cases}$$

且已知 $K_s = 30$，$\alpha = 0.015 \,(\text{V/min})$，$C_e \Phi = 0.2 \,(\text{V/min})$，应该如何设计速度负反馈系统，使之满足传动系统的要求？

解 根据例 1.4.2 计算，得到开环传动系统的速降（Δn_{op}）：

$$\Delta n_{op} = 275 \,(\text{r/min})$$

为了能够满足传动系统的要求，闭环速降（Δn_{cl}）：

$$\Delta n_{cl} = 2.63 \,(\text{r/min})$$

根据式（1.4.31），计算得到

$$K = \frac{\Delta n_{op}}{\Delta n_{cl}} - 1 = \frac{274.5}{2.63} - 1 = 103.37$$

根据式（1.4.23），反向推算，得到控制器的放大倍数（K_p）：

$$K_p = \frac{K}{K_s \cdot \alpha / (C_e \cdot \Phi)} = \frac{103.37}{30 \times 0.015 / 0.2} = \frac{103.37}{2.25} = 45.94$$

因此，只要控制器的放大系数大于等于 K_p，则闭环系统就可以满足稳态性能指标。

那么，调速系统的稳态速降是由直流电动机电枢回路的电阻压降决定的吗？闭环系统能减少稳态速降，难道是因为电阻减少了吗？显然，这是不可能的。那么降低速降的实质是什么呢？

在开环系统中，当负载电流增大时，电枢电压在电枢电阻（R_a）上的压降也增大，转速只能降下来；闭环系统装有速度反馈装置，转速稍有降落，反应速度的反馈电压就会降低。通过比较和放大，提高电力电子装置的输出电压（U_{d0}），使系统工作在新的机械特性上，因而转速又有所回升，如图 1.4.6 所示。

在图 1.4.6 中，设原始工作点为 A，负载电流为 I_{d1}。当负载电流增大到 I_{d2} 时，开环系统的转速必然降到 A' 点所对应的数值，系统实现速度闭环控制后，由于反馈调节作用，电力电子装置的输出电压可升到 U_{d2}，使工作点变成 B，稳态速降比开环系统小得多。这样，在闭环系统中，每增加（或减少）负载，就相应地提高（或降低）电枢电压，因而会改换一条机械特性。

闭环系统的静特性就是这样在许多开环机械特性上各取一个相应的工作点，如图 1.4.6 中的 A、B、C、D，再由这些工作点连接而成的。

所以，闭环系统能够减少稳态速降的实质在于其自动调节作用，能随着负载的变化而相应地改变电力电子装置输出电压，以补偿直流电动机电枢电压在电枢电阻（R_a）上压降的变化。

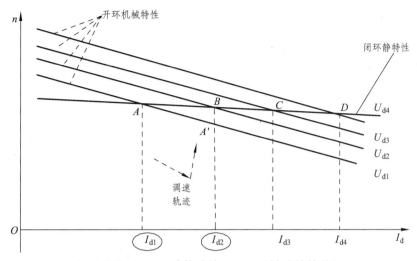

图 1.4.6　闭环系统静特性和开环机械特性的关系

1.4.6　反馈控制规律

转速闭环反馈调速系统是一种基本的反馈控制系统（Feedback System），它具有一般反馈系统的基本特征，也就是反馈控制的基本规律。各种不另加其他调节器的基本反馈控制系统都服从以下规律。

（1）只用比例放大器作为控制器的反馈控制系统，其被调量仍是有静差的。

从静特性分析中可以看出，闭环系统的开环放大系数 K 值越大，系统的稳态性能越好。然而，由于所设置的放大器（控制器）仅仅是一个比例放大器，即

$$K_p = C$$

式中，C 为具有一定值的常数，但 $C \neq \infty$。那么，稳态速差就只能减小，却不可能消除。因为闭环系统的稳态速降为式（1.4.27），即

$$\Delta n_{c1} = \frac{R \cdot I_d}{C_e \cdot \Phi \cdot (1 + K)}$$

只有当 $K \to \infty$ 成立时，

$$\Delta n_{c1} = 0$$

但这是不可能的。实际工程中，由于受到稳定性等方面的限制，开环放大系数 K 不能取得太大。

因此，这样的调速系统称为有静差调速系统。事实上，这种系统正是依靠被调量的偏差进行控制的。

（2）反馈控制系统的作用是抵抗扰动、服从给定。

反馈控制系统（Feedback System）具有良好的抗扰性能，它能有效地抑制一切被负反馈环所包围的前向通道上的扰动作用，且完全服从给定作用。

除给定信号外，作用在控制系统各环节上的一切会引起输出量变化的因素都叫作"扰动作用"。上面只讨论了负载变化这样一种扰动作用，除此以外，交流电源电压的波动（使 K_s

变化）、电动机励磁的变化（造成 $C_e \cdot \Phi$ 变化）、放大器输出电压的漂移（使 K_p 变化）、由温升引起的主电路电阻（R_a）的增大等，所有这些因素都和负载变化一样，最终都要影响到转速，都会被测速装置检测出来，再通过反馈控制的作用，减小它们对稳态转速的影响。

如图 1.4.7 所示为可能出现的各种扰动作用。反馈控制系统对这些扰动都有抑制功能。

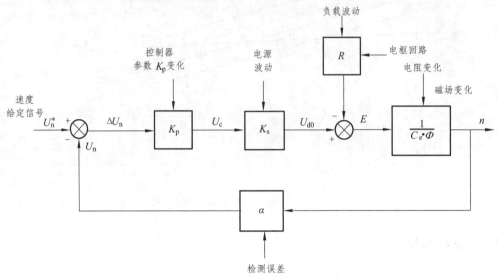

图 1.4.7　闭环调速系统的给定作用和扰动作用

但是，如果在反馈通道上的测速反馈系数（α）受到某种影响而发生变化，它非但不能得到反馈控制系统的抑制，反而会增大被调量的误差。按照反馈控制理论的观点，反馈控制系统所能抑制的只是负反馈环包围的前向通道上的扰动。

抗扰性能是反馈控制系统最突出的特征之一。正因为有这一特征，在设计闭环系统时，可以只考虑一种主要扰动作用，例如在调速系统中只考虑负载扰动，按照克服负载扰动的要求进行设计，则其他扰动也就自然都受到抑制了。

与此不同的是在负反馈环外的给定作用，如图 1.4.7 中的转速给定信号（U_n^*），它的微小变化都会使被调量随之变化，不会受反馈作用的抑制。

综上所述，反馈控制系统的规律如下：

① 能够有效地抑制一切被包围在负反馈环内前向通道上的扰动作用；

② 紧紧地跟随着给定作用，对给定信号的任何变化都"唯命是从"。

（3）系统的控制精度依赖于给定的精度和反馈检测的精度。

如果产生给定电压的电源发生波动，反馈控制系统无法鉴别是对给定电压的正常调节还是不应有的电压波动。因此，高精度的调速系统必须有更高精度的给定稳压电源（有的时候可能是数控的）。

此外，反馈检测装置的误差也是反馈控制系统无法克服的。

对于上述调速系统来说，反馈检测装置就是测速发电机。如果测速发电机的励磁发生变化，会使反馈电压失真，从而使闭环系统的转速偏离给定数值。而测速发电机电压中的换向纹波、制造或安装不良造成转子偏心等，都会给系统带来周期性的干扰。

如果采用数字测速，如光电编码盘的数字测速，可以大大提高调速系统的精度。

1.4.7　闭环直流调速系统稳态参数计算

稳态参数计算是自动控制系统设计的第一步，也是最关键的一步。它决定了控制系统的基本构成环节，有了基本环节组成系统之后，再通过动态参数设计，就可使系统臻于完善。近代自动控制系统的控制器主要是模拟控制（Analog Control）和数字控制（Digital Control）。

由于具有明显的优点，数字控制（Digital Control）系统在实际应用中已占主要地位，但从物理概念和设计方法上看，模拟控制（Analog Control）仍是基础。因此，本书在直流电机的控制中，先从模拟控制入手，第3章再集中介绍直流调速系统的数字控制。在先前的经典自动控制原理中，已经介绍了相关的设计方法，在后面的章节中也会给出具体设计方法。

【例 1.4.4】　如图 1.4.8 所示为速度闭环 V-M 传动系统。

控制器采用简单的比例控制器，采用常用的模拟运算放大器来实现。相关的系统参数如下。直流电动机额定参数：额定功率 10 kW，额定电压 220 V，额定电流 55 A，额定转速 1 000 r/min，直流电机电枢回路电阻 0.5 Ω；测速发电机参数：永磁式测速发电机，额定功率 23.1 W，额定电压 110 V，额定电流 0.21 A，额定转速 1 900 r/min；偏置用直流稳压电源为 ±15 V。

相控整流机触发装置采用三相桥式可控整流装置，整流变压器采用 Y/Y 连接，二次侧线电压为 230 V，电压放大系数 $K_s = 44$；V-M 系统电枢回路总电阻为 1.0 Ω。

如果要求传动系统调速范围 $D = 10$，静差率 $s \leqslant 5\%$，对 V-M 系统构成传动系统进行稳态参数计算。

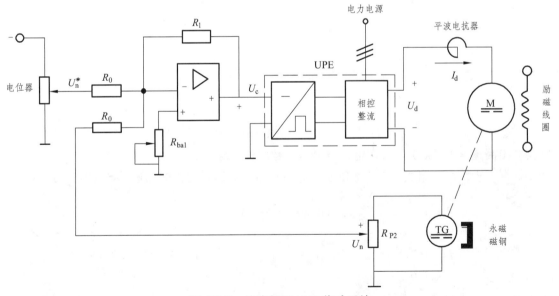

图 1.4.8　速度闭环 V-M 传动系统

解　（1）稳态速降计算：

为了满足调速系统稳态性能指标，额定负载条件下的稳态速降根据式（1.4.33），可以算出

$$\Delta n_{c1} = \frac{n_N \cdot s}{D(1-s)} = \frac{1\,000 \times 0.05}{10 \times (1-0.05)} = \frac{50}{9.5} = 5.263 \text{ （r/min）}$$

（2）系统开环放大系数 K 计算：

系统的开环放大系数与直流电机的电势常数与每极每相的磁通量有关，必须要求出二者的乘积，即 $C_e \cdot \Phi$。根据直流电动机电枢约束方程：

$$U_a = I_a \cdot R_a + C_e \cdot \Phi \cdot n$$

即可以得到

$$C_e \cdot \Phi = \frac{U_a - I_a \cdot R_a}{n}$$

用额定参数代入，得到

$$C_e \cdot \Phi = \frac{U_N - I_N \cdot R_a}{n_N} = \frac{220 - 55 \times 0.5}{1\,000} = \frac{192.5}{1\,000} = 0.192\,5 \text{ （V/rpm）}$$

开环系统的额定速降为

$$\Delta n_{op} = \frac{R \cdot I_N}{C_e \cdot \Phi} = \frac{1 \times 55}{0.192\,5} = 285.71 \text{ （r/min）}$$

这里电阻上的压降应该包含功率变换装置导通时的电阻。

所以闭环系统的开环放大系数可以根据式（1.4.31）得到，即

$$K = \frac{\Delta n_{op}}{\Delta n_{c1}} - 1 = \frac{285.71}{5.26} - 1 = 53.21$$

（3）反馈通路的参数计算：

转速反馈系数（α）与测速发电机的测速常数（k_1）与可调电位器分压系数之比（k_2）有关，即

$$\alpha = k_1 \cdot k_2$$

只要算出测速常数（k_1）与可调电位器分压系数之比（k_2）即可。

根据题中给出的测速发电机额定参数，可以求出测速发电机的测速常数（k_1）为

$$k_1 = \frac{U_N}{n_N} = \frac{110}{1\,900} = 0.057\,89 \text{ （V/rpm）}$$

考虑到速度给定直流稳压电压为 ±15 V，为方便计算，取可调电位器的分压系数

$$k_2 = 0.2$$

可以得到测速反馈系数（α）为

$$\alpha = k_1 \cdot k_2 = 0.057\,89 \times 0.2 = 0.011\,58 \text{ （V/rpm）}$$

由于测速发电机与直流电动机同轴相连，在直流电动机达到额定转速 1 000 r/min 时，速度反馈信号（U_n）：

$$U_n = \alpha \cdot n_N = k_1 \cdot k_2 \times n_N = 0.057\,89 \times 0.2 \times 1\,000 = 11.58 \; (\text{V})$$

这与电位器的直流偏置电源是一致的。

电位器的选择还有额定功率的选择，可以根据模拟电路中的相关知识进行选取。

（4）控制器参数计算：

控制器参数计算应该满足调速性能指标要求，根据式（1.4.23），可以得到控制器的放大系数为

$$K_p = \frac{K \cdot C_e \cdot \Phi}{K_s \cdot \alpha}$$

代入参数，即

$$K_p = \frac{K \cdot C_e \cdot \Phi}{K_s \cdot \alpha} = \frac{53.21 \times 0.192\,5}{44 \times 0.011\,58} = \frac{10.242\,9}{0.509\,52} = 20.113\,7$$

根据模拟电子电路的知识，可以取

$$R_0 = 10 \; \text{k}\Omega$$

则

$$R_1 = K_p \cdot R_0 = 20.113\,7 \times 10 = 201.137 \; (\text{k}\Omega)$$

实取

$$R_1 = 200 \; \text{k}\Omega$$

在选取标称电阻值的同时，要考虑电阻的功耗和精度问题等。

1.4.8 限流保护——电流截止负反馈

1. 问题的提出

直流电动机全压启动时，如果没有限流措施，会产生很大的冲击电流。这不仅对直流电动机换向不利，对过载能力低的电力电子器件来说，更是不允许的。

给采用转速负反馈的闭环调速系统突然施加给定电压时，由于传动系统机械惯性存在，转速不可能立即建立起来，反馈电压仍为零，相当于偏差电压

$$\Delta U_n = U_n^* \tag{1.4.35}$$

差不多是其稳态工作值的 $(1+K)$ 倍。

这时，由于控制器的放大系数和功率变换器的惯性都很小，直流电动机电枢电压（U_d）瞬间就达到它的最高值，对直流电动机来说，相当于全压启动，当然是不允许的。

另外，有些生产机械的驱动直流电动机在传动过程中可能会遇到堵转的情况。例如，由于故障使机械轴被卡住，或挖土机运行时碰到坚硬的石块等。传统的处理方法往往是在配电系统中增加一个控制负荷的熔断器，对负荷进行控制。诸如熔断器之类的负荷保护装置，是破坏性的，不具有重复性，在实际工作中使用不方便。同时由于闭环系统的静特性很硬，若无限流环节，电流将远远超过允许值。如果只依靠过流继电器或熔断器保护，一过载就跳闸，也会给正常工作带来不便。

为了解决反馈闭环调速系统启动和堵转时电流过大的问题，系统中必须有自动限制电枢电流的环节。

根据自动控制系统中反馈控制原理，要维持一个物理量基本不变，就应该引入此物理量的负反馈。则引入电流负反馈，就应能保持电流基本不变，使它不超过允许值。但是，这种作用只应在启动和堵转时存在，在正常运行时又得取消，让电流自由地随着负载增减。这种当电流大到一定程度时才出现的电流负反馈，称为电流截止负反馈。

2. 电流截止负反馈环节

直流调速系统中的电流截止负反馈环节如图 1.4.9 所示。其中，R_s 为采样电阻。

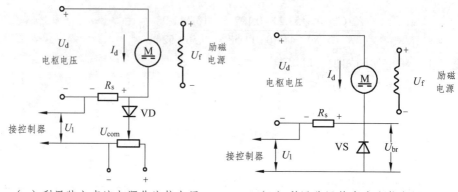

（a）利用独立直流电源作比较电压　　　（b）利用稳压管产生比较电压

图 1.4.9　电流截止负反馈环节

电流反馈信号取自串入直流电动机电枢回路的小阻值采样电阻 R_s（可以用康铜丝，非隔离；可以用隔离变压器，可以用模拟光电隔离，也可以用霍尔（Hall）器件形成的电流传感器），在采样电阻上的电压正比于电枢回路中的电流，即

$$U_{RS} = I_d \cdot R_s \tag{1.4.36}$$

设 I_{dcr} 为临界的截止电流，当电枢电流电流大于 I_{dcr} 时，将电流负反馈信号加到放大器（控制器）的输入端；当电枢电流电流小于 I_{dcr} 时，将电流反馈切断。

为实现这一作用，须引入比较电压 U_{com}。图 1.4.9（a）中用独立的直流电源作为比较电压，其大小可用电位器调节，相当于调节截止电流。在 $I_d \cdot R_s$ 与 U_{com} 之间串接一个二极管（VD），当采样电阻上的压降满足

$$R_s \cdot I_d > U_{com} \tag{1.4.37}$$

时，二极管导通，电流负反馈信号（U_1）即可加到放大器上去；
当

$$R_s \cdot I_d \leqslant U_{com} \tag{1.4.38}$$

时，二极管截止，U_1 即消失。

显然，在电路中，截止电流：

$$I_{dcr} = \frac{U_{com}}{R_s} \tag{1.4.39}$$

50

图 1.4.9（b）中利用稳压管（VS）的击穿电压（U_{br}）作为比较电压，线路要简单得多，但不能平滑地调节截止电流值。

3. 带电流截止负反馈闭环直流调速系统

电流截止负反馈环节的输入-输出特性如图 1.4.10 所示，表现为分段非线性。

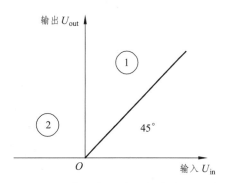

图 1.4.10　电流截止负反馈环节的输入-输出特性

分段非线性是常见非线性的一种。还有一些常见的非线性特性，其典型特性如图 1.4.11 所示，其中的饱和非线性在后面的章节中还会有应用。

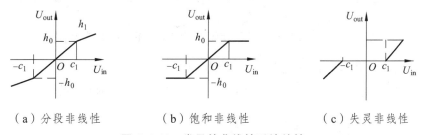

（a）分段非线性　　　　（b）饱和非线性　　　　（c）失灵非线性

图 1.4.11　常见的非线性系统特性

图 1.4.11 中，分段非线性就是电流截止负反馈所应用的非线性。其中 h_0 表示第一段线性曲线的斜率；h_1 表示第二段线性曲线的斜率；c_1 表示两线性曲线的斜率发生变化的点。

分段非线性特性可以用下面的表达式表示，即

$$\begin{cases} u_{out}(m) = h_0 \cdot u_{in}(m), & \left|u_{in}(m)\right| < c_1 \\ u_{out}(m) = h_0 \cdot c_1 + h_1[u_{in}(m) - c_1], & u_{in}(m) \geqslant c_1 \\ u_{out}(m) = -\{h_0 \cdot c_1 + h_1[u_{in}(m) - c_1]\}, & u_{in}(m) < -c_1 \end{cases} \tag{1.4.40}$$

式中，$h_1 = 0$ 称为饱和非线性；$h_0 = 0$ 是失灵非线性。

按照式（1.4.40）的描述，可以用相应的计算机语言来表达，在第 3 章中将给出其应用。

对于图 1.4.10，它表明当输入信号 u_{in}：

$$u_{in} = R_s \cdot I_d - U_{com} \tag{1.4.41}$$

为正值时，输出与输入相等；当输入信号 u_{in} 为负值时，输出为零。

这是一个两段线性环节（分段线性），将它画在方框中，再和系统其他部分的框图连接起来，即得带电流截止负反馈的闭环直流调速系统稳态结构框图，如图 1.4.12 所示。其中，U_i 表示电流负反馈电压；U_n 表示转速负反馈电压；区域①、②特性不同。

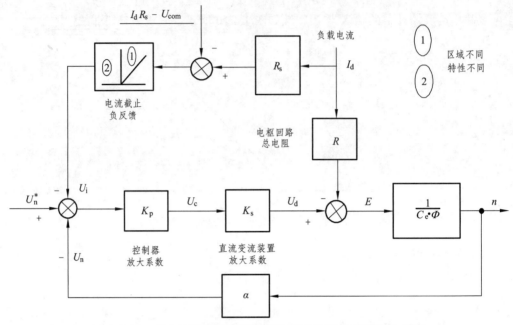

图 1.4.12　带电流截止负反馈闭环直流调速系统稳态结构框图

根据图 1.4.12 可以推导出直流电机传动系统两段静特性方程。

当 $I_d \leqslant I_{dcr}$ 时，电流负反馈截止，静态特性与只有转速负反馈调速系统的静特性相同，即

$$n = \frac{K_p \cdot K_s \cdot U_n^*}{C_e \cdot \varPhi(1+K)} - \frac{R \cdot I_d}{C_e \cdot \varPhi(1+K)} \tag{1.4.42}$$

当 $I_d > I_{dcr}$ 时，电流负反馈起作用，静特性变为

$$n = \frac{K_p \cdot K_s \cdot U_n^*}{C_e \cdot \varPhi(1+K)} - \frac{K_p \cdot K_s}{C_e \cdot \varPhi(1+K)}(I_d \cdot R_s - U_{com}) - \frac{R \cdot I_d}{C_e \cdot \varPhi(1+K)}$$

化简，并合并同类项，得到

$$n = \frac{K_p \cdot K_s \cdot (U_n^* + U_{com})}{C_e \cdot \varPhi(1+K)} - \frac{(R + K_p K_s R_s) \cdot I_d}{C_e \cdot \varPhi(1+K)} \tag{1.4.43}$$

上式的特性描述如图 1.4.13 所示。

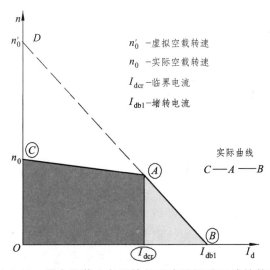

图 1.4.13　带电流截止负反馈闭环直流调速系统的静特性

图 1.4.13 中，n_0' 为虚拟空载转速，n_0 为实际空载转速，I_{dcr} 为临界电流，I_{db1} 为堵转电流。

电流负反馈截止时，速度闭环起作用。电流负反馈截止不起作用时，相当于图 1.4.13 中的曲线 *CA* 段，它就是闭环调速系统本身的静特性，显然此特性是比较硬的。电流负反馈起作用后，相当于图中的 *AB* 段。从式（1.4.46）可以看出，*AB* 段特性和 *CA* 段相比有两个特点：

（1）电流负反馈的作用相当于在主电路中串入一个大电阻（$K_{\mathrm{p}}K_{\mathrm{s}}R_{\mathrm{s}}$），因而稳态速降极大，静特性急剧下垂。

（2）比较电压（U_{com}）与给定电压（U_{n}^*）的作用一致，把理想空载转速提高到

$$n_0' = \frac{K_{\mathrm{p}} \cdot K_{\mathrm{s}} \cdot (U_{\mathrm{n}}^* + U_{\mathrm{com}})}{C_{\mathrm{e}} \cdot \varPhi(1+K)} \tag{1.4.44}$$

即 n_0' 提高到图 1.4.13 中的 *D* 点。实际中用虚线画出的 *DA* 段是不起作用的，是虚拟的。

这样的两段式静特性常称作下垂特性或挖土机特性。当挖土机遇到坚硬的石块而过载时，电动机停下，电流最大也就是直流电机的堵转电流（I_{db1}），在式（1.4.46）中，令 $n=0$，得到堵转电流（I_{db1}）：

$$I_{\mathrm{db1}} = \frac{K_{\mathrm{p}} \cdot K_{\mathrm{s}}(U_{\mathrm{n}}^* + U_{\mathrm{com}})}{R + K_{\mathrm{p}} \cdot K_{\mathrm{s}} \cdot R_{\mathrm{s}}} \tag{1.4.45}$$

在工程实际中，一般而言，电枢回路的总电阻（R）在量值上远远小于电枢回路采样电阻放大后的功能电阻（$K_{\mathrm{p}} \cdot K_{\mathrm{s}} \cdot R_{\mathrm{s}}$），即

$$R \ll K_{\mathrm{p}}K_{\mathrm{s}}R_{\mathrm{s}} \tag{1.4.46}$$

所以

$$I_{db1} \approx \frac{U_n^* + U_{com}}{R_s} \qquad\qquad (1.4.47)$$

堵转电流（I_{db1}）应该小于直流电动机的允许最大电流，一般为 $(1.5 \sim 2) \cdot I_N$，I_N 为直流电动机的额定电流，往往在电机铭牌上标明。

此外，从调速系统的稳态性能上看，希望 CA 段特性的运行范围足够大，截止电流（I_{dcr}）应该大于直流电机的额定电流，例如，取

$$I_{dcr} \geqslant (1.1 \sim 1.2) \cdot I_N \qquad\qquad (1.4.48)$$

这些就是设计电流截止负反馈环节参数的依据。

以上是从稳态静特性的角度分析电流截止负反馈环节的作用。在直流电动机启动的动态过程中，怎样限流以及电流的动态波形如何还取决于系统的动态结构与参数，这将在第 2 章中通过实例给出相关讨论。

1.5 速度负反馈控制闭环直流调速系统的动态分析和设计

上节中讨论了反馈控制闭环调速系统的稳态性能及其分析与设计方法，引入了转速负反馈，当控制器放大系数足够大时，就可以满足系统的稳态性能要求。

然而，控制器放大系数太大又可能引起闭环系统不稳定，这时应再增加动态校正措施，才能保证系统的正常工作。

此外，还须满足系统的各项动态指标（上升时间、延迟时间、峰值时间、调节时间、超调量等）的要求。

为此，必须进一步分析系统的动态性能。

1.5.1 反馈控制闭环直流调速系统的动态数学模型

为了分析调速系统的稳定性和动态性能，必须首先建立描述系统动态物理规律的数学模型，对于连续的线性定常系统，其数学模型是常微分方程，经过拉普拉斯（Laplace Transfermation）变换，可用传递函数和动态结构图表示。

建立系统动态数学模型的基本步骤如下：

（1）根据系统中各环节的物理规律，列出描述该环节动态过程的微分方程；

（2）求出各环节的传递函数；

（3）组成系统的动态结构框图，并求出系统的传递函数。

下面以如图 1.5.1 所示的直流闭环调速系统为例进行分析，构成该系统的主要环节是电力电子变换器和直流电动机。

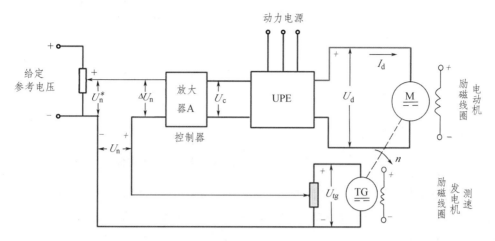

图 1.5.1 反馈控制闭环直流调速系统原理图

在第 1.2 节和 1.3 节中推导了用"自控语言"描述的相控整流与斩波变换，给出这两种电力电子变换器的传递函数。

晶闸管触发与整流装置近似传递函数：

$$W_s(s) \approx \frac{K_s}{1+T_s s} \tag{1.5.1}$$

包含相控触发传递函数，描述的是控制器输出电压（U_c）与相控触发角（α）间的函数，即

$$\alpha = \alpha(U_c) \tag{1.5.2}$$

以及电力电子变换装置输出直流平均电压（U_d）与触发角（α）间的函数关系，即

$$U_d = f(\alpha) \tag{1.5.3}$$

斩波脉宽控制与变换装置近似传递函数：

$$W_s(s) \approx \frac{K_s}{1+T_s s} \tag{1.5.4}$$

包含控制器（PID 控制器）传递函数，描述的是输出控制电压（U_c）与门极脉冲宽度（U_g）之间的函数关系（PWM 控制），即

$$U_g = U_g(U_c) \tag{1.5.5}$$

以及电力电子变换装置输出直流平均电压（U_d）与门极脉冲宽度（U_g）之间的函数

$$U_d = f(U_g) \tag{1.5.6}$$

从式（1.5.1）、式（1.5.4）可以看出它们的表达式是相同的。只是在不同场合下，参数 K_s 和 T_s 的数值不同而已。通过例 1.5.1，可以看出相控与斩波间的区别。

他励直流电动机在额定励磁下的等效电路如图 1.5.2 所示。

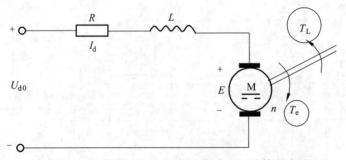

图 1.5.2　他励直流电动机在额定励磁下的等效电路

其中直流电动机电枢回路总电阻（R）和电感（L）包含电力电子变换器内阻、电枢电阻和电感以及可能在主电路中接入的其他电阻和电感（如平波电抗器的电阻、电感），规定的正方向如图 1.5.2 所示。

假定主电路电流连续，则动态电压方程为

$$U_{d0} = R \cdot I_d + L\frac{\mathrm{d}i_d}{\mathrm{d}t} + E \qquad (1.5.7)$$

忽略黏性摩擦及弹性转矩，直流电动机传动轴上动力学方程为

$$J\frac{\mathrm{d}\omega}{\mathrm{d}t} = \frac{GD^2}{375}\frac{\mathrm{d}n}{\mathrm{d}t} = T_e - T_L \qquad (1.5.8)$$

而在额定励磁下的直流电动机的反电动势和电磁转矩分别为

$$E = C_e \cdot \Phi \cdot n \qquad (1.5.9)$$

$$T_m = C_m \cdot \Phi \cdot I_a \qquad (1.5.10)$$

式中　T_L——包括电动机空载转矩在内的负载转矩（折算到电机轴中心）（N·m）;

　　　GD^2——电力拖动系统折算到电动机轴上的飞轮转动惯量（N·m²）;

　　　C_e——电动机的励磁为 Φ 下的转矩系数（V/rpm）:

$$C_m = \frac{30}{\pi}C_e \text{（N·m/A）}$$

为了表述方便，定义系统时间的时间常数，T_1 和 T_m，这些时间常数的定义非常重要，有利于对系统动态性能的分析，即

T_1——直流电机电枢回路电磁时间常数（s），其中

$$T_1 = \frac{L}{R}$$

T_m——运动控制系统（电力拖动系统）机电时间常数（s），其中

$$T_m = \frac{(GD^2) \cdot R}{375 \cdot C_e \cdot C_m} \qquad (1.5.11)$$

56

注意，这里 (GD^2) 是一整体，不要分开表示。

代入式（1.5.7）和式（1.5.8），同时考虑式（1.5.9）与式（1.5.10），经过整理，得到

$$U_{d0} - E = R \cdot \left(I_d + T_1 \frac{\mathrm{d}I_d}{\mathrm{d}t} \right) \tag{1.5.12}$$

$$I_d - I_{dL} = \frac{T_m}{R} \cdot \frac{\mathrm{d}E}{\mathrm{d}t} \tag{1.5.13}$$

式中，I_{dL} 为负载电流分量，在量值上：

$$I_{dL} = \frac{T_L}{C_m \cdot \varPhi} \tag{1.5.14}$$

在零初始条件下，取等式（1.5.12）两侧的拉普拉斯变换，得到电压与电流间的传递函数为

$$\frac{I_d(s)}{U_{d0}(s) - E(s)} = \frac{\dfrac{1}{R}}{T_1 \cdot s + 1} \tag{1.5.15}$$

电流与电动势间的传递函数为

$$\frac{E(s)}{I_d(s) - I_{dL}(s)} = \frac{R}{T_m \cdot s} \tag{1.5.16}$$

式（1.5.15）及式（1.5.16）的动态结构框图如图 1.5.3（a）、（b）所示。

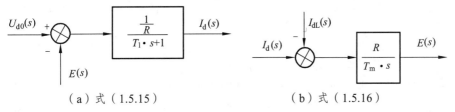

（a）式（1.5.15）　　　　　　　　　　（b）式（1.5.16）

图 1.5.3　动态结构框图

将图 1.5.3 中（a）、（b）合并，同时考虑反电动势方程式，即

$$E = C_e \cdot \varPhi \cdot n$$

可以得到他励直流电动机在恒励磁为 $\varPhi$ 条件下的动态结构框图，如图 1.5.4 所示。

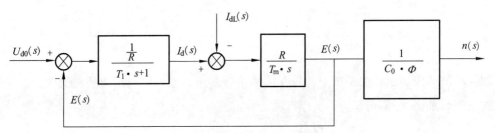

图 1.5.4　他励直流电动机动态结构框图

从直流电动机动态结构框图 1.5.4 可以看出，直流电动机有两个输入量：一个是施加在电枢上的理想空载电压 U_{d0}，另一个是负载电流 I_{dL}。

前者是控制输入量，后者是扰动输入量。如果不需要在结构框图中显现出电枢电流（I_d），可将扰动量（I_{dL}）的综合点前移，再进行等效变换，得到如图 1.5.5（a）所示的结构图；如果是理想空载，则 $I_{dL} = 0$，结构框图即简化如图 1.5.5（b）所示。

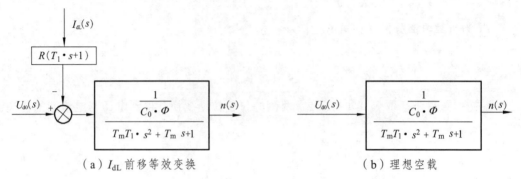

（a）I_{dL} 前移等效变换　　　　　　　　（b）理想空载

图 1.5.5　化简后的他励直流电机动态结构框图

由上图可以看出，一定励磁（Φ）下的直流电动机是一个二阶线性环节，T_m 和 T_1 两个时间常数分别表示传动系统的机电惯性和电磁惯性。

如果

$$T_m > 4T_1 \tag{1.5.17}$$

则 U_{d0}、n 间的传递函数可以分解成两个惯性环节，突加给定时，转速呈单调变化；

如果

$$T_m < 4T_1 \tag{1.5.18}$$

则直流电动机是一个二阶振荡环节，机械能和电磁能量互相转换，使传动系统的运动过程带有振荡的性质。

在直流闭环调速系统中还有比例放大器和测速反馈环节，它们的响应都可以认为是瞬时的，因此它们的传递函数就是它们的放大系数，即

$$W_a(s) = \frac{U_c(s)}{\Delta U_n(s)} = K_p \tag{1.5.19}$$

$$W_{fn}(s) = \frac{U_n(s)}{n(s)} = \alpha \tag{1.5.20}$$

把各环节的传递函数按系统中的相互关系组合起来，就可以画出闭环直流调速系统的动态结构框图，如图 1.5.6 所示。

58

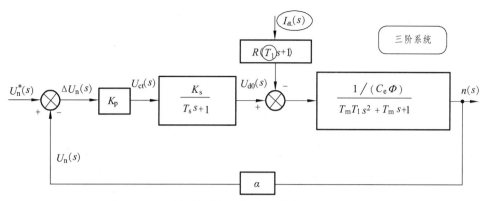

图 1.5.6　反馈控制闭环调速系统的动态结构框图

由图 1.5.6 可见，将电力电子变换器按一阶惯性环节处理后，带比例放大器的闭环直流调速系统可以近似看作是一个三阶线性系统，但系统的参数一定要满足式（1.5.17）。

反馈控制闭环直流调速系统的开环传递函数 $W(s)$：

$$W(s) = \frac{K}{(T_s(s)+1)(T_m T_1 s^2 + T_m s + 1)}\tag{1.5.21}$$

式中，K 为闭环系统的开环放大系数，且

$$K = \frac{K_p \cdot K_s \cdot \alpha}{C_e \cdot \Phi}$$

设 $I_{dL} = 0$，从给定输入作用上看，闭环直流调速系统的闭环传递函数是

$$W_{cl}(s) = \frac{\dfrac{K_p \cdot K_s}{C_e \cdot \Phi(T_s s + 1)(T_m T_1 s^2 + T_m s + 1)}}{1 + \dfrac{K_p \cdot K_s \cdot \alpha}{C_e \cdot \Phi(T_s s + 1)(T_m T_1 s^2 + T_m s + 1)}}$$

即

$$W_{cl}(s) = \frac{K_p \cdot K_s}{C_e \cdot \Phi(T_s s + 1)(T_m T_1 s^2 + T_m s + 1) + K}$$

代入相应参数，得

$$W_{cl}(s) = \frac{\dfrac{K_p \cdot K_s}{C_e \cdot \Phi(1+K)}}{\dfrac{T_m \cdot T_1 \cdot T_s}{1+K}s^3 + \dfrac{T_m \cdot (T_1 + T_s)}{1+K}s^2 + \dfrac{T_m + T_s}{1+K}s + 1}\tag{1.5.22}$$

1.5.2　反馈控制闭环直流调速系统的稳定条件

对于系统的描述式（1.5.22），可以按照线性系统的方法进行性能分析，下面主要用劳斯-赫尔维茨（Routh-Hurwitz）稳定性判据来分析闭环直流调速系统的稳定性。

由式（1.5.22）可知，反馈控制闭环直流调速系统的特征方程为

$$\frac{T_m T_l T_s}{1+K} s^3 + \frac{T_m (T_l + T_s)}{1+K} s^2 + \frac{T_m + T_s}{1+K} s + 1 = 0 \qquad (1.5.23)$$

它的一般表达式为

$$a_0 s^3 + a_1 s^2 + a_2 s + a_3 = 0 \qquad (1.5.24)$$

根据三阶系统的劳斯-赫尔维茨（Routh-Hurwitz）稳定性判据，系统稳定的充分必要条件是

$$\begin{cases} a_0 > 0 \\ a_1 > 0 \\ a_2 > 0 \\ a_3 > 0 \\ a_1 \cdot a_2 - a_0 \cdot a_3 > 0 \end{cases} \qquad (1.5.25)$$

式（1.5.23）的各项系数显然都是大于零的，因此稳定条件就只有

$$\frac{T_m (T_l + T_s)}{1+K} \cdot \frac{T_m + T_s}{1+K} - \frac{T_m \cdot T_l \cdot T_s}{1+K} > 0 \qquad (1.5.26)$$

或

$$(T_l + T_s) \cdot (T_m + T_s) > (1+K) T_l \cdot T_s \qquad (1.5.27)$$

整理后得

$$K < \frac{T_m \cdot (T_l + T_s) + T_s^2}{T_l \cdot T_s} \qquad (1.5.28)$$

式（1.5.28）右边称作系统的临界放大系数（K_{cr}），当放大系数

$$K > K_{cr} \qquad (1.5.29)$$

时，系统将不稳定。

对于一个自动控制系统，稳定性是它能否正常工作的必要条件，是必须保证的。

从例题 1.5.1 和例题 1.5.2 中可以看出，由于斩波控制的开关频率高，PWM 装置的滞后时间常数 T_s 非常小，同时主电路不需要串接平波电抗器，电磁时间常数 T_l 也不大，因此闭环的脉宽调速（PWM）系统容易稳定。或者说，在保证系统稳定的条件下，脉宽调制（PWM）调速系统的稳态性能指标可以大大提高。

1.5.3 动态校正——PID 调节器（控制器）的设计

在设计闭环调速系统时，常常会遇到动态稳定性与稳态性能指标发生矛盾的情况（如例题 1.5.1 或例题 1.5.3 中要求更高调速范围时），这时，必须设计合适的动态校正装置，用来改进系统性能，使它同时满足动态稳定性与稳态性能指标两方面的要求。

根据经典控制理论，动态校正装置的方法很多，而且对于同一系统来说，能够符合要求

的校正方案也不是唯一的。

在电力拖动自动控制系统（运动系统）中，最常用的是串联校正和反馈校正。

串联校正比较简单，也容易实现，对于带电力电子变换器的直流闭环调速系统，由于描述其性能传递函数的阶次较低，一般采用 PID 调节器（控制器）的串联校正方案就能完成动态校正的任务。

PID（Proportion-Integration-Differentiation）调节器（一种特殊控制器）中有比例微分（Proportion-Differentiation，PD）调节器、比例积分（Proportion-Integration，PI）调节器和比例积分微分调节器三种类型。

比例调节器的功能、作用及响应曲线如图 1.5.7 所示。

比例调节器表达式：

$$u = K_\mathrm{p}e + u_0$$

式中　u——控制器的输出；

　　　K_p——比例系数；

　　　e——调节器输入偏差；

　　　u_0——控制量的基准。

比例作用：迅速反应误差，但不能消除稳态误差，过大容易引起不稳定。

比例积分调节器的功能、作用及其响应曲线如图 1.5.8 所示。

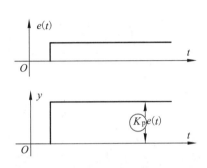

图 1.5.7　比例调节器功能及响应曲线

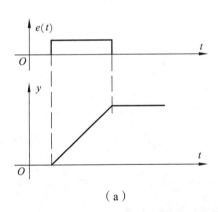

（a）

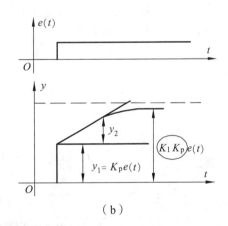

（b）

图 1.5.8　比例积分调节器响应曲线

比例积分调节器表达式：

$$u = K_\mathrm{p}\left(e + \frac{1}{T_\mathrm{I}} \int_0^t e\,\mathrm{d}t\right) + u_0$$

式中　T_I——积分时间常数。

积分作用：消除静差，但容易引起超调，甚至出现振荡。

比例微分调节器的功能、作用及响应曲线如图 1.5.9 所示。

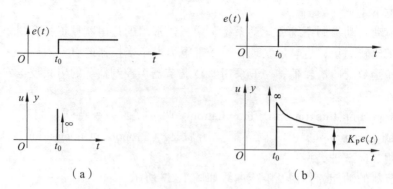

（a）　　　　　　　　　　　　　（b）

图 1.5.9　比例微分调节器响应曲线

比例微分调节器表达式：

$$u = K_p\left(e + T_D\frac{de}{dt}\right) + u_0$$

式中　T_D——微分时间常数。

微分作用：减小超调，克服振荡，提高稳定性，发送系统动态性。在调节器中加入微分环节，在偏差出现时，尤其在偏差值不大时，根据偏差变化的速度，提前给出较大的调节作用。

比例微分（PD）输出只能反映偏差输入变化的速度，对于一固定的偏差，不论其多大，也不会有微分作用输出。

微分作用不能消除静差，只能在偏差出现时产生调节作用，与比例调节相配合，PD 调节器在偏差出现的瞬间，输出大的阶跃，然后按指数下降，直到微分作用消失，成为比例环节。

比例积分微分调节器的功能、作用及响应曲线如图 1.5.10 所示。

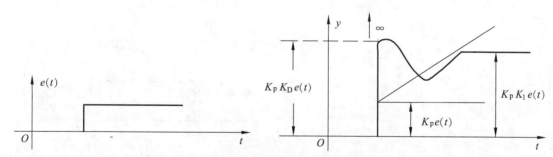

图 1.5.10　比例积分微分调节器功能及响应曲线

比例积分微分调节器：

$$u = K_p\left(e + \frac{1}{T_I}\int_0^t e\,dt + T_D\frac{de}{dt}\right) + u_0$$

比例积分微分作用：

① 比例、微分作用，使调节作用加强；

② 积分，使静差消除；

③ 无论从静态、动态调节性能均得到改善。

由比例微分（PD）调节器构成的超前校正，可提高系统的稳定裕度，并获得足够的快速性，但稳态精度可能受到影响；

由比例积分（PI）调节器构成的滞后校正，可以保证稳态精度，却是以对快速性的限制来换取系统稳定的；

用比例积分微分（PID）调节器实现的滞后-超前校正则兼有二者的优点，可以全面提高系统的控制性能，但具体实现与调试要复杂一些。

一般调速系统的要求以动态稳定性和稳态精度为主，对快速性的要求可以低一些，所以主要采用比例积分（PI）调节器；在随动系统中，快速性是主要要求，须用 PD 或 PID 调节器。

在设计校正装置时，主要的研究工具是系统的伯德图（Bode Diagram），即开环对数频率特性的渐近线。

它的绘制方法简便，可以确切地提供稳定性和稳定裕度的信息，而且还能大致衡量闭环系统稳态和动态的性能。正因为如此，伯德图是电力拖动和自动控制系统设计和应用最普遍使用的方法。随着计算机仿真技术的应用，伯德图变得更为方便和实用。

在实际系统中，动态稳定性不仅必须保证，而且还要有一定的裕度，以防参数变化和一些未计入因素的影响。

在伯德图上，用来衡量最小相位系统稳定裕度的指标是相角裕度（γ）和幅值增益裕度（GM）（dB）。

如果控制系统的所有极点和零点均位于 s 左半平面上，则称该系统为最小相位系统。

当且仅当系统是因果稳定的，有一个有理形式的系统函数，并且存在一个因果稳定的逆函数时，这个系统被称为最小相位系统。

从传递函数角度看，如果某环节的传递函数的极点和零点的实部全都小于或等于零，则称这个环节是最小相位环节。如果传递函数中有正实部的零点或极点，或有延迟环节，这个环节就是非最小相位环节。

对于闭环系统，如果它的开环传递函数极点或零点的实部全部小于或等于零，则称它是最小相位系统。如果开环传递函数中有正实部的零点或极点，或有延迟环节，则称系统是非最小相位系统。因为若把延迟环节用零点和极点的形式（泰勒级数展开）近似表达，会发现它具有正实部零点。

最小相位系统具有如下性质：

① 最小相位系统传递函数可由其对应的开环对数频率特性唯一确定，反之亦然；

② 最小相位系统的相频特性可由其对应的开环频率特性唯一确定，反之亦然；

③ 在具有相同幅频特性的系统中，最小相位系统的相角范围最小。

对于稳定裕度一般要求：

$$\begin{cases} \gamma = 30° \sim 60° \\ GM > 6 \text{ (dB)} \end{cases} \qquad (1.5.30)$$

保留适当的稳定裕度，是考虑到实际系统各环节参数发生变化时不致使系统失去稳定。在一般情况下，稳定裕度也能间接反映系统动态过程的平稳性。稳定裕度大，意味着动态过程振荡弱、超调小（实际上就是鲁棒性的要求）。

63

在定性地分析闭环系统性能时，通常将伯德图分成低、中、高三个频段，频段的分割界限是大致的，不同文献上的分割方法也不尽相同，这并不影响对系统性能的定性分析。如图1.5.11 所示为自动控制系统的典型伯德图。

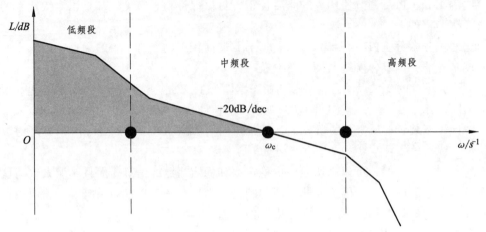

图 1.5.11　自动控制系统的典型伯德图（Bode Diagram）

从其中三个频段的特征可以确定系统的性能，这些特征包括以下四个方面：

① 中频段以 – 20 dB/dec 的斜率穿越 0 dB 线，而且这一斜率能覆盖足够的频带宽度，则系统的稳定性好；

② 截止频率（或称剪切频率）ω_c 越高，则系统的快速性越好；

③ 低频段的斜率陡、增益高，说明系统的稳态精度高；

④ 高频段衰减越快，即高频特性负分贝（dB）值越低，说明系统抗高频噪声干扰的能力越强。

以上四个方面常常是互相矛盾的。

对稳态精度要求很高时，常需要放大系数大，却可能使系统不稳定；加上校正装置后，系统稳定了，又可能牺牲系统的快速性；提高截止频率（穿越频率）可以加快系统的响应，但容易引入高频干扰等。

设计时往往须用多种手段，反复试凑（这就是 PID 系统参数难以准确确定的原因）。

在稳、准、快和抗干扰这四个矛盾的方面之间取折中，才能获得比较满意的结果。

随着数字控制技术、计算机、微处理器等数字控制技术的发展，控制器不一定是线性的，其结构也不一定是固定的，可以很方便地应用各种控制策略，解决矛盾就容易多了，详见第3 章中有关数字控制系统的相关章节。

具体设计时，首先应进行总体设计，选择基本部件，按稳态性能指标计算参数，形成基本的闭环控制系统（原始系统）；然后，建立原始系统的动态数学模型，画出反映其特色的伯德图（Bode Diagram），校验系统的稳定性和动态性能。

如果原始系统不稳定或动态性能不好，就必须对系统配置合适的动态校正装置，使校正后的系统全面满足所要求的性能指标。

前已指出，作为调速系统的动态校正装置，常用比例积分（PI）调节器。如果对系统采用模拟控制时，可用运算放大器来实现比例积分（PI）调节器，其电路图如图 1.5.12 所示。

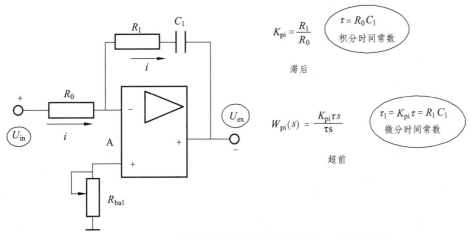

图 1.5.12 用运算放大器来实现比例积分（PI）调节器

图 1.5.12 中，调节器输入（U_{in}）和调节器输出电压（U_{ex}）分别代表各自信号的绝对值，图 1.5.12 中所示的极性表明它们是反相的；R_{ba1} 为运算放大器同相输入端的平衡电阻，一般取反相输入端各电路电阻的并联值，也可以按照电路理论知识，R_{ba1} 就是从同相端看进的戴维南等效内阻。按照运算放大器的输入-输出关系，可得

$$U_{ex} = \frac{R_1}{R_0} \cdot U_{in} + \frac{1}{R_0 C_1} \cdot \int_{-\infty}^{t} U_{in} dt \qquad (1.5.31)$$

$$U_{ex} = K_{pi} \cdot U_{in} + \frac{1}{\tau} \cdot \int_{-\infty}^{t} U_{in} dt \qquad (1.5.32)$$

式中　K_{pi}——PI 调节器比例部分的放大系数：

$$K_{pi} = \frac{R_1}{R_0} \qquad (1.5.33)$$

　　τ——PI 调节器积分时间常数：

$$\tau = R_0 \cdot C_1 \qquad (1.5.34)$$

由此可见 PI 调节器的输出电压 U_{ex} 由比例和积分两部分叠加而成。

当初始条件为零时，取式（1.5.32）两侧的拉普拉斯（Laplace）变换，移项后，得到 PI 调节器的传递函数为

$$W_{pi}(s) = \frac{U_{ex}(s)}{U_{in}(s)}$$

代入、化简，得

$$W_{pi}(s) = K_{pi} + \frac{1}{\tau \cdot s} = \frac{K_{pi}\tau \cdot s + 1}{\tau \cdot s} \qquad (1.5.35)$$

令

$$\tau_1 = K_{pi} \cdot \tau = R_1 \cdot C_1 \tag{1.5.36}$$

PI 调节器的传递函数也可以表示为

$$W_{pi}(s) = \frac{\tau_1 \cdot s + 1}{\tau \cdot s}$$

代入、化简，得

$$W_{pi}(s) = K_{pi} \frac{\tau_1 \cdot s + 1}{\tau_1 \cdot s} \tag{1.5.37}$$

从式（1.5.37）可以看出，系统具有一个零点，有微分作用。所以，这种电路往往也称为具有微分效应的 PI 调节器。

图 1.5.12 的控制器，实际上为 PI 调节器，由一个积分环节和一个比例微分环节构成，τ_1 是微分项中的超前时间常数，它和积分时间常数 τ 的物理意义是不同的。

在零初始状态和阶跃输入下，PI 调节器输出电压特性如图 1.5.13 所示。

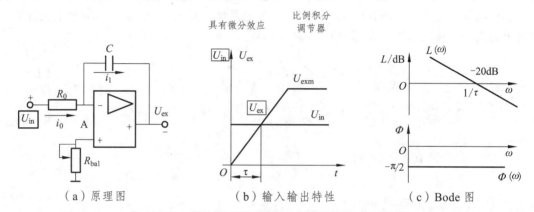

（a）原理图   （b）输入输出特性   （c）Bode 图

图 1.5.13　具有微分效应的 PI 调节器输出电压特性

从图 1.5.13 可以看出，这种调节器作用的物理意义非常特殊。突加输入电压（U_{in}）时，输出电压（U_{ex}）首先突跳到 $K_{pi} \cdot U_{in}$，保证了系统响应的快速性。但是 K_{pi} 是小于稳态性能指标所要求的比例放大系数（K_p），因此快速性被压低了，换来对稳定性的保证。

如果只有 K_{pi} 的比例放大作用，稳态精度必然要受到影响，但由于调节器为 PI 型调节器，控制作用还有积分功能。在过渡过程中，电容 C_1 由电流 i_1 恒流充电，实现积分作用，使 U_{ex} 线性地增长，相当于在动态中把放大系数逐渐提高，最终满足稳态精度的要求；如果输入电压 U_{in} 一直存在，电容 C_1 就不断充电，不断进行积分，直到输出电压 U_{ex} 达到运算放大器的上限幅值 U_{exm} 时为止，此时运算放大器饱和。

为了保证线性放大作用并保护系统各环节，对运算放大器设量输出电压限幅是非常必要的。在实际闭环系统中，当转速上升到给定值时，调节器的输出 $U_{in} = 0$，积分过程就停止了，由于积分饱和的作用，调节器输出作用发生了变化，有关积分饱和的对调节器输出的影响及处理方法，在数字控制中有详细的论述，在第 3 章再说明。

如果采用数字控制，可将式（1.5.32）

$$U_{ex} = K_{pi} \cdot U_{in} + \frac{1}{\tau} \int_{-\infty}^{t} U_{in} dt$$

的时域方程式离散化，即：积分用求和、微分用差分替代，实现数字 PI，其物理概念还是一样的，具体将在第 3 章中详述。

用绘制伯德图（Bode Diagram）的方法来设计动态校正装置，虽然概念清楚，但是在对数坐标纸上用手工绘制终究比较麻烦，有时还须反复试凑，才能获得满意的结果。随着计算机技术的发展，采用计算机辅助设计（CAD）来完成伯德图的全部计算和作图工作，在系统仿真课程中有详细介绍，相关内容可参考相关文献。

1.6 比例积分控制规律和无静差调速系统

上节指出，用比例积分（PI）调节器代替比例调节器后，可使系统稳定，并有足够的稳定裕度，同时还能满足稳态精度指标。

通过本节分析还将看到，比例积分（PI）调节器的功能不仅如此，还可以进一步提高稳态性能（Performance），达到消除稳态速度误差的目的。也就是说，带比例调节器实现的反馈控制闭环调速系统是有静差调速系统，采用比例积分（PI）调节器的闭环调速系统则是无静差调速系统。

用比例调节器实现的反馈控制闭环调速系统存在静差的实质是在采用比例调节器的调速系统中，调节器的输出一般是电力电子变换器的控制电压，即

$$U_c = K_p \cdot \Delta U_n$$

由此可见，只要直流电动机在运行，即其转速不为零，就必须有控制电压（U_c），因为，对于直流电动机来说，其电枢电压（U_d）：

$$U_d = K_p \cdot K_s \cdot U_c$$

$$U_d = C_e \cdot \Phi \cdot n + I_d \cdot R \approx C_e \cdot \Phi \cdot n \qquad （1.6.1）$$

因而也必须有转速偏差电压（ΔU_n）。这是此类控制器实现的调速系统有静差的根本原因。

为了弄清比例积分（PI）控制规律，首先应分析一下积分控制的作用。

1.6.1 积分调节器和积分控制规律

如图 1.6.1（a）所示为用运算放大器构成的积分调节器（I 调节器）的原理图。

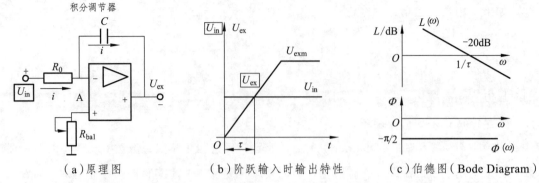

（a）原理图　　　　　（b）阶跃输入时输出特性　　　　（c）伯德图（Bode Diagram）

图 1.6.1　用运算放大器构成的积分调节器（I 调节器）的原理图

由图 1.6.1 可知，控制器输出电压（U_ex）：

$$U_\mathrm{ex} = \frac{1}{C} \int_{-\infty}^{t} i\mathrm{d}t$$

$$U_\mathrm{ex} = \frac{1}{R_0 C} \int_{-\infty}^{t} U_\mathrm{in}\mathrm{d}t = \frac{1}{\tau} \int_{-\infty}^{t} U_\mathrm{in}\mathrm{d}t \tag{1.6.2}$$

式中，τ 为积分时间常数，且

$$\tau = R_0 C \tag{1.6.3}$$

当 U_ex 的初始值为零时，在阶跃输入作用下，对式（1.6.2）进行积分运算，得积分调节器的输出时间特性，如图 1.6.1（b）所示。积分调节器输出的时域描述为

$$U_\mathrm{ex} = \frac{U_\mathrm{in}}{\tau} \cdot t \tag{1.6.4}$$

因此，积分调节器的传递函数为

$$W_\mathrm{i}(s) = \frac{U_\mathrm{ex}(s)}{U_\mathrm{in}(s)} = \frac{1}{\tau \cdot s} \tag{1.6.5}$$

式（1.6.5）积分调节器的伯德图（Bode）如图 1.6.1（c）所示。

在采用比例调节器的调速系统中，调节器的输出一般是电力电子变换器的控制电压（U_c），在量值上 U_c 可以表示为

$$U_\mathrm{c} = K_\mathrm{p} \cdot \Delta U_\mathrm{n} \tag{1.6.6}$$

只要电动机在运行，就必须有控制电压，因而也必须有转速偏差电压 ΔU_n。当负载转矩由 T_L1 突增到 T_L2 时，有静差调速系统的转速（n）、偏差电压（ΔU_n）和控制电压（U_c）的变化如图 1.6.2 所示。

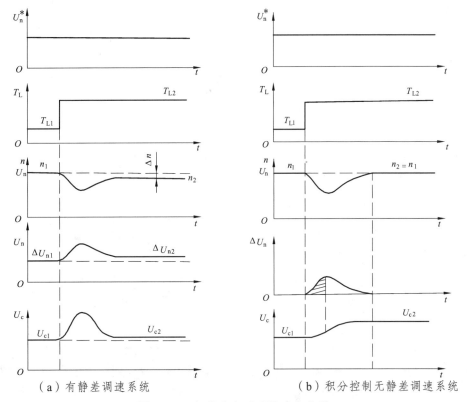

（a）有静差调速系统　　　　　　（b）积分控制无静差调速系统

图 1.6.2　负载突变时系统响应曲线

如果采用积分调节器，则控制电压（U_c）是转速偏差电压（ΔU_n）的积分，按照式（1.6.2），应有

$$U_c = \frac{1}{\tau} \int_0^t \Delta U_n dt \qquad\qquad (1.6.7)$$

如果转速偏差电压（ΔU_n）是阶跃函数，则控制电压（U_c）按线性规律增长，控制电压（U_c）的大小和控制电压（U_c）与横轴所包围的面积成正比，如图 1.6.3 所示。

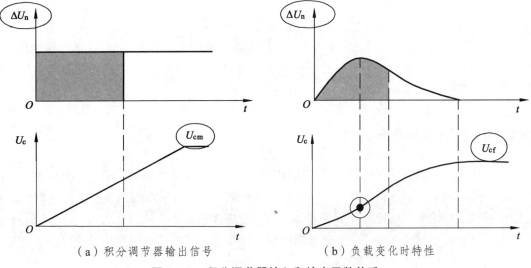

（a）积分调节器输出信号　　　　　　（b）负载变化时特性

图 1.6.3　积分调节器输入和输出函数关系

图 1.6.3（b）绘出的 $\Delta U_n(t)$ 是负载变化时的偏差电压波形。按照 ΔU_n 与坐标横轴所包围面积成正比关系，可得相应的 $U_c(t)$ 曲线，图 1.6.3 中 ΔU_n 的最大值对应 $U_c(t)$ 的拐点。图 1.6.3 是 U_c 的初值为零的情况。

若初值不是零，还应加上初始电压 U_{c0}，则积分式变成

$$U_c = \frac{1}{\tau}\int_0^t \Delta U_n \mathrm{d}t + U_{c0} \tag{1.6.8}$$

动态过程曲线也有相应的变化。

从图 1.6.3（b）可见，在动态过程中，当 ΔU_n 变化时，只要其极性不变，即只要不等式

$$U_n^* > U_n \tag{1.6.9}$$

成立，则积分调节器的输出 U_c 便一直增长；只有达到 $U_n^* = U_n$ 或 $\Delta U_n = 0$ 时，U_c 才停止上升；只有 $\Delta U_n < 0$ 时，U_c 才会下降。

值得特别强调的是，当 $\Delta U_n = 0$ 时，控制器输出控制电压（U_c）并不为零，而是一个终值 U_{cf}。如果 ΔU_n 不再变化，这个终值便保持恒定而不会变化，这是积分调节器控制的优点。

因此，积分调节器控制可以使系统在无静差的情况下保持恒速运行，实现无静差调速。

当负载突增时，积分调节器控制的无静差调速系统动态过程曲线如图 1.6.2（b）所示。

在稳态运行时，转速偏差电压（ΔU_n）必为零。如果转速偏差电压（ΔU_n）不为零，则控制器输出电压（U_c）继续变化，就不再是稳态了。

在突加负载引起动态速降时产生转速偏差电压（ΔU_n），达到新的稳态时，转速偏差电压（ΔU_n）又恢复为零，但控制器输出电压（U_c）已从 U_{c1} 上升到 U_{c2}，以克服负载电流增加产生的压降。

控制器输出电压（U_c）的改变并非仅仅依靠转速偏差电压（ΔU_n）本身，还依靠转速偏差电压（ΔU_n）在一段时间内的积累。

将以上的分析归纳起来，可得下述结论：比例调节器的输出只取决于输入偏差量的现状，而积分调节器的输出则包含了输入偏差量的全部历史。

虽然当前转速偏差电压（ΔU_n）为零，但只要历史上有过转速偏差电压，那么调节器（积分输出）就有一定数值，足以产生稳态运行所需的控制电压（U_c）。积分控制规律和比例控制规律的根本区别就在于此。

1.6.2 比例积分控制规律

上节从无静差的角度突出地表明了积分控制在某些方面优于比例控制，但是从另一方面看，在控制的快速性上，积分控制却又不如比例控制。同样在阶跃输入作用下，比例调节器的输出可以立即响应，而积分调节器的输出却只能逐渐地变化（见图 1.6.2（b））。

为实现既要稳态精度高，又要动态响应快，原则上只要把比例和积分两种控制结合起来就可以实现，这便是比例积分控制。

在 1.5 节中已经分析过比例积分调节器，所得的结论是：其输出是由比例和积分两部分叠加而成的。

从图 1.5.12 的 PI 调节器原理图上可以看出，突加输入信号时，由于电容 C_1 两端电压不能突变，相当于两端瞬间短路，运算放大器反馈回路中只剩下电阻 R_1，等效于一个放大系数为 K_{pi} 的比例调节器，在输出端立即呈现电压 $K_{pi} \cdot U_{in}$，实现快速控制，发挥了比例调节器的长处。此后，随着电容 C_1 被充电，输出电压（U_{ex}）开始积分，其数值不断增长，直到稳态。稳态时，C_1 两端电压等于 U_{ex}，R_1 已不起作用，电路又和积分调节器一样了，这时又能发挥积分控制的优点，实现稳态无静差。

由此可见，比例积分控制综合了比例控制和积分控制两种规律的优点，又克服了各自的缺点，扬长避短，互相补充。

比例部分能迅速响应控制作用，积分部分则最终消除稳态偏差。

如图 1.6.4 所示绘出了比例积分调节器的输入和输出动态过程。

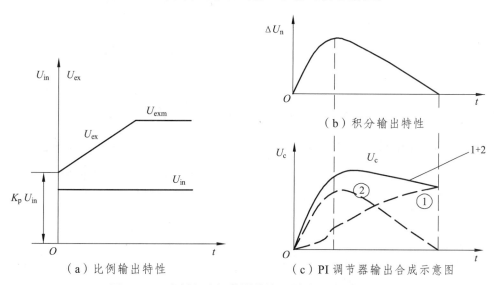

图 1.6.4　比例积分调节器的输入/输出动态过程示意图

假设输入速度偏差电压 ΔU_n 的波形如图 1.6.4（c）所示，则输出波形中比例部分①和 ΔU_n 成正比和积分部分②是 ΔU_n 的积分曲线，而 PI 调节器的输出电压 U_c 是这两部分之和，即①＋②。

因此调节器输出 U_c 既具有快速响应性能，又足以消除调速系统的静差。除此以外，比例积分调节器还是提高系统稳定性的校正装置。因此，它在调速系统和其他控制系统中获得广泛的应用。

1.6.3　无静差直流调速系统及其稳态参数计算

如图 1.6.5 所示是一种带有电流截止负反馈无静差直流调速系统的具体应用。虚线框内就是借助 VBT 三极管 CE 间导通钳制而实现的电流截止负反馈。电流截止负反馈不起作用时就是普通的 PI 调节器。

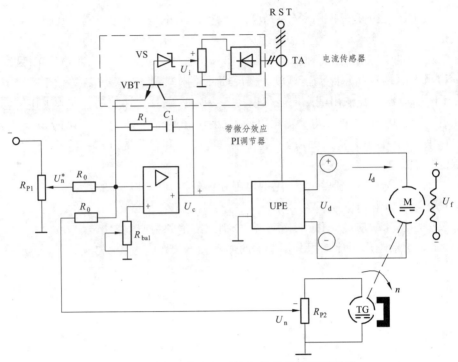

图 1.6.5　电流截止负反馈无静差直流调速系统

　　图中，采用比例积分调节器以实现无静差；采用电流截止负反馈来限制动态过程的冲击电流；TA 为检测电流的交流电流传感器，经整流得到电流反馈信号（U_i）。当电流超过截止电流（I_{dcr}）时，电流反馈信号（U_i）大于稳压管（VS）的击穿电压，使晶体三极管（VBT）导通，则比例积分调节器的输出电压（U_c）接近于零，电力电子变换器（UPE）的输出电压 U_d 急剧下降，达到限制电流的目的。

　　当直流电动机电流低于其截止电流（I_{dcr}）时，上述系统的稳态结构框图如图 1.6.6 所示。其中代表 PI 调节器的方框中无法用简单方法表示，只是画出了它的输出特性，以表明是控制器特性，只不过具有输出限幅环节。

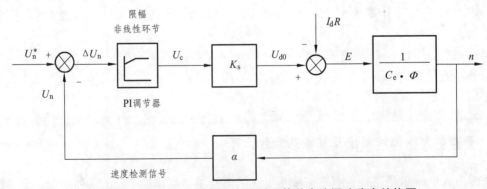

图 1.6.6　电枢电流小于静止电流时无静差直流调速稳态结构图

图 1.6.6 的无静差调速系统的理想静特性如图 1.6.7 所示的实线。

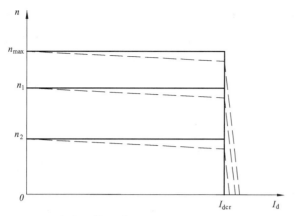

图 1.6.7　具有电流静止功能的无静差直流调速系统静特性

当电枢电流满足

$$I_d < I_{dcr} \tag{1.6.10}$$

时，系统就是比例积分调节器控制的无静差控制系统，静特性是不同转速时的一簇水平线；
当

$$I_d \geqslant I_{dcr} \tag{1.6.11}$$

时，电流截止负反馈起作用，静特性急剧下垂，基本上是一条垂直线。

整个静特性近似呈矩形。严格地说，无静差只是理论上的，实际系统在稳态时，比例积分调节器积分电容 C_1 两端电压不变，相当于运算放大器的反馈控制回路开路，其放大系数等于运算放大器本身的开环放大系数，数值虽大，但并不是无穷大。因此其输入端仍存在很小的 ΔU_n 而不是零。这就是说，实际上仍有很小的静差，只是在一般精度要求下可以忽略不计而已。

在实际系统中，为了避免由于运算放大器长期工作产生的零点漂移，常常在 R_1、C_1 两端再并联一个几兆欧的电阻 R_1'，以便把放大系数压低一些。这样就成为一个近似的 PI 调节器，或称"准 PI 调节器"，如图 1.6.8 所示。

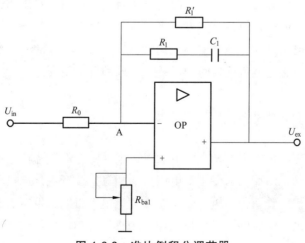

图 1.6.8　准比例积分调节器

系统也只是一个近似的无静差调速系统，其静特性为如图 1.6.7 所示的虚线。

无静差调速系统的稳态参数计算很简单，在理想情况下，稳态时有

$$\Delta U_n = 0$$

因而

$$U_n = U_n^*　　　　　　　　　　　　　　　　　　　　（1.6.12）$$

可以按下式直接计算转速反馈系数：

$$\alpha = \frac{U_{nmax}^*}{n_{max}}　　　　　　　　　　　　　　　　　　（1.6.13）$$

式中　α——转速反馈系数（V/rpm）；

　　　n_{max}——直流电动机调压时的最高转速（rpm）；

　　　U_{nmax}^*——相应的最高给定电压（V）。

电流截止环节的参数很容易根据其电路和截止电流 I_{dcr} 计算出。比例积分调节器的参数 K_{pi} 和 τ 可按动态校正的要求计算。如果采用准比例积分调节器，其稳态放大系数（K_p'）为

$$K_p' = \frac{R_1'}{R_0}　　　　　　　　　　　　　　　　　　（1.6.14）$$

由 K_p' 可以计算实际的静差率。

1.7　电压反馈电流补偿控制的直流调速系统

被调量的负反馈是闭环控制系统的基本反馈形式，对直流电机调速系统来说为转速负反馈。但是，要实现转速负反馈必须有转速检测装置，例如前述的测速发电机，或更为精密的数字测速用的光电编码盘、电磁脉冲测速器等（见第 3 章），其安装和维护都比较麻烦，常常是系统装置中可靠性比较薄弱的环节。因此，人们自然会想到，对于调速指标要求不高的系统来说，能不能采用其他更方便的反馈方式来代替测速反馈呢？电压反馈正是用来解决这个问题的。但要注意，电压负反馈本质上还是速度负反馈直流调速的一种变形，电流正反馈只是为了补偿电压负反馈与速度负反馈间的误差而采取的补偿措施。

1.7.1　电压负反馈直流调速系统

在直流电动机转速不是很低时，直流电动机电枢电阻上的压降比电枢端电压要小得多，因而可以认为直流电动机的反电动势与端电压近似相等，或者说，电机转速近似与端电压成正比，或者直流电动机的转速信号就"隐含"在直流电动机的端电压、反电势中。

在这种情况下，采用直流电动机电枢电压作为直流电动机速度信号构成速度负反馈，就

能基本上代替直接由速度信号构成的转速负反馈的作用了，而检测电压显然要比检测转速方便得多，电压负反馈直流调速系统的原理如图1.7.1所示。

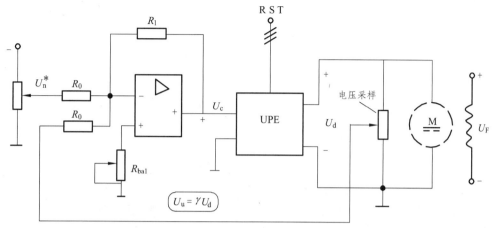

图1.7.1 电压负反馈直流调速系统

图1.7.1中作为反馈检测元件只是一个起分压作用的电位器（或用其他电压检测装置）。电压反馈信号为

$$U_\mathrm{u} = \gamma \cdot U_\mathrm{d} \qquad\qquad (1.7.1)$$

式中，γ 为电压反馈系数；U_u 为电压反馈信号（V）。

如图1.7.2所示是比例调节器控制的电压负反馈直流调速系统稳态结构框图。

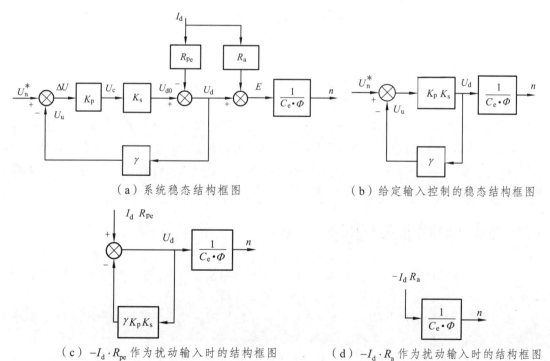

（a）系统稳态结构框图　　　　　　　（b）给定输入控制的稳态结构框图

（c）$-I_\mathrm{d} \cdot R_\mathrm{pe}$ 作为扰动输入时的结构框图　　（d）$-I_\mathrm{d} \cdot R_\mathrm{a}$ 作为扰动输入时的结构框图

图1.7.2 比例调节器控制的电压负反馈直流调速系统稳态结构框图

图 1.4.5（a）的转速负反馈系统框图和图 1.7.2（a）电压负反馈系统框图，不同之处仅在于负反馈信号。电压负反馈取自直流电动机电枢电压（U_d），为了在结构框图上把直流电动机电枢电压（U_d）突显出来，须把电枢回路总电阻分成两个部分，即

$$R = R_{pe} + R_a$$

式中，R_{pe} 为电力电子变换器内阻（Ω）；R_a 为直流电动机电枢电阻（Ω）。

因而，可以得到

$$U_{do} - I_d R_{pe} = U_d \tag{1.7.2}$$

$$U_d - I_d R_a = E \tag{1.7.3}$$

式（1.7.2）、式（1.7.3）都在结构框图中能找到相应的约束关系。

由稳态结构框图和静特性方程式可以看出，因为电压负反馈系统实际上只是一个自动调压系统，所以只有被反馈环包围的电力电子装置内阻引起的稳态速降被减小到 $1/(1 + K)$。而电枢电阻引起的速降 Δn_{Ra}

$$\Delta n_{Ra} = \frac{R_a \cdot I_d}{C_e \cdot \Phi} \tag{1.7.4}$$

处于反馈环外，其大小仍和开环系统中一样。

显然，电压负反馈系统的稳态性能比用同样调节器的转速负反馈系统要差一些。在实际系统中，为了尽量减小静态速降，电压负反馈的电压信号的接出点应尽量靠近直流电动机电枢两端，一是为了较少误差，二是为了抑制干扰。

需要指出，电力电子变换器的输出电压除了直流分量（I_d）外，还含有不同频率的交流分量。把交流分量引入调节器，非但不起调节作用，反而会产生干扰，严重时会造成调节器局部饱和，从而影响了它的正常工作。

根据这个特点，电压反馈信号必须经过滤波，这在图 1.7.1 中没有体现出来。此外，图 1.7.1 中用电位器输出电压作为反馈信号，这固然简单，但却把主电路（强电）和低压的控制电路连接在一起，控制与强电不隔离，从安全角度、控制角度、抗干扰上看并不合适。

这种情形对于小容量调速系统还可允许，但是如果对容量较大、电压较高的直流电动机，最好改用具有隔离功能的电压传感器，使主电路与控制电路之间没有直接电的联系，相互隔离。关于电压隔离变换器的线路和原理，可参看相关参考文献。

1.7.2　电流正反馈和补偿控制规律

仅采用电压负反馈的调速系统固然可以省去一台测速发电机，但是由于它不能弥补直流电机电枢电阻压降所造成的转速降落，调速性能不如转速负反馈系统。

在采用电压负反馈的基础上，再增加一些简单的措施，使系统能够接近转速负反馈系统的性能是完全可行的，电流正反馈便是这样的一种措施。

如图 1.7.3 所示是具有电流正反馈补偿功能的电压负反馈直流调速系统原理图。

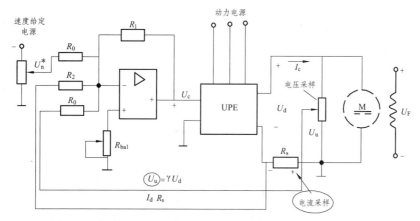

图 1.7.3　带电流正反馈补偿的电压负反馈直流调速系统原理图

图 1.7.3 中，电压负反馈系统部分与前面图 1.7.1 的电压负反馈系统相同。除此以外，在主电路中再串入电流采样电阻（R_s），由采样电阻上的压降（U_{Rs}）：

$$U_{Rs} = I_d \cdot R_s \qquad (1.7.5)$$

作为电流正反馈信号。

注意：在主回路中要注意串接采样电阻（R_s）的位置，同时，须使采样电阻电压降（U_{Rs}）的极性与转速给定信号（U_n^*）的极性一致，而且与电压负反馈信号

$$U_u = \gamma \cdot U_d$$

的极性相反。在调节器的输入端，转速给定和电压负反馈的输入回路电阻都是 R_0，电流正反馈输入回路的电阻是 R_2，以便获得适当的电流反馈系数（β），其定义为

$$\beta = R_s R_0 / R_2 \qquad (1.7.6)$$

当负载增大使静态速降增加时，电流正反馈信号也增大，通过调节器使电力电子装置控制电压随之增加，从而补偿了转速的降落。因此，电流正反馈的作用又称作电流补偿控制，具体的补偿量由系统的各环节的参数决定。

根据原理图可以绘出带电压负反馈和电流正反馈的直流调速系统稳态结构框图，如图 1.7.4 所示。再根据流程图简化规则，可以直接写出系统的静特性方程式。

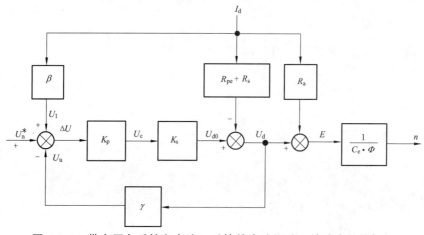

图 1.7.4　带电压负反馈和电流正反馈的直流调速系统稳态结构框图

$$n = \frac{K_p \cdot K_s \cdot U_n^*}{C_e \cdot \Phi \cdot (1+K)} + \frac{K_p \cdot K_s \cdot \beta \cdot I_d}{C_e \cdot \Phi \cdot (1+K)} - \frac{(R_{pe} + R_s) \cdot I_d}{C_e \cdot \Phi \cdot (1+K)} - \frac{R_a \cdot I_d}{C_e \cdot \Phi} \qquad (1.7.7)$$

$$n = AA + AB + AC + AD \qquad (1.7.8)$$

其中，参数定义为

$$\begin{cases} AA = \dfrac{K_p \cdot K_s \cdot U_n^*}{C_e \cdot \Phi \cdot (1+K)} \\[2mm] AB = \dfrac{K_p \cdot K_s \cdot \beta \cdot I_d}{C_e \cdot \Phi \cdot (1+K)} \\[2mm] AC = \dfrac{(R_{pe} + R_s) \cdot I_d}{C_e \cdot \Phi \cdot (1+K)} \\[2mm] AD = \dfrac{R_a \cdot I_d}{C_e \cdot \Phi} \end{cases} \qquad (1.7.9)$$

式中　AA——给定速度信号所需要的电力电子变换器输出电压；

　　　AB——电流正反馈引起的变流器增加电压输出；

　　　AC——变流器开关导通电阻与电流正反馈采样电阻的影响；

　　　AD——直流电动机电枢电阻的影响。

AC 为变流器开关导通电阻与电流正反馈采样电阻的影响，转速的跌落受到电压反馈环的影响，具有抗干扰的作用，下降到 $1/(1+K)$；而 AD 为直流电动机电枢电阻的影响，不在电压环的反馈通道中，电压环对其没有抑制作用。其中，K 的表达式为

$$K = \gamma \cdot K_p \cdot K_s \qquad (1.7.10)$$

由式（1.7.8）可以看出，表示电流正反馈作用的 AB 项能够补偿两项稳态速降，即：电力电子开关器件导通电阻与电流正反馈采样电阻压降（AC）及直流电动机电枢电阻压降（AD），当然就可以减少静差了。

很明显，加大电流反馈系数（β）可以减少静差。那么，把电流反馈系数（β）加大到一定程度，岂不是可以实现无静差了吗？是的，由式（1.7.8）可知，如果

$$AB - AC - AD = 0 \qquad (1.7.11)$$

则系统可以做到无静差。整理后，可以得到：

$$\beta = \frac{R + K \cdot R_a}{K_p \cdot K_s}$$

定义临界电流反馈系数

$$\beta_{cr} = \frac{R + K \cdot R_a}{K_p \cdot K_s} \qquad (1.7.12)$$

式中，R 为电枢回路总电阻（Ω），其表达式

$$R = R_{pe} + R_s + R_a$$

采用补偿控制的方法使静差为零，称为"全补偿"。不同补偿条件下的静特性如图 1.7.5 所示。

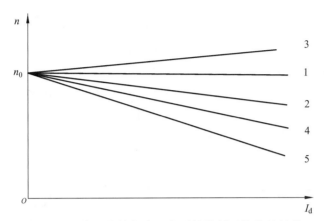

图 1.7.5 电流补偿与电压负反馈控制系统的静特性

特性 1 是带电压负反馈和适当电流正反馈的全补偿特性，是一条水平线；

特性 2 的特征是 $\beta < \beta_{cr}$，从控制效果看，仍有一些静差，叫做"欠补偿"；

特性 3 的特征 $\beta > \beta_{cr}$，特性上翘，叫作"过补偿"。

图 1.7.5 中还绘出了只有电压负反馈系统的静特性，即特性 4 和开环系统的机械特性，即特性 5，用以进行比较。所有的特性都是以同样的理想空载转速（n_0）为基准的。

如果取消电压负反馈，单纯采用电流正反馈的补偿控制，即电压负反馈项（AC）：

$$AC = \frac{(R_{pe} + R_s) \cdot I_d}{C_e \cdot \Phi \cdot (1+K)}$$

则系统静特性方程式变成

$$n = \frac{K_p \cdot K_s \cdot U_n^*}{C_e \cdot \Phi \cdot (1+K)} + \frac{K_p \cdot K_s \cdot \beta \cdot I_d}{C_e \cdot \Phi \cdot (1+K)} - \frac{R \cdot I_d}{C_e \cdot \Phi} \tag{1.7.13}$$

这时，全补偿的条件为

$$\beta = \frac{R}{K_p K_s} \tag{1.7.14}$$

可见，无论有没有其他负反馈控制，只用电流正反馈就足以把静差补偿到零。

从前面的分析可以看出，由被调量负反馈构成的反馈控制和由扰动量正反馈构成的补偿控制，是性质不同的两种控制规律。

比例调节器实现的反馈控制只能使静差减小，电流正反馈补偿控制却能把静差完全消除，这似乎是补偿控制的优越性。但是，反馈控制在原理上有自动调节的作用，无论环境如何变化，都能可靠地减小静差。而补偿控制则要靠参数的配合，当参数受温度等因素的影响而发生变化时，补偿的条件就要受到破坏，消除静差的效果就改变了。

再进一步看，反馈控制对一切被包围在负反馈环内前向通道上的扰动都有抑制功能，而补偿控制则只是针对某一种扰动而言的。电流正反馈只能补偿负载扰动，如果遇到电网电压波动那样的扰动，它反而会起相反作用。

因此，在实际调速系统中，很少单独使用电流正反馈补偿控制，只是在电压（或转速）负反馈系统的基础上，加上电流正反馈补偿，作为减少静差的补充措施。

此外，决不能用到"全补偿"这种临界状态，因为如果设计好全补偿之后，万一参数发生变化，偏到过补偿区域，不仅静特性要上翘，还会出现动态不稳定。

在工程实际中，有一种特殊的欠补偿状态，当参数配合适当，使电流正反馈作用恰好抵消直流电动机电枢电阻产生的那部分速降，即

当

$$K_p \cdot K_s = K \cdot R_a \cdot \beta \tag{1.7.15}$$

即

$$AB = AD \tag{1.7.16}$$

$$\frac{K_p \cdot K_s \cdot \beta \cdot I_d}{C_e \cdot \Phi \cdot (1+K)} = \frac{R_a I_d}{C_e \cdot \Phi} \tag{1.7.17}$$

则式（1.7.8）变成

$$n = AA - AC \tag{1.7.18}$$

即

$$n = \frac{K_p \cdot K_s \cdot U_n^*}{C_e \cdot \Phi \cdot (1+K)} - \frac{(R_{pet} + R_s) \cdot I_d}{C_e \cdot \Phi \cdot (1+K)} \tag{1.7.19}$$

可见，带电流补偿控制的电压负反馈系统静特性方程（式（1.7.19））和转速负反馈系统的静特性方程（式（1.4.22））就完全一样了。这时的电压负反馈加电流正反馈与转速负反馈完全相当，一般把这种电压负反馈加电流正反馈叫作"电动势负反馈"。

但是，这只是参数的一种巧妙配合，系统的本质并未改变。虽然可以认为电动势是正比于转速的，但是这样的"电动势负反馈"调速系统绝不是真正的转速负反馈调速系统。

1.7.3 电流补偿控制直流调速系统的数学模型和稳定条件

从1.6节分析可以看出，对于稳态条件，电流正反馈是对负载扰动的补偿控制。但是从动态上看，电流（代表转矩）包含了负载电流和动态电流两部分，电流正反馈不纯粹是负载扰动的补偿。究竟电流正反馈在动态中起什么作用，必须分析系统的动态数学模型才能说明。

为了突出主要矛盾，先分析只有电流正反馈的系统，其动态结构框图如图1.7.6所示。

图1.7.6中忽略了电力电子变换器的滞后时间常数（T_s）（若考虑T_s，只是多了一个负极点，推导更为复杂，但并不影响所得的结论），并认为$T_L = 0$（不满足此条件时，将负载看为干扰，因为其在反馈通道上）。

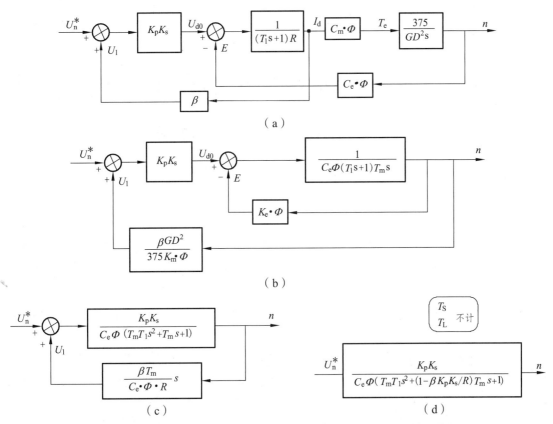

图 1.7.6　只有电流正反馈的直流调速系统动态结构框图及等效变换

图 1.7.6（a）中，电流反馈的引出点右移到转速 n 处，化简后，得图 1.7.6（b）；把图 1.7.6 中的小闭环等效变换成一个环节，并与前面的 $K_p K_s$ 环节合并，得图 1.7.6（c）；再利用正反馈连接的等效变换，最后得到图 1.7.6（d），方框内即为整个系统的闭环传递函数：

$$W_{c1}(s) = \frac{K_p K_s}{C_e \cdot \varPhi \cdot (T_m T_1 s^2 + (1 - \beta \cdot K_p \cdot K_s / R) T_m s + 1)} \tag{1.7.20}$$

显然，该系统的临界稳定条件是

$$1 - \beta \cdot K_p \cdot K_s / R = 0 \tag{1.7.21}$$

或

$$\beta = \frac{R}{K_p \cdot K_s} \tag{1.7.22}$$

比较式（1.7.21）和式（1.7.14）可知，只有电流正反馈的调速系统的临界稳定条件正是其静特性的全补偿条件；不难看出，过补偿系统是不稳定的。

对于带电压负反馈和电流正反馈的调速系统，也可以得出其临界稳定条件就是全补偿条件的结论，只是推导过程复杂一些。

总之，电流正反馈可以用来补偿一部分静差，以提高调速系统的稳态性能。但是，不能通过电流正反馈来实现无静差，因为这时系统已经达到稳定的边缘了。

第2章 转速、电流双闭环直流调速系统和调节器的工程设计方法

转速、电流双闭环控制直流调速系统是性能（动态、静态特性）很好、应用最广的直流调速系统。在本章中，主要讨论以下内容：

（1）转速、电流双闭环调速系统的组成及其静特性；

（2）转速、电流双闭环的动态数学模型，并从启动和抗干扰两个方面分析其性能和转速与电流两个调节器的功能及特性；

（3）介绍调节器的工程设计方法，和经典控制理论的动态校正方法相比，这种设计方法计算简单，应用方便，容易掌握；

（4）应用工程设计方法解决双闭环调速系统两个调节器的设计问题；

（5）介绍转速信号微分负反馈环节及其作用，它是抑制双闭环系统转速超调行之有效的方法；

（6）阐述弱磁控制的直流调速系统，在转速、电流双闭环控制调压调速系统的基础上，增设电动势控制环和励磁电流控制环，以控制弱磁升速，直流电动机弱磁过程的数学模型是非线性的，其转速调节器的设计需特殊考虑。

2.1 转速、电流双闭环直流调速系统的组成及其静特性

如图 2.1.1 所示，速度负反馈仅考虑了静态性能，没考虑动态性能，在系统快速性要求较高的场合，仅考虑静态性能是不够的。

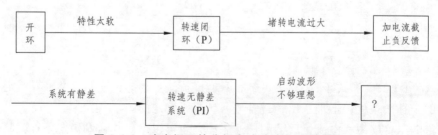

图 2.1.1 速度闭环的分析方法速度闭环的缺点

对于速度闭环调速系统，如何提高系统的快速性？当然先要分析为什么速度闭环反馈控制系统不能得到理想的动态性能。对于直流电动机传动系统，其传动轴运动方程为

$$J\frac{\mathrm{d}\omega}{\mathrm{d}t} = T_\mathrm{e} - T_\mathrm{L} \tag{2.1.1}$$

式中，J 为传动系统的转动惯量；T_e 直流电动机的电磁转矩；T_L 为负载转矩。

从式（2.1.1）可以看出，运动系统的控制性能主要是考核系统对电磁转矩的驾驭能力。作为直流电动机而言，在励磁不变的条件下，实际就是控制电枢电流的能力，因为对于直流电机来说，电磁转矩表示为

$$T_\mathrm{e} = C_\mathrm{m} \cdot \varPhi \cdot I_\mathrm{a} \tag{2.1.2}$$

式中，C_m 为直流电动机的转矩常数；$\varPhi$ 为直流电动机的每极每相下的磁通；I_a 为直流电动机的电枢电流。

在一定的约束条件下，直流电动机的电枢电流越大，则电磁转矩也越大，对传动轴的控制越好。所以在控制中，为了提高快速性，最好能够充分利用直流电机过载能力（$I_\mathrm{a} = I_\mathrm{dm}$），使直流电机以最大电磁转矩对系统进行控制。其中，I_dm 为直流电机的最大电枢电流。

所以，要取得理想的控制效果，对于直流电动机电枢电流来说，理想特性如图 2.1.2 所示。其中，I_dL 为直流电动机的负载电流分量。

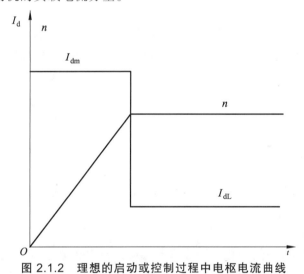

图 2.1.2　理想的启动或控制过程中电枢电流曲线

通过第 1 章的介绍，我们知道，采用 PI 调节器的单个转速闭环直流调速系统（以下简称单闭环系统）可以在保证系统稳定的前提下实现转速无静差。

但是，如果对系统的动态性能要求较高，例如要求快速启、制动，突加负载动态速降（Δn_N）小，上升时间（t_r）、超调（σ）、静差、调节时间（t_s）、下降时间（t_f）小等，单闭环系统就难以满足需要。这主要是因为在单闭环系统中不能随心所欲地控制直流电机电枢电流和转矩的动态过程。

在单闭环直流调速系统中，电流截止负反馈环节是专门用来控制电流的，但它只能在电枢电流超过设定的临界电流（I_dcr）值以后，靠强烈的负反馈作用限制电流的冲击，并不能很理想地控制电流的动态波形。带电流截止负反馈的单闭环直流调速系统启动电流和转速波形如图 2.1.3 所示。

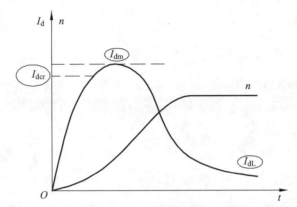

图 2.1.3 直流调速系统启动过程的电流及转速波形

图 2.1.3 表示的是直流电动机电枢电流之所以与图 2.1.2 中理想的电流波形不同，主要是由于直流电机的电枢电感。电枢电感的存在使得直流电机电枢电流不能跳变。

在启动过程中，启动电流突破 I_{dcr} 以后，受电流负反馈的作用，电枢电流只能再升高一点，经过某一点最大值（I_{dm}）后，电流就降低下来，直流电动机的电磁转矩也随之减小，因而加速过程必然拖长。

对于经常正、反转运行的调速系统，例如龙门刨床、可逆轧钢机等，尽量缩短启、制动过程的时间是提高生产率的重要因素。为此，在电机最大允许电流和转矩受限制的条件下，应该充分利用电机的过载能力，最好是在过渡过程中始终保持电流（转矩）为允许的最大值，使电力拖动系统以最大的加速度启动，到达稳态转速时，立即让电流降下来，使电机电磁转矩马上与负载转矩相平衡，从而转入稳态运行。这样的理想启动过程波形如图 2.1.2 所示，这时，启动电流呈方形波，转速按线性增长。这是在最大电流（转矩）受限制时调速系统所能获得的最快的启动过程。

实际上，由于主电路电感（直流电机电枢电感）的作用，电流不可能突变，图 2.1.2 所示的理想波形只能得到近似的逼近，不可能准确实现。为了实现允许条件下的最快启动，关键是要获得一段使电流保持为最大值（I_{dm}）的恒流过程。按照反馈控制规律，采用某个物理量的负反馈就可以保持该量基本不变，那么，采用电流负反馈应该能够得到近似的恒流过程。

问题是，应该在启动过程中只有电流负反馈，没有转速负反馈；达到稳定转速后，又希望只要转速负反馈，不再让电流负反馈发挥作用。怎样才能做到这种既存在转速和电流两种负反馈，又使它们只能分别在不同的阶段里起作用呢？只用一个调节器显然是不可能的，可以考虑采用转速和电流两个调节器，并考虑在系统中应该采用何种结构。

2.1.1 转速、电流双闭环直流调速系统的组成

为了实现转速、电流两种负反馈分别起作用，可在系统中同时设置两个调节器（调节器是一种特殊的控制器，一般针对某个量而言，对这个量的控制一般采用串联校正），分别调节转速和电流，即分别引入转速负反馈和电流负反馈，二者之间实行嵌套（或称串级 Cascade）连接，如图 2.1.4 所示。

84

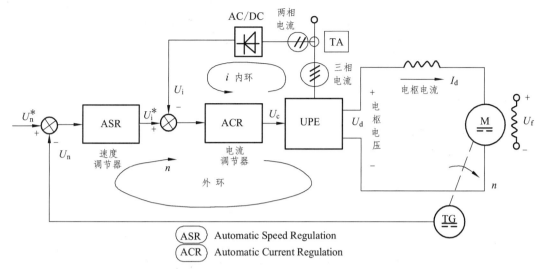

图 2.1.4 转速、电流双闭环直流调速系统原理图

图 2.1.4 中，U_n^* 为速度给定信号；U_n 为速度反馈信号；U_i^* 为电流给定信号；U_i 为电流反馈电压；ASR 为速度调节器；ACR 为电流调节器；TG 为测速发电机；TA 为电流传感器；UPE 为电力电子变换器。

把速度调节器（ASR）的输出当作电流调节器（ACR）的输入，再用电流调节器的输出去控制电力电子变换器（UPE，Unit of Power Electronic Convertion）。从闭环控制系统的结构上看，电流环位于系统的里面，称作内环；转速环位于外面，称作外环。这就形成了转速、电流双闭环调速系统。

为了获得良好的静、动态性能，转速、电流两个调节器一般都采用比例积分（PI）调节器（也可以运用模糊控制器、神经元网络控制器等，但分析方法不一样）。在实际过程中，ASR 一般采用线性 PID 控制器；ACR 采用非线性控制器（如滞环）实现）这样构成的双闭环直流调速系统的电路原理图如图 2.1.5 所示。

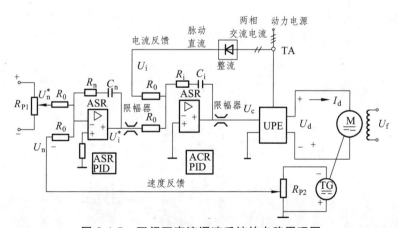

图 2.1.5 双闭环直流调速系统的电路原理图

图 2.1.5 中标出了两个调节器（ASR、ACR）输入、输出电压的实际极性，它们是按照电

力电子变换器的控制电压（U_c）为正电压的情况标出的，并考虑到调节器中运算放大器的反相作用。图 2.1.5 中还表示了两个调节器的输出都是带限幅作用的，转速调节器（ASR）的输出限幅电压（U_{im}^*）决定了电流给定电压的最大值，电流调节器（ACR）的输出限幅电压（U_{cm}）限制了电力电子变换器的最大输出电压（U_{dm}）。

2.1.2 稳态结构框图和静特性

为了分析双闭环调速系统的静特性，必须先绘出它的稳态结构框图，如图 2.1.6 所示。

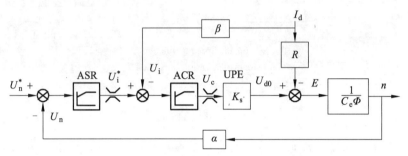

图 2.1.6　双闭环调速系统稳态结构框图

图 2.1.6 可以很方便地根据双闭环原理图 2.1.5 画出来，只要注意用带限幅的输出器件表示 PI 调节器就可以了。其中，α 为转速反馈系数，β 为电流反馈系数。分析静特性的关键是掌握 PI 调节器的稳态特征，一般存在两种状况：饱和（输出达到限幅值）和不饱和（输出未达到限幅值）。

当 PI 调节器饱和时，输出为恒值，输入量的变化不再影响输出，除非有反向的输入信号使调节器退出饱和；换句话说，饱和的调节器暂时隔断了输入和输出间的联系，相当于调节器开环。当调节器不饱和时，正如 1.6 节中所阐明的那样，控制器（如 PI）的作用使输入偏差电压（ΔU）在稳态时总为零。

在图 2.1.6 中，调节器的输出限幅，往往可以用下面的几种常见电路实现，如图 2.1.7 所示为二极管钳位限幅电路，如图 2.1.8 所示为稳压管钳位限幅电路。

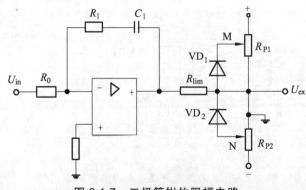

图 2.1.7　二极管钳位限幅电路

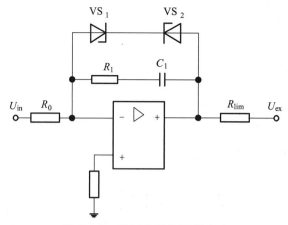

图 2.1.8　稳压管钳位限幅电路

图 2.1.6 中电流传感器采样主回路两相电流，再经过整流后通过脉动直流电压来代表电枢回路的电流。对于正弦信号来说，平均值与有效值是线性关系。在工程实际上，常用如图 2.1.9 所示方法来实现。

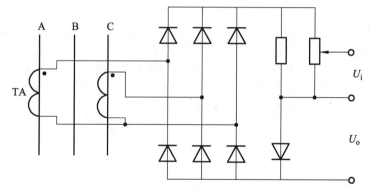

图 2.1.9　电流传感器信号处理方法原理图

实际上，在正常运行时，电流调节器是不会达到饱和状态的。因此，对于静特性来说只有转速调节器饱和与不饱和两种情况。

1. 转速调节器不饱和

这时，电流、转速调节器都不饱和，稳态时，两个调节器的输入偏差电压（ΔU）都是零，因此：

$$U_n^* = U_n = \alpha n = \alpha n_0 \tag{2.1.3}$$

式（2.1.3）成立的原因就是比例积分调节器的无静差控制效果。

$$U_i^* = U_i = \beta I_d \tag{2.1.4}$$

式（2.1.4）成立的原因同式（2.1.3）。

式中，α 为速度反馈系数；β 为电流反馈系数。

由式（2.1.3）可得

$$n = \frac{U_n^*}{\alpha} = n_0 \qquad\qquad (2.1.5)$$

从而得到如图 2.1.10 所示的直流电动机双闭环调速系统静特性 CA 段。

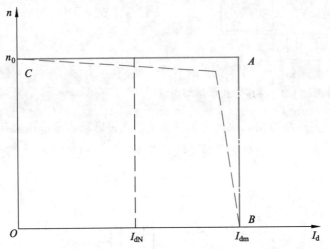

CA 转速调节器不饱和水平的特性

AB 转速调节器饱和垂直的特性

图 2.1.10 双闭环直流调速系统的特性

与此同时，由于转速调节器（ASR）不饱和，即

$$U_i^* < U_{im}^* \qquad\qquad (2.1.6)$$

从式（2.1.4）可推导出

$$I_d < I_{dm} \qquad\qquad (2.1.7)$$

这就是说，CA 段静特性从理想空载状态，即 $I_d = 0$，一直延续到最大电枢电流，即 $I_d = I_{dm}$，而 I_{dm} 一般都是大于额定电流（I_{dN}）的。这就是静特性的运行段，它是一条水平的特性。

2. 转速调节器饱和

在这种运行条件下，转速调节器（ASR）饱和，输出达到限幅值（U_{im}^*）；转速外环处于开环状态，转速的变化对速度调节器的输出不再产生影响。双闭环系统变成一个电流调节器控制的电流无静差的单电流闭环调节控制系统（条件：ACR 为 PID 线性调节器）。

稳态时，下列条件成立，即

$$I_d = \frac{U_{im}^*}{\beta} = I_{dm} \qquad\qquad (2.1.8)$$

式中，I_{dm} 为最大电流，是由设计者选定的，取决于直流电动机电枢的允许过载能力和拖动系统允许的最大加速度。

式（2.1.8）所描述的静特性是图 2.1.10 中的 *AB* 段，它是一条垂直的特性。

这样的下垂特性只适合于运行速度小于理想空载转速的情况，即

$$n < n_0$$

因为如果运行速度小于理想空载转速，则

$$U_n > U_n^*$$

那么速度调节器（ASR）的输入将出现负值，实际转速超过设定转速，在 PID 控制器下，速度调节器（ASR）将退出饱和状态。

速度、电流双闭环调速系统的静特性在负载电流小于极限电流（I_{dm}）且采用 PID 控制器时，表现为转速无静差，这时，转速负反馈起主要调节作用；当负载电流等于极限电流（I_{dm}）时，对应于转速调节器的饱和输出（U_{im}^*），这时，电流调节器起主要调节作用，采用 PID 调节器时系统表现为电流无静差，得到过电流的自动保护。这就是采用了两个比例积分（PI）调节器分别形成内、外两个闭环的效果。这样的静特性显然比带电流截止负反馈的单闭环系统静特性好。

然而，实际上比例积分（PI）调节器中运算放大器（OP）的开环放大系数并不是无穷大，特别是为了避免零点漂移而采用"准 PI 调节器"时，静特性的两段实际上都略有很小的静差，如图 2.1.10 所示中的虚线。

假如对系统进行数字控制，这些问题将不会存在。

2.1.3 各变量的稳态工作点和稳态参数计算

根据双闭环调速系统稳态结构框图，双闭环调速系统在稳态工作中，当两个调节器都不饱和时，各变量之间有下列关系：

$$U_n^* = U_n = \alpha n = \alpha n_0$$

$$U_i^* = U_i = \beta I_d = \beta I_{dL}$$

代入相应的参数，得到控制器输出电压（U_c）：

$$U_c = \frac{U_{d0}}{K_s} = \frac{C_e \cdot \Phi \cdot n + R \cdot I_d}{K_s}$$

化简，得

$$U_c = \frac{(C_e \cdot \Phi \cdot U_n^*)/\alpha + I_{dL} R}{K_s} \tag{2.1.9}$$

式（2.1.9）关系表明，在稳态工作点上，转速（n）是由给定电压（U_n^*）决定的；速度调节器（ASR）的输出量（U_i^*）是由负载电流（I_{dL}）决定的；而控制电压（U_c）的大小则同时取决于转速（n）和负载电流（I_d），或者说，同时取决于给定电压（U_n^*）和负载电流（I_{dL}）。

这些关系反映了比例积分（PI）调节器不同于比例（P）调节器的特点。比例环节的输出量总是正比于其输入量，比例积分（PI）调节器则不然，其输出量的稳态值与输入无关，而是由它后面环节的需要决定的。后面需要比例积分（PI）调节器提供多大的输出值，它就能提供多少，直到饱和为止。

鉴于这一特点，双闭环调速系统的稳态参数计算与单闭环有静差调速系统完全不同，而是和无静差系统的稳态计算相似，即根据各调节器的给定与反馈值计算有关的反馈系数：

转速反馈系数为

$$\alpha = \frac{U_{nm}^*}{n_{max}} \quad\quad\quad (2.1.10)$$

电流反馈系数为

$$\beta = \frac{U_{im}^*}{I_{dm}} \quad\quad\quad (2.1.11)$$

两个给定电压的最大值（U_{nm}^*）和（U_{im}^*）由设计者选定，设计原则如下：

① U_{nm}^* 受调节器中运算放大器允许输入电压和稳压电源的限制；

② U_{im}^* 为转速调节器（ASR）的输出限幅值。

2.2 转速、电流双闭环直流调速系统数学模型和动态性能分析

2.2.1 双闭环直流调速系统的动态数学模型

在第 1 章图 1.5.4 所示的单闭环直流调速系统动态数学模型的基础上，考虑双闭环控制的结构（见图 2.1.5），即可绘出双闭环直流调速系统的动态结构框图，如图 2.2.1 所示。

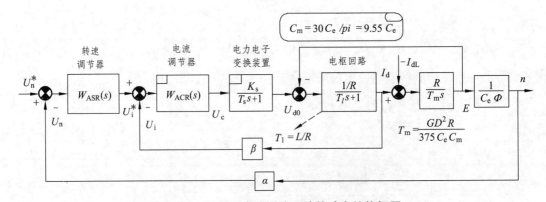

图 2.2.1　双闭环直流调速系统的动态结构框图

图中，$W_{ASR}(s)$ 和 $W_{ACR}(s)$ 分别表示转速调节器和电流调节器的传递函数。其中：

$$W_{ASR}(s) = K_n \frac{\tau_n s + 1}{\tau_n s} \tag{2.2.1}$$

$$W_{ACR}(s) = K_i \frac{\tau_i s + 1}{\tau_i s} \tag{2.2.2}$$

值得注意的是：式（2.1.1）、式（2.1.2）都是具有微分效应的 PI 调节器，微分时间常数、积分时间常数如第 1 章 1.5 节所述。

为了引出电流反馈，在直流电动机的动态结构框图中必须把电枢电流（I_d）突露出来。

2.2.2 启动过程分析

前已指出，设置转速、电流双闭环控制的一个重要目的就是要获得接近于理想启动的过程，因此在分析转速、电流双闭环控制直流调速系统的动态性能时，有必要首先探讨它的启动过程。转速、电流双闭环控制直流调速系统突加给定电压（U_n^*）由静止状态启动时，转速和电流的动态过程如图 2.2.2 所示。

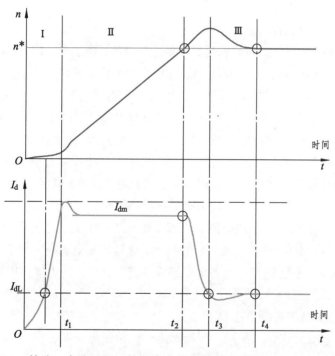

图 2.2.2 转速、电流双闭环控制直流调速系统启动过程转速、电流曲线

由于在启动过程中转速调节器（ASR）经历了不饱和、饱和、退饱和三种情况，整个动态过程就分成图中标明的 I 、II 、III 三个阶段。

1）第 I 阶段 $(0 \sim t_1)$ 电流上升的阶段

突加给定电压（U_n^*）后，经过两个调节器的调节作用，调节器输出电压（U_c）、电力电子变流装置输出直流平均电压（U_{d0}）、直流电动机电枢电流（I_d）都跟着上升，但是在直流电动机电枢电流（I_d）没有达到负载电流（I_{dL}）以前，直流电动机还不能转动，因为此时直流电动机产生的动力转矩（电磁转矩）不足以克服传动系统的惯性转矩。

当下列条件满足后，即

$$I_d \geqslant I_{dL} \tag{2.2.3}$$

直流电动机开始启动。

由于机电惯性的作用，转速不会快速增长，因而转速调节器（ASR）的输入偏差电压

$$\Delta U_n = U_n^* - U_n$$

的数值仍较大，其输出电压保持限幅值（U_{im}^*），强迫电枢电流（I_d）迅速上升。直到

$$\begin{cases} I_d \approx I_{dm} \\ U_i \approx U_{im}^* \end{cases} \tag{2.2.4}$$

电流调节器很快就压制了电枢电流（I_d）的增长，标志着这一阶段的结束。

在这一阶段中，转速调节器（ASR）很快进入并保持饱和状态，而电流调节器（ACR）一般不饱和。

2）第 II 阶段 $(t_1 \sim t_2)$ 恒流升速阶段

第 II 阶段是恒流升速阶段，是启动过程中的主要阶段。在这个阶段中，转速调节器（ASR）始终处于饱和状态，转速环相当于开环。系统成为在恒值电流给定（U_{im}^*）下的电流调节器（ACR）调节系统，基本上保持电枢电流（I_d）恒定，因而系统的加速度恒定，转速线性增长。

与此同时，直流电动机的反电动势（E）也按线性增长（见图 2.2.2），对电流调节器（ACR）调节系统来说，直流电动机的反电动势（E）是一个线性渐增的扰动量（见图 2.2.1）。

为了克服这个扰动，调节器输出电压（U_c）、电力电子变流装置输出直流平均电压（U_{d0}）也必须基本上按线性增长，才能保持直流电动机电枢电流（I_d）恒定。当电流调节器（ACR）采用比例积分（PI）调节器时，要使其输出量按线性增长，其电流调节器（ACR）输入偏差电压 $\Delta U_i = U_{im}^* - U_i$ 必须维持一定的恒值，也就是说，直流电动机电枢电流（I_d）应略低于给定的极限电流（I_{dm}）（见图 2.2.2）。此外还应指出，为了保证电流环的调节作用，在启动过程中电流调节器（ACR）不能饱和，电力电子整流装置（UPE）最大输出电压也应留有余地，这些都是设计时必须注意的。

3）第 III 阶段 $(t > t_2)$ 转速调节阶段

第 III 阶段 $(t > t_2)$ 是转速调节阶段。当转速上升到给定值，即

$$n^* = n_0 \tag{2.2.5}$$

时，转速调节器（ASR）的输入偏差减小到零，但其输出却由于积分作用还维持在限幅值（U_{im}^*），所以直流电动机仍在加速，使转速出现超调。转速出现超调后，转速调节器（ASR）的输入偏差变负，使它开始退出饱和状态，使电流调节器的给定（U_i^*）和直流电动机的电枢电流（I_d）很快下降。但是，只要直流电动机的电枢电流（I_d）仍大于负载电流（I_{dL}），转速就继续上升。

直到满足下列条件，即

$$I_d = I_{dL} \tag{2.2.6}$$

时，电磁转矩与负载转矩相等，即

$$T_e = T_L \tag{2.2.7}$$

则速度停止上升，即

$$dn / dt = 0 \tag{2.2.8}$$

转速不再上升，并不表示转速为零，而是转速（n）到达峰值（$t = t_3$ 时对应的转速）。

此后，直流电动机开始在负载的阻力作用下减速，与此相应，在（$t_3 \sim t_4$）区间，

$$I_d < I_{dL}$$

电机减速，直到趋于稳定。

如果调节器参数整定得不够"理想"，系统也会有一些振荡过程。

在最后的转速调节阶段内，转速调节器（ASR）和电流调节器（ACR）都不饱和，转速调节器（ASR）起主导的转速调节作用，而电流调节器（ACR）则力图使电枢电流（I_d）尽快地跟随其给定值（U_i^*），或者说，电流内环是一个电流随动子系统。

综上所述，速度、电流双闭环直流调速系统的启动过程有以下三个特点：

（1）饱和非线性控制。

随着转速调节器（ASR）的饱和与不饱和，整个系统处于完全不同的两种状态，不同情况下表现为不同结构的线性系统，只能采用分段线性化的方法来分析，不能简单地用线性控制理论来分析整个启动过程，也不能简单地用线性控制理论来笼统地设计这样的控制系统。

一般来讲，当转速调节器（ASR）饱和时，转速环开环，系统表现为恒值电流调节的单闭环系统；

当转速调节器（ASR）不饱和时，转速环闭环，整个系统是一个无静差调速系统，而电流内环表现为电流随动系统。

（2）转速超调。

由于转速调节器（ASR）采用了饱和非线性控制，启动过程结束进入转速调节阶段后，必须使转速超调，因为只有使转速调节器（ASR）的输入偏差电压（ΔU_n）为负值，才能使转速调节器（ASR）退出饱和。当转速调节器（ASR）采用比例积分（PI）调节器时，转速必然有超调。转速略有超调一般是允许的，对于完全不允许超调的情况，应采用其他控制方法来抑制超调。

（3）准时间最优控制。

在设备允许条件下实现最短时间的控制称作"时间最优控制"。对于电力拖动系统（运动控制系统），在直流电动机允许过载能力限制下的恒流启动，就是时间最优控制。但由于在启动过程Ⅰ、Ⅱ两个阶段中电流不能突变，实际启动过程与理想启动过程相比还有一些差距，不过这两段时间只占全部启动时间中很小的成分，无伤大局，可以称作"准时间最优控制"。采用饱和非线性控制的方法实现准时间最优控制是一种很有实用价值的控制策略（Control Strategy），在各种多环（嵌套）控制系统中得到普遍应用。

最后，应该指出，对于不可逆的电力电子变换器，双闭环控制只能保证良好的启动性能，却不能产生回馈制动。在制动过程中时，当电流下降到零以后，只能依靠惯性（自由）停车（不能产生负转矩，因为电枢电流不能为负）；必须加快制动速度时，只能采用电阻能耗制动或电磁抱闸；必须回馈制动时，可采用可逆的电力电子变换器。在以后的章节中，将展开介绍。

2.2.3 动态抗扰性能分析

一般来说，速度、电流实现的双闭环调速系统具有比较满意的动态性能，结构如图 2.2.3 所示。对于调速系统，最重要的动态性能是抗扰性能，主要是抗负载扰动和抗电网电压扰动的性能。

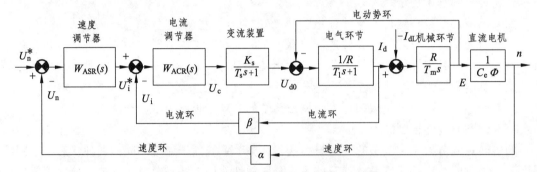

图 2.2.3 双闭环直流调速系统动态结构图

1. 抗负载扰动

由图 2.2.3 可以看出，负载扰动作用在电流环（不在电流环反馈通道上，因此无法抑制）之后，只能靠转速调节器（ASR）来产生抗负载扰动的作用（调节时间较长）。在设计转速调节器（ASR）时，应要求有较好的抗扰性能指标。

2. 抗电网电压扰动

电网电压变化对调速系统也会产生扰动作用。为了在单闭环调速系统的动态结构框图上表示出电网电压扰动（ ΔU_d ）和负载扰动（ I_{dL} ），把图 1.5.3～图 1.5.5 综合，重新画出在图 2.2.4（a）中，电势环节是直流电动机特性，只是流程图上的运算关系。图中的电枢电压变化值（ ΔU_d ）和负载分量的变化（ ΔI_{dL} ）都作用在转速负反馈环包围的前向通道上，仅就静特性而言，系统对它们的抗扰效果是一样的。

但从动态性能上看，由于扰动作用点不同，存在着能否及时调节的差别，负载扰动能够比较快地反映到被调量转速（ n ）上，从而使转速得到调节，而电网电压扰动的作用点离被调量稍远，调节作用受到延滞，因此单闭环调速系统抑制电压扰动的性能要差一些。

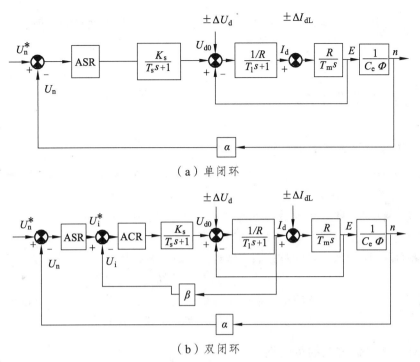

（a）单闭环

（b）双闭环

图 2.2.4 调速系统的动态结构框图

如图 2.2.4（b）所示的双闭环系统调速系统中，由于增设了电流内环，电压波动可以通过电流反馈得到比较及时的调节，不必等它影响到转速以后才反馈回来（不必形成相应的电磁转矩就可由电流环抑制），抗扰性能大有改善。因此，在双闭环系统调速系统中，由电网电压波动引起的转速动态变化会比单闭环调速系统小得多。

2.2.4 转速和电流两个调节器的作用

综上所述，转速调节器和电流调节器在双闭环直流调速系统中的作用可以分别归纳如下：

1. 转速调节器（ASR）的作用

（1）转速调节器是调速系统的主导调节器，它使转速（n）很快地跟随转速给定电压（U_n^*）变化，稳态时可减小转速误差，如果采用比例积分（PI）调节器，则可实现无静差；

（2）对负载（I_{dL}）变化起抗扰作用（抑制作用）；

（3）转速调节器输出限幅值决定电机允许的最大电流。

2. 电流调节器（ACR）的作用

（1）作为内环的调节器，在外环转速的调节过程中，它的作用是使电流紧紧跟随其给定电压（U_i^*）（即外环转速调节器（ASR）的输出量）变化；

（2）对电网电压的波动起及时抗扰的作用；

（3）在转速动态过程中，保证电机获得允许的最大电流，从而加快动态过程；

（4）当电机过载甚至堵转时，限制电枢电流的最大值，起快速自动保护作用。一旦故障消失，系统立即自动恢复正常。这个作用对调速系统的可靠运行来说是十分重要的。

2.3 调节器的工程设计方法

1. 建立工程设计方法的必要性

在速度、电流双闭环直流调速系统中，转速和电流调节器的结构选择与参数设计须从动态校正的需要来解决。

在第1章中针对速度单闭环系统采用的借助伯德图（Bode Diagram）设计串联校正装置的方法，当然也适用于速度、电流双闭环直流调速系统。但问题是设计每一个调节器时，都须先求出该闭环的原始系统开环对数频率特性，再根据性能指标确定校正后系统的预期特性，经过反复试凑，才能确定调节器的特性，从而选定其结构并计算参数。

反复试凑过程也就是系统的稳、准、快和抗干扰等方面矛盾的正确解决过程，需要有熟练的设计技巧才行。于是便产生了建立更简便、实用的工程设计方法的必要性。

2. 建立工程设计方法的可能性

现代电力拖动自动控制系统（MPEDCS，Modern Power Electrical Driver Control System）或运动控制系统（MCS，Motion Control System），除电机外，都是由惯性很小的电力电子器件、集成电路等组成的。经过合理的简化处理，整个系统一般都可以近似为低阶系统，而用运算放大器或数字式微处理器可以精确地实现比例、积分、微分等控制规律，于是就有可能将多种多样的控制系统简化或近似成典型的低阶结构。如果事先对这些典型系统作比较深入的研究，把它们的开环对数频率特性当作预期的特性，弄清楚它们的参数与系统性能指标的关系，写成简单的公式或制成简明的图表，则在设计时，只要把实际系统校正或简化成典型系统，就可以利用现成的公式或图表来进行参数计算，设计过程就要简便得多。

有了工程设计方法的必要性和可能性，各种工程设计方法便相继提出。其中有德国西门子（Siemens）公司提出的"调节器最佳整定"法，包括"模最佳"和"对称最佳"两种参数设计方法。引入我国后，习惯上分别称作"二阶最佳"和"三阶最佳"设计。这种方法已在国际上得到普遍应用，其公式简明好记，但也存在一些问题，例如：只有所谓的"最佳"参数计算公式，调试系统时，如果系统性能不够满意，不能明确调整参数的方向；特别是没有考虑到调节器饱和这一关键问题，使计算结果存在不小的误差。经过对该方法的深入分析研究，并吸取随动系统设计用的"振荡指标法"和我国学者提出的"模型系统法"，归纳出调节器的工程设计方法，经过一段时间的应用与实践，已证明该方法是实用有效的。

另外，振荡指标法的概念早在20世纪40年代就出现了。美国人和苏联人都作了大量的研究，但各有各的特色。美国文献上的有关方法都是试探性的；而苏联学者B.A.别塞克尔斯基于20世纪50年代所提出的所谓M法则迥然不同，它是一种直截了当的方法，是对系统控制参数的纯解析计算。这种M法，后来得到迅速的发展，无论在模拟滤波闭环系统或是在数字滤波闭环系统还是工程实际中都得到了广泛的应用。

3. 建立调节器工程设计方法所遵循的原则

（1）概念清楚、易懂；

（2）计算公式简明、好记；

（3）不仅给出参数计算的公式，而且指明参数调整的方向；

（4）能考虑饱和非线性控制的情况，同样给出简单的计算公式；

（5）适用于各种可以简化成典型系统的反馈控制系统。

如果要求更精确的动态性能，可参考"模型系统法"；对于复杂的、不可能简化成典型系统的情况，可采用高阶系统或多变量系统的计算机辅助（CAD）分析和设计。

2.3.1 工程设计方法的基本思路

作为工程设计方法，首先要使问题简化，突出主要矛盾。简化的基本思路是把调节器的设计过程分作两步：

（1）选择调节器结构，使系统典型化并满足稳定性和稳态精度要求；

（2）设计调节器的参数，以满足动态性能指标的要求。

这样做，就把稳、准、快和抗干扰之间互相交叉的矛盾问题分成两步来解决：

（1）先解决主要矛盾，即稳定性和稳态精度；

（2）进一步满足动态性能指标。

在选择调节器结构时，只采用少量的典型系统，它的参数与系统性能指标的关系都已事先找到，具体选择参数时只需按现成的公式和表格中的数据计算就可以了。这样就使设计方法规范化，大大减少了设计工作量。

2.3.2 典型系统

一般来说，许多控制系统的开环传递函数都可表示为

$$W(s) = \frac{K\prod_{j=1}^{m}(\tau_j s + 1)}{s^r\prod_{i=1}^{n}(T_i s + 1)} \tag{2.3.1}$$

式中，$W(s)$ 分子和分母上还有可能含有复数零点和复数极点；分母中 s^r 项表示该系统在原点处有 r 重极点，或者说，系统含有 r 个纯积分环节。

根据 $r = 0, 1, 2, \cdots$ 不同数值，分别称作 0 型、Ⅰ型、Ⅱ型……系统。

自动控制理论已经证明，0 型系统稳态精度低，而Ⅲ型和Ⅲ型以上的系统很难稳定。因此，为了保证稳定性和较好的稳态精度，多选用Ⅰ型和Ⅱ型系统。

典型Ⅰ型和Ⅱ型系统有多种多样的结构，下面各选一种作为典型系统分析。

1. 典型Ⅰ型系统

作为典型Ⅰ型系统，其开环传递函数选择为

$$W(s) = \frac{K}{s(Ts+1)} \qquad (2.3.2)$$

式中，T 为系统的惯性时间常数；K 为系统的开环增益。

式（2.3.2）的闭环系统结构框图如图 2.3.1（a）所示，图 2.3.1（b）表示它的开环对数频率特性。

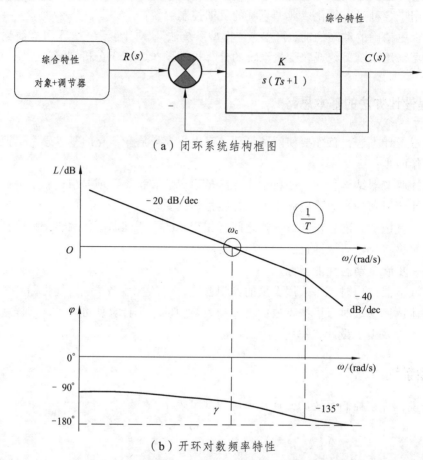

（a）闭环系统结构框图

（b）开环对数频率特性

图 2.3.1 典型 I 型系统

选择式（2.3.1）作为典型的 I 型系统是因为其结构简单，而且对数幅频特性的中频段以 20 dB/dec 的斜率穿越 0 dB 线。只要参数的选择能保证足够的中频带宽度，系统就一定是稳定的，而且有足够的稳定裕度。显然，要做到这一点，应在选择参数时保证

$$\omega_c < \frac{1}{T} \qquad (2.3.3)$$

或

$$\omega_c T < 1 \qquad (2.3.4)$$

$$\arctan \omega_c T < 45° \qquad (2.3.5)$$

98

于是，相角稳定裕度 γ：

$$\gamma = 180° - 90° - \arctan\omega_{\mathrm{c}}T$$

化简，得

$$\gamma = 90° - \arctan\omega_{\mathrm{c}}T > 45° \tag{2.3.6}$$

2. 典型Ⅱ型系统

在各种Ⅱ型系统中，选择一种结构简单而且能保证稳定的结构作为典型的Ⅱ型系统，其开环传递函数为

$$W(s) = \frac{K(\tau s + 1)}{s^2(Ts + 1)} \tag{2.3.7}$$

如图 2.3.2 所示是式（2.3.7）的闭环系统结构框图 2.3.2（a）和开环对数频率特性图 2.3.2（b），对数幅频特性的中频段也以 20 dB/dec 的斜率穿越 0 dB 线。

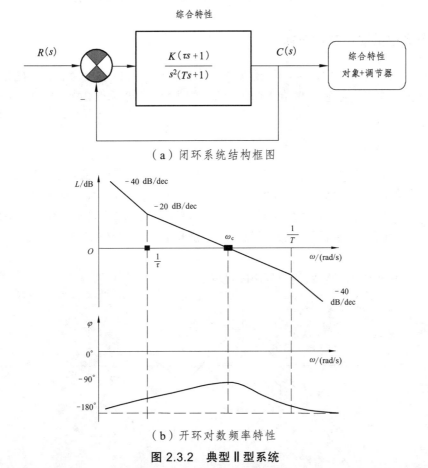

（a）闭环系统结构框图

（b）开环对数频率特性

图 2.3.2 典型Ⅱ型系统

由于分母中 s^2 项对应的相频特性是 $-180°$，后面还有一个惯性环节（这往往是实际系统中必定有的），如果不在分子上添一个比例微分环节（$\tau s + 1$），就无法把相频特性抬到 $-180°$ 线以上，也就无法保证系统稳定。因此，要得到图（2.3.2）的特性，选择参数应满足：

$$\frac{1}{\tau} < \omega_c < \frac{1}{T} \qquad\qquad (2.3.8)$$

且

$$\tau > T \qquad\qquad (2.3.9)$$

而相角稳定裕度为

$$\gamma = 180° - 180° + \arctan\omega_c\tau - \arctan\omega_c T$$

化简，得

$$\gamma = \arctan\omega_c\tau - \arctan\omega_c T \qquad\qquad (2.3.10)$$

且 τ 比 T 大得越多，系统的稳定裕度（幅值、相角）越大。

典型 I 型系统与典型 II 型系统的结构形式与西门子（Siemens）方法中的"二阶最佳系统"与"三阶最佳系统"是一样的，只是名称不同。然而，阶数上是三阶或二阶只是表面现象，因为经过降阶处理后，高阶系统可以近似地降为低阶，而 I 型和 II 型以及由此表明的在稳态精度上的差异才是这两类系统本质上的区别，所以采用现在的命名更为妥当。

2.3.3 控制系统的动态性能指标

生产工艺对控制系统动态性能的要求经折算和量化后可以表示为动态性能指标。自动控制系统的动态性能指标包括对给定输入信号的跟随性能指标和对扰动输入信号的抗扰性能指标。

1. 跟随性能指标

在给定信号或参考输入信号 $R(t)$ 的作用下，系统输出量 $C(t)$ 的变化情况可用跟随性能指标来描述。当给定信号变化方式不同时，输出响应也不一样。通常以输出量的初始值为零时给定信号阶跃变化下的过渡过程作为典型的跟随过程，这时的输出量动态响应称作阶跃响应。常用的阶跃响应跟随性能指标有上升时间（t_r）、超调量（σ）和调节时间（t_s）。

1）上升时间（t_r）

如图 2.3.3 所示给出了阶跃响应的跟随过程。

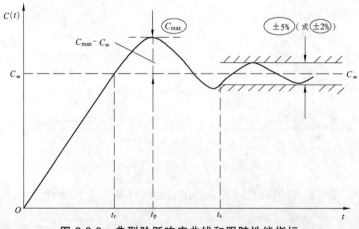

图 2.3.3 典型阶跃响应曲线和跟随性能指标

图 2.3.3 中的 C_∞ 是输出量 $C(t)$ 的稳态值。在跟随过程中，输出量从零起第一次上升到 C_∞，所经过的时间称作上升时间（t_r），它表示动态响应的快速性。

2）超调量（σ）与峰值时间（t_p）

在阶跃响应过程中，超过上升时间（t_r）以后，输出量有可能继续升高，到峰值时间（t_p）时达到最大值（$C_{\max}$），然后回落。最大值（$C_{\max}$）超过稳态值（C_∞）的百分数叫作超调量（σ），即

$$\sigma = \frac{C_{\max} - C_\infty}{C_\infty} \times 100\% \qquad (2.3.11)$$

超调量反映系统的相对稳定性。超调量越小，相对稳定性越好。

3）调节时间（t_s）

调节时间又称过渡过程时间，它用来衡量输出量整个调节过程的快慢。理论上，线性系统的输出过渡过程要到 $t = \infty$ 才稳定，但实际上由于存在各种非线性因素，过渡过程到一定时间就终止了。为了在线性系统阶跃响应曲线上表示调节时间（t_s），认为稳态值上、下 ±5%（或 ±2%）的范围为允许误差带，将输出量达到并不再超出该误差带所需的时间定义为调节时间（t_s）。显然，调节时间（t_s）既反映了系统的快速性，也包含系统的稳定性。

2. 抗干扰性能指标

控制系统稳定运行中，突加一个使输出量降低的扰动量（F），观测系统的输出，输出量由降低到恢复的过渡过程是系统典型的抗扰过程，如图 2.3.4 所示。

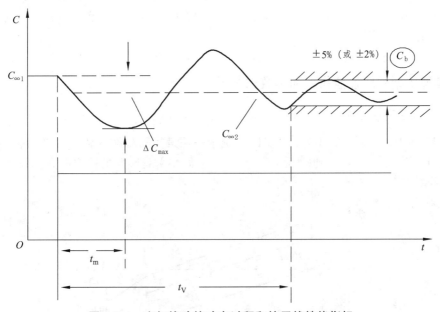

图 2.3.4　突加扰动的动态过程和抗干扰性能指标

常用的抗扰性能指标为动态降落和恢复时间。

1）动态降落（$\Delta C_{\max}$）

系统稳定运行时，突加一个约定的标准负扰动量，所引起的输出量最大降落（$\Delta C_{\max}$）

称为动态降落。一般用 ΔC_{max} 占输出量原稳态值（$C_{\infty 1}$）的百分数 $\dfrac{\Delta C_{max}}{C_{\infty 1}} \times 100\%$ 来表示，或用

某基准值（C_b）的百分数 $\dfrac{\Delta C_{max}}{C_b} \times 100\%$ 来表示。

输出量在动态降落后渐渐恢复，达到新的稳态值（$C_{\infty 2}$），（$C_{\infty 1} - C_{\infty 2}$）是系统在该扰动下的稳态误差，即静差。动态降落一般都大于静态误差。

调速系统突加额定负载扰动时转速的动态降落称作动态速降（Δn_{max}）。

2）恢复时间（t_v）

从阶跃扰动作用开始，到输出基本上恢复稳定，与新稳定值（$C_{\infty 2}$）之差进入基准值（C_b）的 ±5%（或 ±2%）的范围之内所需的时间为恢复时间（t_v），如图 2.3.4 所示。其中 C_b 称作抗扰指标中输出量的基准值，视具体情况选定。

如果允许的动态降落较大，就可以将新稳定值（$C_{\infty 2}$）作为基准值。如果允许的动态降落较小，例如小于 5%（这是常有的情况），则按进入 ±5% $C_{\infty 2}$ 范围来定义的恢复时间只能为零，就没有意义了，所以必须选择一个比稳态值更小的 C_b 作为基准。

实际控制系统对于各种动态指标的要求各有不同，例如，可逆轧钢机需要连续正、反向轧制许多道次，因而对转速的动态跟随性能和抗扰性能都有较高的要求，而一般生产中用的不可逆调速系统则主要要求一定的转速抗扰性能，其跟随性能如何没有多大关系；工业机器人和数控机床用的位置随动系统（伺服系统）需要很强的跟随性能；大型雷达天线的随动系统除需要良好的跟随性能外，对抗扰性能也有一定的要求；多机架连轧机的调速系统要求抗扰性能很高。如果转速动态速降（Δn_{max}）和恢复时间（t_v）较大，则在机架间会产生拉钢或堆钢的生产事故。总之，一般来说，调速系统的动态指标以抗扰性能为主，而随动系统的动态指标则以跟随性能为主。

2.3.4 典型 Ⅰ 型系统性能指标和参数的关系

典型 Ⅰ 型系统的开环传递函数如式（2.3.2），它包含两个参数：开环增益（K）和时间常数（T）。其中，时间常数（T）在实际系统中往往是控制对象本身固有的，能够由调节器改变的只有开环增益（K），也就是说，开环增益（K）是唯一的待定参数。设计时，需要按照性能指标选择开环增益（K）的大小。

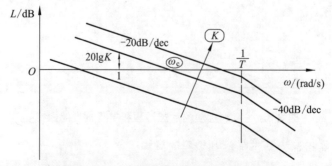

图 2.3.5　不同开环增益（K）对应的典型 Ⅰ 型系统开环对数频率特性

如图 2.3.5 所示绘出了在不同开环增益（K）时，典型Ⅰ型系统开环对数频率特性，箭头表示开环增益（K）增大时特性变化的方向。当

$$\omega_c < \frac{1}{T} \tag{2.3.12}$$

时，特性以 -20 dB/dec 斜率穿越 0 dB 线，系统有较好的稳定性。由图 2.3.5 中的特性可知：

$$20\lg K = 20(\lg \omega_c - \lg 1) = 20\lg \omega_c \tag{2.3.13}$$

所以

$$K = \omega_c \quad \left(\omega_c < \frac{1}{T}\right) \tag{2.3.14}$$

式（2.3.14）表明，典型Ⅰ型系统开环增益（K）越大，截止频率（ω_c）也越大，系统响应越快，但相角稳定裕度，即

$$\gamma = 90° - \arctan(\omega_c T) \tag{2.3.15}$$

越小，这也说明快速性与稳定性之间的矛盾。在具体选择典型Ⅰ型系统开环增益（K）时，须在二者之间取折中。

当然，也可以用数字定量地表示典型Ⅰ型系统开环增益（K）与各项性能指标之间的关系。

1. 典型Ⅰ型系统跟随性能指标与参数的关系

1）稳态跟随性能指标

系统的稳态跟随性能指标可用不同输入信号作用下的稳态误差来表示，自动控制理论中已经给出这些关系，如表 3.3.1 所示。

表 2.3.1　典型Ⅰ型系统在不同输入信号作用下的稳态误差

输入信号	阶跃输入 $R(t) = R_0$	斜坡输入 $R(t) = v_0 t$	加速度输入 $R(t) = \dfrac{a_0 t^2}{2}$
稳态误差	0	v_0/K	∞

由表 2.3.1 可见，在阶跃输入下的Ⅰ型系统稳态时是无误差的；在斜坡输入下则有恒值稳态误差，且与典型Ⅰ型系统开环增益（K）成反比；在加速度输入下稳态误差为 ∞。因此，典型Ⅰ型系统不能用于具有加速度输入的随动系统。

2）动态跟随性能指标

式（2.3.2）描述的典型Ⅰ型系统是一种二阶系统，在自动控制理论中，已经给出二阶系统的动态跟随性能与参数间准确的解析关系，不过这些关系都是根据系统的闭环传递函数 $W_{c1}(s)$ 推导出来的，闭环传递函数的一般形式为

$$W_{c1}(s) = \frac{C(s)}{R(s)} = \frac{\omega_n^2}{s^2 + 2\xi\omega_n s + \omega_n^2} \tag{2.3.16}$$

式中 ω_n ——无阻尼时的自然振荡角频率，或称固有角频率；

ξ ——阻尼比，或称衰减系数。

从典型 I 型系统的开环传递函数（见式（2.3.2））可以求出其闭环传递函数为

$$W_{c1}(s) = \frac{W(s)}{1+W(s)} = \frac{\dfrac{K}{s(Ts+1)}}{1+\dfrac{K}{s(Ts+1)}} = \frac{\dfrac{K}{T}}{s^2 + \dfrac{1}{T}s + \dfrac{K}{T}} \qquad (2.3.17)$$

比较式（2.3.16）和式（2.3.17），可得参数 K、T 与标准形式中的参数 ω_n、ξ 之间的换算关系：

$$\left. \begin{array}{l} \omega_n = \sqrt{\dfrac{K}{T}} \\[2mm] \xi = \dfrac{1}{2}\sqrt{\dfrac{1}{KT}} \\[2mm] \xi \cdot \omega_n = \dfrac{1}{2T} \end{array} \right\} \qquad (2.3.18)$$

由二阶系统的性质可知：当阻尼比（ξ）

$$\xi < 1 \qquad (2.3.19)$$

时，典型 I 型系统动态响应是欠阻尼的振荡特性；当阻尼比（ξ）

$$\xi > 1 \qquad (2.3.20)$$

时，典型 I 型系统动态响应是过阻尼的单调特性；当阻尼比（ξ）

$$\xi = 1 \qquad (2.3.21)$$

时，典型 I 型系统动态响应是临界阻尼的振荡特性。

由于过阻尼特性动态响应较慢，所以一般常把系统设计成欠阻尼状态，即式（2.3.19）。

在典型 I 型系统中：

$$K \cdot T < 1$$

代入式（2.3.18）第二式，得

$$\xi > \frac{1}{2}$$

因此在典型 I 型系统中应取

$$0.5 < \xi < 1 \qquad (2.3.22)$$

下面列出典型 I 型系统欠阻尼二阶系统在零初始条件下的阶跃响应动态指标计算公式：

超调量（σ）：

$$\sigma = e^{-(\xi\pi/\sqrt{1-\xi^2})} \times 100\% \qquad (2.3.23)$$

上升时间（t_r）:

$$t_r = \frac{2\xi T}{\sqrt{1-\xi^2}}(\pi - \arccos \xi) \qquad (2.3.24)$$

峰值时间（t_p）:

$$t_p = \frac{\pi}{\omega_n \sqrt{1-\xi^2}} \qquad (2.3.25)$$

调节时间（t_s）与阻尼比（ξ）的关系比较复杂，如果不需要很精确，允许误差为 ±5% 的调节时间，可用下式近似计算：

$$t_s \approx \frac{3}{\xi \omega_n} = 6T \quad (\xi < 0.9) \qquad (2.3.26)$$

频域指标（ω_c）和相角稳定裕度（γ）与阻尼比（ξ）的关系如下，其中 ω_c 的计算不使用由近似对数幅频特性得到的式（2.3.14），而用更准确的式（2.3.27）。

截止频率（ω_c）:

$$\omega_c = \omega_n \left[\sqrt{4\xi^4 + 1} - 2\xi^2 \right]^{\frac{1}{2}} \qquad (2.3.27)$$

相角稳定裕度（γ）:

$$\gamma = \arctan \frac{2\xi}{\sqrt{\left[\sqrt{4\xi^4 + 1} - 2\xi^2 \right]}} \qquad (2.3.28)$$

根据式（2.3.23）~ 式（2.3.28），可求出式（2.3.22）约束条件下，即

$$0.5 < \xi < 1$$

典型 I 型系统各项动态跟随性能指标和频域指标与参数 KT 的关系，如表 2.3.2 所示。

表 2.3.2　典型 I 型系统跟随性能指标和频域指标与参数间关系

参数关系（KT）	0.25	0.39	0.5	0.69	1.0
阻尼比（ξ）	1.0	0.8	0.707	0.6	0.5
超调量（σ）	0%	1.5%	4.3%	9.5%	16.3%
上升时间（t_r）	∞	$6.6T$	$4.7T$	$3.3T$	$2.4T$
峰值时间（t_p）	∞	$8.3T$	$6.2T$	$4.7T$	$3.2T$
相角稳定裕度（γ）	76.3°	69.9°	65.5°	59.2°	51.8°
截止频率（ω_c）	$\dfrac{0.243}{T}$	$\dfrac{0.367}{T}$	$\dfrac{0.455}{T}$	$\dfrac{0.596}{T}$	$\dfrac{0.786}{T}$

表 2.3.2 中的数据应该受到式（2.3.18）第二式的限制。根据表 2.3.2 中数据可见，当系

统的时间常数（ T ）为已知时，随着典型Ⅰ型系统开环增益（ K ）的增大，系统的快速性增强，而稳定性变差。

在选择参数时，如果工艺上主要要求动态响应快，可取阻尼比（ ξ ）：

$$0.5 < \xi < 0.6$$

把开环增益（ K ）选大一些；如果主要要求超调小，可取阻尼比（ ξ ）：

$$0.8 < \xi < 1.0$$

把开环增益（ K ）选小一些；如果要求无超调，则取

$$\begin{cases} \xi = 1.0 \\ K = \dfrac{1}{4T} \end{cases}$$

无特殊要求时，可取折中值，即

$$\begin{cases} \xi = 1.0 \\ K = \dfrac{1}{2T} \end{cases}$$

此时略有超调（如： $\sigma = 4.3\%$ ）。

也可能出现这种情况：无论怎样选择开环增益（ K ），总是顾此失彼，不可能满足所需的全部性能指标，这说明典型Ⅰ型系统不能适用，必须采用其他控制方法。

在工程运用中，有一组特殊的数据，即

$$\begin{cases} \xi = \dfrac{\sqrt{2}}{2} \\ K = \dfrac{1}{2} \end{cases}$$

这种参数的选择方法就是西门子"最佳整定"方法的"模最佳系统"，或称"二阶最佳系统"。其实这只是参数的选择方法，不能算"最佳"，根据不同的工艺要求可有不同的最佳参数选择方法。

2. 典型Ⅰ型系统抗扰性能指标与参数的关系

如图 2.3.6（a）所示是在扰动量（ F ）作用下的典型Ⅰ型系统，其中， $W_1(s)$ 是扰动作用点前面部分的传递函数，后面部分是 $W_2(s)$ ，则

$$W_1(s) \cdot W_2(s) = W(s) = \frac{K}{s(Ts+1)} \tag{2.3.29}$$

只讨论抗扰性能时，令输入变量 $R = 0$ ，这时系统输出变量可以写成 ΔC ，将扰动作用（ $F(s)$ ）前移到输入作用点上，即得图 2.3.6（b）所示的等效结构图。显然，图 2.3.6（b）中虚框部分就是闭环的典型Ⅰ型系统。

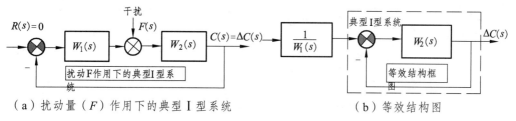

（a）扰动量（F）作用下的典型 I 型系统   （b）等效结构图

图 2.3.6   扰动作用下典型 I 型系统动态结构框图

由图 2.3.6（b）可知，在扰动作用下输出变化量 ΔC 的象函数为

$$\Delta C = \frac{F(s)}{W_1(s)} \cdot \frac{W(s)}{1+W(s)} \tag{2.3.30}$$

虚框内环节的输出变化过程就是闭环系统的跟随过程，这说明抗扰性能的优劣与跟随性能的优劣有关。然而，在虚框前面还有 $1/W_1(s)$ 的作用，因此扰动作用点前的传递函数（$W_1(s)$）对抗扰性能也有很大的影响。仅靠典型系统的开环传递函数（$W(s)$）并不能像分析跟随性能那样唯一地决定抗扰性能指标，扰动作用点的位置也是一个重要的因素，某种定量的抗扰性能指标只适用于一种特定的扰动作用，这无疑增加了分析抗扰性能的复杂性。

如果要求分析各种类型扰动作用下的动态性能，可参见相关的参考文献。本课程只针对常用的调速系统选择如图 2.3.7 所示的一种结构，掌握了这种结构的分析方法后，其他结构也可以依此分析。

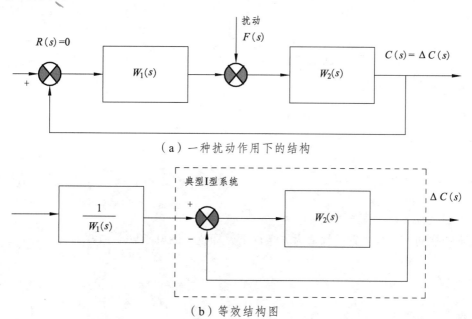

（a）一种扰动作用下的结构

（b）等效结构图

图 2.3.7   典型 I 型系统在一种扰动作用下的动态结构图

在图 2.3.7（a）中，控制对象在扰动作用点前、后各选择一种特定的结构，即

$$W_1(s) = \frac{K_d}{T_1 s + 1} \left.\begin{array}{}\\\\\end{array}\right\}$$
$$W_2(s) = \frac{K_2}{T_2 s + 1}$$

（2.3.31）

在控制对象前面的调节器采用常用的带微分效应的 PID 调节器，按式（1.5.37），其传递函数 $W_{pi}(s)$ 为

$$W_{pi}(s) = K_{pi} \frac{\tau_1 s + 1}{\tau_1 s}$$

（2.3.32）

为了结构简单、控制方便，对参数进行特殊的组合，即取

$$K_1 = \frac{K_{pi} \cdot K_{cl}}{\tau_1} \left.\begin{array}{}\\\\\\\end{array}\right\}$$
$$K_1 \cdot K_2 = K$$
$$\tau_1 = T_2 > T_1 = T$$

（2.3.33）

则图 2.3.7（a）可以改画成图 2.3.7（b），也就是说，令调节器中的比例微分环节（$T_1 s + 1$）抵消掉控制对象中较大时间常数的惯性环节（$T_2 s + 1$），就可以得到

$$W_1(s) = \frac{K_1(T_2 s + 1)}{s \cdot (T_1 s + 1)}$$

$$W_2(s) = \frac{K_2}{T_2 s + 1}$$

而且，从 $W(s)$ 的表达式看，即

$$W(s) = W_1(s) \cdot W_2(s)$$

代入，化简并整理，可得

$$W(s) = \frac{K}{s(Ts + 1)}$$

是典型 I 型系统。

在阶跃扰动，并且扰动的幅值为 F 条件下，即扰动的象函数（$F(s)$）

$$F(s) = \frac{F}{s}$$

根据图 2.3.7（b）得

$$\Delta C(s) = \frac{F}{s} \cdot \frac{W_2(s)}{1 + W_1(s)W_2(s)}$$

代入相关的表达式，可得

$$\Delta C(s) = \frac{\dfrac{FK_2}{(T_2 s+1)}}{s + \dfrac{K_1 K_2}{(Ts+1)}} = \frac{F \cdot K_2 (Ts+1)}{(T_2 s+1)(Ts^2 + s + K)} \tag{2.3.34}$$

如果调节器参数已经按跟随性能指标选定为

$$KT = 0.5$$

也就是说

$$K = \frac{1}{2T}$$

则

$$\Delta C(s) = \frac{F \cdot K_2 \cdot T(Ts+1)}{(T_2 s+1)(2T^2 s^2 + 2Ts + 1)} \tag{2.3.35}$$

利用部分分式法分解式（2.3.35），再求 Laplace（拉普拉斯）反变换，可得阶跃扰动后输出变化量的动态过程时域表达式函数为

$$\Delta C(s) = A \cdot \left[(1-m)\mathrm{e}^{-t/T_2} - (1-m)\mathrm{e}^{-t/(2T)} \cos\left(\frac{t}{2T}\right) + m\mathrm{e}^{-t/(2T)} \sin\left(\frac{t}{2T}\right) \right] \tag{2.3.36}$$

其中

$$A = \frac{2F \cdot K_2 m}{(2m^2 - 2m + 1)} \tag{2.3.37}$$

而

$$m = \frac{T_1}{T_2} < 1$$

为控制小时间常数与大时间常数的比值，取不同 m 值，可计算得到相应的 $\Delta C(s)$ 动态过程曲线。

在计算抗扰性能指标时，为了方便起见，输出量的最大动态降落（$\Delta C_{\max}$）用基准值（C_b）（注意：基准值的选择有一定的随意性）的百分数表示，所对应的动态跌落时间（t_m）用时间常数（T）的倍数表示，允许误差带为 ±5%，恢复时间（t_v）也用时间常数（T）的倍数表示。为了使下式 $\dfrac{\Delta C_{\max}}{C_b}$、$\dfrac{t_v}{T}$ 的数值都落在合理范围内，将基准值（C_b）取为

$$C_b = \frac{1}{2} F \cdot K_2 \tag{2.3.38}$$

计算结果如表 2.3.3 所示，其性能指标与参数的关系是针对图 2.3.7 所示的特定结构和 $K \cdot T = 0.5$ 这一特定选择得到的。

表 2.3.3　典型Ⅰ型系统动态抗扰性能指标与参数间关系

$m = \dfrac{T_1}{T_2} = \dfrac{T}{T_2}$	$\dfrac{1}{5}$	$\dfrac{1}{10}$	$\dfrac{1}{20}$	$\dfrac{1}{30}$
$\dfrac{\Delta C_{max}}{C_b} \times 100\%$	55.5%	33.2%	18.5%	12.9%
$\dfrac{t_m}{T}$	2.8	3.4	3.8	4.0
$\dfrac{t_v}{T}$	14.7	21.7	28.7	30.4

根据表 2.3.3 中的数据可以看出，当控制对象的两个时间常数相距较大时，动态降落较小，但恢复时间（t_v）却拖得较长。

2.3.5　典型Ⅱ型系统稳态性能指标和参数的关系

典型Ⅱ型系统的开环传递函数 $W(s)$：

$$W(s) = \frac{K(\tau s + 1)}{s^2(Ts + 1)} \tag{2.3.39}$$

与典型Ⅰ型系统相似，典型Ⅱ型系统时间常数（T）也是控制对象固有的。所不同的是，从式（2.3.39）看出，典型Ⅱ型系统待定的参数有两个：K 和 τ，这就增加了选择参数工作的复杂性。

为了分析方便起见，在电力拖动控制系统中往往引入一个新的变量 h，令

$$h = \frac{\tau}{T} = \frac{\omega_2}{\omega_1} \tag{2.3.40}$$

参数的定义如图 2.3.8 所示，新变量 h 是斜率为 –20 dB/dec 的中频段的宽度（对数坐标），称作"中频宽"。由于中频段的状况对控制系统的动态品质起着决定性的作用，因此中频宽 h 值是一个很关键的参数。

在一般情况下，$\omega = 1$ 点处在 –40 dB/dec 特性段，由图 2.3.8 可以看出：

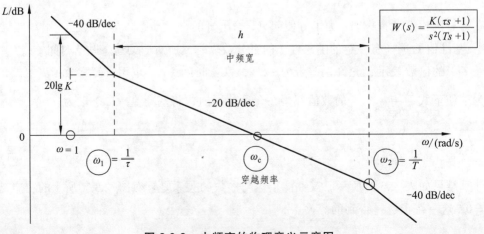

图 2.3.8　中频宽的物理意义示意图

110

$$20\lg K = 40(\lg\omega_1 - \lg 1) + 20(\lg\omega_c - \lg\omega_1) = 20\lg(\omega_c\omega_1)$$

故

$$K = \omega_1 \cdot \omega_c \qquad (2.3.41)$$

从图 2.3.8 还可看出，由于时间常数（T）值一定，改变 τ 就相当于改变了中频宽（h）；在 τ 值确定以后，再改变开环放大系数（K）（相当于使特性上、下平移，从而改变了截止频率（ω_c）。因此在设计调节器时，选择频域参数（h）和截止频率（ω_c），就相当于选择参数开环放大系数（K）和时间常数 τ。

在工程设计中，如果两个参数都任意选择，工作量显然比较大，如果能够在两个参数之间找到某种对动态性能有利的关系，有了这个关系，再选择其中一个参数就可以推算出另一个。那么双参数的设计问题可以简化为单参数设计问题。

为此，采用"振荡指标法"中的闭环幅频特性峰值（M_r）最小准则，可以找到频域参数（h）和截止频率（ω_c）两个参数之间的一种最佳配合。这一准则表明，对于一定的中频宽（h）值，只有一个确定的截止频率（ω_c）（或 K）可以得到最小的闭环幅频特性峰值（M_r），此时，截止频率（ω_c）和 ω_1、ω_2 之间的关系是

$$\frac{\omega_2}{\omega_c} = \frac{2h}{h+1} \qquad (2.3.42)$$

$$\frac{\omega_c}{\omega_1} = \frac{h+1}{2} \qquad (2.3.43)$$

式中，$\omega_2 = h \cdot \omega_1$。

式（2.3.42）与式（2.3.43）称作 M_r 准则的"最佳频比"，因而有

$$\omega_1 + \omega_2 = \frac{2\omega_c}{h+1} + \frac{2h\omega_c}{h+1} = 2\omega_c \qquad (2.3.44)$$

所以

$$\omega_c = \frac{1}{2}(\omega_1 + \omega_2) = \frac{1}{2}\left(\frac{1}{\tau} + \frac{1}{T}\right) \qquad (2.3.45)$$

对应的最小闭环幅频特性峰值是

$$M_{r\min} = \frac{h+1}{h-1} \qquad (2.3.46)$$

如表 2.3.4 所示列出了不同中频宽（h）值时由式（2.3.42）～式（2.3.46）计算得到的 $M_{r\min}$ 值和对应的最佳频比。

表 2.3.4　中频宽（h）不同时 $M_{r\min}$ 值和对应的最佳频比

h	3	4	5	6	7	8	9	10
$M_{r\min}$	2	1.67	1.50	1.40	1.33	1.29	1.25	1.22
$\dfrac{\omega_2}{\omega_c}$	1.50	1.60	1.67	1.71	1.75	1.78	1.80	1.82
$\dfrac{\omega_c}{\omega_1}$	2.00	2.50	3.00	3.50	4.00	4.50	5.00	5.50

由表 2.3.4 的数据可见，增大中频宽（h），可以减小最小闭环的振荡幅值（M_{rmin}），从而降低超调量（σ）；但同时截止频率（穿越频率）（ω_c）也将减小，使系统的快速性减弱。经验表明，振荡幅值（M_{rmin}）介于 1.2 ~ 1.5 时，系统的动态性能较好，有时振荡幅值（M_{rmin}）也允许达到 1.8 ~ 2.0，所以中频宽（h）值可以在 3 ~ 10 选择。选择中频宽（h）值更大时，振荡幅值（M_{rmin}）的效果就不显著了。

确定了中频宽（h）值和截止频率（穿越频率）（ω_c）之后，可以很容易地计算参数 K 和 τ。由式（2.3.40）中频宽（h）值的定义可知

$$\tau = h \cdot T \tag{2.3.47}$$

再由式（2.3.41）和式（2.3.43）可得

$$K = \omega_1 \cdot \omega_c$$

代入相应的表达式，即

$$K = \omega_1^2 \cdot \frac{h+1}{2} = \left(\frac{1}{h \cdot T}\right)^2 \cdot \frac{h+1}{2} = \frac{h+1}{2(h \cdot T)^2} \tag{2.3.48}$$

式（2.3.47）和式（2.3.48）是工程设计方法中计算典型 Ⅱ 型系统参数的公式，只要按照动态性能指标的要求确定中频宽（h）值，就可以代入这两个公式计算开环增益（K）和时间常数（τ），并由此计算调节器的参数。

2.3.6 典型 Ⅱ 型系统动态性能指标和参数的关系

1. 稳态跟随性能指标

自动控制理论给出的典型 Ⅱ 型系统在不同输入信号作用下的稳态误差如表 2.3.5 所示。

表 2.3.5 典型 Ⅱ 型系统在不同激励信号作用下的稳态误差

输入信号	阶跃输入 $R(t) = R_0$	斜坡输入 $R(t) = v_0 t$	加速度输入 $R(t) = \dfrac{a_0 t^2}{2}$
稳态误差	0	0	$\dfrac{a_0}{K}$

由表 2.3.5 可知：典型 Ⅱ 型系统在阶跃和斜坡输入下，系统稳态时均无稳态误差；在加速度输入下稳态误差与开环增益（K）成反比。

2. 动态跟随性能指标

按振荡幅值（M_{rmin}）最小准则选取调节器参数时，若想求出系统的动态跟随过程，可先将式（2.3.47）和式（2.3.48）代入典型 Ⅱ 型系统的开环传递函数（$W_{op}(s)$），得

$$W_{op}(s) = \frac{K(\tau s + 1)}{s^2(Ts+1)}$$

将式（2.3.48）代入并化简，得到

$$W_{op}(s) = \frac{h+1}{2h^2T^2} \cdot \frac{hTs+1}{s^2(Ts+1)} \qquad (2.3.49)$$

进一步求系统的闭环传递函数（$W_{cl}(s)$），即

$$W_{cl}(s) = \frac{W_{op}(s)}{1+W_{op}(s)}$$

将式（2.3.49）代入，得到

$$W_{cl}(s) = \frac{\dfrac{h+1}{2h^2T^2}(hTs+1)}{s^2(Ts+1)+\dfrac{h+1}{2h^2T^2}(hTs+1)}$$

化简、整理，得到

$$W_{cl}(s) = \frac{hTs+1}{\dfrac{2h^2}{h+1}T^3s^3+\dfrac{2h^2}{h+1}T^2s^2+hTs+1} \qquad (2.3.50)$$

从定义上看

$$W_{cl}(s) = \frac{C(s)}{R(s)} \qquad (2.3.51)$$

当输入激励函数 $R(t)$ 为单位阶跃函数时，即

$$R(s) = \frac{1}{s} \qquad (2.3.52)$$

则可以得到输出象函数（$C(s)$）

$$C(s) = \frac{hTs+1}{s\left(\dfrac{2h^2}{h+1}T^3s^3+\dfrac{2h^2}{h+1}T^2s^2+hTs+1\right)} \qquad (2.3.53)$$

以时间常数（T）为时间基准，当中频宽（h）取不同值时，可由式（2.3.53）求出对应的单位阶跃响应函数 $C(t/T)$，从而计算出相应的动态相应指标 σ、t_r/T、t_s/T 和振荡次数（k）。采用数字仿真技术，结果如表 2.3.6 所示。

表 2.3.6　典型 II 型系统阶跃输入跟随性能指标

h	3	4	5	6	7	8	9	10
σ	52.6%	43.6%	37.6%	33.2%	29.8%	27.2%	25.0%	23.3%
$\dfrac{t_r}{T}$	2.40	2.65	2.85	3.00	3.10	3.20	3.30	3.35
$\dfrac{t_s}{T}$	12.15	11.65	9.55	10.45	11.30	12.25	13.25	14.20
k	3	2	2	1	1	1	1	1

根据过渡过程的衰减振荡性质，调节时间（t_s）随中频宽（h）的变化不是单调的，当

中频宽（h）为5时，调节时间最短。

此外，中频宽（h）减小时，上升时间加快；中频宽（h）增大时，超调量（σ）减小。综合各项指标，中频宽（h）为5时动态跟随性能比较适中。比较表 2.3.6 和表 2.3.2 可以看出，典型Ⅱ型系统的超调量（σ）一般都比典型Ⅰ型系统大，但快速性更好。

3. 典型Ⅱ型系统抗扰性能指标和参数的关系

如前所述，控制系统的动态抗扰性能指标随系统结构和扰动作用点而异。针对典型Ⅱ型系统，选择如图 2.3.9（a）所示的结构，控制对象在扰动作用点前、后的传递函数分别为

$$G_1(s) = \frac{K_d}{(Ts+1)}$$

及

$$G_2(s) = \frac{K_2}{s}$$

调节器仍采用 PI 型调节器，但参数的选择有一定的限制，即

$$\left.\begin{array}{l} K_1 = \dfrac{K_{pi} \cdot K_d}{\tau_1} \\[2mm] K_1 \cdot K_2 = K \\[2mm] \tau = h \cdot T \end{array}\right\} \tag{2.3.54}$$

则图 2.3.9（a）可以简化为图 2.3.9（b）。

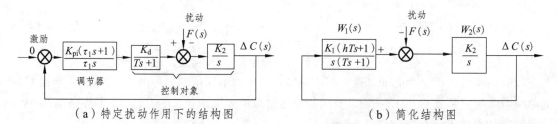

（a）特定扰动作用下的结构图　　　　（b）简化结构图

图 2.3.9　典型Ⅱ型系统在特定扰动作用下的动态结构框图

其中，

$$W_1(s) = \frac{K_1(hTs+1)}{s(Ts+1)} \tag{2.3.55}$$

$$W_1(s) \cdot W_2(s) = \frac{K_2}{s} \tag{2.3.56}$$

如果

$$W(s) = W_1(s) \cdot W_2(s)$$

114

则

$$W(s) = \frac{K(Ts+1)}{s^2(Ts+1)} \qquad (2.3.56)$$

是典型Ⅱ型系统。

在阶跃扰动下（不一定是单位阶跃），$F(s) = F/s$，根据图 2.3.9（b）可以得到

$$\Delta C(s) = \frac{F}{s} \cdot \frac{W_2(s)}{1 + W_1(s) \cdot W_2(s)}$$

代入相应的表达式，得

$$\Delta C(s) = \frac{\dfrac{F \cdot K_2}{s}}{s + \dfrac{K(hTs+1)}{s(Ts+1)}}$$

化简，得到

$$\Delta C(s) = \frac{F \cdot K_2(Ts+1)}{s^2(Ts+1) + K(hTs+1)} \qquad (2.3.57)$$

如果已经按振荡幅值（M_{rmin}）最小准则确定参数关系，即

$$K = \frac{h+1}{2h^2T^2}$$

则可以得出

$$\Delta C(s) = \frac{\dfrac{2h^2}{h+1} F \cdot K_2 T^2(Ts+1)}{\dfrac{2h^2}{h+1} T^3 s^3 + \dfrac{2h^2}{h+1} T^2 s^2 + hTs + 1} \qquad (2.3.58)$$

根据式（2.3.58）可以计算出对应于不同中频宽（h）值的动态抗扰过程曲线 $\Delta C(t)$，从而求出各项动态抗扰性能指标，如表 2.3.7 所示。

表 2.3.7　典型Ⅱ型系统动态抗干扰性能指标与参数关系

h	3	4	5	6	7	8	9	10
$\dfrac{C_{max}}{C_b}$	72.2%	77.5%	81.2%	84.0%	86.3%	88.1%	89.6%	90.8%
$\dfrac{t_m}{T}$	2.45	2.70	2.85	3.00	3.15	3.25	3.30	3.40
$\dfrac{t_v}{T}$	13.60	10.45	8.8	12.95	16.85	19.80	22.80	25.85

性能指标与参数的关系针对图 2.3.9 所示的特定结构且符合振荡幅值（M_{rmin}）最小准则参数关系。在计算中，为了使各项指标都落在合理的范围内，取输出量基准值（C_b）为

$$C_b = 2F \cdot K_2 T \qquad (2.3.59)$$

基准值（C_b）的表达式与典型 I 型系统中的式（2.3.38）不同，即

$$C_b = \frac{1}{2} F K_2$$

除了两处 K_2 的量纲不同所产生的差异，系数上的差别完全是为了使各项指标都具有合理的数值。

由表 2.3.7 的数据可见，一般来说，中频宽（h）值越小，f 也越小$\left(f = \dfrac{C_{\text{max}}}{C_b} \right)$，动态降落时间（$t_m$）和恢复时间（$t_v$）就越短，因而抗扰性能越好。这个趋势与跟随性能指标中超调量（σ）与中频宽（h）的关系恰好相反，反映了快速性与稳定性的矛盾。

但是，当中频宽（h）满足下列条件，即

$$h < 5$$

时，由于振荡次数的增加，中频宽（h）再减小，恢复时间（t_v）反而拖长了。

由此可见，中频宽（h）满足：

$$h = 5 \qquad (2.3.60)$$

是较好的选择，这与跟随性能中调节时间最短的条件是一致的（见表 2.3.6）。

因此，把典型 II 型系统跟随和抗扰的各项性能指标综合起来看，式（2.3.60）应该是一个很好的选择。

比较对典型系统分析的结果可以看出，典型 I 型系统和典型 II 型系统除了在稳态误差上的区别以外，在动态性能中，典型 I 型系统在跟随性能上可以做到超调较小，但抗扰性能稍差；典型 II 型系统的超调量相对较大，抗扰性能却比较好。这是设计时选择典型系统的重要依据。

2.3.7　调节器结构的选择和传递函数的近似处理

非典型系统的典型化在电力拖动自动控制系统（运动控制系统）中，大部分控制对象配以适当的调节器，就可以校正成典型系统。但也有些实际系统不可能简单地校正成典型系统的形式，这就需要经过近似处理，才能够使用上述的工程设计方法，下面先介绍调节器结构的选择，再介绍近似处理方法。

1. 调节器结构的选择

采用工程设计方法设计调节器时，首先应该根据控制系统的要求，确定要校正成哪一类典型系统。I 型和 II 型系统的名称本身就说明了它们在稳态精度上的区别，除此以外，按照2.2 节的结论，即

① 如果系统主要要求有良好的跟随性能，可按典型Ⅰ型系统设计；

② 如果主要要求有良好的抗扰性能，则应首选典型Ⅱ型系统；

③ 如果既要抗扰能力强，又要阶跃响应超调小，似乎两类系统都无法满足。

实际上，在突加阶跃给定后的相当短的一段时间内，调节器（特殊的一类控制器）的输出可能是饱和的，这就与前面分析中所假定的线性条件不一致，表2.3.6中所列的超调量（σ）数据也就不适用了。

这就是说，考虑到调节器饱和的非线性因素，实际系统的超调量（σ）并没有按线性系统计算出来的那样大，而应该另行计算。后面还将对此进行专门讨论。

确定了要采用哪一种典型系统之后，选择调节器的方法就是把控制对象与调节器的传递函数相乘，匹配成典型系统。如果无法匹配，则可先对控制对象的传递函数做近似处理，再与调节器的传递函数配成典型系统的形式，下面通过一些实例来说明。

1）双惯性型系统

设控制对象是双惯性型系统，如图2.3.10所示。

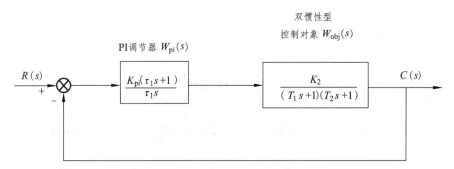

图 2.3.10　用 PI 调节器把双惯性型控制对象校正成典型Ⅰ型系统

双惯性型控制对象传递函数为

$$W_{obj}(s) = \frac{K_2}{(T_1 s + 1)(T_2 s + 1)} \tag{2.3.61}$$

式中，$T_1 > T_2$；K_2为控制对象的放大系数。

若要校正成典型Ⅰ型系统，调节器必须具有一个积分环节，并含有一个比例微分环节，以便抵消掉控制对象中的大惯性环节，使校正后的系统响应快一些。因此，可选择 PI 调节器，其传递函数$W_{pi}(s)$为

$$W_{pi}(s) = \frac{K_{pi}(\tau_1 s + 1)}{\tau_1 s} = K_{pi} + \frac{K_{pi}}{\tau_1}\frac{1}{s} \tag{2.3.62}$$

校正后系统的开环传递函数（$W(s)$）变成

$$W(s) = W_{obj}(s) \cdot W_{pi}(s)$$

代入相应表达式，得到

$$W(s) = \frac{K_{pi}K_2(\tau_1 s + 1)}{(T_1 s + 1)(T_2 s + 1)\tau_1 s} \tag{2.3.63}$$

对参数进行如下定义，即

$$\left.\begin{aligned}\tau_1 &= T_1 \\ K &= \frac{K_{pi} \cdot K_2}{\tau_1}\end{aligned}\right\} \tag{2.3.64}$$

化简，得到

$$W(s) = \frac{K_2}{s(T_1 s + 1)(T_2 s + 1)} \tag{2.3.65}$$

式（2.3.65）描述的是典型 I 型系统。

2）积分-双惯性型

设控制对象为积分-双惯性型，如图 2.3.11 所示。

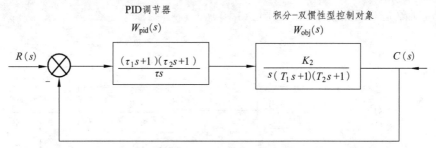

图 2.3.11 用 PID 调节器将积分-双惯性型对象校正为典型 II 型系统

积分-双惯性型控制对象传递函数为

$$W_{obj}(s) = \frac{K^2}{s(T_1 s + 1)(T_2 s + 1)} \tag{2.3.66}$$

式中，时间常数 T_1 和 T_2 大小相仿。

设计的任务是将其校正成典型 II 型系统。这时，采用 PI 调节器就不适用了，可采用 PID 调节器，其传递函数为

$$W_{pid}(s) = \frac{(\tau_1 s + 1)(\tau_2 s + 1)}{\tau s} \tag{2.3.67}$$

根据设计需要，令 $\tau_1 = T_1$，使微分环节（$\tau_1 s + 1$）与控制对象中的大惯性环节对消。校正后，系统的开环传递函数，即式（2.3.68），为典型 II 型系统形式。

$$W(s) = W_{pid}(s)W_{obj}(s)\frac{\dfrac{K_2}{\tau}(\tau_2 s + 1)}{s^2(T_2 s + 1)} \tag{2.3.68}$$

几种校正成典型 I 型系统和典型 II 型系统的控制对象和相应的调节器传递函数及参数配合如表 2.3.8 和表 2.3.9 所示。

有时仅靠 P、I、PI、PD 及 PID 几种调节器不能满足要求，就不得不做一些近似处理，或者采用更复杂的控制规律，如自适应、模糊控制等智能控制，在第 3 章中将详细介绍。

表 2.3.8 校正为典型 I 型系统的几种调节器选择方法及参数配合

控制对象	$\dfrac{K_2}{(T_1s+1)(T_2s+1)}$ $T_1 > T_2$	$\dfrac{K_2}{Ts+1}$	$\dfrac{K_2}{s(Ts+1)}$	$\dfrac{K_2}{(T_1s+1)(T_2s+1)(T_3s+1)}$ $T_1 > T_3$ $T_2 > T_3$	$\dfrac{K_2}{(T_1s+1)(T_2s+1)(T_3s+1)}$ $T_1 \gg T_2$ $T_1 \gg T_3$
调节器	$\dfrac{K_{pi}(\tau_1 s+1)}{\tau_1 s}$	$\dfrac{K_i}{s}$	K_p	$\dfrac{(\tau_1 s+1)(\tau_2 s+1)}{\tau s}$	$\dfrac{K_{pi}(\tau_1 s+1)}{\tau_1 s}$
参数配合	$\tau_1 = T_1$			$\begin{cases}\tau_1 = T_1 \\ \tau_2 = T_2\end{cases}$	$\begin{cases}\tau_1 = T_1 \\ T_\Sigma = T_1 + T_2\end{cases}$

表 2.3.9 校正为典型 II 型系统的几种调节器选择方法及参数配合

控制对象	$\dfrac{K_2}{s(Ts+1)}$	$\dfrac{K_2}{(T_1s+1)(T_2s+1)}$ $T_1 \gg T_2$	$\dfrac{K_2}{s(T_1s+1)(T_2s+1)}$ T_1、T_2 相近	$\dfrac{K_2}{s(T_1s+1)(T_2s+1)}$ T_1、T_2 都很小	$\dfrac{K_2}{(T_1s+1)(T_2s+1)(T_3s+1)}$ $T_1 \gg T_2$ $T_1 \gg T_3$
调节器	$\dfrac{K_{pi}(\tau_1 s+1)}{\tau_1 s}$	$\dfrac{K_{pi}(\tau_1 s+1)}{\tau_1 s}$	$\dfrac{(\tau_1 s+1)(\tau_2 s+1)}{\tau s}$	$\dfrac{K_{pi}(\tau_1 s+1)}{\tau_1 s}$	$\dfrac{K_{pi}(\tau_1 s+1)}{\tau_1 s}$
参数配合	$\tau_1 = h \cdot T$	$\begin{cases}\tau_1 = hT_2 \\ \dfrac{1}{Ts_1+1} \approx \dfrac{1}{T_1 s}\end{cases}$	$\begin{cases}\tau_1 = hT_1 \ (或\ hT_2) \\ \tau_2 = hT_2 \ (或\ T_1)\end{cases}$	$\tau_1 = h(T_1+T_2)$	$\begin{cases}\tau_1 = h(T_2+T_3) \\ \dfrac{1}{T_1s+1} \approx \dfrac{1}{T_1 s}\end{cases}$

所以，调节器结构的选择基本思路为将控制对象校正成为典型系统，如图 2.3.12 所示。

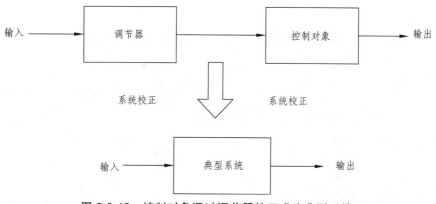

图 2.3.12 控制对象通过调节器校正成为典型系统

2. 传递函数的近似处理

1）高频段小惯性环节的近似处理

实际系统中，往往有若干个小时间常数的惯性环节，如：电力电子变换器的滞后环节、

119

电流和转速检测的滤波环节等。这些小时间常数所对应的频率都处于频率特性的高频段，形成一组小惯性群。例如，系统的开环传递函数 $W(s)$ 为

$$W(s) = \frac{K(\tau s + 1)}{s(T_1 s + 1)(T_2 s + 1)(T_3 s + 1)} \qquad (2.3.69)$$

式中，T_2 和 T_3 是小时间常数，而且满足下列条件，即

$$\left.\begin{array}{r} T_1 \gg T_2 \\ T_1 \gg T_3 \\ T_1 > \tau \end{array}\right\} \qquad (2.3.70)$$

系统的开环对数幅频特性如图 2.3.13 所示。

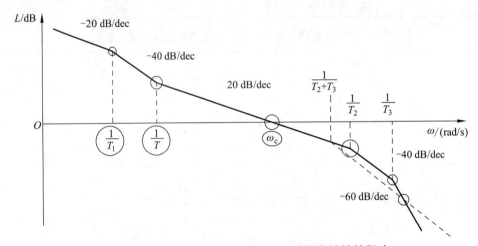

图 2.3.13 高频段小惯性群近似处理对频率特性的影响

在傅氏（Fourier）域，小惯性群的频率特性及其近似表达式为（不包括时间常数最大的环节）

$$\frac{1}{(j\omega T_2 + 1)(j\omega T_3 + 1)} = \frac{1}{(1 - T_2 T_3 \omega^2) + j\omega(T_2 + T_3)} \qquad (2.3.71)$$

在一定的条件下，近似可得

$$\frac{1}{(j\omega T_2 + 1)(j\omega T_3 + 1)} \approx \frac{1}{1 + j\omega(T_2 + T_3)} \qquad (2.3.72)$$

近似的条件是

$$T_2 \cdot T_3 \cdot \omega^2 \ll 1 \qquad (2.3.73)$$

在工程计算中，一般允许有 ±10%以内的误差，因此式（2.3.73）的近似条件可以写成

$$T_2 T_3 \omega^2 \leqslant 0.1 \qquad (2.3.74)$$

也可以简化为允许频带为

120

$$\omega \leqslant \sqrt{\frac{1}{10T_2T_3}} \qquad (2.3.75)$$

考虑到开环频率特性的截止频率（ω_c）与闭环频率特性的带宽（ω_b）一般比较接近，可以用截止频率（ω_c）作为闭环系统通频带的标志，通过计算 $\sqrt{10} = 3.1622 \approx 3$（取近似整数），因此近似条件可写成

$$\omega_c \leqslant \frac{1}{3\sqrt{T_2T_3}} \qquad (2.3.76)$$

在此条件下，在傅氏（Fourier）域，系统传递函数的近似式为

$$\frac{1}{(T_2s+1)(T_3s+1)} \approx \frac{1}{(T_2+T_3)s+1} \qquad (2.3.77)$$

简化后的对数幅频特性如图 2.3.13 中虚线所示。

同理，如果系统含有两个小惯性环节，其近似处理的表达式是

$$\frac{1}{(T_2s+1)(T_3s+1)(T_4s+1)} \approx \frac{1}{(T_2+T_3+T_4)s+1} \qquad (2.3.78)$$

可以证明，近似的条件为

$$\omega_c \leqslant \frac{1}{3}\sqrt{\frac{1}{T_2T_3+T_3T_4+T_4T_2}} \qquad (2.3.79)$$

由此可得结论：当系统有一组小惯性群时，在一定的条件下，可以将它们近似地看成是一个小惯性环节，其时间常数等于小惯性群中各时间常数之和。

2）高阶系统的降阶近似处理

上述小惯性群的近似处理实际上是高阶系统的降阶近似处理的一种特例，它把多阶小惯性环节降为一阶小惯性环节。下面讨论更一般的情况，即何种条件下能忽略传递函数特征方程的高次项。

以三阶系统为例，设系统的传递函数为 $W(s)$，即

$$W(s) = \frac{K}{as^3+bs^2+cs+1} \qquad (2.3.80)$$

式中，a、b、c 都是大于零的正系数，而且

$$\left.\begin{array}{l} a>0 \\ b>0 \\ c>0 \\ b\cdot c>a \end{array}\right\} \qquad (2.3.81)$$

即系统是稳定的。

若能忽略高次项，可得近似的一阶系统的传递函数为

$$W(s) \approx \frac{K}{cs+1} \qquad (2.3.82)$$

近似条件可以从频率特性导出，即

$$W(\mathrm{j}\omega) = \frac{K}{a(\mathrm{j}\omega)^3 + b(\mathrm{j}\omega)^2 + c(\mathrm{j}\omega) + 1} \qquad (2.3.83)$$

计算，得到

$$W(\mathrm{j}\omega) = \frac{K}{(1 - b \cdot \omega^2) + \mathrm{j}\omega(c - a \cdot \omega^2)} \qquad (2.3.84)$$

按一定的设计要求，必须满足

$$W(\mathrm{j}\omega) = \frac{K}{1 + \mathrm{j}(c \cdot \omega)} \qquad (2.3.85)$$

近似条件是

$$\begin{cases} b \cdot \omega^2 = 0 \leqslant \dfrac{1}{10} \\ a \cdot \omega^2 = 0 \leqslant \dfrac{c}{10} \end{cases} \qquad (2.3.86)$$

仿照上面的方法，截止频率（ω_c）近似条件可以根据式（2.3.86）选择，即

$$\omega_\mathrm{c} \leqslant \frac{1}{3} \min\left(\sqrt{\frac{1}{b}}, \sqrt{\frac{c}{a}} \right) \qquad (2.3.87)$$

3）低频段大惯性环节的近似处理

表 2.3.9 中已经指出，当系统中存在一个时间常数特别大的惯性环节 $\dfrac{1}{Ts+1}$ 时，可以近似地将它看成是积分环节 $\dfrac{1}{Ts}$。

现在来分析一下这种近似处理的存在条件。

这个大惯性环节在傅氏（Fourier）域频率特性为

$$\frac{1}{\mathrm{j}\omega T + 1} = \frac{1}{\sqrt{\omega^2 T^2 + 1}} \angle \arctan(\omega T) \qquad (2.3.88)$$

若将它近似成积分环节，其幅值应近似为

$$\frac{1}{\sqrt{\omega^2 T^2 + 1}} \approx \frac{1}{\omega T} \qquad (2.3.89)$$

显然，近似条件是

122

$$\omega^2 T^2 \gg 1 \tag{2.3.90}$$

或按工程惯例，即

$$\omega T \geqslant \sqrt{10} = 3.162\ 3 \tag{2.3.91}$$

和前面一样，将 ω 换成截止频率（ ω_c ）并取整数，得

$$\omega_c \geqslant \frac{T}{3} \tag{2.3.92}$$

相角的近似关系是

$$\arctan(\omega T) \approx 90° \tag{2.3.93}$$

当 ωT 满足式（2.3.91）时：

$$\arctan(\omega T) \approx \arctan(\sqrt{10}) = 72.4° \tag{2.3.94}$$

似乎误差较大。

实际上，将这个惯性环节近似成积分环节后，相角滞后 72.4° 变成 90°，滞后得更多，稳定裕度更小。这就是说，实际系统的稳定裕度要大于近似系统，按近似系统设计好调节器后，实际系统的稳定性应该更强，因此这样的近似方法是可行的。

再研究一下系统的开环对数幅频特性。例如，如图 2.3.14 所示的特性 a 的开环传递函数为

$$W_a(s) = \frac{K(\tau s + 1)}{s(T_1 s + 1)(T_2 s + 1)} \tag{2.3.95}$$

式中，各参数满足

$$\left. \begin{array}{l} \tau < T_1 \\ \tau > T_2 \\ \omega_c \gg \dfrac{1}{T_1} = \zeta \end{array} \right\} \tag{2.3.96}$$

ζ 远低于截止频率（ ω_c ），则处于低频段时，如果把大惯性环节 $\dfrac{1}{Ts+1}$ 近似成积分环节 $\dfrac{1}{Ts}$ 时，开环传递函数变成 $W_b(s)$ ，即

$$W_b(s) = \frac{K(\tau s + 1)}{T_2 s^2 (T_2 s + 1)} \tag{2.3.97}$$

从图 2.3.14 的开环对数幅频特性上看，相当于把特性 a 近似地看成特性 b ，其差别只在低频段。这样的近似处理对系统的动态性能影响不大。

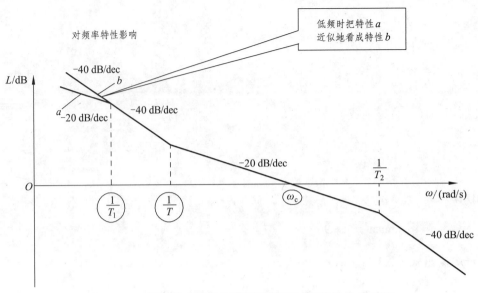

图 2.3.14 低频段大惯性环节近似处理对频率特性的影响

但是，从稳态性能上看，这样的近似处理相当于把系统的"类型度"人为地提高了一级，如果原来是 I 型系统，近似处理后变成了 II 型系统。所以这种近似处理只适用于分析动态性能，当考虑稳态精度时，仍采用原来的传递函数（$W_a(s)$）分析即可。

2.4 按工程设计方法设计双闭环系统的调节器

本节将应用前述的工程设计方法来设计转速、电流双闭环调速系统的两个调节器。主要内容为：系统设计对象、系统设计原则、系统设计步骤。

根据控制系统的常规设计方法，按照设计多环控制系统先内环后外环的一般原则，从内环开始，逐步向外扩展。在转速、电流双闭环调速系统中，应该首先设计电流调节器，然后把整个电流环看作是转速调节系统中的一个环节，再设计转速调节器。

转速、电流双闭环调速系统的实际动态结构框图如图 2.4.1 所示。

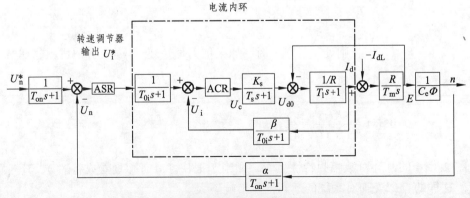

图 2.4.1 双闭环调速系统的动结构框图

图 2.4.1 与图 2.2.1 的不同之处在于增加了滤波环节（Filter），包括电流滤波、转速滤波和两个给定信号的滤波环节。

由于电流检测信号中常含有交流分量，为了不使它影响到调节器的输入，需进行低通滤波处理。滤波环节的传递函数可用一阶惯性环节来表示，其滤波时间常数（T_{oi}）按需要选定，以滤平电流检测信号为准。然而，在抑制交流分量的同时，滤波环节也延迟了反馈信号的作用，为了平衡这个延迟作用，在给定信号通道上加入一个同等时间常数的惯性环节，称作给定滤波环节。其作用是，让给定信号和反馈信号经过相同的延时，使二者在时间上得到恰当的配合，从而给设计带来方便，在结构框图简化时再详细分析。

由测速发电机得到的转速反馈电压含有换向纹波，因此也需要滤波，滤波时间常数用 T_{on} 表示。和电流环一样，在转速给定通道上也加入时间常数为 T_{on} 的给定滤波环节。

2.4.1 电流调节器的设计

1. 电流环结构图的简化

在图 2.4.1 虚线框内的电流环中，反电动势（E）与电流反馈的作用相互交叉，给设计工作带来麻烦。实际上，反电动势（E）与转速（n）成正比，它代表转速对电流环的影响。

在一般情况下，系统的电磁时间常数（T_1）远小于机电时间常数（T_m），因此，转速的变化往往比电流变化慢得多。对电流环来说，反电动势（E）是一个变化较慢的扰动，是机电时间常数（T_m）量级的干扰。在电流的瞬变过程中，可以认为机电时间常数（T_m）基本不变，即

$$\frac{dE}{dt} = 0$$

这样，在按动态性能设计电流环时，可以暂不考虑反电动势（E）变化的动态影响。也就是说，可以暂不考虑反电动势（E）的变化，暂且把反电动势（E）的作用去掉，得到电流环的近似结构框图，如图 2.4.2（a）所示。

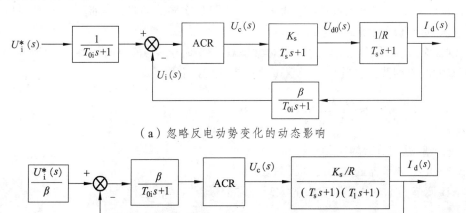

（a）忽略反电动势变化的动态影响

（b）等效为单位负反馈系统

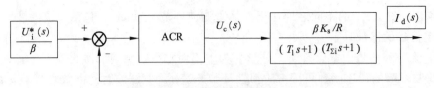

（c）小惯性环节处理

图 2.4.2　电流环动态结构框图即化简

可以证明，忽略反电动势（E）对电流环作用的近似条件是

$$\omega_{ci} \geqslant 3\sqrt{\frac{1}{T_m \cdot T_l}} \tag{2.4.1}$$

式中　ω_{ci}——电流环开环频率特性的截止频率。

如果把给定滤波和反馈滤波两个环节都等效地移到相应的反馈环内，同时把给定信号改成 $\dfrac{U_i^*(s)}{\beta}$，则电流环便等效成单位负反馈系统，如图 2.4.2（b）所示，从这里可以看出两个滤波时间常数取值相同的方便之处。

最后，由于 T_s 和 T_{oi} 一般都比直流电动机的电气时间常数 T_l 小得多，可以当作小惯性群近似地看作是一个惯性环节，其时间常数为

$$T_{\Sigma i} = T_s + T_{oi} \tag{2.4.2}$$

则电流环结构框图最终简化成如图 2.4.2（c）所示。根据式（2.3.77），简化的近似条件为

$$\omega_{ci} \leqslant \frac{1}{3}\sqrt{\frac{1}{T_s T_{oi}}} \tag{2.4.3}$$

2. 电流调节器结构的选择

首先考虑应把电流环校正成哪一类典型系统。从稳态要求上看，希望电流无静差，以得到理想的堵转特性，由图 2.4.2（c）可以看出，采用典型Ⅰ型系统就够了。再从动态要求上看，实际系统不允许电枢电流在突加控制作用时有太大的超调，以保证电流在动态过程中不超过允许值，而对电网电压波动的及时抗扰作用只是次要的因素，为此，电流环应以跟随性能为主。所以应选用典型Ⅰ型系统。

图 2.4.2（c）表明，电流环的控制对象是双惯性型的，要校正成典型Ⅰ型系统，显然应采用 PI 型的电流调节器，其传递函数可以按表 2.3.8 写成

$$W_{ACR}(s) = \frac{K_i(\tau_i s + 1)}{\tau_i s} \tag{2.4.4}$$

式中　K_i——电流调节器的比例系数；

　　　τ_i——电流调节器的超前时间常数。

为了让调节器零点与控制对象的大时间常数极点对消，选择

$$\tau_i = T_l \tag{2.4.5}$$

则电流环的动态结构图便成为如图 2.4.3（a）所示的典型形式。校正后电流环的开环对数幅

频特性如图 2.4.3（b）所示。

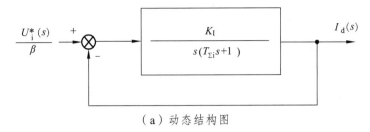

（a）动态结构图

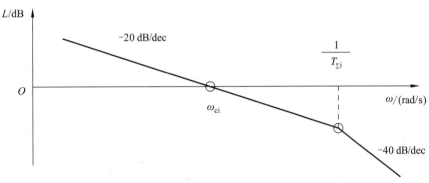

（b）开环对数幅频特性

图 2.4.3　校正成典型Ⅰ型系统的电流环

其中，

$$K_{\mathrm{I}} = \frac{K_{\mathrm{i}} K_{\mathrm{s}} \beta}{\tau_{\mathrm{i}} R} \qquad\qquad (2.4.6)$$

上述结果是在一系列假定条件下得到的，现将用过的假定条件归纳如下，以便具体设计：

（1）电力电子变换器纯滞后的近似处理：

$$\omega_{\mathrm{ci}} \leqslant \frac{1}{3T_{\mathrm{s}}}$$

（2）忽略反电动势变化对电流环的动态影响：

$$\omega_{\mathrm{ci}} \geqslant 3\sqrt{\frac{1}{T_{\mathrm{m}} T_{\mathrm{l}}}}$$

（3）电流环小惯性群的近似处理：

$$\omega_{\mathrm{ci}} \leqslant \frac{1}{3}\sqrt{\frac{1}{T_{\mathrm{s}} T_{\mathrm{oi}}}}$$

3. 电流调节器的参数计算

由式（2.4.4）给出电流调节器的参数有：K_{i} 和 τ_{i}，其中 τ_{i} 已选定，见式（2.4.5），剩下的只有比例系数（K_{i}），可根据所需要的动态性能指标选取。

在一般情况下，如果希望电流超调量满足

$$\sigma_i \leqslant 5\%$$

由表 2.3.2，可选下列一组参数

$$\begin{cases} \xi = \dfrac{\sqrt{2}}{2} \\ K_I \cdot T_{\Sigma i} = \dfrac{1}{2} \end{cases} \qquad (2.4.7)$$

则（不唯一）：

$$K_I = \omega_{ci} = \dfrac{1}{2T_{\Sigma i}} \qquad (2.4.8)$$

再利用式（2.4.5）和式（2.4.6）得到

$$K_i = \dfrac{T_1 \cdot R}{2K_s \cdot \beta \cdot T_{\Sigma i}} = \dfrac{R}{2K_s \cdot \beta}\left(\dfrac{T_1}{T_{\Sigma i}}\right) \qquad (2.4.9)$$

如果实际系统要求的跟随性能指标不同，式（2.4.8）和式（2.4.9）当然应作相应的改变。此外，如果对电流环的抗扰性能也有具体的要求，还得再校验一下抗扰性能指标是否满足。

4. 电流调节器的实现

下面介绍一种由模拟电路实现的电流调节器方法。含给定滤波与反馈滤波的 PI 型电流调节器的模拟电路原理图如图 2.4.4 所示。

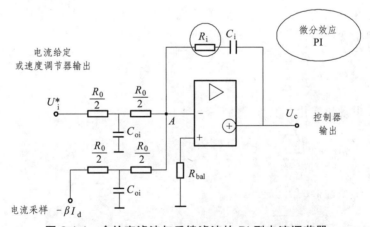

图 2.4.4　含给定滤波与反馈滤波的 PI 型电流调节器

图 2.4.4 中，U_i^* 为电流给定或速度调节器输出；$-\beta I_d$ 为电流负反馈电压；U_c 为电力电子变换器的控制电压（电流调节器的输出电压）。

根据运算放大器的电路原理，可以容易地推导出

128

$$K_i = \frac{R_i}{R_0} \tag{2.4.10}$$

$$\tau_i = R_i C_i \tag{2.4.11}$$

$$T_{oi} = \frac{1}{4} R_0 C_{oi} \tag{2.4.12}$$

式（2.4.10）~（2.4.12）可以用来计算电流调节器电路参数。

2.4.2　转速调节器的设计

1. 电流环的等效闭环传递函数

电流环经简化后可视作转速环中的一个环节，为此，须求出它的闭环传递函数（主要输入）。由图 2.4.3（a）可得

$$W_{cli}(s) = \frac{I_d(s)}{U_i^*(s)/\beta} \tag{2.4.13}$$

代入相应的表达式，得

$$W_{cli}(s) = \frac{\dfrac{K_I}{s(T_{\Sigma i}s+1)}}{1 + \dfrac{K_I}{s(T_{\Sigma i}s+1)}}$$

化简并合并同类项，得到

$$W_{cli}(s) = \frac{1}{\dfrac{T_{\Sigma i}}{K_I}s^2 + \dfrac{1}{K_I}s + 1} \tag{2.4.14}$$

忽略高次项，对传递函数式（2.4.14）可降阶近似为

$$W_{cli}(s) \approx \frac{1}{\dfrac{1}{K_I}s + 1} \tag{2.4.15}$$

近似条件可由式（2.3.85）求出

$$\omega_{cn} \leqslant \frac{1}{3} \sqrt{\frac{K_I}{T_{\Sigma i}}} \tag{2.4.16}$$

式中，ω_{cn} 为转速环开环频率特性的截止频率。

接入转速环内，电流环等效环节的输入量应为 $U_i^*(s)$，因此电流环在转速环中应等效为

$$\frac{I_{\mathrm{d}}(s)}{U_{\mathrm{i}}^*(s)} = \frac{W_{\mathrm{cli}}(s)}{\beta} \approx \frac{\dfrac{1}{\beta}}{\dfrac{1}{K_{\mathrm{I}}}s+1} \qquad (2.4.17)$$

这样，原来是双惯性环节的电流环控制对象，经闭环控制后，可以近似地等效成只有较小时间常数 $1/K_{\mathrm{I}}$ 的一阶惯性环节。

这就表明，电流的闭环控制改造了控制对象，加快了电流的跟随作用，这是局部闭环（内环）控制的一个重要功能。

2. 转速调节器结构的选择

用电流环的等效环节代替图 2.4.1 中的电流环后，整个转速控制系统的动态结构图如图 2.4.5（a）所示。

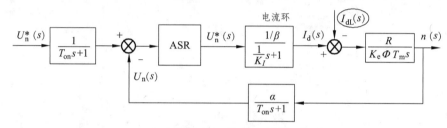

（a）用等效环节代替电流环

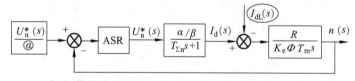

（b）等效成单位负反馈系统和小惯性的近似处理

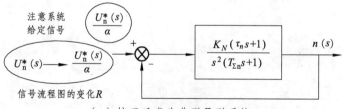

（c）校正后成为典型 Ⅱ 型系统

图 2.4.5　转速环的动态结构图及其简化过程

和电流环中一样，把转速给定滤波和反馈滤波环节移到环内，同时将给定信号改成 U_{n}^*/α，再把时间常数为 $1/K_{\mathrm{I}}$ 和 T_{on} 的两个小惯性环节合并，近似成一个时间常数为 $T_{\Sigma\mathrm{n}}$ 的惯性环节，其中，

$$T_{\Sigma\mathrm{n}} = \frac{1}{K_{\mathrm{I}}} + T_{\mathrm{on}} \qquad (2.4.18)$$

130

则转速环结构框图可简化如图 2.4.5（b）所示。

为了实现转速无静差，在负载扰动作用点前面必须有一个积分环节，它应该包含在转速调节器（ASR）中（见图 2.4.5（b）），扰动作用点后已有一个积分环节，因此转速环开环传递函数应有两个积分环节，所以应该设计成典型 II 型系统，这样的系统同时也能满足动态抗扰性能好的要求。

根据表 2.3.9，系统阶跃响应超调量（σ）较大，但是根据线性系统的计算数据，实际系统中转速调节器的饱和非线性性质会使超调量（σ）大大降低。由此可见转速调节器也应该采用 PI 调节器，其传递函数为

$$W_{\text{ASR}}(s) = \frac{K_n(\tau_n s + 1)}{\tau_n s} \quad (2.4.19)$$

式中，K_n 为转速调节器的比例系数；τ_n 为转速调节器的超前时间常数。

这样，调速系统的开环传递函数为

$$W_n(s) = \frac{K_n(\tau_n s + 1)}{\tau_n s} \cdot \frac{\dfrac{\alpha R}{\beta}}{C_e T_m s (T_{\Sigma n} s + 1)} \quad (2.4.20)$$

化简，得到

$$W_n(s) = \frac{K_n \alpha R(\tau_n s + 1)}{\tau_n \beta C_e T_m s^2 (T_{\Sigma n} s + 1)} \quad (2.4.21)$$

式中，R 为直流电动机电枢回路的综合电阻。

令转速环开环增益为

$$K_N = \frac{K_n \cdot \alpha \cdot R}{\tau_n \cdot \beta \cdot C_e \cdot \Phi \cdot T_m} \quad (2.4.22)$$

则

$$W_n(s) = \frac{K_N(\tau_n s + 1)}{s^2(T_{\Sigma n} s + 1)} \quad (2.4.23)$$

不考虑负载扰动时，校正后的调速系统动态结构框图如图 2.4.5（c）所示。

上述结果所需满足的近似条件归纳如下：

$$\omega_{cn} \leqslant \frac{1}{3}\sqrt{\frac{K_I}{T_{\Sigma i}}}$$

化简，可得

$$\omega_{cn} \leqslant \frac{1}{3}\sqrt{\frac{K_I}{T_{on}}} \quad (2.4.24)$$

3. 转速调节器参数的选择

转速调节器的参数包括转速调节器的比例系数（K_N）和转速调节器的超前时间常数（τ_n）。按照典型 II 型系统的参数关系，由式（2.3.47）得到

$$\tau_n = h \cdot T_{\Sigma n} \tag{2.4.25}$$

再由式（2.3.48），推导出

$$K_N = \frac{h+1}{2h^2 \cdot T_{\Sigma n}^2} \tag{2.4.26}$$

故

$$K_n = \frac{(h+1) \cdot \beta \cdot C_e \cdot T_m}{2h \cdot \alpha \cdot R \cdot T_{\Sigma n}} \tag{2.4.27}$$

至于中频宽（h）应选择多少，由系统对动态性能的要求决定。无特殊要求时，一般按照式（2.3.60）的方法选择为佳，即 $h = 5$。

4. 转速调节器的实现

含给定滤波与反馈滤波的 PI 型转速调节器，如果用模拟电路来实现，则如图 2.4.6 所示。

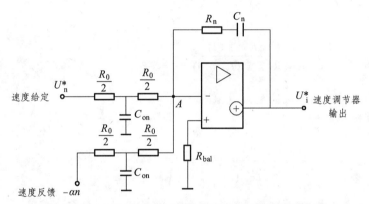

图 2.4.6　含给定滤波与反馈滤波的 PI 型转速调节器

图 2.4.6 中，U_n^* 为转速给定电压；$-\alpha n$ 为转速负反馈电压；U_i^* 为转速调节器的输出，是电流调节器的给定电压。

与电流调节器相似，转速调节器参数与图 2.4.6 电阻、电容值的关系为

$$\begin{cases} K_n = \dfrac{R_n}{R_0} \\[2mm] \tau_n = R_n \cdot C_n \\[2mm] T_{on} = \dfrac{1}{4} R_0 \cdot C_{on} \end{cases} \tag{2.4.28}$$

转速环与电流环的关系：外环的响应比内环慢，这是按上述工程设计方法设计多环控制系统的特点。虽然影响系统响应的快速性，但每个控制环本身都是稳定的，对系统的组成和调试工作非常有利。

132

2.4.3 转速调节器退饱和时转速超调量的计算

如果调节器没有饱和限幅的约束,调速系统可以在很大范围内维持线性工作,则双闭环系统启动时的转速过渡过程就会如图 2.4.7(a)所示,超调量(σ)较大。实际上,突加给定电压后,转速调节器很快就进入饱和状态,输出恒定的限幅电压(U_{im}^*),作为电流调节器的输入,使直流电动机在恒流条件下启动,启动电流为

$$I_d \approx I_{dm} = \frac{U_{im}^*}{\beta} \tag{2.4.29}$$

而转速则按线性规律增长,如图 2.4.7(b)所示。图中,I_d 为电动机电流,I_{dL} 为负载电流。虽然这时的启动过程要比调节器没有限幅时慢得多,但是为了保证启动电流不超过允许值,这样做是必需的。

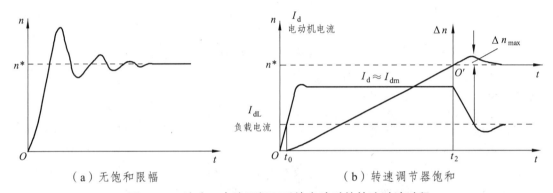

（a）无饱和限幅　　　　　　　　　　　（b）转速调节器饱和

图 2.4.7　速度、电流双闭环系统启动时的转速过渡过程

转速调节器一旦饱和,只有当转速上升到给定电压(U_n^*)所对应的稳态值(n^*)时(见图 2.4.7(b)中的 0′点),反馈电压才会与给定电压平衡。此后,转速偏差电压(ΔU)变成负值,使转速调速器(ASR)退出饱和。转速调速器(ASR)开始退饱和时,由于直流电动机电枢电流(I_d)仍大于负载电流(I_{dL}),故直流电动机仍继续加速,直到

$$I_d \leqslant I_{dL} \tag{2.4.30}$$

时,转速才降低下来,因此在启动过程中转速必然会产生超调。但是,这已经不是按线性系统规律的超调,而是经历了饱和非线性区域之后的超调,可以称作"退饱和超调"。

计算退饱和超调时,启动过程可按分段线性化的方法处理。当转速调节器(ASR)饱和时,相当于转速环开环,电流环输入恒定电压(U_{im}^*)。如果忽略电流环短暂的跟随过程,其输出量也基本上是恒值(I_{dm}),因而直流电动机基本上按恒加速启动,其加速度为

$$\frac{\mathrm{d}n}{\mathrm{d}t} \approx (I_{dm} - I_{dL}) \cdot \frac{R}{C_e \cdot \Phi \cdot T_m} \tag{2.4.31}$$

此加速过程一直延续到 t_2 时刻(见图 2.2.2 和图 2.4.6(b))$n = n^*$ 为止。取式(2.4.31)的积分,得

$$t_2 \approx \frac{C_e \cdot \Phi \cdot T_m \cdot n^*}{(I_{dm} - T_{dL}) \cdot R} \tag{2.4.32}$$

再考虑到式（2.4.27）和下列条件，即

$$\begin{cases} U_n^* = \alpha \cdot n^* \\ U_{im}^* = \beta \cdot I_{dm} \end{cases} \tag{2.4.33}$$

则：

$$t_2 \approx \left(\frac{2h}{h+1}\right) \cdot \frac{K_n \cdot U_n^* \cdot T_{\Sigma n}}{U_{im}^* - \beta \cdot I_{dL}} \tag{2.4.34}$$

这一阶段结束时，满足

$$\begin{cases} I_d = I_{dm} \\ n = n^* \end{cases} \tag{2.4.35}$$

转速调速器（ASR）退饱和后，转速环恢复到线性范围内运行，系统的结构框图如图 2.4.5（b）所示。描述系统的微分方程和前面分析线性系统跟随性能时相同，只是初始条件不同。分析线性系统跟随性能时，初始条件为

$$\begin{cases} I_d(0) = I_{dm} \\ n(0) = n^* \end{cases} \tag{2.4.36}$$

讨论退饱和超调时，饱和阶段的终了状态就是退饱和阶段的初始状态，只要把时间坐标零点从 $t = 0$ 移到 $t = t_2$ 时刻即可。

因此，退饱和的初始条件为式（2.4.36）。

由于初始条件发生了变化，尽管两种情况的动态结构框图和微分方程完全一样，过渡过程还是不同的，因此，退饱和超调量（σ）并不等于典型 II 型系统跟随性能指标中的超调量（σ）。

要计算退饱和超调量（σ），照理应该在新的初始条件下求解过渡过程，但这样的求解比较麻烦。如果把退饱和过程与同一系统在负载扰动下的过渡过程对比，不难发现二者之间的相似之处，于是就可找到一条计算退饱和超调量（σ）的捷径。

当转速调速器（ASR）选用 PI 调节器时，图 2.4.5（b）所示的调速系统结构框图可以绘成如图 2.4.8（a）所示。

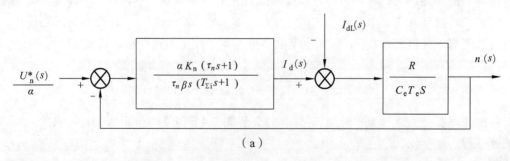

（a）

134

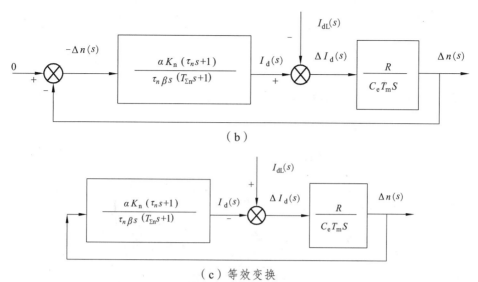

（b）

（c）等效变换

图 2.4.8　退饱和超调量的计算方法

稳态转速（n^*）以上的超调部分为讨论重点，可只考虑实际转速与固定转速的差值，即

$$\Delta n = n - n^* \qquad (2.4.37)$$

可以把图 2.4.6（b）的坐标原点 0 移到 0′，相应动态结构框图如图 2.4.8（b）所示，初始化条件转变为

$$\begin{cases} \Delta n(0) = 0 \\ I_d(0) = I_{dm} \end{cases} \qquad (2.4.38)$$

由于图 2.4.8（b）的给定信号为零，可以不画，而把实际转速与固定转速的差值（Δn）的负反馈作用反映到主通道第一个环节的输出量上来，如图 2.4.8（c）所示。为了保证图 2.4.8（c）和图 2.4.8（b）各量间的加减关系不变，图 2.4.8（c）中 I_d 和 I_{dL} 的 + 、 - 作相应的变化。

将 2.4.8（c）和讨论典型 Ⅱ 型系统抗扰过程所用的图 2.3.9（b）比较，不难看出，它们是完全相同的。对于图 2.3.9（b）所示的系统，如果它在 $I_d = I_{dm}$ 的负载条件下，以 $n = n^*$ 稳定运行，在 t_2 时刻（即在 0′ 点）突然将负载由 I_d 减小到 I_{dL}，转速会产生一个动态速升与恢复的过程，这个过程的初始条件与图 2.4.8（b）的退饱和超调过程完全一样。

因此，这样的突卸负载速升过程也就是退饱和转速超调过程了。可以利用表 2.3.7 给出的典型 Ⅱ 型系统抗扰性能指标来计算退饱和超调量（σ），只要注意正确计算实际转速与固定转速的差值（Δn）的基准值即可。

在典型 Ⅱ 型系统抗扰性能指标中，由式（2.3.59）表达的 ΔC 的基准值是

$$C_b = 2F \cdot T \cdot K_2 \qquad (2.4.39)$$

对比图 2.3.9（b）和图 2.4.7（c）可知

$$\left. \begin{array}{l} K_2 = \dfrac{R}{C_e \cdot \Phi \cdot T_m} \\ T = T_{\Sigma n} \\ F = I_{dm} - I_{dL} \end{array} \right\} \qquad (2.4.40)$$

所以 Δn 的基准值是

$$\Delta n_b = \frac{2R \cdot T_{\Sigma n}(I_{dm} - I_{dL})}{C_e \cdot \Phi \cdot T_m} \qquad (2.4.41)$$

设 λ 表示电机允许的过载倍数，即

$$I_{dm} = \lambda \cdot I_{dN} \qquad (2.4.42)$$

z 表示负载系数（相当于负载标幺值），即

$$I_{dL} = z \cdot I_{dN}$$

Δn_N 为调速系统开环机械特性的额定稳态速降，则

$$\Delta n_N = \frac{R \cdot I_{dN}}{C_e \cdot \Phi} \qquad (2.4.43)$$

代入（2.4.41）可以得到速降的基准值为（Δn_b）

$$\Delta n_b = 2(\lambda - z)\Delta n_N \frac{T_{\Sigma n}}{T_m} \qquad (2.4.44)$$

作为转速的超调量（σ_n），其基准值应该是 n^*，因此退饱和超调量可以由表 2.3.7 列出的 $\Delta C_{max}/C_b$ 数据经基准值换算后求得，即

$$\sigma_n = \left(\frac{\Delta C_{max}}{C_b}\right) \cdot \frac{\Delta n_b}{n^*}$$

代入相应的表达式，并化简得到

$$\sigma_n = 2\left(\frac{\Delta C_{max}}{C_b}\right) \cdot (\lambda - z) \cdot \frac{\Delta n_b}{n^*} \cdot \frac{T_{\Sigma n}}{T_m} \qquad (2.4.45)$$

2.5 转速超调的抑制与转速微分负反馈

转速、电流双闭环调速系统具有良好的稳态和动态性能，结构简单，工作可靠，设计和调试方便，实践证明，转速、电流双闭环调速系统是一种性能很好、应用最广的调速系统。然而，转速、电流双闭环调速系统仍有不足，转速必然有超调，而且抗扰性能的提高也受到限制。在某些不允许转速超调或对动态抗扰性能要求很高的应用场合，仅仅采用两个比例积分（PI）调节器就显得些无能为力了。

解决这个问题的一个简单有效的方案就是在转速调节器上增设转速微分负反馈，加入转速微分负反馈环节可以抑制甚至消除转速超调，同时可以大大降低动态速降。可以证明，带微分负反馈环节的比例积分（PI）转速调节器在结构上符合现代控制理论中的"全状态反馈最优控制"，因而可以获得实际可行的最优动态性能。

136

2.5.1 带转速微分负反馈的双闭环调速系统基本原理

在转速、电流双闭环调速系统中，加入转速微分负反馈的转速调节器原理图如图 2.5.1 所示。和普通的转速调节器相比，其在转速反馈环节上并联了微分电容（C_{dn}）和滤波电阻（R_{dn}），即在普通转速反馈的基础上再叠加一个带滤波的转速微分负反馈环节。

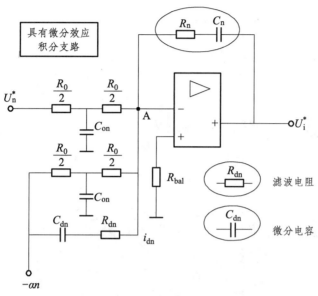

图 2.5.1　带转速微分负反馈的转速调节器原理图

转速、电流双闭环调速系统中，加入转速微分负反馈的转速调节器相关控制量的变化特性如图 2.5.2 所示。

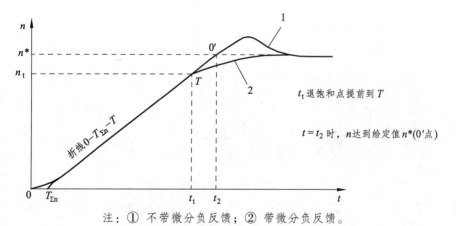

注：① 不带微分负反馈；② 带微分负反馈。

图 2.5.2　转速微分负反馈的转速调节器相关控制量变化特性

图 2.5.2 中，在转速变化过程中，转速负反馈和转速微分负反馈两个信号叠加后与给定信号（U_n^*）相抵，将比普通转速、电流双闭环调速系统提前达到平衡，开始退饱和。图 2.5.2 中的曲线①为普通转速、电流双闭环调速系统的启动过程，当 $t = t_2$ 时，转速（n）达到给定

值（n^*或$0'$点），速度调节器（ASR）开始退饱和，其后转速必然有超调。

加入转速微分负反馈后，退饱和点提前到T点，所对应的转速（n_t）比给定转速（n^*）低，即

$$n_t < n^* \qquad (2.5.1)$$

系统就提早进入了线性闭环系统的工作状态，在

$$I_d \geqslant I_{dL} \qquad (2.5.2)$$

时转速虽仍继续上升，但有可能不出现超调就趋于稳定，如图2.5.2中的曲线②。

在图2.5.1的转速调节器中，i_{dn}为微分负反馈支路的电流，用拉普拉斯（Laplace）变换式表示为

$$i_{dn}(s) = \frac{\alpha n(s)}{R_{dn} + \dfrac{1}{C_{dn}s}} = \frac{\alpha \cdot C_{dn} \cdot s \cdot n(s)}{R_{dn} \cdot C_{dn} \cdot s + 1} \qquad (2.5.3)$$

因此，虚地点A的电流平衡方程式为

$$\frac{U_i^*(s)}{R_n + \dfrac{1}{C_n s}} = \frac{U_n^*(s)}{R_0(T_{on}s+1)} - \frac{\alpha \cdot n(s)}{R_0(T_{on}s+1)} - \frac{\alpha \cdot C_{dn} \cdot s \cdot n(s)}{R_{dn} \cdot C_{dn} \cdot s + 1}$$

整理得到

$$\frac{U_i^*(s)}{K_n \dfrac{\tau_n s + 1}{\tau_n s}} = \frac{U_n^*(s)}{(T_{on}s+1)} - \frac{\alpha \cdot n(s)}{(T_{on}s+1)} - \frac{\alpha \cdot \tau_{dn} \cdot s \cdot n(s)}{T_{odn} \cdot s + 1} \qquad (2.5.4)$$

式中，τ_{dn}为转速微分时间常数，$\tau_{dn} = R_0 C_{dn}$；T_{odn}为转速微分滤波时间常数，$T_{odn} = T_{dn}C_{dn}$，其中

$$\begin{cases} \tau_{dn} = R_0 \cdot C_{dn} \\ T_{odn} = R_{dn} \cdot C_{dn} \end{cases} \qquad (2.5.5)$$

根据式（2.5.4），可以绘出带转速微分负反馈的转速环动态结构框图，如图2.5.3（a）所示。

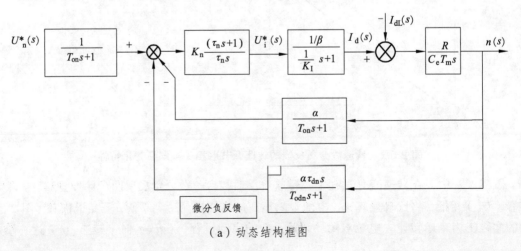

（a）动态结构框图

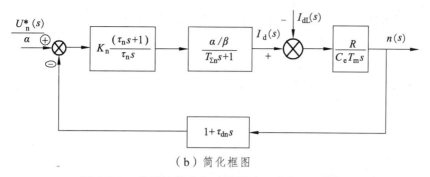

（b）简化框图

图 2.5.3　带转速微分负反馈转速环动态结构框图

从图 2.5.2 可以看出，电容 C_{dn} 的主要作用是对转速信号进行微分，因此称作微分电容；而电阻 R_{dn} 的主要作用是滤去微分后带来的高频噪声，可以叫作滤波电阻。

为了分析方便，取（不唯一）

$$T_{odn} = T_{on} \tag{2.5.6}$$

再将滤波环节都移到环内，并按小惯性环节近似处理，令

$$T_{\Sigma n} = \frac{1}{K_I} + T_{on} \tag{2.5.7}$$

得到简化后的结构框图如图 2.5.3（b）所示。和图 2.4.5（c）的普通双闭环系统相比，只是在反馈通道中并联了微分项 $\tau_{dn}s$，因此微分负反馈也可称作并联微分校正。

2.5.2　退饱和时间和退饱和转速

转速调节器退饱和后，系统进入线性过渡过程，其初始条件就是退饱和点（图 2.5.2 中的 T 点），即转速为 n_t，电流为 I_{dm} 时的点。退饱和时的转速（n_t）需通过退饱和时间（t_t）来计算。

当运行时间满足下列要求，即

$$t \leqslant t_t \tag{2.5.8}$$

时，转速调节器（ASR）仍饱和，输出达到限幅，电流调节器（ACR）以最大给定，即

$$I_d = I_{dm} \tag{2.5.9}$$

输出控制信号，使功率变换装置的输出最大，转速按线性规律增长。

为了方便计算，将所有小时间常数（$T_{\Sigma n}$）的影响近似看作转速上升前的纯滞后时间，则转速变化曲线为图 2.5.2 中的折线 0—$T_{\Sigma n}$—T，那么，在时域，转速上升过程可描述为

$$n(t) = \frac{(R \cdot I_{dm} - R \cdot I_{dL})}{C_e \cdot \Phi \cdot T_m} \cdot (t - T_{\Sigma n}) \cdot 1(t - T_{\Sigma n}) \tag{2.5.10}$$

式中，$t - T_{\Sigma n}$ 是在 $t = T_{\Sigma n}$ 时刻的单位阶跃函数。

当运行时间满足下列要求，即 $t \leqslant t_t$ 时，转速调节器（ASR）开始退饱和，它的输入信号之和应为零。由图 2.5.3（b）可知

$$\frac{U_n^*}{\alpha} - (1 + \tau_{dn} s) \cdot n(s) = 0 \tag{2.5.11}$$

因而在点 (t_t, n_t) 处，应该满足

$$\frac{U_n^*}{\alpha} = n_t + \tau_{dn} \left. \frac{dn}{dt} \right|_{t=t_t} \tag{2.5.12}$$

根据式（2.5.10），考虑到

$$t_t > T_{\Sigma n}$$

则

$$n(t) = \frac{(R \cdot I_{dm} - R \cdot I_{dL})}{C_e \cdot \Phi \cdot T_m} \cdot (T - T_{\Sigma n}) \tag{2.5.13}$$

对式（2.5.13）取导数，得到

$$\left. \frac{dn}{dt} \right|_{t=t_t} = \frac{(R \cdot I_{dm} - R \cdot I_{dL})}{C_e \cdot \Phi \cdot T_m} \tag{2.5.14}$$

将式（2.5.13）和式（2.5.14）代入式（2.5.12），并注意到

$$\frac{U_n^*}{\alpha} = n^*$$

得

$$n^* = \frac{(R \cdot I_{dm} - R \cdot I_{dL})}{C_e \cdot \Phi \cdot T_m} \cdot (t_t - T_{\Sigma n} + \tau_{dn}) \tag{2.5.15}$$

因此，可以求出退饱和时间 (t_t) 为

$$t_t = \frac{C_e \cdot \Phi \cdot n^* \cdot T_m}{(R \cdot I_{dm} - R \cdot I_{dL})} + T_{\Sigma n} - \tau_{dn} \tag{2.5.16}$$

代入式（2.5.13），得到退饱和转速：

$$n_t = n^* - \frac{(R \cdot I_{dm} - R \cdot I_{dL})}{C_e \cdot \Phi \cdot T_m} \cdot \tau_{dn} \tag{2.5.17}$$

由式（2.5.16）、式（2.5.17）可见，与普通的转速、电流双闭环调速系统（即未加微分负反馈）相比，退饱和时间的提前量恰好就是微分时间常数（τ_{dn}），而退饱和转速的提前量是 $\frac{(R \cdot I_{dm} - R \cdot I_{dL})}{C_e \cdot \Phi \cdot T_m} \cdot \tau_{dn}$。

2.5.3 转速微分负反馈参数的工程设计方法

转速微分负反馈环节中，待定的参数是微分电容（C_{dn}）和滤波电阻（R_{dn}），由于

$$\tau_{dn} = R_0 C_{dn}$$

已选定

$$\begin{cases} T_{odn} = R_{dn} \cdot C_{dn} \\ T_{on} = R_{dn} \cdot C_{dn} \end{cases} \tag{2.5.18}$$

只要确定微分时间常数（τ_{dn}），就可以计算出微分电容（C_{dn}）和滤波电阻（R_{dn}）。

对于已按典型 II 型系统设计的普通转速、电流双闭环调速系统（即未加微分负反馈）中转速调节器，已知 II 型系统设计的中频宽（h）：

$$h = \frac{\tau_n}{T_{\Sigma n}} \tag{2.5.19}$$

参考相关文献中有关微分时间常数（τ_{dn}）的近似工程计算公式，可以表示为

$$\tau_{dn} = \frac{4h+2}{h+1} \cdot T_{\Sigma n} - \frac{2\sigma \cdot n^* \cdot T_m}{(\lambda - z) \cdot (\Delta n_N)} \tag{2.5.20}$$

式中，σ 为用小数（非百分数）表示的允许超调量。

如果要求无超调，即令 $\sigma = 0$。

式（2.5.20）中第一项即为所需的微分时间常数（τ_{dn}）。如果微分时间常数（τ_{dn}）大于此值，则过渡过程更慢，但仍为无超调，这时用式（2.5.20）计算出来的超调量（σ）为负值，这是没有意义的，有关这方面的知识，可以参阅相关的参考文献。因此，无超调时的微分时间常数应该是

$$\tau_{dn}\big|_{\sigma=0} \geqslant \frac{4h+2}{h+1} \cdot T_{\Sigma n} \tag{2.5.21}$$

2.5.4 带转速微分负反馈双闭环调速系统的抗扰性能

带转速微分负反馈双闭环调速系统在负载扰动下的动态结构框图如图 2.5.4 所示，原系统已按典型 II 型系统设计，其中

$$\begin{cases} K_1 = \dfrac{\alpha \cdot K_n}{\beta \cdot \tau_n} \\[3mm] K_2 = \dfrac{R}{C_e \cdot \Phi \cdot T_m} \end{cases} \tag{2.5.22}$$

而且，K_1、K_2 满足

$$K_1 \cdot K_2 = K_N \cdot \frac{h+1}{2h^2 T_{\Sigma n}^2} \tag{2.5.23}$$

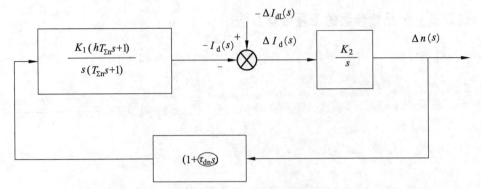

图 2.5.4 转速微分负反馈双闭环调速系统负载扰动下的动态结构框图

其中，δ 为转速微分时间常数相对值，Δn_b 为动态速降的基准值，即

$$
\begin{cases}
\delta = \dfrac{\tau_{dn}}{T_{\Sigma n}} \\
\Delta n_b = 2K_2 \cdot T_{\Sigma n} \cdot (\Delta I_{dL})
\end{cases}
\tag{2.5.24}
$$

则由图 2.5.4 可知，当突加负载扰动时：

$$
\frac{\dfrac{\Delta n(s)}{\Delta n_b}}{\dfrac{\Delta I_{dL}}{s}} = \frac{1}{2K_2 T_{\Sigma n} \Delta I_{dL}} \cdot \frac{\dfrac{K_2}{s}}{1 + \dfrac{K_1 K_2 (hT_{\Sigma n}s+1)(\tau_{dn}s+1)}{s^2(hT_{\Sigma n}s+1)}}
$$

化简、整理，得到

$$
\frac{\dfrac{\Delta n(s)}{\Delta n_b}}{\dfrac{\Delta I_{dL}}{s}} = \frac{\dfrac{1}{2}s(hT_{\Sigma n}s+1)}{\Delta I_{dL}[T_{\Sigma n}s^2(hT_{\Sigma n}s+1) + K_1 K_2 T_{\Sigma n}(hT_{\Sigma n}s+1)(\tau_{dn}s+1)]}
$$

最终可以得到

$$
\frac{\Delta n(s)}{\Delta n_b} = \frac{\dfrac{1}{2}T_{\Sigma n}(T_{\Sigma n}s+1)}{Q}
\tag{2.5.25}
$$

其中

$$
Q = (T_{\Sigma n}s)^3 + \left(1 + \frac{h+1}{2h}\delta\right)(T_{\Sigma n}s)^2 + \frac{h+1}{2h^2}(h+\delta)T_{\Sigma n}s + \frac{h+1}{2h^2}
$$

对于工程计算，如果按照前面的讨论，取中频宽为 5，即 $h=5$，则式（2.5.25）可以简化为

$$
\frac{\Delta n(s)}{\Delta n_b} = \frac{0.5(T_{\Sigma n}s)(T_{\Sigma n}s+1)}{(T_{\Sigma n}s)^3 + (1+0.6\delta)(T_{\Sigma n}s)^2 + \frac{3}{25}(5+\delta)T_{\Sigma n}s + 0.12}
\tag{2.5.26}
$$

对于不同的转速微分时间常数相对值 δ，解式（2.5.26），得带转速微分负反馈的双闭环系统抗扰性能指标，如表 2.5.1 所示。

142

不带转速微分负反馈的双闭环系统抗扰性能指标的计算，按Ⅱ型系统设计，并且中频宽同样取 $h = 5$，这样才有比较性。

表 2.5.1　带转速微分负反馈的双闭环系统抗扰性能指标

$\delta = \dfrac{\tau_{dn}}{T_{\Sigma n}}$	0.0	0.5	1.0	2.0	3.0	4.0	5.0
$\dfrac{\Delta n_{max}}{\Delta n_b}$	81.2%	67.7%	58.3%	46.3%	39.1%	34.3%	30.7%
$\dfrac{t_m}{T_{\Sigma n}}$	2.85	2.95	3.00	3.45	4.00	4.45	4.90
$\dfrac{t_v}{T_{\Sigma n}}$	8.80	11.20	12.80	15.25	17.30	19.10	20.70

表 2.5.1 中恢复时间（t_v）是指 $\Delta n / \Delta n_b$ 衰减到 ±5% 以内的时间。从表 2.5.1 的数据可以看出，引入转速微分负反馈后，动态速降大大降低，转速变化越大，动态速降越低，但恢复时间却拖长了。

2.6　弱磁控制的直流调速系统

2.6.1　调压与弱磁的配合控制

在他励直流电动机的调速方法中，前面讨论的调压方法是从基速，即额定转速（n_N），向下调速。如果需要从基速向上调速，则要采用弱磁调速的方法，降低励磁电流以减弱磁通量来提高转速（比如洗衣机的甩干操作）。

按照电力拖动控制系统的设计原理，在不同转速下长期运行时，为了充分利用电机，都应使电枢电流达到其额定值（I_N），这也是电机设计的基础。由于直流电动机电磁转矩为

$$T_e = C_m \cdot \Phi \cdot I_a \qquad (2.6.1)$$

在调压调速范围内，因为励磁电流不变，则磁通不变，容许的转矩也不变，所以这种调速方法称作"恒转矩调速方式"。

而在弱磁调速范围内，转速越高，磁通越弱，容许的转矩不得不减小，转矩与转速的乘积则不变，即容许功率不变，所以这种调速方法称为"恒功率调速方式"。

由此可见，所谓"恒转矩"和"恒功率"调速方式，是指在不同运行条件下，当电枢电流达到其额定值（I_N）时，所容许的转矩或功率不变，是电机能长期承受的限度。实际的转矩和功率究竟有多少，还要由其具体的负载来决定。

不同性质的负载要求也不一样。例如，矿井卷扬机和载客电梯，当最大载重相同时，无论速度快慢，负载转矩都一样，所以属于"恒转矩类型"的负载；而机床主轴传动，调速时容许的最大切削功率一般不变，属于"恒功率类型"的负载。

显然，恒转矩类型的负载适合于恒转矩调速方式，而恒功率类型的负载更适合于恒功率调速方式。但是，直流电动机允许的弱磁调速范围有限，一般直流电动机不超过 2：1，专用的"调速电动机"也不过是 3：1 或 4：1。当负载要求的调速范围更大时，就不得不采用变压和弱磁配合控制的办法，即在基速以下保持磁通为额定值不变，只调节电枢电压；而在基速以上把电枢电压保持为额定值，减弱磁通升速，这样的配合控制特性如图 2.6.1 所示。

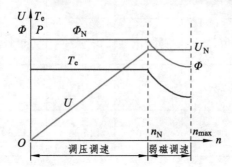

图 2.6.1　电枢调压与弱磁非独立调速控制

电枢电压与弱磁配合控制只能在基速以上满足恒功率调速的要求，在基速以下，输出功率会有所降低。

2.6.2　非独立控制励磁的调速系统

在电枢电压调压调速系统的基础上进行弱磁控制，电枢电压与弱磁的给定装置不应该完全独立，而是要互相关联的。

从图 2.6.1 可以看出，在基速以下，应该在额定磁通的条件下调节电枢电压；在基速以上，应该在额定电压下调节励磁。因此，存在恒转矩的调压调速和恒功率的弱磁调速两个不同的区段。

实际运行中，需要选择一种合适的控制方法，可以在这两个区段中交替工作，也应该能从一个区段平滑地过渡到另一个区段，如图 2.6.2 所示是一种已在实践中证明方便有效的控制系统，称作非独立控制励磁的调速系统。

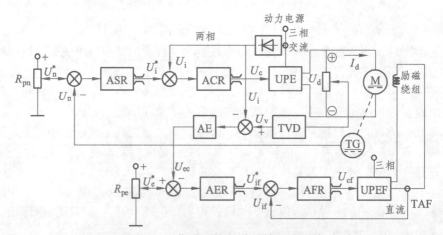

图 2.6.2　非独立控制励磁的调速系统

图 2.6.2 中的给定电位器是模拟控制系统中常用的给定装置，在数字控制系统中，则用脉冲串输入设定或通过串行通信口由网络设定。

直流电动机电枢电压控制系统仍采用常规的转速、电流双闭环控制，而励磁控制系统也有模拟电枢电流设计两个控制环，即电动势外环与励磁电流内环。电动势调节器（AER）和励磁电流调节器（AFR）都采用比例积分（PI）调节器。

相应的元件及模块定义为：速度给定电位器（R_{pn}）；励磁给定电位器（R_{pe}）；AE 电动势运算器；电动势调节器（AER）；励磁电流调节器（AFR）；励磁用功率变换环节（UPEF）；直流电压传感器（TVD）、直流电流传感器（TAF）。其中，两个电位器在实际控制工程中可以用一个。

无论是调压调速还是弱磁升速，都用一个调速电位器（R_p）或数字给定信号连续调节。

转速给定信号（U_n^*）和转速反馈电压（U_n）都按转速的高低连续变化。电枢电压控制系统和励磁控制系统通过由电动势运算器（AE）获得的电动势信号（U_e）联系在一起，从电枢电压调速转入弱磁升速就是依靠这个联系信号自动进行的。

在电枢电压调速范围内，转速的变化范围为

$$n \in [0, n_N] \tag{2.6.2}$$

直流电动机的反电势（U_e）小于电动势给定信号（U_e^*），电动势调节器（AER）处于饱和状态，其输出限幅值（U_{ifm}^*）使直流电动机励磁保持额定值不变，完全靠传统的电枢电压的双闭环控制系统来控制转速，受电流调节器（ACR）输出限幅值（U_{cm}）的限制，电枢电压（U_d）最高升到其额定值（U_{dN}）为止，此时

$$U_e = U_e^* \tag{2.6.3}$$

即，电动势给定信号（U_e^*）设置为

$$E_{max} \approx (0.9 \sim 0.95) \cdot U_{dN} \tag{2.6.4}$$

当转速再升高时，在过渡过程开始的时刻，存在

$$U_e > U_e^* \tag{2.6.5}$$

则电动势调节器（AER）退出饱和状态，其输出量（U_{if}^*）开始降低，通过励磁电流调节器（AFR）减弱励磁，系统便自动进入弱磁升速范围。

在弱磁升速范围内，速度变化范围为

$$n \in [n_N, n_{max}] \tag{2.6.6}$$

由于直流电动机的反电势为

$$E = C_e \cdot \Phi \cdot n$$

从上式可以看出，当励磁（Φ）减弱而转速升高时，直流电动机的反电势（E）应保持不变，采用比例积分（PI）型的电动势调节器（AER）保证了电动势（E）无静差是基本的控制要求。

电动势反馈信号（U_e），是由电动势运算器（AE）接受测量到的电枢电压信号（U_v）和电流信号（U_i）后，按照下式（2.6.7）运算得到的。

$$E = U_{\mathrm{d}} - R \cdot I_{\mathrm{d}} - L \frac{\mathrm{d}I_{\mathrm{d}}}{\mathrm{d}t} \qquad (2.6.7)$$

式中，电流（I_{d}）就是直流电动机的电枢电流（I_{a}），无论在稳态还是在动态过程中，它都能反映真实的电动势（E）值。

2.6.3 弱磁过程的直流电机数学模型和弱磁控制系统转速调节器的设计

前面讨论的直流电动机数学模型都是在恒磁通条件下建立的，它当然不适用于调速系统的弱磁过程。当磁通（Φ）为变量时，反电势（E）与电磁转矩（T_{e}）表达式为

$$\begin{cases} E = C_{\mathrm{e}} \cdot \Phi \cdot n \\ T_{\mathrm{e}} = C_{\mathrm{m}} \cdot \Phi \cdot I_{\mathrm{a}} = C_{\mathrm{m}} \cdot \Phi \cdot I_{\mathrm{d}} \end{cases} \qquad (2.6.8)$$

系统的机电时间常数（T_{m}）为：

$$T_{\mathrm{m}} = \frac{GD^2 R}{375 C_{\mathrm{e}} \cdot C_{\mathrm{m}} \cdot \Phi^2} \qquad (2.6.9)$$

在调速过程中不再保持为常数。

考虑到直流电动机电枢回路的动态方程和运动方程式：

$$\begin{cases} U_{\mathrm{d}0} - E = R \cdot \left(I_{\mathrm{d}} + T_{\mathrm{l}} \frac{\mathrm{d}I_{\mathrm{d}}}{\mathrm{d}t} \right) \\ T_{\mathrm{e}} - T_{\mathrm{L}} = \frac{GD^2}{375} \cdot \frac{\mathrm{d}n}{\mathrm{d}t} \end{cases} \qquad (2.6.10)$$

弱磁过程的直流电动机动态结构框图如图 2.6.3 所示。

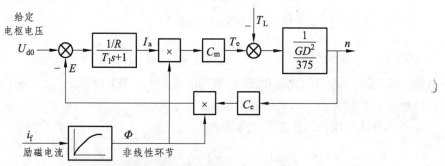

图 2.6.3 弱磁过程的直流电动机动态结构框图

图中，励磁电流（i_{f}）与磁通之间的非线性函数关系可用饱和曲线表示。

注意：图 2.6.3 是包含线性与非线性环节的结构框图，其中只有线性环节可以用传递函数表示，而乘法器等非线性环节的输入与输出变量只能是时间函数，因此各变量都用时间函数标注。非线性环节与线性环节的连接纯属结构上的联系，在采用仅适用于线性系统的等效变换时需十分慎重。

146

由于在弱磁过程中直流电动机是一个非线性对象，如果转速调节器仍采用线性的比例积分（PI）调节器，将无法保证在整个弱磁调速范围内都得到优良的控制性能。为了解决这个问题，原则上应使转速调节器（ASR）具有可变的参数，以适应磁通的变化。一种简单的办法是在转速调节器（ASR）后面增设一个除法环节，使其输出量（T_e^*）除以磁通(Φ)由后再送给电流调节器（ACR）作为输入量，如图 2.6.4 所示。

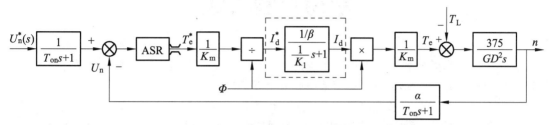

图 2.6.4　改进的弱磁过程的直流电动机动态结构框图

如果忽略电流环小时间常数（$1/K_I$）的影响，则"$\div\Phi$"和"$\times\Phi$"两个非线性环节相邻，可以对消，使转速调节器（ASR）的控制对象简化成线性系统。于是，转速调节器（ASR）便可按一般适用于线性系统的方法来设计。在基速以下的恒磁通控制时，所设计的转速调节器（ASR）仍适用。在数字控制系统中，调节器的参数可以随磁通实时地变化，就可以考虑忽略电流环小时间常数（$1/K_I$）的影响。

第3章　直流调速系统的数字实现及常用控制算法

数字控制技术的发展对运动控制系统的影响巨大。从简单数字控制系统到采样控制系统再到计算机控制系统，都对直流调速系统有着重要作用。

数字实现的直流调速系统的关键是要解决计算机系统的数字量与直流调速系统中的模拟量相互认识的"桥梁"问题，即模/数与数/模间的转换。本章主要介绍直流调速系统中的相关量，如：电枢电压、电枢电流、转速等，如何变化为数字量；同时由计算机实现的控制系统输出数字量如何变化为模拟量。当然，随着传感器技术、信息技术的发展，模拟量也可以通过数字方法来直接测速，如光电测速方法等。本章按照计算机控制过程通道、数字控制器、速度测量及计算等展开。

3.1　数字测速方法

常用的速度传感器最简单的就是利用电机可逆原理的测速发电机，测速发电机可以为单相、三相，也可以是直流测速发电机或交流测速发电机。随着技术的发展及控制对速度测量精度要求的提高，数字测速也进入了实用领域。数字测速是传动系统反馈控制的常用方法，精度高，对于计算机控制系统而言，接口十分方便，但安装麻烦，成本高。随着现代控制理论的发展，无速度传感器也应用到现代传动控制之中，是一种"软测量"技术的典型应用，但这种"软测量"技术，主要依赖速度模型的准确性。下面首先介绍数字控制直流调速系统中的光电测速方法及速度的相关表示。

常见的光电码盘如图 3.1.1 所示。

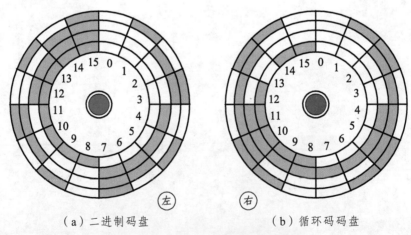

（a）二进制码盘　　　　　　　　（b）循环码码盘

图 3.1.1　绝对值式编码器的码盘

148

典型的数字式传感器应该能够把输入量转换成数字量输出。其优点为：测量精度和分辨力高，抗干扰能力强，能避免在读标尺和曲线图时产生的人为误差，便于用计算机处理。

常见的有角度数字编码器（码盘）和直线位移编码器（码尺）。按照工作原理可分为：电触式、电容式、感应式和光电式等。

六位二进制码盘的原理图如图 3.1.2 所示。

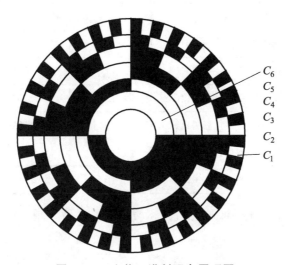

图 3.1.2　六位二进制码盘原理图

二进制码盘具有如下特点：

（1）n 位（n 个码道）二进制码盘具有 2^n 种不同编码，容量为 2^n，其最小分辨角度（θ_{min}）为

$$\theta_{min} = \frac{360°}{2^n} \tag{3.1.1}$$

它的最外圈角节距为 $2\theta_1$；系统的分辨率为

$$分辨率 = \frac{1}{n} \tag{3.1.2}$$

（2）二进制码盘为加权码，不同的码元在不同的位置代表不同的值。编码 C_n，C_{n-1}，$\cdots$，C_1 对应于由零位算起的转角：

$$\theta = \sum_{i=1}^{n} C_i 2^{i-1} \theta_1 \tag{3.1.3}$$

（3）码盘转动中，C_k 变化时，所有 C_j（$j < k$）应同时变化；

（4）循环码码盘具有轴对称性，其最高位相反，其余各位相同；

149

（5）循环码为无权码；

（6）循环码码盘转到相邻区域时，编码中只有一位发生变化，不会产生粗大误差。

十进制、二进制、循环码间的对应关系如表 3.1.1 所示。

表 3.1.1　十进制、二进制、循环码间的对应关系

十进制	二进制	循环码	十进制	二进制	循环码
0	0000	0000	8	1000	1100
1	0001	0001	9	1001	1101
2	0010	0011	10	1010	1111
3	0011	0010	11	1011	1110
4	0100	0110	12	1100	1010
5	0101	0111	13	1101	1011
6	0110	0101	14	1110	1001
7	0111	0100	15	1111	1000

光电编码器常可以分为绝对式编码器和增量式编码器，现对这两种编码器分别进行分析。

3.1.1　绝对式接触式编码器

四位绝对式接触式编码器的原理图如图 3.1.3 所示。

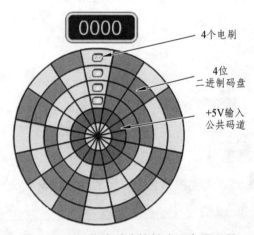

图 3.1.3　四位绝对式接触式码盘原理图

图 3.1.3 中，公共码道就是 + 5 V 偏置电源，接触式通过电刷实现。最小分辨角度 ($\theta_{\min}$) 为

$$\theta_{\min} = \frac{360°}{2^n}$$

150

多码道的光电码盘的平面结构及光电码盘与光源、光敏元件的对应关系如图 3.1.4 所示。

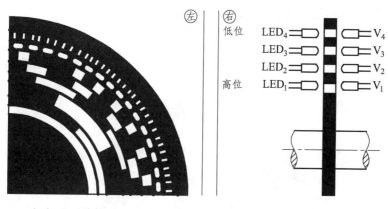

（a）平面结构（八码道）　　　（b）对应关系（四码道）

图 3.1.4　四码道的光电码盘原理图

1. 对码道的要求

要求各个码道刻划精确，彼此对准。这给码盘制作造成很大困难。由于微小的制作误差，只要有一个码道提前或延后改变，就可能造成输出的粗大误差，如图 3.1.5 所示。

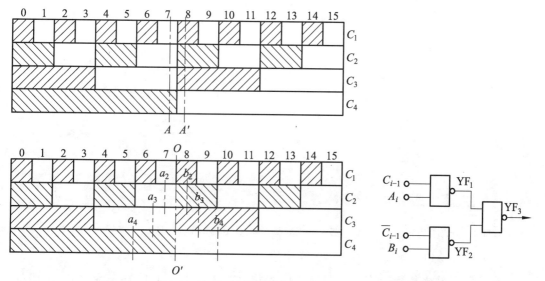

图 3.1.5　四位二进制码盘展开图及双读数头消除粗大误差原理图

2. 消除粗大误差方法

（1）双读数头法，用循环码代替二进制码；

151

（2）双读数头的缺点是读数头的个数增加了一倍。当编码器位数很多时，光电元件安装位置也有困难。

3.1.2 增量式光电编码器的分辨率

增量式光电编码器的原理图如图 3.1.6 所示。

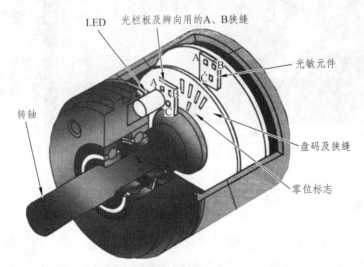

图 3.1.6　增量式光电编码器示意图

增量式光电编码器的主要技术指标包括：

（1）分辨力及分辨率；

（2）输出波形。

为了判断码盘旋转的方向，在图 3.1.6 的光栏板上的两个狭缝距离是码盘上的两个狭缝距离的 k 倍，

$$k = m + \frac{1}{4} \tag{3.1.4}$$

式中，m 为正整数。

设置了两组光敏元件 A、B，有时又称为 sin、cos 元件。

（3）辨向信号和零标志。

光电编码器的光栏板上有 A 组与 B 组两组狭缝，彼此错开 1/4 节距，两组狭缝相对应的光敏元件所产生的信号 A、B 彼此相差 90°相位，用于辨向。当码盘正转时，A 组信号超前 B 组信号 90°相位；当码盘反转时，B 组信号超前 A 组信号 90°相位。其原理如图 3.1.7 所示。

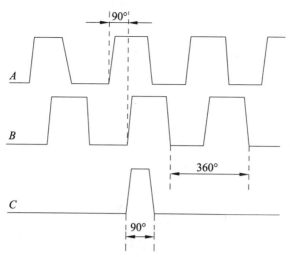

图 3.1.7 光电编码器辨向信号和零标志

在图 3.1.6 中的码盘里圈，还有一道狭缝 C，每转一转能产生一个脉冲，该脉冲信号又称"一转信号"或零标志脉冲，作为测量的起始基准。

在实际工作中，常用的应用方法如图 3.1.8 所示。

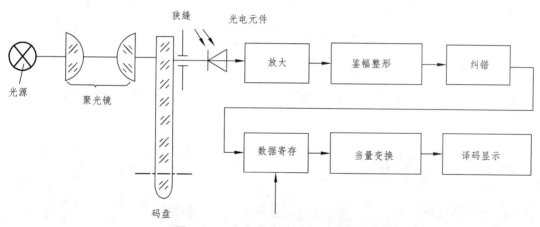

图 3.1.8 光电码盘的具体应用电路

图 3.1.8 中，编码器的角度分辨能力所代表的角度不是整齐的数，显示器总是希望以度、分、秒来表示，为此需要使用脉冲当量变换电路，如图 3.1.9 所示。

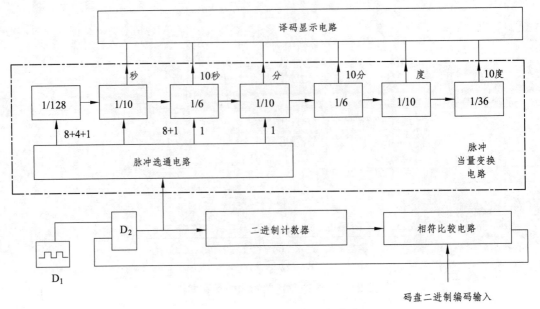

图 3.1.9　脉冲当量变换电路

3.1.3　光电编码器的脉冲数与速度关系

角度编码器除了能直接测量角位移或间接测量直线位移外,可用于数字测速、工位编码、伺服电机控制等。工程中,用码盘进行速度的测量常用方法有 M 法测速、T 法测速。

1. M 法测速

M 法测速适用于高速运转的场合。编码器每转产生 N 个脉冲,在 T 时间段内有 m_1 个脉冲产生,则转速 (n) 可以表示为

$$n = \frac{60 \cdot m_1}{N \cdot T} \qquad\qquad (3.1.5)$$

速度单位为每分钟转数(rpm)。测速原理图如图 3.1.10 所示。

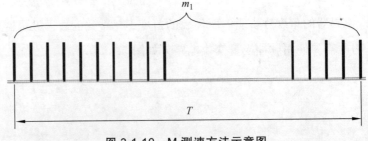

图 3.1.10　M 测速方法示意图

154

2. T 法测速

T 法测速适用于低速运转的场合。编码器每转产生 N 个脉冲，用已知频率 f_0 作为时钟，填充到编码器输出的两个相邻脉冲之间的脉冲数为 m_2，则转速 (n) 可以表示为

$$n = \frac{60 \cdot f_0}{N \cdot m_2} \tag{3.1.6}$$

速度单位为每分钟转数（rpm）。测速原理图如图 3.1.11 所示。

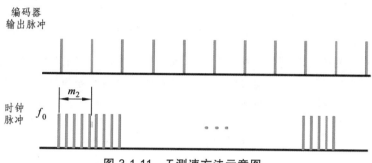

图 3.1.11　T 测速方法示意图

3. M/T 测速法

如果电机每旋转一周，编码器发出 Z 个脉冲，结合 M 法及 T 法，既检测 T_C 时间间隔内旋转编码器输出脉冲个数 M_1，同时检测在此时间间隔内高频时钟脉冲个数 M_2，设高频时钟脉冲的频率为 f_0，通过这些参数来计算速度 (n)，这种方法就是 M/T 法。假设测速时间间隔为 T_C，则速度 (n) 为

$$n = \frac{60M_1}{Z \cdot T_C} \tag{3.1.7}$$

化简，得到速度表达式为

$$n = \frac{60M_1 \cdot f_0}{Z \cdot M_2} \tag{3.1.8}$$

采用 M/T 测速法应该保证高频时钟脉冲计数器与旋转编码器输出脉冲计数器同时开始同时停止工作，以达到减少误差的目的，其工作原理如图 3.1.12 所示。为了达到同时开启、关断的目的，只有等到编码器输出脉冲前沿到达时，高频时钟脉冲计数器与旋转编码器输出脉冲计数器才允许开启或关断。

M/T 测速法在实际工作过程中，计数值 M_1 和 M_2 随着转速的变化而变化。高速时，相当于 M 测速方法；最低速时，$M_1 = 1$，则系统自动进入 T 测速方法。所以 M/T 测速法适用于转速变化范围较大的场合，是目前在调速系统自动控制中较为常用的方法。

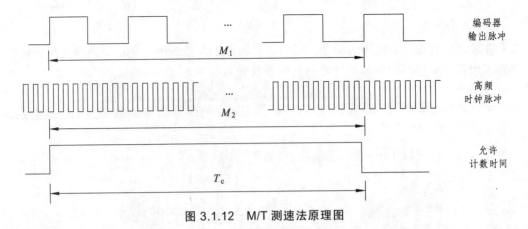

图 3.1.12　M/T 测速法原理图

M 法是将测量的单位时间内的脉冲数换算成频率，因存在测量时间内首尾的半个脉冲问题，可能会有 2 个脉冲的误差。速度较低时，因测量时间内的脉冲数较少，误差所占的比例会变大，所以 M 法宜测量高速。如要降低测量的速度下限，可以提高编码器线数或加大测量的单位时间，使一次采集的脉冲数尽可能多。

T 法是将测量的两个脉冲之间的时间换算成周期，从而得到频率。因存在半个时间单位的问题，可能会有 1 个时间单位的误差。速度较高时，测得的周期较小，误差所占的比例会变大，所以 T 法宜测量低速。如要增加速度测量的上限，可以减少编码器的脉冲数，或使用更小更精确的计时单位，使一次测量的时间尽可能长。

M 法、T 法各具优劣和相应的适用范围，编码器线数不能无限增加，测量时间也不能太长（得考虑实时性），计时单位也不能无限小，所以往往 M 法、T 法都无法胜任全速度范围内的测量。因此产生了 M 法、T 法结合的 M/T 测速法。

M/T 法中的"低速"、"高速"如何确定呢？

假定设定测速的误差范围为 1%，M 法测得脉冲数为 f、T 法测得时间为 t。

对于 M 法，应该满足下列条件，即

$$\frac{2}{f} \leqslant 1\% \tag{3.1.9}$$

变换后即可得到

$$f \geqslant 200 \tag{3.1.10}$$

也就是说，一次测量的最小脉冲数为 200，与此频率对应的速度为 v_1。

对于 T 法，则应该满足下列条件，即

$$\frac{\left(\dfrac{1}{t-1} - \dfrac{1}{t}\right)}{\dfrac{1}{t}} \leqslant 1\% \tag{3.1.11}$$

对式（3.1.11）进行化简，得到

$$t \geqslant 101 \tag{3.1.12}$$

即一次测量的时间为 101 个单位，设此周期对应的速度为 v_2。若计时单位选择为毫秒（ms），

则原则上，时间（t）就应该满足

$$t \geqslant 101 \text{（ms）} \tag{3.1.13}$$

这只是理论精度，实际应用还要考虑脉冲信号采集的延迟、软件处理所需花费的时间等。

因此，如果满足下列条件，即

$$v_1 < v_2 \tag{3.1.14}$$

则 M/T 法能满足全速范围内的测量。

故在系统设计之前，就需要详细的计算，使式（3.1.14）尽可能接近，而不能光凭经验估算确定高低速、传动比、编码线数。但在实际的测速过程中，很多现有系统中会出现与式（3.1.14）相悖的情形，即

$$v_1 > v_2 \tag{3.1.15}$$

这样，在特定的区间，即当速度（v）处于

$$v \in (v_2, v_1) \tag{3.1.16}$$

时，会出现这一段速度无论 M 法还是 T 法都无法覆盖的情况，一种行之有效的办法就是在式（3.1.16）代表的区间同时使用 M 法和 T 法测量，然后取平均值，但要解决好 M/T 测量的同步问题。

总之，M/T 测速法的内涵就是低速时测周期，高速时测频率。

3.2 计算机控制系统的过程通道设计

过程通道就是计算机和生产过程之间设置的信息传送和转换的连接通道，如图 3.2.1 所示。

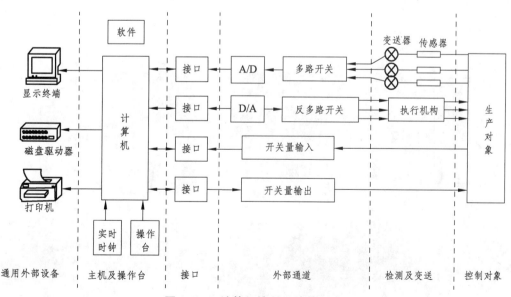

图 3.2.1　计算机控制系统的组成

3.2.1 过程通道的组成和功能

如图 3.2.1 所示，计算机控制系统的组成关键是过程通道的设计及组建，控制信号的输入与输出都经过过程通道而实现。传统意义上的信号包括模拟输入信号（AI）、模拟输出信号（AO）、数字输入信号（DI）、数字输出信号（DO）。模拟输入信号如直流双闭环中的电枢电流、电枢电压，测速发电机的速度信号等；数字输入信号如光电测速的输出信号；数字输出信号如调速系统的速度达到信号、调速系统数字显示系统的输出量等。下面分析这四种信号在计算机控制系统中的构成。

1. 数字输入信号（DI）通道

把从控制对象检测得到的数字码、开关量、脉冲量或中断请求信号经过输入缓冲器在接口的控制下送给计算机（检测通道），如图 3.2.2 所示。

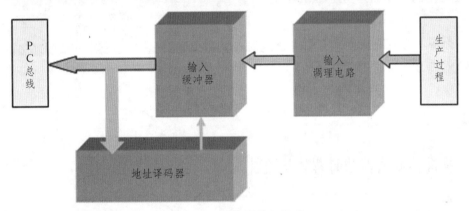

图 3.2.2 数字量输入通道

2. 数字输出信号（DO）通道

把从计算机输出的数字信号通过接口输出数字信号、脉冲信号或开关信号（控制通道或电磁阀），在过程通道中的形式如图 3.2.3 所示。

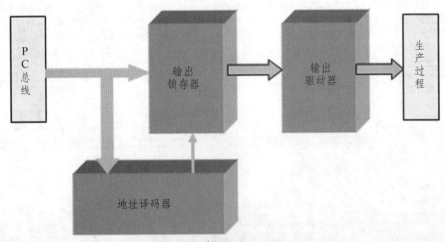

图 3.2.3 数字量输出通道

3. 模拟输入信号（AI）通道

把从控制对象检测得到的连续模拟信号（如温度、压力、流量、液位等）（1～10 V、4～20 mA）变换成二进制（BCD 码）的数字信号，然后经接口送入计算机（检测通道）。

4. 模拟输出信号（AO）通道

把从计算机输出的数字信号通过接口由它变换成相应的模拟量信号输出给控制对象（控制通道或连续调节阀）。

在具体设计中，模拟输入通道的设计要比模拟输出通道的设计复杂得多，模拟输入信号都是一些微弱信号（微伏或毫伏），需要进行处理（如隔离、放大等）。

3.2.2 信号转换过程中的采样、量化和编码

计算机对对象进行控制，首先要解决模拟量和数字量之间的转换问题，即 A/D 转换问题。转换过程大体上要解决如下三个问题：采样（Sample）、量化（Quantity）、编码（Coding）。

1. 采 样

把时间连续的信号转换为一连串时间不连续的脉冲信号，这个过程称为"采样"。采样后的脉冲信号称为采样信号，在时间轴上是离散的，但在函数轴上仍是连续的，如图 3.2.4 所示。

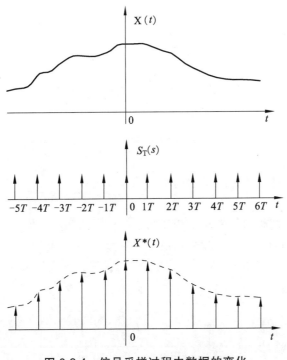

图 3.2.4 信号采样过程中数据的变化

那么在采样的过程中要满足什么条件，才能够使采样后的数字信号唯一代表模拟信号呢？在数字信号处理领域，香农-奈奎斯特（Shannon-Nyquist）采样定理满足此条件。

香农-奈奎斯特采样定理：若模拟信号出现的最高频率为f_{max}，只要采样频率（f_s）满足下列条件，即

$$f_s \geqslant f_{max} \tag{3.2.1}$$

则可以从采样信号中，唯一复现原模拟信号。$E^*(j\omega)$为一周期性频谱，它的周期为ω_s，且

$$\frac{\omega_s}{2} \geqslant \omega_m$$

式中，ω_s为采样频率；ω_m为最高频率。二者的关系如图3.2.5所示。图中，n为各频率分量的次数。

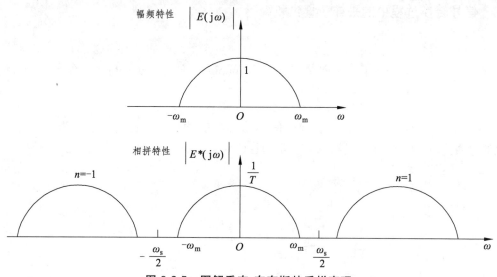

图3.2.5　图解香农-奈奎斯特采样定理

在实际工程中，采样经常可以分为周期采样、多阶采样、随机采样三种。

1）周期采样

采样频率固定的采样方法，这是最简单的采样方法。

2）多阶采样

多阶采样也称为周期非均匀采样，相邻两采样点间的间隔非均匀，但任一数据与其后第N个采样点间的间隔均匀（N为多阶采样的采样阶数），采样间隔呈周期分布。如图3.2.6所示为多阶采样的原理图。在图3.2.6中，d表示时间延迟，T表示采样间隔的变化周期。

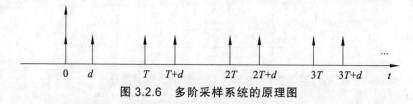

图3.2.6　多阶采样系统的原理图

3）随机采样

在满足信号从模拟信号变化为数字信号的同时，采样间隔随机而定。在工程实际中，采样间隔根据要求，在考虑一定的冗余后，往往依计算机的性能指标来确定。

2. 量 化

采样信号经过整量化成为数字信号的过程称为整量化过程。整量化的原理如图 3.2.7 所示。

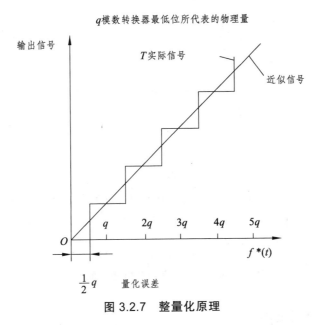

图 3.2.7　整量化原理

整量化过程是一个数值分层过程，也是一个对数据进行四舍五入近似处理的过程。量化单位（q）是最低位（LSB）所代表的物理量，量化误差（精度）为 $\pm\frac{1}{2}q$。从图 3.2.6 中可以看出采样信号与数字信号的区别。在工程实际中，一般不会按照采样定理规定的采样频率来设计，往往比采样频率要高得多。实际应用中，采样频率往往达到信号最高频率的 5～10 倍。

3. 编 码

对于采样后的数据，为了传输、控制误差、抑制干扰等方面的原因，往往对数据进行特殊处理，用相关的信息来代替，则就是广义的编码。把量化信号转换为相关代码的过程称为编码。对于通用的模数转换器，编码的任务由 A/D 转换器完成。在工程中常见的编码有格雷码、多项式、循环码、曼切斯特等。

因此，模拟信号的处理过程如图 3.2.8 所示。

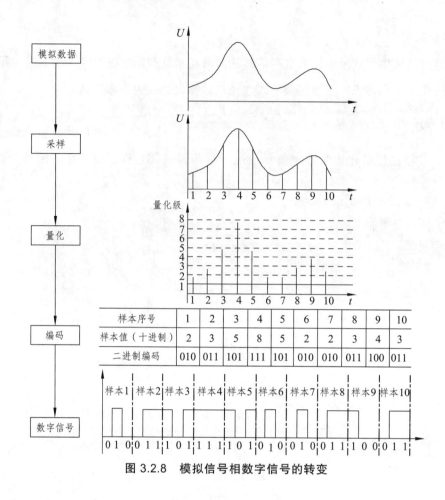

样本序号	1	2	3	4	5	6	7	8	9	10
样本值（十进制）	2	3	5	8	5	2	2	3	4	3
二进制编码	010	011	101	111	101	010	010	011	100	011

图 3.2.8　模拟信号相数字信号的转变

3.2.3　模拟量输入通道的组成

为了将模拟信号送入只识别数字信号的计算机控制系统，模拟信号必须经过模拟量输入通道对模拟信号进行处理。这个处理过程一般由信号处理、多路转换器、放大器、采样/保持器和模数（A/D）转换器组成，如图 3.2.9 所示。

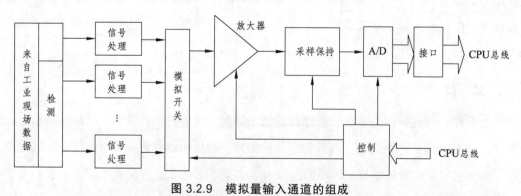

图 3.2.9　模拟量输入通道的组成

图 3.2.9 中的有关环节及功能模块简单介绍如下：

162

（1）检测把非电量的工艺参数（如温度、压力、流量等）通过传感器转换为电量（一般为直流电压或电流）。

（2）信号处理包括信号滤波、小信号（微伏信号）放大、信号衰减、阻抗匹配、电平变换、非线性补偿、电流/电压转换等。

（3）多路转换器当多个信号共用一个 A/D 转换器时，就需要这个器件。多路转换器的理想工作状态为开路电阻无穷大，导通电阻为 0。要求切换速度快，如三态门就具有此能力。

（4）放大器 A/D 转换器的输入电压一般都有一定范围，而输入的信号一般都是毫安（mA）级的，所以必须经过放大（一般的 A/D 满度电压为 10 V）。其中，可编程放大器是一种通用性强的高级放大器，可以根据需要用程序来改变它的放大倍数。当多路输入的信号源电平相差较大时，用同一增益放大器去放大高/低电平信号，可能使得低电平信号测量精度降低，而高电平信号有可能超出 A/D 转换器的输入范围。采用可编程放大器，可使 A/D 转换器满量程达到均一化，提高多路采集的精度。

（5）采样/保持器在采样状态时，其输出能够跟随输入变化；在保持状态时，能使输出值不变。最简单的采样/保持器由开关和电容组成，如图 3.2.10 所示。

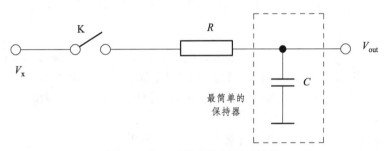

图 3.2.10　最简单的采样保持器

3.2.4　数字量的输出通道

数字量输出通道主要完成数字量匹配模拟量的过程，主要由数/模（D/A）转换器构成。

1. 数/模（D/A）转换器的组成

（1）基准电压（电流）；

（2）模拟二进制数的位切换开关；

（3）产生二进制权电流（电压）的精密电阻网络；

（4）提供电流（电压）相加输出的运算放大器（0~10 mA，4~20 mA 或者 TTL，CMOS，…）。

2. 数/模（D/A）转换器的原理

转换原理可以归纳为"按权展开，然后相加"。因此，D/A 转换器内部必须要有一个解码网络，以实现按权值分别进行 D/A 转换。

解码网络通常有两种：二进制加权电阻网络和 T 型电阻网络。

如图 3.2.11 所示为四位权电阻网络数/模 (D/A) 转换器原理图。

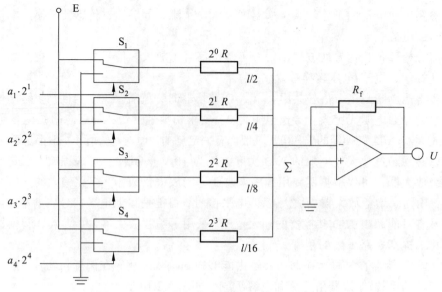

图 3.2.11　四位权电阻网络数/模转换器原理图

假设 E 为转换的基准电压，S_1、S_2、S_3、S_4 为电子切换开关，受二进制 $a_i(i=1,2,3,4)$ 各位状态控制，相应位如果为 "0"，开关接地；相应位如果为 "1"，开关接基准电压源。$2^n \cdot R$ 为权电阻网络 $(n=0,1,2,3)$，其阻值与各位权相对应，权越大，电阻越大（电流越小），以保证一定权的数字信号产生相应的模拟电流。运算放大器的虚地按二进制权的大小和各位开关的状态对电流求和。

设输入数字量为 D，采用定点二进制小数编码，D 可表示为

$$D = a_1 \cdot 2^{-1} + a_2 \cdot 2^{-2} + \cdots + a_n \cdot 2^{-n} = \sum_{i=1}^{n} a_i \cdot 2^{-i} \qquad (3.2.2)$$

如果对应的二进制 a_i 满足

$$a_i = 1 \qquad (3.2.3)$$

则相应支路产生的电流为

$$I_i = \frac{E}{R_i} = 2^{-i} \cdot I \qquad (3.2.4)$$

如果对应的二进制 a_i 满足

$$a_i = 0 \qquad (3.2.5)$$

表示开关接地，相应支路中没有电流。

注意这里的电流（I）为

$$I = \frac{2E}{R} \qquad (3.2.6)$$

各支路中的电流（I_i）可以表示为

$$I_i = I \cdot a_i \cdot 2^{-i} \tag{3.2.7}$$

运算放大器输出的模拟电压（U）为

$$U = -\sum_{i=1}^{n} I_i \cdot R_f \tag{3.2.8}$$

代入各个支路中的电流（I_i），得

$$U = \sum_{i=1}^{n} I \cdot a_i \cdot 2^{-i} \cdot R_f = -I \cdot R_f \cdot D \tag{3.2.9}$$

即

$$U = -\frac{2E}{R} \cdot R_f \cdot (a_1 \cdot 2^{-1} + a_2 \cdot 2^{-2} + \cdots + a_n \cdot 2^{-n}) \tag{3.2.10}$$

这样就建立了数字量与模拟量间的关系。

3.3 计算机控制系统的 PID 算法

3.3.1 由计算机实现的数字控制系统结构

对双闭环他励直流电机控制系统，用计算机实现的数字控制系统结构如图 3.3.1 所示。

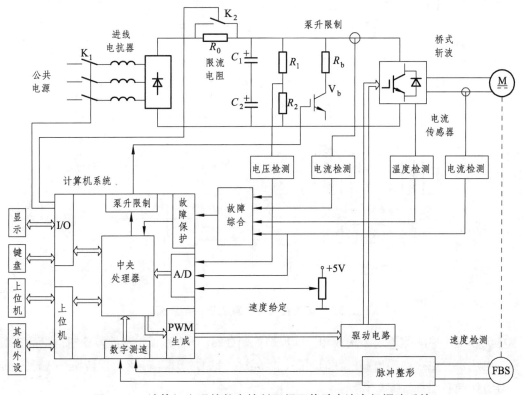

图 3.3.1 计算机实现的数字控制双闭环他励直流电机调速系统

165

由计算机实现的数字控制双闭环直流调速系统由以下部分组成：主电路、检测回路、控制电路、速度给定电路、显示电路、保护电路等。

1 主回路

计算机系统实现的数字控制双闭环直流调速系统主电路中的功率变换器（UPE）有两种方式：直流 PWM 功率变换器和晶闸管可控整流器。

2. 检测回路

检测回路包括电压、电流、温度和转速检测。其中，电压、电流和温度检测由 A/D 转换通道变为数字量送入计算机，转速检测用数字测速。本节重点关注转速的检测。

转速检测有模拟测速和数字测速两种检测方法：

（1）模拟测速一般采用测速发电机。测速发电机可以是交流的也可以是直流的，可以是单相也可以是三相的，其输出电压不仅表示转速的大小，还包含转速的方向（在调速系统中，尤其在可逆系统中，转速的方向也是不可缺少的）。因此必须经过适当的变换，将双极性的电压信号转换为单极性电压信号，经 A/D 转换后得到的数字量送入微机。但偏移码不能直接参与运算，必须用软件将偏移码变换为原码或补码，然后进行闭环控制。

（2）对于精度要求高、调速范围大的系统，往往需要采用旋转编码器测速，即数字测速。这部分内容在 3.1 节中已经详细说明。

如图 3.3.2 所示为速度信号与计算机接口示意图。

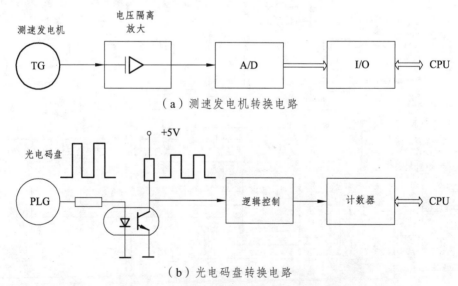

（a）测速发电机转换电路

（b）光电码盘转换电路

图 3.3.2　速度信号与计算机接口示意图

电流和电压检测除了用来构成相应的反馈控制外，还是各种保护和故障诊断信息的来源。电流、电压信号也存在幅值和极性的问题，需经过一定的处理，再经 A/D 转换送入计算机，其处理方法与转速处理方法相同。

166

在功率电子装置中，电流、电压的检测往往采用线性度好、响应速度快的霍尔器件，其输出往往是微伏小信号，必须进行隔离放大。如图 3.3.3 所示是一种常见的信号隔离电路。

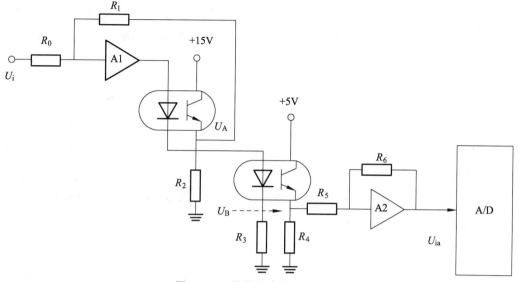

图 3.3.3　信号隔离电路示意图

如图 3.3.4 所示为应用霍尔效应实现的电流变换器原理图。图中，K_H 为霍尔常数，B 为与被测电流成正比的磁通密度，I_c 为控制电流，其中 $U_H = K_H \cdot B \cdot I_c$。

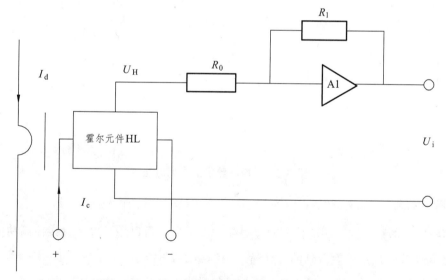

图 3.3.4　应用霍尔效应实现的电流检测原理图

3. 故障综合

利用计算机拥有的强大的逻辑判断功能，对电压、电流、温度等信号进行分析比较，若发生故障立即进行故障诊断，以便及时处理，避免故障进一步扩大。这也是采用微机控制的优势所在。

4. 数字控制器

数字控制器是系统的核心，可选用单片机或数字信号处理器（DSP），如英特尔公司的 Intel 8X196MC 系列或 TI 公司的 TMS320X240 系列等专为电机控制设计的微处理器，这些芯片本身都带有 A/D 转换器、通用 I/O 和通信接口，还带有一般微机系统并不具备的故障保护、数字测速和 PWM 生成等功能，可大大简化数字控制系统的硬件电路。

5. 速度给定

速度给定有两种方式。

（1）模拟给定：模拟给定是以模拟量表示的给定值，例如给定电位器的输出电压。模拟给定须经 A/D 转换为数字量，再参与运算。

（2）数字给定：数字给定是用数字量表示的给定值，可以是拨盘设定、键盘设定或采用通信方式由上位机直接发送，如图 3.3.5 所示。

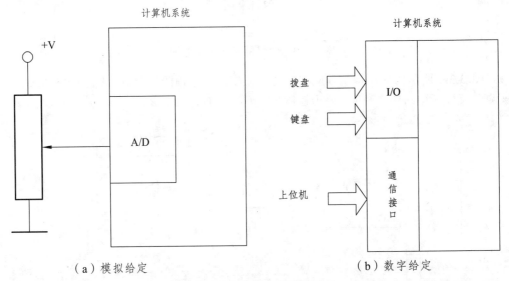

（a）模拟给定　　　　　　　　　（b）数字给定

图 3.3.5　速度给定的常见方法

6. 输出变量

计算机实现的数字控制器的控制对象是功率变换器，可以用开关量直接控制功率器件的通断，也可以用经 D/A 转换得到的模拟量去控制功率变换器。

随着电机控制专用集成电路和单片机技术的进步，可直接生成 PWM 驱动信号，经过放大环节控制功率器件，从而控制功率变换器的输出电压。

计算机实现的数字控制系统的控制规律是靠软件来实现的，所有的硬件也必须由软件实施管理。计算机实现的数字控制双闭环直流调速系统的程序有：主程序、初始化子程序、中断服务子、数字 PID 等。

1）主程序

完成实时性要求不高的功能，完成系统初始化后，实现键盘处理、刷新显示、与上位计算机和其他外设通信等功能。主程序框图如图 3.3.6 所示。

2）初始化子程序

完成硬件工作方式的设定、系统运行参数和变量的初始化等。初始化子程序框图如图 3.3.7 所示。

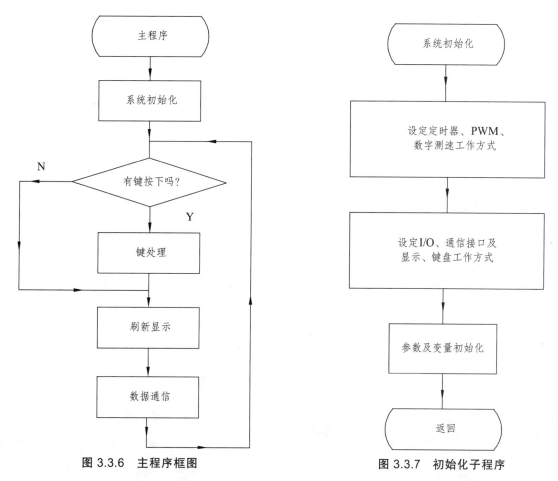

图 3.3.6　主程序框图　　　　图 3.3.7　初始化子程序

3）中断服务子程序

中断服务子程序完成实时性强的功能，如故障保护、PWM 生成、状态检测和数字 PI 调节等，中断服务子程序由相应的中断源提出申请，CPU 实时响应。

（1）转速调节中断服务子程序。此子程序要用软件实现第 2 章中速度调节（ASR）的功能，如图 3.3.8 所示。

（2）电流调节中断服务子程序。此子程序要用软件实现第 2 章中电流调节（ACR）的功能，如图 3.3.9 所示。

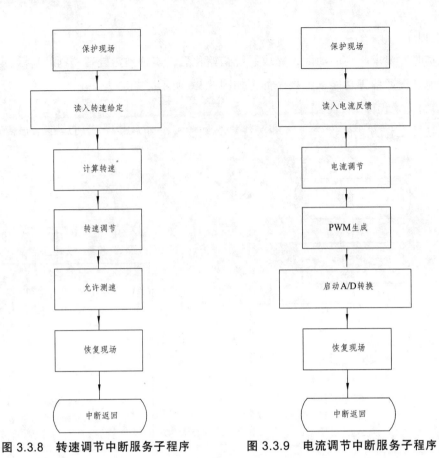

图 3.3.8 转速调节中断服务子程序   图 3.3.9 电流调节中断服务子程序

（3）故障保护中断服务子程序。此子程序要用软件实现装置的保护要求，如图 3.3.10 所示。

图 3.3.10 故障保护中断服务子程序

当故障保护起作用时申请故障保护中断，而转速调节和电流调节均采用定时中断。三种中断服务中，故障保护中断优先级别最高，电流调节中断次之，转速调节中断级别最低。

M/T 测速法的计算机接口电路 M/T 测速法的基本原理在本章 3.1.1 小节中已经介绍，这里说明其与计算机的接口。如图 3.3.11 所示为基于 M/T 测速法的速度检测电路。

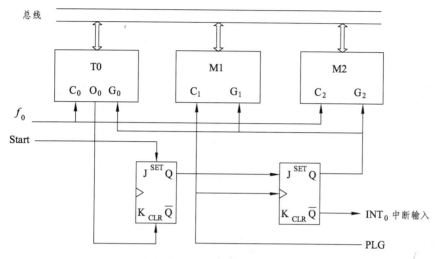

图 3.3.11 基于 M/T 测速法的速度检测电路

工作原理：定时器（T0）控制采样时间；计数器（M1）记录 M/T 测速法的输出脉冲；计数器（M2）记录时钟脉冲。

图 3.3.11 速度检测过程中，相关检测点的波形如图 3.3.12 所示。

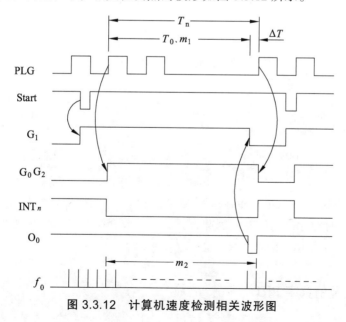

图 3.3.12 计算机速度检测相关波形图

M/T 测速法流程图如图 3.3.13 所示。

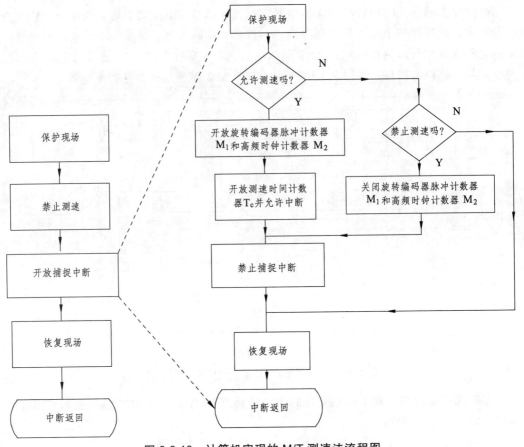

图 3.3.13　计算机实现的 M/T 测速法流程图

图 3.3.13 中，速度 (n) 的计算公式为

$$n = \frac{60M_1}{Z \cdot T_t} = \frac{60M_1 \cdot f_0}{Z \cdot M_2} \tag{3.3.1}$$

速度单位为 rpm。

分辨率 (Q) 的计算公式为

$$Q = \frac{60f_0 \cdot M_1}{Z \cdot M_2(M_2 - 1)} \tag{3.3.2}$$

低速时 M/T 法趋向于 T 法，在高速段 M/T 法相当于 T 法的 M_1 次平均，而在这 M_1 次中最多产生一个高频时钟脉冲的误差。因此，正如 3.1 节介绍，M/T 法测速可在较宽的转速范围内，具有较高的测速精度。

3.3.2　计算机实现的数字 PID

这里主要介绍三方面的内容，即模拟 PI 调节器的数字化、改进的数字 PI 算法、新型 PI 调节器。

172

（1）模拟 PI 调节器的数字化。

PI 调节器是电力拖动自动控制系统中最常用的一种控制器，在计算机实现的数字控制系统中，当采样频率足够高时，可以先按模拟系统的设计方法设计调节器，然后再离散化，就可以得到数字控制器的算法，这就是模拟调节器的数字化。

PI 调节器的传递函数 $G(s)$ 为

$$G(s) = \frac{U(s)}{E(s)} = K_{pi} \frac{\tau \cdot s + 1}{\tau \cdot s} \tag{3.3.3}$$

式中，$E(s)$ 为调节器的输入信号的象函数，即速度给定与实际速度之差；$U(s)$ 为调节器输出信号的象函数。

根据式（3.3.3）可以写出 PI 调节器时域表达式为

$$u(t) = K_p \cdot e(t) + \frac{1}{\tau} \int_{-\infty}^{t} e(t) \mathrm{d}t \tag{3.3.4}$$

定义相关量，则可以得到

$$u(t) = K_{pi} \cdot e(t) + K_I \cdot \int_{-\infty}^{t} e(t) \mathrm{d}t \tag{3.3.5}$$

式中，K_{pi} 为调节器的比例放大系数，在量值上 K_{pi} 和 K_p 是相等的；K_I 为调节器的积分系数，在量值上

$$K_I = \frac{1}{\tau} \tag{3.3.6}$$

将式（3.3.5）离散化成差分方程，其第 k 拍输出为

$$u(k) = K_p \cdot e(k) + K_I \cdot T_{sam} \sum_{i=1}^{k} e(i) \tag{3.3.7}$$

令 $u_1(k) = K_I \cdot T_{sam} \sum_{i=1}^{k} e(i)$，即可得到

$$u(k) = K_p \cdot e(k) + u_I(k) \tag{3.3.8}$$

将相关的数据代入，即可以得到

$$u(k) = K_p \cdot e(k) + K_I \cdot T_{sam} \cdot e(k) + u_1(k-1) \tag{3.3.9}$$

式中，T_{sam} 为采样周期。

针对式（3.3.9），在工程上有位置式和增量式两种算法。

① 位置式（PI）算法为式（3.3.9）表述的差分方程，算法特点是：比例部分只与当前的偏差有关，而积分部分则是系统过去所有偏差的累积。位置式 PI 调节器的结构清晰，P 和 I 两部分作用分明，参数调整简单明了，但需要存储的数据较多。

② 增量式（PI）算法原理为

$$\Delta u(k) = u(k) - u(k-1) \tag{3.3.10}$$

代入式（3.3.9），即可得到

$$\Delta u(k) = K_{\mathrm{p}} \cdot \left(e(k) - e(k-1)\right) + K_{\mathrm{I}} \cdot T_{\mathrm{sam}} \cdot e(k) \tag{3.3.11}$$

调节器的输出可由下式求得

$$u(k) = u(k-1) + \Delta u(k) \tag{3.3.12}$$

调节器的输出限幅与模拟调节器相似，在数字控制算法中，需要对输出（u）限幅。这里，只需在程序内设置限幅值（u_{m}）。当调节器的输出值（u_{k}）大于限幅值（u_{m}）时，便以限幅值（u_{m}）作为输出。不考虑限幅时，位置式和增量式两种算法完全等同，考虑限幅则两者略有差异。增量式 PI 调节器算法流程只需输出限幅，而位置式算法必须同时设积分限幅和输出限幅，缺一不可。

模拟 PI 调节器算法流程如图 3.3.14 所示。

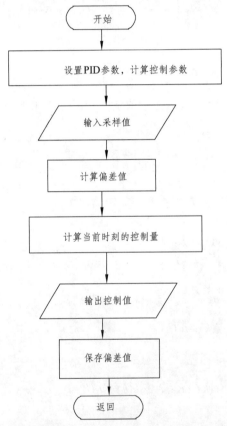

图 3.3.14　模拟 PI 调节器数字化算法流程图

（2）改进的数字 PI 算法。

PI 调节器的参数直接影响着系统的性能指标。在高性能的调速系统中，有时仅靠调整 PI 参数难以同时满足各项静、动态性能指标。采用模拟 PI 调节器时，由于受到物理条件的限制，只好在不同指标中取折中。

而计算机实现的数字控制系统具有很强的逻辑判断和数值运算能力，充分应用这些能力，

174

可以衍生出多种改进的 PI 算法，提高系统的控制性能。其中比较实用的有：积分分离算法、分段 PI 算法、积分量化误差的消除。

① 积分分离算法。

基本思想：在微机数字控制系统中，把 P 和 I 分开。当偏差大时，只让比例部分起作用，以快速减少偏差；当偏差降低到一定程度后，再将积分作用投入，既可最终消除稳态偏差，又能避免较大的退饱和超调。

积分分离算法表达式为

$$u(k) = K_{\mathrm{p}} \cdot e(k) + C_{\mathrm{I}} \cdot K_{\mathrm{I}} \cdot T_{\mathrm{sam}} \sum_{i=1}^{k} e(i) \tag{3.3.13}$$

其中，

$$C_{\mathrm{I}} = \begin{cases} 1, & |e(i)| \leqslant \delta \\ 0, & |e(i)| > \delta \end{cases} \tag{3.3.14}$$

式中，δ 是一常数值。

积分分离法能有效抑制振荡或减小超调，常用于转速调节器。

② 分段 PI 算法。这是一种最简单地将非线性的控制特性简化为分段线性控制特性的方法。

③ 积分量化误差。将微小的积分误差累积，达到一定的量值后再作用于控制器的输出。

（3）智能 PI 调节器。

由上述对数字 PI 算法的改进，我们可以得到启发，利用计算机丰富的逻辑判断和数值运算功能，数字控制器不仅能够实现模拟控制器的数字化，而且可以突破模拟控制器只能完成线性控制规律的局限，完成各类非线性控制、自适应控制乃至智能控制等，大大拓宽了控制规律的实现范畴。

主要的智能控制方法有：专家系统、模糊控制、神经网络控制。

智能控制特点：控制算法不依赖或不完全依赖于对象模型，因而系统具有较强的鲁棒性和对环境的适应性。

3.3.3 按离散控制系统 $D(z)$ 设计数字调节器

1. 系统数学模型

在设计过程中，内环电流调节器（$G_{\mathrm{ACR}}(s)$）、外环转速调节器（$G_{\mathrm{ASR}}(s)$）均采用 PI 调节器，同时，必须加设采样保持器（$G_{\mathrm{ASM}}(s)$），为了简单方便，采用零阶保持器，其传递函数为

$$G_{\mathrm{ASM}}(s) = \frac{1 - \mathrm{e}^{-T_{\mathrm{sam}} \cdot s}}{s} \tag{3.3.15}$$

式中，T_{sam} 为采样时间。

这样，得到系统流程图如图 3.3.15 所示。

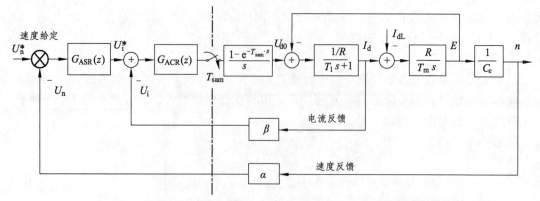

图 3.3.15　按离散控制系统 $D(z)$ 设计的双闭环数字控制系统调节器

按照图 3.3.15 的设计方法，系统显得非常复杂，必须进行一定简化。如果采用工程设计法，将电流内环矫正为典型 I 型系统，则可将系统简化为如图 3.3.16 所示。

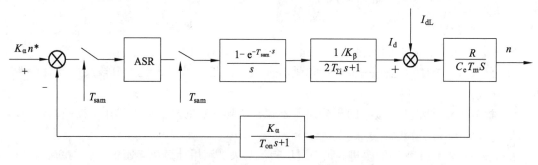

图 3.3.16　简化的双闭环数字控制系统

电流内环的等效传递函数 $(G_I(s))$

$$G_I(s) = \frac{1/K_\beta}{2T_{\Sigma i} \cdot s + 1} \qquad (3.3.16)$$

式中，电流反馈系数 β 换成电流转换系数 K_β。

转速反馈通道传递函数 $(G_{nf}(s))$

$$G_{nf}(s) = \frac{K_\alpha}{T_{on} \cdot s + 1} \qquad (3.3.17)$$

式中，K_α 为转速变换系数。

2. 数字调节器设计

1）连续系统设计方法

在计算机实现的数字控制调速系统的设计中，当采样频率足够高时，可以把它近似看成模拟系统，先按模拟系统理论来设计调节器的参数，然后再离散化，得到数字控制算法，这就是按模拟系统的设计方法，或称间接设计法。

根据前面介绍的 Shannon-Nyquist 采样定理，采样频率 (f_{sam}) 应不小于信号最高频率 (f_{max}) 的 2 倍，即

$$f_{\text{sam}} \geqslant 2 \cdot f_{\text{max}} \qquad\qquad (3.3.18)$$

这时，经采样和保持后，原信号的频谱可以不发生明显的畸变，系统可保持原有的性能。但实际系统中信号的最高频率很难确定，尤其对非周期性信号（系统的过渡过程）来说，其频谱为 0 ~ ∞ 的连续函数，最高频率理论上为无穷大。因此，难以直接用采样定理来确定系统的采样频率。

在一般情况下，可以令采样周期 (T_{sam})：

$$T_{\text{sam}} \leqslant \frac{1}{(4 \sim 10)} T_{\text{min}}$$

式中，T_{min} 为控制对象的最小时间常数。

或用采样角频率 (ω_{sam})：

$$\omega_{\text{sam}} \geqslant (4 \sim 10) \cdot \omega_{\text{c}}$$

式中，ω_{c} 为控制系统的截止频率。

在直流调速系统中，电枢电流的时间常数（T_1）较小，电流内环必须有足够高的采样频率，而电流调节算法一般比较简单，采用较高的采样频率是可能的。因此电流调节器一般都可以采用间接方法设计，即先按连续控制系统设计，然后再将得到的调节器数字化。

至于转速环，由于系统的动态性能往往对转速环截止频率的大小有一定要求，不能太低。但转速控制有时比较复杂，占用的时间较长，因而转速环的采样频率又不能很高。如果所选择的采样频率不够高，按连续系统设计误差较大时，就应按照离散控制系统来设计转速调节器。

2）数字系统设计方法

先将系统对象离散化，按数字系统直接设计数字调节器。数字系统分析方法主要为 z 变换方法，如图 3.3.17 所示。

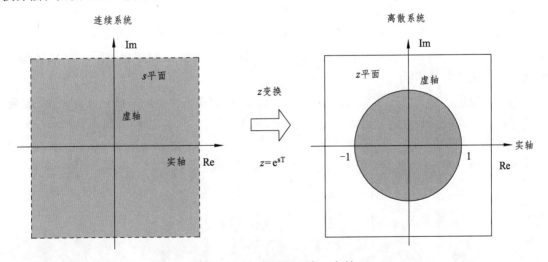

图 3.3.17　数字系统 z 变换

相关的设计可以参阅自控原理方面的书籍，这里不再介绍。

第4章 可逆直流调速系统

本章在前几章的基础上进一步探讨如何利用直流电机自身的特点，提升直流传动系统的动态性能，换句话说就是如何更好地控制直流电动机的电枢电流，对直流电动机的电枢转矩进行控制，来达到对传动系统动态特性的要求。如前所述相控整流控制的直流电动机传动系统之所以性能不理想，主要原因就是直流电动机的电枢电流不能够反向，直接限制了对转矩的控制。为优化调速系统的动态性能，只能想办法使直流电动机的电枢电流反向，即设计可逆调速系统。

本章主要探讨：采用可逆调速系统的原因；晶闸管-直流电动机系统的可逆线路具体的拓扑结构分析；电路的电流、电压、机械特性；晶闸管-直流电动机系统的回馈制动；晶闸管-直流电动机系统两组晶闸管可逆线路中的环流；有环流可逆调速系统与无环流可逆调速系统；借助现代控制技术、数字技术、计算机技术，可逆调速系统的进展及具体实现。

4.1 可逆直流调速系统简介

在生产过程中，有许多生产机械要求传动用的直流电动机既能正转，又能反转，而且常常还需要快速地启动和制动，这就需要电力拖动控制系统（运动控制系统）具有四象限运行的特性。也就是说，需要可逆的调速系统，即具有第 1 章中 G-M 传动系统的优良特性。当然对于斩波控制（Chopper）的直流调速系统，已经具有这个特点。对于相控整流的 V-M 传动系统，情形就不一样了。

对于以直流电机为执行机构的传动系统，往往通过改变电枢电压的极性或者改变励磁磁通的方向，从而改变直流电机的旋转方向。

然而当电机采用电力电子装置供电时，由于有些电力电子器件的单向导电性，问题就会变得复杂，需要专用的可逆电力电子装置和自动控制系统。

4.2 基于数字控制技术的 PWM 可逆直流调速系统

中、小功率的可逆直流调速系统多采用由电力电子功率开关器件组成的桥式可逆 PWM 变换器（见 1.3.1 节内容）。如图 4.2.1 所示为 PWM 可逆调速系统的主电路。

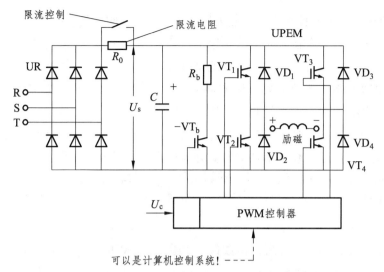

图 4.2.1　桥式可逆直流脉宽（PWM）调速系统电路原理图

其中电力电子功率开关器件在小容量系统中则可用将 IGBT、续流二极管、驱动电路以及过流、欠压保护等封装在一起的智能功率模块（IPM）。 这样可以得到具体的斩波系统如图 4.2.2 所示。

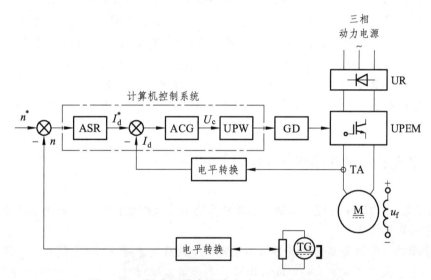

图 4.2.2　桥式可逆直流脉宽（PWM）调速系统

图 4.2.2 中，UR 为不可控二极管整流器；UPEM 为桥式可逆电力电子变换器，主电路与图 1.3.15 相同，需要注意的是直流变换器必须是可逆的；GD 为驱动电路模块（也可以是集成驱动 IC 模块， 如 EXB841、M57962，内部含有光电隔离电路和开关放大电路）；UPW 为 PWM 信号生成环节，其具体算法包含在单片微机软件中；TG 为测速发电机，图中为永磁测速发电机，当调速精度要求较高时可采用数字测速；TA 为霍尔（Hall）电流传感器；速度给定量（n^*）、电流给定量（I_d^*）、反馈量速度（n）、电枢电流（I_d）都已经是数字量。

图 4.2.2 原理图的硬件控制系统一般采用转速、电流双闭环控制。其中，电流环为内环，转速环为外环，根据自动控制系统的基本原理，结合电力拖动控制系统的双闭环控制理论，内环的采样周期小于外环的采样周期。无论是电流采样值还是转速采样值都有交流分量，常采用阻容电路滤波，但阻容值太大会延缓动态响应，为此可采用硬件滤波与软件滤波相结合的方法，可以参阅计算机控制系统相关书籍。转速环（ASR）和电流环（ACR）大多采用比例积分（PI）调节，实现无静差控制，当传动系统对动态性能要求较高时还可以采用各种非线性或智能化的控制算法，使调节器能够更好地适应控制对象的变化。

转速给定信号可以是由电位器给出的模拟信号，经模数转换（A/D）后送入计算机控制系统，也可以是直接由计数器或码盘发出数字信号。当转速给定信号（n^*）处于下列区间，即

$$n^* \in [-n_{\max}^*, n_{\max}^*] \tag{4.2.1}$$

时，转速（n）变化并达到稳态后，由数控系统输出 PWM 信号，占空比（ρ）变化区间为

$$\rho \in [0, 0.5] \cup [0.5, 1] \tag{4.2.2}$$

当占空比（ρ）在式（4.2.2）的范围内变化时，桥式可逆电力电子变换器（UPEM）的输出平均电压系数（γ）变化区间为

$$\gamma \in [-1, 0] \cup [0, 1] \tag{4.2.3}$$

当平均电压系数（γ）在式（4.2.3）之间变化时，可实现双极性可逆控制。

在这种桥式驱动的控制过程中，为了避免同一桥臂上、下两个电力电子器件同时导通而引起直流电源短路，在由 VT_1、VT_4 导通切换到 VT_3、VT_2 导通或反向切换时（见图 4.2.1），必须在同一桥臂的两个开关管都导通的时间轴上留有一定的时间，即死区时间（deadtime）。对于功率晶体管（GTR），死区时间约需 30 μs；对于绝缘栅双极晶体管（IGBT），死区时间约需 5 μs 或更小些；对于金属氧化膜场效应管（MOSEFT）死区时间约需 1 μs 或更小些。

4.3 有环流控制的可逆晶闸管（SCR）–电动机系统

两组晶闸管（SCR）装置（V-M）反并联线路为直流电动机供电，就可以实现直流传动系统的四象限运行。

较大功率的可逆直流调速系统多采用晶闸管（SCR）、门极可关断晶闸管（GTO）、电动机系统。由于晶闸管（SCR）的单向导电性，需要可逆运行时经常采用两组晶闸管（SCR）可控整流装置反并联的可逆线路，如图 4.3.1 所示。

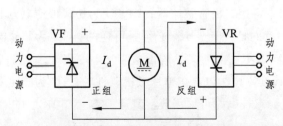

图 4.3.1　两组晶闸管（SCR）可控整流装置反并联的可逆线路

直流电动机正转时,由正组晶闸管(SCR)装置(VF)供电;反转时,由反组晶闸管(SCR)装置(VR)供电。

两组晶闸管(SCR)分别由两套独立触发装置分别控制,都能灵活地控制直流电动机的启动、制动和升降速。但是,不允许让两组晶闸管(SCR)同时处于整流状态,否则将造成两组电源(VF、VR)短路。因为从图4.3.1看出,两组整流器是串联的,因此对控制电路提出了严格的要求。

1. 两组晶闸管(SCR)反并联线路供电的 V-M 系统

晶闸管(SCR)装置可以工作在整流或有源逆变状态,相应的控制角(α)在电流连续的条件下为

$$\begin{cases} \alpha < 90° & (整流) \\ \alpha > 90° & (有源逆变) \end{cases}$$ (4.3.1)

根据式(1.2.2),晶闸管(SCR)装置的平均理想空载输出电压为

$$U_{d0} = \frac{m}{\pi} U_m \sin \frac{\pi}{m} \cos \alpha = U_{d0max} \cos \alpha$$

因此,在整流状态,U_{d0} 为正值;在逆变状态,U_{d0} 为负值。

为了方便起见,定义逆变角(β):

$$\beta = (180° - \alpha)$$ (4.3.2)

则逆变状态下电压公式可改写为

$$U_{d0} = -U_{d0max} \cos \beta$$ (4.3.3)

单组晶闸管(SCR)装置供电的 V-M 系统在拖动起重机类型的负载时也可能出现整流和有源逆变状态,如图4.3.2所示。

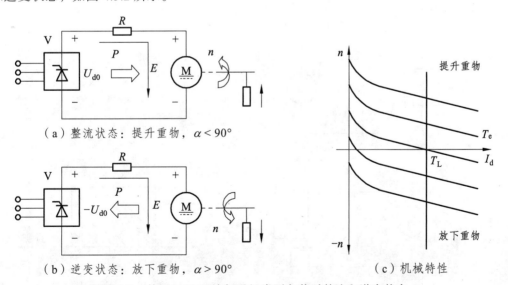

(a)整流状态:提升重物,$\alpha < 90°$

(b)逆变状态:放下重物,$\alpha > 90°$

(c)机械特性

图 4.3.2　单组 V-M 系统起重机类型负载时整流和逆变状态

在图 4.3.2（a）中，当控制角（α）满足下列条件，即

$$\alpha < 90° \qquad\qquad\qquad (4.3.4)$$

时，整流器输出平均整流电压（U_d）为正，且理想空载值：

$$U_{d0} > E \qquad\qquad\qquad (4.3.5)$$

式中，E 为直流电动机反电动势。

所以输出整流电流（I_d）使直流电动机产生驱动负载的电磁转矩（T_e），系统做电动运行，提升重物。这时电能从交流电网经晶闸管（SCR）装置 V 传送给直流电动机，V 处于整流状态，V-M 系统运行于第 I 象限（见图 4.3.2（c））。

在图 4.3.2（b）中，当控制角（α）满足下列条件，即

$$\alpha > 90° \qquad\qquad\qquad (4.3.6)$$

时，平均整流电压（U_d）为负，因为

$$\cos\alpha < 0, \quad \alpha > 90° \qquad\qquad\qquad (4.3.7)$$

晶闸管（SCR）整流装置本身不能输出电流，直流电动机不能产生"动力"转矩提升重物，只有靠重物自身的重量下降，迫使直流电动机反转，感应反向的电动势（$-E$），图 4.3.2 中标明了它的极性。当平均空载整流电压（U_{d0}）与直流电动机电动势（E）满足

$$|E| > |U_{d0}| \qquad\qquad\qquad (4.3.8)$$

时，可以产生与图 4.3.2（a）同方向的电流，因而产生与提升重物同方向的转矩，起制动作用，阻止重物下降得太快。这时电机处于带位势能性负载反转制动状态，成为受重物拖动的发电机，将重物的位能转化成电能，通过晶闸管（SCR）装置 V 回馈给电网，晶闸管（SCR）装置 V 则工作于逆变状态，V-M 系统运行于第 IV 象限（见图 4.3.2（c））。

两组晶闸管（SCR）装置反并联可逆线路的整流和逆变状态原理与此相同，只是工作于逆变状态的具体条件不一样，如图 4.3.3（a）所示。

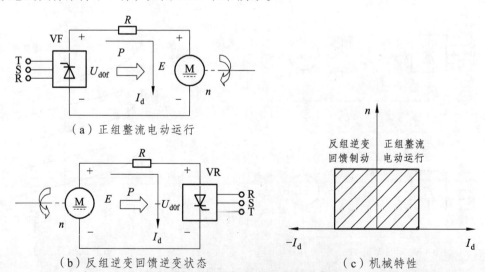

（a）正组整流电动运行

（b）反组逆变回馈逆变状态

（c）机械特性

图 4.3.3　两组晶闸管装置反并联可逆 V-M 系统正组整流和反组逆变状态

182

图 4.3.3（a）表示正组晶闸管（SCR）装置 VF 给直流电动机供电，VF 处于整流状态，输出理想空载整流电压（U_{dof}），极性如图中所示，直流电动机从电网吸收能量做电动运行，V-M 系统工作在第 I 象限，如图 4.3.3（c）所示，和图 4.3.2（a）的整流状态完全一样。

当直流电动机需要回馈制动时，由于反电动势的极性未变，要回馈电能必须产生反向电流，而反向电流是不可能通过 VF 流通的。这时，可以利用控制电路切换到反组晶闸管（SCR）装置 VR，如图 4.3.3（b）所示，并使它工作在逆变状态，产生图中所示极性的逆变电压（U_{dor}），当满足条件

$$E > |U_{dor}| \tag{4.3.9}$$

时，反向电流便通过反组晶闸管（SCR）装置 VR 流通，直流电动机输出电能实现回馈制动，V-M 系统工作在第 II 象限（见图 4.3.3（c）），和图 4.3.2 中的逆变状态就不一样了。

在可逆调速系统中，正转运行时可利用反组晶闸管（SCR）装置 VR 实现回馈制动，反转运行时同样可以利用正组晶闸管（SCR）装置实现回馈制动。归纳起来，可逆线路正、反转时晶闸管（SCR）装置和直流电动机的工作状态如表 4.3.1 所示。

表 4.3.1　V-M 系统反并联可逆线路工作状态

V-M 系统工作状态	正向运行	正向制动	反向运行	反向制动
电枢电压极性	+	+	−	−
电枢电流极性	+	−	−	+
旋转方向	+	+	−	−
运行状态	电动	回馈发电	电动	回馈发电
工作组别及状态	正组整流	反组逆变	反组整流	正组逆变
机械特性	I	II	III	IV

即使是不可逆的调速系统，如果需要快速的回馈制动，常常也采用反并联的两组晶闸管（SCR）装置（VF 和 VR），由正组提供电动运行所需的整流电源，反组提供逆变制动。这时，两组晶闸管装置的容量大小可以不同，反组只在短时间内给直流电动机提供制动电流，并不提供稳态运行的电流，所以实际采用的容量可以小一些。

2. 可逆 V-M 系统中的环流问题

采用两组晶闸管（SCR）反并联的可逆 V-M 系统解决了直流电动机的正、反转运行和回馈制动问题。但是，如果两组反并联晶闸管（SCR）的整流电压同时出现，便会产生不流过负载（直流电动机）而直接在两组晶闸管（SCR）之间流通的短路电流，称作环流，如图 4.3.4 所示的电流（I_c）。

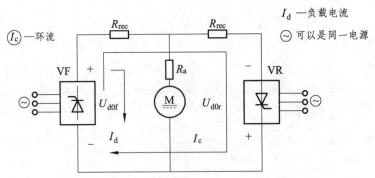

图 4.3.4 反并联可逆 V-M 系统中环流

一般地说，这样的环流对负载无益，只会加重晶闸管（SCR）和整流变压器的负担，消耗功率。

环流太大时会导致晶闸管（SCR）损坏，因此应予以抑制或消除。

但是，只要合理地对环流进行控制，保证晶闸管（SCR）的安全工作，可以利用环流作为流过晶闸管（SCR）的基本负载电流，使直流电动机在空载或轻载时可工作在晶闸管（SCR）装置的电流连续区，以避免电流断续引起的非线性对传动系统性能的影响。

在不同情况下，反并联可逆 V-M 系统会出现不同性质的环流：

1）静态环流

两组可逆线路在一定控制角下稳定工作时出现的环流，可分为两类：

① 直流平均环流——由晶闸管（SCR）装置输出的直流平均电压所产生的环流。

② 瞬时脉动环流——两组晶闸管（SCR）输出的直流平均电压差为零，但因电压波形不同，由瞬时电压差产生脉动的电流，称作瞬时脉动环流。

2）动态环流

仅在可逆 V-M 系统处于过渡过程中出现的环流。

由图 4.3.4 可以看出，如果让正组（VF）和反组（VR）都处于整流状态，正组（VF）和反组（VR）的直流平均电压正、负相连，必然产生较大的直流平均环流。为了防止产生直流平均环流，应该在正组处于整流状态（U_{dof} 为正）时，强迫让反组处于逆变状态（U_{dor} 为负），且幅值与正组整流状态相等，使逆变电压（U_{dor}）与整流电压（U_{dof}）"顶住"，则直流平均环流为零。于是：

$$U_{\text{dor}} = -U_{\text{dof}} \tag{4.3.10}$$

由式（1.2.2）可以得到

$$U_{\text{dof}} = U_{\text{domax}} \cos \alpha_{\text{f}} \tag{4.3.11}$$

$$U_{\text{dor}} = U_{\text{domax}} \cos \alpha_{\text{r}} \tag{4.3.12}$$

式中，α_{f}、α_{r} 分别为正组（VF）和反组（VR）的控制触发角。

由于两组晶闸管（SCR）装置相同，两组的最大输出电压（U_{domax}）是一样的，因此如果直流平均环流为零，则

184

$$\cos\alpha_r = -\cos\alpha_f$$

根据 cos 函数的性质，有

$$\alpha_f + \alpha_r = 180° \tag{4.3.13}$$

如果反组的控制触发角用逆变角（β_r）表示，则

$$\alpha_f = \beta_r \tag{4.3.14}$$

由此可见，按照式（4.3.14）来控制就可以消除直流平均环流，这称作 $\alpha = \beta$ "配合控制"。为了更可靠地消除直流平均环流，可采用

$$\alpha_f \geqslant \beta_r \tag{4.3.15}$$

值得注意的是：反组是被动逆变。式（4.3.15）最为特殊情况：正组整流但反组不触发，也就无环流了。

为了实现 $\alpha = \beta$ "配合控制"，可将两组晶闸管（SCR）装置的触发脉冲零位都定在 90°，即当控制电压

$$U_c = 0 \tag{4.3.16}$$

时，使

$$\begin{cases} \alpha_f = 90° \\ \alpha_r = 90° \end{cases} \tag{4.3.17}$$

两组整流器的输出满足

$$\begin{cases} U_{dof} = 0 \\ U_{dor} = 0 \end{cases} \tag{4.3.18}$$

此时，直流电机处于停止状态。

增大控制电压（U_c）实现移相时，只要使两组触发装置的控制电压大小相等、符号相反就可以了。这样的触发控制电路特性如图 4.3.5 所示。

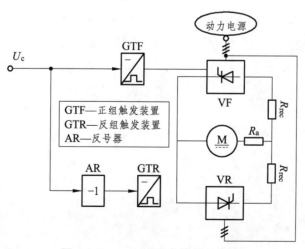

图 4.3.5 $\alpha = \beta$ 配合控制示意图

在图 4.3.5 电路中，用同一个控制电压（U_c）去控制两组触发装置，正组触发装置（GTF）由控制电压（U_c）直接控制，而反组触发装置（GTR）由 $\bar{U}_c$，即

$$\bar{U}_c = -U_c \qquad (4.3.19)$$

来控制，$\bar{U}_c$ 是经过反相器（AR）后获得的。

采用同步信号为锯齿波的触发电路时，移相控制特性是线性的，两组触发装置的控制特性如图 4.3.6 所示。

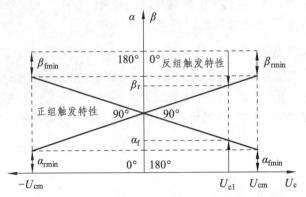

图 4.3.6　$\alpha = \beta$ 配合控制移相触发特性示意图

当控制电压（U_c）满足式（4.3.16）时，α_f、α_r 满足式（4.3.17）。

增大控制电压（U_c）时，α_f 减小而 α_r 增大，β_r 减小，使正组整流，反组逆变，在控制过程中始终保持式（4.3.14），即

$$\alpha_f = \beta_r$$

反转时，则应保持

$$\alpha_r = \beta_f \qquad (4.3.20)$$

为了防止晶闸管（SCR）装置在逆变状态工作中逆变角太小而导致换流失败，出现"逆变颠覆"现象，必须在控制电路中加限幅作用，形成最小逆变角（β_{min}）保护。与此同时，对触发角 α 也实施 α_{min} 保护，以免触发角出现下列情形，即

$$\alpha < \beta_{min} \qquad (4.3.21)$$

时，两组反并联装置输出电压出现下列情况，即

$$U_{dof} > U_{dor} \qquad (4.3.22)$$

从而产生直流平均环流。

在实际工程中，通常取

$$\begin{cases} \alpha_{min} = 30° \\ \beta_{min} = 30° \end{cases} \qquad (4.3.23)$$

当然，式（4.3.23）具体选择多大，视晶闸管（SCR）的开关时间而定。

186

3. $\alpha = \beta$ 配合控制的有环流可逆 V-M 系统

采用 $\alpha = \beta$ "配合控制" 的有环流可逆 V-M 系统原理框图如图 4.3.7 所示。

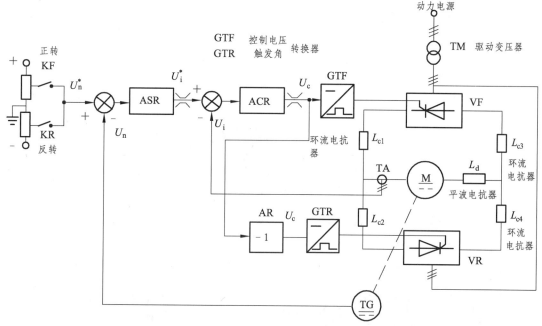

图 4.3.7 $\alpha = \beta$ 配合控制的有环流可逆 V-M 系统原理图

图 4.3.7 中主电路采用两组三相桥式晶闸管（SCR）装置反并联的可逆线路，控制电路采用典型的转速、电流双闭环系统，转速调节器（ASR）和电流调节器（ACR）都设置了双向输出限幅，以限制最大启、制动电流和最小控制角（α_{min}）与最小逆变角（β_{min}）。

根据可逆系统正、反向运行的需要，给定电压（U_n^*）、转速反馈电压（U_n）、电流反馈电压（U_i）都应该能够反映其极性，其中电流反馈极性是需要注意的，图 4.3.7 中的电流互感器（TA）采用霍尔（Hall）变换器来满足这一要求。

既然采用 $\alpha = \beta$ "配合控制" 已经消除了直流平均环流，为什么还称作 "有环流" 系统呢？这是因为，如果满足下列条件，即

$$\alpha_f = \beta_r$$

则能够保证

$$U_{dof} = U_{dor}$$

即正组、反组的输出电压平均值是相等的，但瞬时值不一定相等。

由于整流与逆变电压波形上的差异，仍会出现瞬时电压

$$U_{dof} \neq U_{dor} \tag{4.3.24}$$

从而产生瞬时脉动环流。这个瞬时脉动环流是自然存在的，因此，$\alpha = \beta$ "配合控制" 有环流可逆系统又称作自然环流系统。

187

瞬时电压差和瞬时脉动环流的大小因控制角的不同而异。如图 4.3.8 所示为工程实际中常用的三相桥式可逆电路，图 4.3.11 满足下列约束条件，即

$$\begin{cases} \alpha_f = 60° \\ \beta_r = 60° \text{ 或 } \alpha_r = 120° \end{cases} \quad (4.3.25)$$

三相桥式反并联可逆线路的各种电压波形情况，这里采用桥式线路的目的只是为了使绘制波形简单。

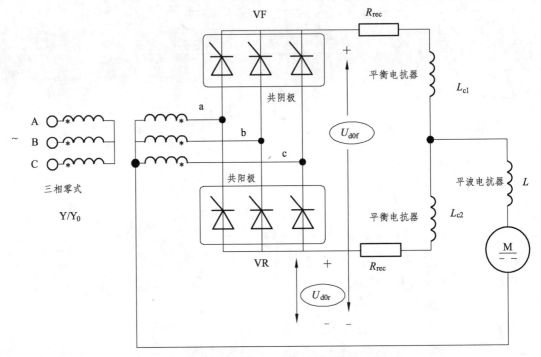

图 4.3.8 三相桥式反并联可逆线路原理图

图 4.3.9（a）是正组瞬时整流电压（U_{dof}）的波形，以正半波两相电压波形的交点为自然换向点，则

$$\beta_r = 60° \text{ 或 } \alpha_r = 120° \quad (4.3.26)$$

图 4.3.9 中，阴影部分是 a 相整流与 b 相逆变时的瞬时电压，显然其瞬时值并不相等，而其平均值却相同。

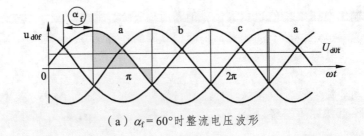

（a）$\alpha_f = 60°$时整流电压波形

188

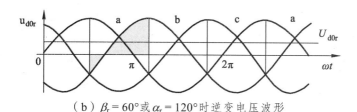

（b）$\beta_r = 60°$ 或 $\alpha_r = 120°$ 时逆变电压波形

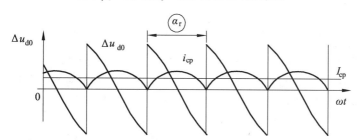

（c）瞬时电压差和瞬时脉动环流波形

图 4.3.9　三相桥式反并联可逆线路特殊触发角时电压波形

正组整流电压和反组逆变电压之间的瞬时电压差定义为

$$\Delta u_{do} = u_{dof} - u_{dor} \qquad （4.3.27）$$

其波形如图 4.3.9（c）所示。

由于瞬时电压差的存在，在两组晶闸管（SCR）之间产生了瞬时脉动环流（i_{cp}）。由于晶闸管（SCR）的内阻（R_{rec}）很小，环流回路的阻抗主要是电感，所以瞬时脉动环流（i_{cp}）不能跳变，并且滞后于瞬时电压差（Δu_{do}）；又由于晶闸管（SCR）的单向导电性，瞬时脉动环流（i_{cp}）只能在一个方向脉动，所以瞬时脉动环流也有直流分量（I_{cp}），如图 4.3.9（c）所示，但直流分量（I_{cp}）与平均电压差所产生的直流平均环流在性质上是根本不同的。

直流平均环流可以用 $\alpha = \beta$ "配合控制"消除，而瞬时脉动环流却是自然存在的。为了抑制瞬时脉动环流，可在形成环流的回路中串入电抗器（环流电抗器，或称均衡电抗器），图 4.3.8 中的 L_{C1} 和 L_{C2}。均衡电抗器（环流电抗器）的大小可以按照把瞬时脉动环流的直流分量（I_{cp}）限制在负载额定电流的 5%～10% 来设计。

三相桥式反并联可逆线路必须在正、反两个回路中各设一个环流电抗器（或称为均衡电抗器），因为其中总有一个电抗器会因流过直流负载电流而饱和，失去限流作用。

例如在图 4.3.8 中，当正组（VF）整流时，L_{C1} 流过负载电流（I_d），使变压器铁芯饱和，只能依靠在逆变回路中的电抗器（L_{C2}）限制环流；同理，当反组（VR）整流时，只能依靠电抗器（L_{C1}）限制环流。

在三相桥式反并联可逆线路中，由于每一组桥臂又有两条并联的环流通道，总共要设置四个环流电抗器，如图 4.3.7 中的 L_{C1}、L_{C2}、L_{C3} 和 L_{C4}。图 4.3.7 在直流电机电枢回路中还有一个体积更大的平波电抗器（L_d），在流过较大的负载电流时，环流电抗器会饱和，而平波电抗器（L_d）体积大，不易饱和，从而发挥滤平电流波形的作用。

$\alpha = \beta$ "配合控制"系统的移相控制特性如图 4.3.6 所示。移相控制时，如果一组晶闸管（SCR）装置处于整流状态，另一组便处于逆变状态，这是对控制角（α）的工作状态而言的。实际上，这时逆变组除环流外并未流过负载电流，也就没有电能回馈电网，确切地说，

189

它只是处于"待逆变状态"，表示该组晶闸管（SCR）装置是在逆变角控制下等待工作。只有在制动时，当发出信号改变控制角（α）后，同时降低了U_{dof}和U_{dor}的幅值，一旦直流电动机反电动势（E）满足

$$E > |U_{dof}| = |U_{dor}| \qquad\qquad (4.3.28)$$

则整流组电流将被截止，逆变组才真正投入逆变工作，使直流电动机产生回馈制动，将电能通过逆变组回馈电网。

同样，当逆变组工作时，另一组也是在等待着整流，可称作处于"待整流状态"。所以，在$\alpha = \beta$"配合控制"下，负载电流可以迅速地从正向到反向（或从反向到正向）平滑过渡，在任何时候，实际上只有两组中的一组晶闸管（SCR）装置在工作，另一组则处于"等待"工作的状态。

由于$\alpha = \beta$"配合控制"可逆调速系统仍采用转速、电流双闭环控制，其启动和制动过渡过程都是在允许最大电流限制下，转速基本上是按线性变化的"准时间最优控制"。启动过程与不可逆的双闭环系统没有什么区别，只是制动过程不同。整个制动过程可以分为四个主要阶段，如图4.3.10所示。

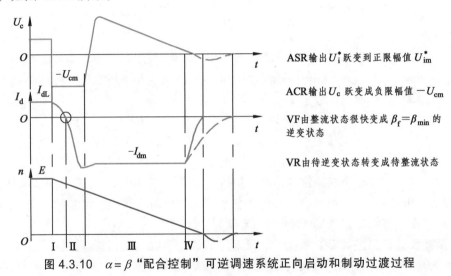

ASR输出U_i^*跃变到正限幅值U_{im}^*

ACR输出U_c跃变成负限幅值$-U_{cm}$

VF由整流状态很快变成$\beta_f = \beta_{min}$的逆变状态

VR由待逆变状态转变成待整流状态

图 4.3.10　$\alpha = \beta$"配合控制"可逆调速系统正向启动和制动过渡过程

以正向制动为例，在第Ⅰ阶段中，直流电动机电枢电流（I_d）由正向负载电流（I_{dL}）下降到零，其方向未变，因此仍通过正组（VF）流通。发出停车（或反向）指令后，转速给定电压（U_n^*）突变为零（或负值），则转速调节器（ASR）输出（U_i^*）跃变到正限幅值（U_{im}^*），而电流调节器（ACR）输出（U_c）跃变成负限幅值（$-U_{cm}$），使正组（VF）由整流状态很快变成满足

$$\beta_f = \beta_{min} \qquad\qquad (4.3.29)$$

条件的逆变状态，同时反组（VR）由待逆变状态转变成待整流状态。

在正组（VF）驱动直流电动机的回路中，由于正组（VF）变成逆变状态，U_{dof}的极性变

190

为负，而直流电动机反电动势极性未变，迫使负载电流（I_d）迅速下降，主电路电感迅速释放储能，以维持正向电流，这时电路满足下列条件，即

$$L\frac{\mathrm{d}I_d}{\mathrm{d}t} - E > |U_{dof}| = |U_{dor}| \tag{4.3.30}$$

大部分能量通过反组（VR）回馈电网，所以称作"本组逆变阶段"。由于电流的迅速下降，这个阶段所占时间很短，转速来不及产生明显的变化，其波形图如图 4.3.10 中的阶段 I。

当主电路电流下降到零时，本组逆变终止，第 I 阶段结束，转到反组（VR）工作，开始通过反组制动。从这时起，直到制动过程结束，统称"他组制动阶段"。

他组制动阶段又分第 II 部分和第 III 部分。开始时，电枢电流（I_d）过零并反向，直至到达直流电机电枢允许的最大电流，即（注意电流反向）

$$|I_d| < |-I_{dm}| \tag{4.3.31}$$

电流调节器（ACR）都处于饱和状态，其输出仍为（$-U_{cm}$）。这时，正组（VF）和反组（VR）输出电压的大小 U_{dof}、U_{dor} 都和本组逆变阶段一样，但由于本组逆变停止，电流变化延缓（$\frac{\mathrm{d}I_d}{\mathrm{d}t}$ 变小），使

$$L\frac{\mathrm{d}I_d}{\mathrm{d}t} - E < |U_{dof}| = |U_{dor}| \tag{4.3.32}$$

反组（VR）由待整流进入整流，向主电路提供反向负载电流（$-I_d$）。由于反组（VR）整流电压（U_{dor}）和反电动势（E）的极性相同，反向电流快速增长，直流电机处于反接制动状态，转速明显降低，因此，称作"他组反接制动状态"。

当反向电流达到负的最大允许电枢电流（I_{dm}）并略有超调（比例积分（PI）调节器的特征）时，电流调节器（ACR）输出电压（U_c）退出饱和，其数值很快减小，又由负变正，然后再增大，使反组（VR）回到逆变状态，而正组（VF）变成待整流状态。此后，在电流调节器（ACR）的调节作用下，维持接近最大的反向电流（$-I_{dm}$），因而

$$\left.\begin{array}{l} L\dfrac{\mathrm{d}I_d}{\mathrm{d}t} \approx 0 \\ E > |U_{dof}| = |U_{dor}| \end{array}\right\} \tag{4.3.33}$$

直流电机在恒减速条件下回馈制动，把动能转换成电能，其中大部分电能通过反组（VR）逆变回馈电网，过渡过程波形为图 4.3.10 中的第 III 阶段，称作"他组回馈制动阶段"或"他组逆变阶段"。由图 4.3.10 可见，这个阶段所占的时间最长，是制动过程中的主要阶段。

最后，转速下降得很低，无法维持反向负载电流（$-I_{dm}$）。于是，电流和转速都减小，直流电机随即停止转动，为第 IV 部分。如果需要在制动后紧接着反转，那么直流电动机的电枢电流就应保证下列的约束条件，即

$$I_d = -I_{dm}$$

直到反向转速稳定时为止。

正转制动和反转启动的过程能完全衔接起来，没有间断或死区，这是有环流可逆调速系统的优点，适用于要求快速正、反转的系统，其缺点是需要添置环流电抗器，而晶闸管（SCR）等器件都要负担负载电流加上环流。对于大容量的系统，这些缺点比较明显，因此，往往需采用无环流可逆调速系统。

4.4 无环流控制的可逆晶闸管（SCR）-直流电动机传动系统

有环流可逆调速系统虽然具有反向快、过渡平滑等优点，但设置环流电抗器终究是个累赘。因此，当工艺过程对系统正、反转的平滑过渡特性要求不很高时，特别是对于大容量的系统，常采用既没有直流平均环流又没有瞬时脉动环流的无环流可逆调速系统。

按照实现无环流可逆调速系统原理的不同，无环流控制可逆调速系统又可分为两类：逻辑控制无环流可逆调速系统和错位控制无环流可逆调速系统。

（1）逻辑控制无环流可逆调速系统：当一组晶闸管工作时，用逻辑电路（硬件）或逻辑算法（软件）去封锁另一组晶闸管的触发脉冲，使它完全处于阻断状态，以确保两组晶闸管不同时工作，从根本上切断环流的通路，这就是逻辑控制无环流可逆调速系统，实质是控制晶闸管的导通条件。

（2）错位控制无环流可逆调速系统：采用"配合控制"的原理，当一组晶闸管（SCR）装置整流时，让另一组处于待逆变状态，且两组触发脉冲的零位错开得较远，避免了瞬时脉动环流产生的可能性，这就是错位控制无环流可逆调速系统。

具体地说，在 $\alpha = \beta$ "配合控制"的有环流可逆系统中，两组触发脉冲的配合关系可以表述为式（4.3.13）或式（4.3.14），即

$$\alpha_f + \alpha_r = 180°$$

而且在控制器输出电压为零，即在

$$U_c = 0$$

时，触发装置的初始相位整定在

$$\begin{cases} \alpha_{f0} = 90° \\ \alpha_{r0} = 90° \end{cases} \tag{4.4.1}$$

从而消除了直流平均环流，但仍存在瞬时脉动环流。

在错位控制无环流可逆系统中，同样采用 $\alpha = \beta$ "配合控制"的触发移相方法，但两组脉冲的关系是

$$\alpha_f + \alpha_r = 300° \tag{4.4.2}$$

甚至是

$$\alpha_f + \alpha_r = 360° \tag{4.4.3}$$

也就是说，初始相位被整定在

$$\begin{cases} \alpha_{f0} = 150° \\ \alpha_{r0} = 150° \end{cases} \qquad (4.4.4)$$

或

$$\begin{cases} \alpha_{f0} = 180° \\ \alpha_{r0} = 180° \end{cases} \qquad (4.4.5)$$

这样，当待逆变组的触发脉冲到来时，它的晶闸管（SCR）已经完全处于反向阻断状态，不可能导通，当然就不会产生瞬时脉动环流了。关于错位控制无环流可逆系统的详细原理和波形参阅相关的参考文献，鉴于目前其实际应用已经较少，这里不再详细介绍。

1. 逻辑控制无环流可逆调速系统的组成和工作原理

逻辑控制无环流可逆调速系统（以下简称"逻辑无环流系统"）的原理框图如图 4.4.1 所示。

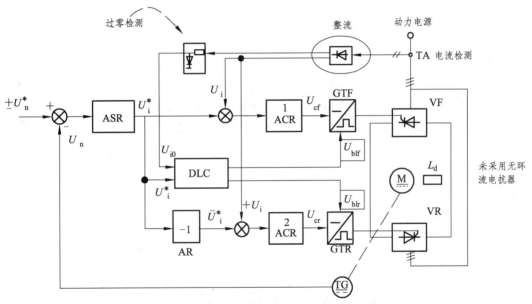

图 4.4.1　逻辑控制无环流可逆系统原理框图

主电路采用两组晶闸管（SCR）装置反并联线路，由于没有环流，不用设置环流电抗器，但为了保证稳定运行时电流波形连续，仍应保留平波电抗器（L_d）。

控制系统采用典型的转速、电流双闭环系统，为了得到反映极性的电流检测，在图 4.4.1 中画出了交流电流传感器和整流器，从图中可以看出正、反向电流环分别各设置了一个电流调节器，1ACR 用来控制正组触发装置（GTF）；2ACR 用来控制反组触发装置（GTR）。1ACR 的给定信号（U_i^*）经反相器（AR）作为 2ACR 的给定信号（$\bar{U}_i^*$）。

为了保证不出现环流，设置了无环流逻辑控制环节（DLC），这是逻辑控制无环流可逆系统中的关键环节，它按照逻辑控制无环流可逆系统的工作状态指挥正、反组的自动切换。其输出信号（U_{blf}）用来控制正组触发脉冲的封锁或开放，输出信号（U_{blr}）用来控制反组触发脉冲的封锁或开放。

在任何情况下，两个信号必须是相反的，决不允许两组晶闸管同时开放触发脉冲，以确保主电路不会出现环流。但是，和自然环流系统一样，触发脉冲的零位整定仍按式（4.4.1），即

$$\begin{cases} \alpha_{f0} = 90° \\ \alpha_{r0} = 90° \end{cases}$$

移相方法仍采用 $\alpha = \beta$ "配合控制"。

2. 无环流逻辑控制环节

无环流逻辑控制环节（DLC）是逻辑无环流系统的关键环节，它的任务是：当需要切换到正组晶闸管（VF）工作时，封锁反组触发脉冲而开放正组脉冲；当需要切换到反组晶闸管（VR）工作时，封锁正组而开放反组。通常都用数字控制，如数字逻辑电路、微机软件、PLC等，以实现逻辑控制关系。

应该根据什么信息来指挥逻辑控制环节（DLC）的切换动作呢？换言之，逻辑控制环节（DLC）的输入信号是什么？输出信号又应该满足什么条件？

转速给定信号（U_n^*）极性不能决定正组或反组工作。因为当直流电动机反转时固然需要开放反组，但在正转运行中要制动或减速时，也要利用反组逆变来实现回馈制动，可是转速给定信号（U_n^*）极性并没有发生改变。参考图 4.4.1 的控制系统可以发现，转速调节器（ASR）的输出信号（U_i^*）能够胜任此工作，反转运行和正转制动都需要直流电动机产生负转矩；反之，正转运行和反转制动都需要直流电动机产生正转矩，转速调节器（ASR）的输出信号（U_i^*）的极性恰好反映了直流电动机电磁转矩方向的变化。因此，图 4.4.1 中采用转速调节器（ASR）的输出信号（U_i^*）作为逻辑控制环节的输入信号，称作"转矩极性鉴别信号"。

转速调节器（ASR）的输出信号（U_i^*）的极性变化只是逻辑切换的必要条件，还不是充分条件，是否只要出现（U_i^*）的极性变化就一定要发出切换指令？从有环流可逆系统制动过程的分析中可以看出，例如，当正向制动开始时，转速调节器（ASR）的输出信号（U_i^*）的极性由负变正，但在实际电流方向未变以前，仍需保持正组开放，以便进行本组逆变，只有在实际电流降到零的时候，才会给逻辑控制环节（DLC）发出命令，封锁正组，开放反组，转入反组制动。因此，在转速调节器（ASR）的输出信号（U_i^*）改变极性后，还需要等到电流真正到零时，再发出"零电流检测"信号（U_{i0}），才能要求逻辑控制环节（DLC）发出正、反组切换的指令，这就是逻辑控制环节（DLC）的第二个输入信号。

对于由晶闸管实现的逻辑控制无环流调速系统，逻辑切换指令后并不能马上执行，还须经过两段延时时间，以确保系统的可靠工作，这就是封锁延时（t_{dbl}）和开放延时（t_{dt}）。

从发出切换指令到真正封锁原来工作的那组晶闸管之间应该留出来的一段等待时间叫作封锁延时（t_{dbl}）。由于主电流的实际波形是脉动的，而电流检测电路发出零电流数字信号（U_{i0}）时总有一个最小动作电流（I_0）。如果脉动的主电流瞬时值低于 I_0，就立即发出 U_{i0} 信号，实际上电流仍在连续地变化，这时正处在本组逆变状态，突然封锁触发脉冲将产生逆变颠覆。为了避免这种情况，在检测到零电流信号后等待一段时间，若仍不见主电流再越过 I_0，说明

194

电流确已终止，再封锁本组脉冲就没有问题了。封锁延时（t_{dbl}）大约需要半个到一个脉波的时间，三相桥式电路为 2～3 ms。

从封锁本组脉冲到开放它组脉冲之间也要留一段等待时间，这是开放延时（t_{dt}）。因为在封锁触发脉冲后，已导通的晶闸管（SCR）要过一段时间后才能关断（半控型器件自然关断），再过一段时间才能恢复阻断能力，如果在此前就开放它组脉冲，仍有可能造成两组晶闸管（SCR）同时导通，产生环流。为了避免这种情况，必须再设置一段开放延时（t_{dt}），一般应大于供电电源一个波头的时间，三相桥式电路常取 5～7 ms。

最后，在逻辑控制环节的两个输出信号 U_{blf}、U_{blr} 之间必须有互相联锁的保护，决不允许出现两组脉冲同时开放的状态。如果利用数字控制或计算机控制系统，这种要求是易于实现的，如图 4.4.2 所示。

图 4.4.1 逻辑控制无环流可逆调速系统中，采用两个电流调节器和两套触发装置分别控制正、反组晶闸管（SCR）。实际上，任何时刻都只有一组晶闸管（SCR）在工作，另一组处于脉冲被封锁而处于阻断状态，这时它的电流调节器和触发装置都是等待状态。

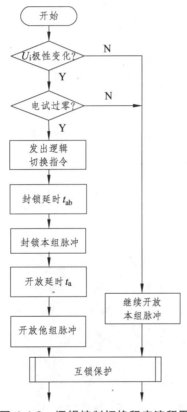

图 4.4.2　逻辑控制切换程序流程图

采用模拟控制时，可以利用电子模拟开关选择一套电流调节器和触发装置工作，另一套装置就可以节省下来。这样的系统称作逻辑选触无环流可逆系统，其原理框图如图 4.4.3 所示。

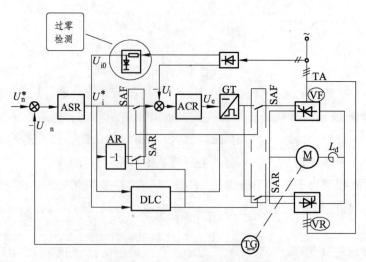

图 4.4.3 逻辑选触无环流可逆系统的原理框图

采用数字控制时，电子开关的任务可以用条件选择程序来完成，实际系统都是逻辑选触系统。此外，触发装置可采用由定时器进行移相控制的数字触发器，或采用集成触发电路。

第5章 交流拖动控制系统

5.1 交流拖动控制简介

直流电机拖动和交流电机拖动在 19 世纪先后诞生。20 世纪上半叶，鉴于直流拖动系统具有优越的调速性能，因此高性能可调速拖动系统都采用直流电动机，而约占电力拖动总容量 80%以上的不变速拖动系统则采用交流电动机，这种分工在一段时期内已成为一种举世公认的格局。

交流调速系统的多种方案虽然早已问世，并已获得实际应用，但其性能（调速性能）却始终无法与直流调速系统相匹敌。直到 20 世纪 60 年代，随着电力电子技术的发展，采用电力电子变换器的交流调速系统得以实现，特别是大规模集成电路（LSI）和计算机控制的出现，高性能交流调速系统便应运而生，一直被公认的交、直流拖动按调速性能分工的格局终于被打破了。

直流电机具有电刷和换相器，如图 5.1.1 所示。因而必须经常检查维修，尤其是换向火花使直流电机的应用环境受到限制以及换向能力限制了直流电机的容量和速度等缺点日益突出起来，用交流调速系统取代直流调速系统的呼声越来越强烈，交流调速系统已经成为当前电力拖动控制的主要发展方向。

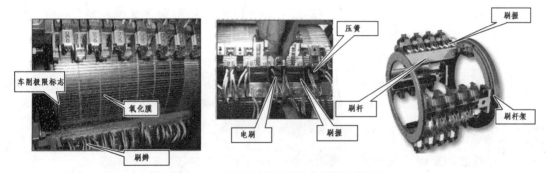

图 5.1.1　直流电动机的换向机构示意图

从学术定义来分，交流电机分为两类，即交流异步电机和交流同步电机。当然作为交流调速系统中的交流电机也应该包含这两类。一般意义下交流调速系统还是指交流异步电机，同步电机调速系统（尤其是永磁系列）在传动领域的应用，在第 8 章中将展开论述。

交流异步电动机具有结构简单、成本低廉、工作可靠、维护方便、惯量小、效率高等优点，应用越来越广。交流异步电动机基本结构如图 5.1.2 所示。

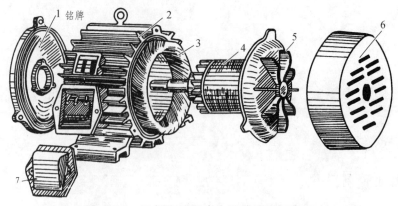

图 5.1.2　三相交流异步电机的结构示意图

1—端盖；2—定子；3—定子绕组；4—转子；5—风扇；6—风扇罩；7—接线盒

对交流异步电机的控制，尤其是对传动系统速度的控制，主要体现在四个方面：

① 一般性能的节能调速；

② 高性能的交流调速系统；

③ 伺服系统；

④ 特大容量、极高转速的交流调速。

本节对上面的分类做适当展开说明。

1. 一般性能的节能调速

在过去大量的所谓"不变速交流传动系统"中，风机、水泵等通用机械的容量几乎占工业总容量的一半以上，其中有不少场合并不是不需要调速，而是因为过去交流调速的"成本太高"，不得不依赖挡板和阀门来调节送风和供水的流量，因而把许多电能白白地浪费了。

如果换成交流调速系统，把消耗在挡板和阀门上的能量节省下来，平均每台风机、水泵都可以节约 20% ~ 30%的电能，效果是很可观的。而且风机、水泵等的调速范围和对动态响应快速性的要求都不高，只需要一般的调速性能。

许多在工艺上需要调速的生产机械过去多用直流拖动，鉴于交流电机比直流电机结构简单、成本低廉、工作可靠、维护方便、惯量小、效率高，如果改成交流调速系统，显然能够带来不少的效益。于是，一般按工艺要求需要调速的场合也纷纷采用交流调速系统。

2. 高性能的交流调速系统和伺服系统

由于交流电机工作原理上的特征，其电磁转矩难以像直流电机那样通过电枢电流进行灵活的实时控制，电磁转矩的控制非常复杂。

20 世纪 70 年代初发明了矢量（Transvector）控制技术，或称磁场定向（FOC）控制技术，通过坐标变换，把交流电机的定子电流分解成转矩分量和励磁分量，分别控制电机的转矩和磁通，获得和直流电机相仿的高动态性能，从而使交流电机的调速技术取得了突破性的进展，其原理如图 5.1.3 所示。

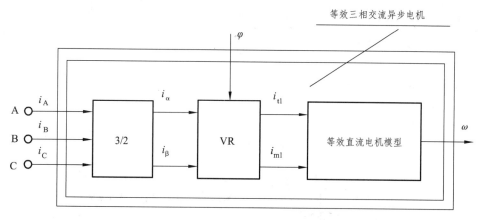

图 5.1.3　矢量（Transvector）控制技术原理图

3/2—三相/两相变换；VR—矢量旋转变换；φ—M 轴与 α 轴（A 轴）的夹角

图 5.1.3 中相关参数在第 6 章中有详细的介绍。

其后，又陆续提出了直接转矩控制（DTC）、动态反馈解耦控制等方法，形成了一系列可以和直流调速系统媲美的高性能交流调速系统和交流伺服系统。

3. 特大容量、极高转速的交流调速系统

直流电机的换向能力限制了它的容量转速积不超过 $10^6\,\text{kW}\cdot\text{rpm}$，超过这一数值时，其设计与制造就非常困难了。

交流电机没有换向器，不受这种限制，因此，特大容量的电力拖动设备，如厚板轧机、矿井卷扬机等，以及极高转速的拖动设备，如高速磨头、离心机等，都适宜采用交流调速系统。

交流电机主要分为交流异步电机（感应电机）和交流同步电机两大类，每类电机又有不同类型的调速系统。

现有文献中介绍的异步电机调速系统种类繁多，分类角度也不同。常见的交流调速方法有：

① 降电压调速；

② 转差离合器调速；

③ 转子串电阻调速；

④ 绕线电机串级调速或双馈电机调速；

⑤ 变极对数调速；

⑥ 变频调速。

在研究开发阶段，人们从多方面探索调速的途径，因而种类繁多是很自然的。现阶段交流调速的发展已经比较成熟，为了深入掌握其基本原理，就不能仅满足于这种表面上的罗列，而要进一步探讨其本质，认识交流调速系统的基本规律和分类方法。

按照三相交流异步电动机的原理，从定子传入转子的电磁功率可分成两部分：机械功率和转差功率。

① 机械功率：$P_{\text{mech}} = (1-s)P_{\text{m}}$ 是拖动负载的有效功率；

② 转差功率：$P_{\text{s}} = sP_{\text{m}}$ 是传输给转子电路的转差功率，与转差率（s）成正比。即

$$\begin{cases} P_\mathrm{m} = P_\mathrm{mech} + P_\mathrm{s} \\ P_\mathrm{mech} = (1-s)P_\mathrm{m} \\ P_\mathrm{s} = sP_\mathrm{m} \end{cases}$$

（5.1.1）

功率的流向如图 5.1.4 所示。

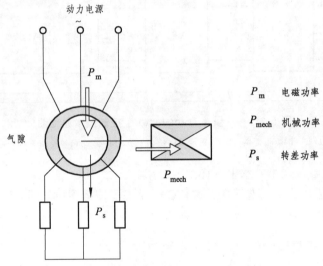

动力电源

P_m

气隙

P_mech

P_s

P_m　电磁功率

P_mech　机械功率

P_s　转差功率

图 5.1.4　交流异步电机的功率流向示意图

从能量转换的角度上看，转差功率是否增大，是消耗掉还是被回收，是评价调速系统效率高低的指标（尤其是现在提倡节能社会）。从这点出发，可以把交流异步电机的调速系统分成三类，即转差功率消耗型调速系统、转差功率馈送型调速系统、转差功率不变型调速系统。

1）转差功率消耗型调速系统

这种类型交流调速系统的全部转差功率都转换成热能消耗在转子回路中，上述的降电压调速、转差离合器调速、转子串电阻调速三种调速方法都属于这一类。在三类交流异步电机调速系统中，这类系统的效率（η）最低，而且越低速时效率越低，它是以增加转差功率的消耗来换取转速的降低（恒转矩负载时）。可是这类系统结构简单，设备成本最低，所以还有一定的应用价值。

2）转差功率馈送型调速系统

在这类交流调速系统中，除转子铜损外，大部分转差功率在转子侧通过变流装置馈出或馈入，转速越低，能馈送的功率越多，上述绕线电机串级调速或双馈电机调速属于这一类。无论是馈出还是馈入的转差功率，扣除变流装置本身的损耗后，最终都转化成有用的功率，因此这类系统的效率较高，但要增加一些设备。

3）转差功率不变型调速系统

在这类系统中，转差功率只有转子铜损，而且无论转速高低，转差功率基本不变，因此效率更高。上述变极调速、变频调速两种方法都属于这一类。其中变极对数调速是有级的，应用场合有限。只有变频调速应用最广，可以构成高动态性能的交流调速系统，取代直流调速；但在定子电路中须配备与电动机容量相当的变频器（电力电子变流装置），相比之下，设备成本最高，有关交流异步电机变频调速系统的详细内容，在第 6 章中会详细介绍。

另一类交流电机——同步电机没有转差，也就没有转差功率，所以同步电机调速系统只能是转差功率不变型（恒等于 0）的，而同步电机转子极对数又是固定的，因此只能靠变频调速，没有三相交流异步电机那样的多种调速方法。

在同步电机的变压变频调速方法中，从频率控制的方式来看，可分为它控变频调速和自控变频调速两类。自控变频调速利用转子磁极位置的检测信号来控制变频装置换相，类似于直流电机中电刷和换向器的作用，因此有时又称作无换向器电机调速或无刷直流电机（BLDC）调速。

开关磁阻电机（SR）是一种特殊型式的同步电机，有其独特的比较简单的调速方法，在小容量交流电机调速系统中很有发展前途。

4. 闭环控制的三相交流异步电动机调压调速系统

从直流电机传动系统的分析可以看出，电力拖动控制系统的思路为：对各个环节建模，即用自动化的语言来描述系统的各个环节；分析各个环节的特性；对直流电机调压调速进行分析，包括开环及闭环性能；提出速度负反馈的概念，给出了借助电力电子变流装置实现的闭环电枢电压调速的控制方法；各个环节的连接、整体控制效果等。这些方法对于交流异步电机传动系统是否具有借鉴作用？有何特殊的控制问题？这里就利用电力电子技术中的交流相控调压技术对三相交流异步电机进行调压调速，给出分析及实现方法，作为第 1 章概念在第 5 章的延续。

三相交流异步电动机调压调速是一种典型的转差功率消耗型调速系统。

三相交流异步电动机调压调速原理已在电机课中讲授，本节首先分析三相交流异步电动机在调压时的机械特性能否满足传动要求；然后分析为了扩大调速范围和改善调速性能而采用闭环控制的必要性，分析闭环系统静特性的性质，提出动态结构框图和参数计算方法；为了用经典控制理论分析，介绍了基于微分线性化的方法推导出的、忽略电磁惯性时的近似动态结构框图，分析系统的转差功率损耗与调速范围和负载性质的关系；最后，介绍在工业领域经常使用的调压控制在软启动器和轻载降压节能运行中的应用。

5. 三相交流异步电动机调压调速电路

调压调速是交流异步电机调速方法中比较简便的一种。根据电机学原理可知，当三相交流异步电机等效电路的参数不变时，在相同的转速下，电磁转矩（T_e）与定子电压（U_s）的平方成正比。因此，改变定子外加电压就可以改变交流传动系统机械特性，即传动系统的电磁转矩与转差的函数关系，从而改变交流传动系统在一定负载转矩下的转速。

早期改变交流电压多采用自耦变压器或带直流磁化绕组的饱和电抗器的方法，自从电力电子技术兴起以后，这类比较笨重的电磁装置就被晶闸管（SCR）交流调压器取代了。

目前，交流调压器一般用三对晶闸管（SCR）反并联或三个双向晶闸管（SCR）分别串接在三相电路中，如图 5.1.5 所示。

用相位控制改变电力电子变换装置输出电压，主电路接法有多种方案。

如图 5.1.6 所示为采用晶闸管反并联控制的三相交流异步电动机可逆和制动电路，其中，晶闸管 1～6 控制三相交流异步电动机正转运行，反转时可由晶闸管 1、4 和 7～10 提供逆相序电源，同时也可用于反接制动。

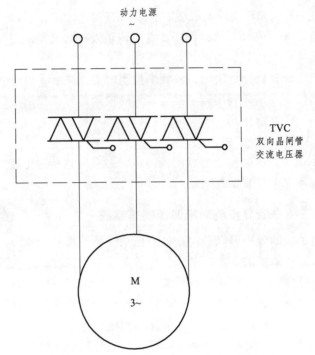

图 5.1.5 晶闸管交流调压调速电气原理图

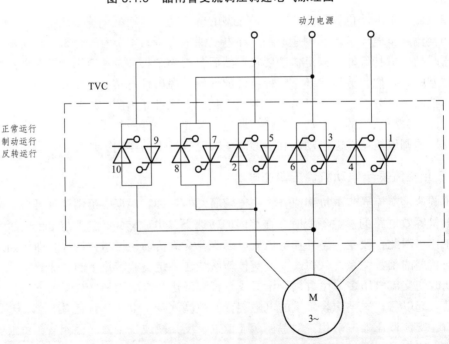

图 5.1.6 晶闸管反并联控制的三相交流异步电动机可逆和制动电路

当需要能耗制动时，可以根据制动电路的要求选择某几个晶闸管不对称地工作，例如让晶闸管 1、2、6 三个器件导通，其余均关断，就可使定子绕组中流过半波直流电流，对旋转着的三相交流异步电动机转子产生制动作用。必要时，还可以在制动电路中串入电阻以限制制动电流。

5.2 三相交流异步电动机改变电压时的机械特性

根据电机学原理，作出以下三个假设（先不考虑假设的合理性）：

① 忽略空间和时间谐波；

② 忽略磁饱和；

③ 忽略铁损。

三相交流异步电动机的电磁反应过程及稳态等效电路如图 5.2.1 所示。

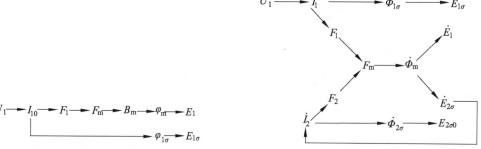

（a）三相交流异步电动机空载运行电磁关系　　（b）三相交流异步电动机负载运行电磁关系

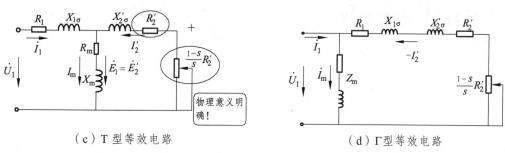

（c）T 型等效电路　　　　　　　　　　（d）Γ型等效电路

图 5.2.1　三相交流异步电动机的电磁反应过程及稳态等效电路

也有相关教材，为了方便采用如图 5.2.2 所示等效电路，建议不要采用，因为物理意义不明确！

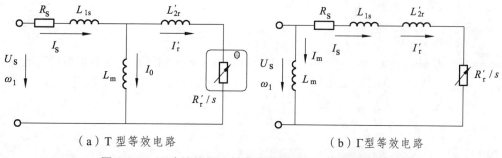

（a）T 型等效电路　　　　　　　　　（b）Γ型等效电路

图 5.2.2　不建议使用三相交流异步电动机稳态等效电路

图 5.2.2 中，R_s、R_r' 分别为定子每相电阻和折合到定子侧的转子每相电阻；L_{1s}、L_{2r}' 分别为定子每相漏感和折合到定子侧的转子每相漏感；L_m 为定子每相绕组产生气隙主磁通的等

效电感，即激磁电感；U_s、ω_1 分别为定子相电压和供电角频率；s 为转差率。

图 5.2.1（c）是电机学中的 T 型等效电路。根据此电路，可以得到三相交流异步电机每相定子电流为

$$I_r' = \frac{U_s}{\sqrt{\left(R_s + C_1 \dfrac{R_r'}{s}\right)^2 + \omega_1^2 \left(L_{1s} + C_1 L_{2r}'\right)^2}} \tag{5.2.1}$$

式中，σ 为折算系数；C_1 表达式为

$$C_1 = 1 + \frac{R_s + j\omega_1 L_{1s}}{j\omega_1 L_m} \approx 1 + \frac{L_{1s}}{L_m} \tag{5.2.2}$$

由于 T 型等效电路的计算是复数方程，求解非常困难。事实上，在一般情况下，只要满足式（5.2.3），即

$$L_m \gg L_{1s} \tag{5.2.3}$$

则根据式（5.2.2），可得到

$$C_1 \approx 1 \tag{5.2.4}$$

这相当于将上述假定条件的忽略铁损改为忽略铁损和激磁电流。这样可以得到电机学中另一种稳态等效电路，即 Γ 型稳态等效电路。式（5.2.1）的电流公式可简化为

$$I_s \approx I_r' = \frac{U_s}{\sqrt{\left(R_s + \dfrac{R_r'}{s}\right)^2 + \omega_1^2 \left(L_{1s} + L_{2r}'\right)^2}} \tag{5.2.5}$$

定义电磁功率 P_m，则

$$P_m = \frac{3 I_r'^2 R_r'}{s} \tag{5.2.6}$$

定义同步机械角速度 ω_{m1}，即

$$\omega_{m1} = \frac{\omega_1}{n_p} \tag{5.2.7}$$

式中，ω_1 为同步转速；n_p 为三相交流异步电动机的极对数。则三相交流异步电动机的电磁转矩为

$$T_e = \frac{P_m}{\omega_{m1}} \tag{5.2.8}$$

即

$$T_e = \frac{3 n_p}{\omega_1} I_r'^2 \frac{R_r'}{s} \tag{5.2.9}$$

204

代入相应的参数及表达式，得到

$$T_e = \cfrac{3n_p U_s^2 R_r' / s}{\omega_1 \left[\left(R_s + \cfrac{R_r'}{s} \right)^2 + \omega_1^2 (L_{ls} + L_{2r}')^2 \right]} \qquad (5.2.10)$$

式（5.2.10）就是三相交流异步电动机的机械特性方程式。它表明，当转速或转差率一定时，电磁转矩与定子电压的平方成正比。

定子电压不同，三相交流异步电动机就会出现的不同的机械特性，如图 5.2.3 所示，图中，U_{sN} 表示额定定子电压。

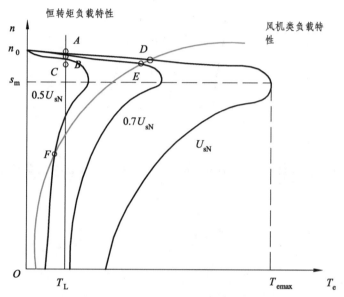

图 5.2.3　三相交流异步电机调压调速机械特性

从图 5.2.3 可以看出，每一条负载曲线上，均存在一最大的电磁转矩 (T_{emax})。那么，如何得到最大的电磁转矩 (T_{emax})？将式（5.2.10）对转差率 (s) 求导，并令

$$\frac{\mathrm{d}T_e}{\mathrm{d}s} = 0 \qquad (5.2.11)$$

可求出电磁转矩 (T_{emax}) 及其对应的转差率 (s_m):

$$s_m = \frac{R_r'}{\sqrt{R_s^2 + \omega_1^2 (L_{ls} + L_{2r}')^2}} \qquad (5.2.12)$$

$$T_{emax} = \frac{3n_p U_s^2}{2\omega_1 \left[R_s + \sqrt{R_s^2 + \omega_1^2 (L_{ls} + L_{2r}')^2} \right]} \qquad (5.2.13)$$

由图 5.2.3 可见，带恒转矩负载工作时，普通三相笼型异步电动机变电压时的稳定工作点分别为 A、B、C，转差率 (s) 的变化范围为 $[0, s_m]$，调速范围有限。如果带风机类负载运行，则工作点为 D、E、F，调速范围可以大一些。为了能在恒转矩负载下扩大调速范围，

并使三相交流异步电机能在较低转速下运行而不致过热，就要求三相交流异步电机转子有较高的电阻值。机械特性如图 5.2.4 所示。

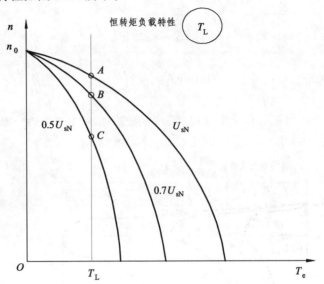

图 5.2.4　转子具有大电阻（交流力矩电动机）调压调速特性

显然，带恒转矩负载时的调压调速范围增大了，堵转工作也不致烧坏电机，这种电机又称作交流力矩电机。

5.3　三相交流异步电动机闭环调压调速时的机械特性

采用普通三相交流异步电动机的调压调速时，调速范围很窄；采用具有较大转子电阻的力矩电机可以增大调速范围，但机械特性（M-s）又变软。因而当负载变化时，转差率很大，如图 5.2.3 所示，普通三相交流异步电动机开环传动系统很难解决这个矛盾。

为此，对于恒转矩性质的负载，要求调速范围 $D \geqslant 2$ 时，采用带转速反馈的闭环控制系统，如图 5.3.1（a）所示。

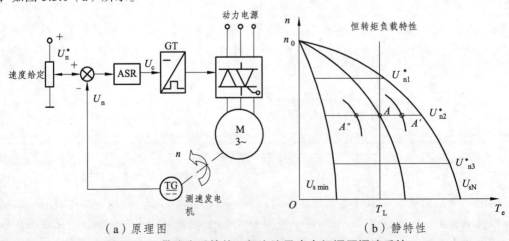

（a）原理图　　　　　　　　　　（b）静特性

图 5.3.1　带速度反馈的三相交流异步电机调压调速系统

206

如图 5.3.1（b）所示的是速度闭环控制调压调速系统的静特性。当系统带负载在 A 点运行时，如果负载增大引起转速下降，负反馈控制作用能提高定子电压，从而在右边一条机械特性上找到新的工作点 A'。同理，当负载降低时，会在左边一条特性上得到定子电压低一些的工作点 A''。按照反馈控制规律，将 A''、A、A' 连接起来便是闭环系统的静特性。尽管三相交流异步电动机的开环机械特性和直流电动机的开环特性差别很大，但是在不同电压的开环机械特性上各取一个相应的工作点，连接起来便得到闭环系统静特性，这样的分析方法对两种电机是完全一致的。尽管交流异步力矩电机的机械特性很软，但由系统增益决定的闭环系统静特性却可以很硬。

如果采用比例积分（PI）调节器，三相交流异步电动机闭环系统静特性同样可以做到无静差。改变给定信号，则静特性平行地上下移动，达到调速的目的。

三相交流异步电动机闭环调压调速系统不同于直流电机闭环调压调速系统，其静特性左右两边都有极限，不能无限延长，它们分别是额定电压（U_{sN}）下的机械特性和最小电压（U_{smin}）下的机械特性。

当负载变化时，如果电压调节到极限值，闭环控制系统便失去控制能力，系统的工作点只能沿着极限开环特性变化。

根据图 5.3.1（a）所示的原理图，可以画出静态结构图，如图 5.3.2 所示。

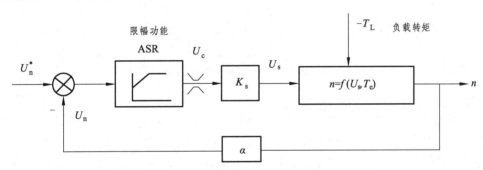

图 5.3.2　三相交流异步电机传动系统静态结构图

图 5.3.2 中，比例放大系数（K_s）为晶闸管交流调压器和触发装置的放大系数，即

$$K_s = \frac{U_s}{U_c} \tag{5.3.1}$$

转速反馈系数（α）为

$$\alpha = \frac{U_n}{n} \tag{5.3.2}$$

转速调节器（ASR）采用带限幅功能的比例积分（PI）调节器。

式（5.2.10）为三相交流异步电动机机械特性方程式，它是一个非线性函数，用下式表达：

$$n = f(U_s, T_s) \tag{5.3.3}$$

稳态时，相关的量可以表示为

$$\begin{cases} U_{\mathrm{n}}^{*} = U_{\mathrm{n}} \\ U_{\mathrm{n}} = \alpha \cdot n \\ T_{\mathrm{e}} = T_{\mathrm{L}} \end{cases} \tag{5.3.4}$$

根据负载需要的转速（n）和负载转矩（T_{L}），可由式（5.2.10）计算出或用机械特性图解法求出所需的定子电压（U_{s}）以及相应的调节器输出电压（U_{c}）。

5.4　闭环调压调速系统的近似动态结构图

对系统进行动态分析和设计时，须先绘出动态结构图。由图 5.3.2 的静态结构图可以得到三相交流异步电机传动系统动态结构图，如图 5.4.1 所示。

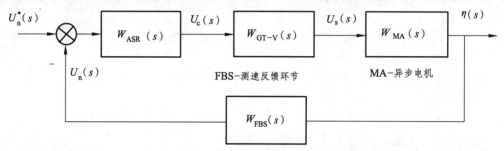

图 5.4.1　三相交流异步电机传动系统调压调速动态结构图

其中有些环节的传递函数可以直接写出来，只有三相交流异步电动机传递函数的推导比较困难，因为三相交流异步电动机为非线性特征，原则上根本就不存在传递函数，但为了能够利用第 1 章的分析方法来分析三相交流异步电动机，这里利用小信号模型来进行分析。

如果转速调节器（ASR）采用带微分效应的比例积分（PI）调节器，可以消除静差并改善动态性能，其传递函数为

$$G_{\mathrm{ASR}}(s) = K_{\mathrm{n}} \frac{\tau_{n}s + 1}{\tau_{\mathrm{n}}s} \tag{5.4.1}$$

晶闸管（SCR）装置的输入-输出关系原则上是非线性的，在一定范围内可假定为线性函数，在动态中可以近似成一阶惯性环节，正如直流调速系统中的晶闸管触发和整流装置那样，传递函数可写成

$$G_{\mathrm{GT-V}}(s) = \frac{K_{\mathrm{s}}}{T_{\mathrm{s}}s + 1} \tag{5.4.2}$$

式（5.4.2）近似条件是

$$\omega_{\mathrm{c}} \leqslant \frac{1}{3T_{\mathrm{s}}} \tag{5.4.3}$$

对于三相全波 Y-Y 联结调压电路，可取

$$T_{\mathrm{s}} = 3.3 \ (\mathrm{ms}) \tag{5.4.4}$$

其他形式的调压电路则须另行考虑。

考虑到反馈滤波作用，测速反馈环节（FBS，Feedback Speed）的传递函数可写成

$$W_{FBS}(s) = \frac{\alpha}{T_{on}s+1} \tag{5.4.5}$$

三相交流异步电动机的动态过程是由一组非线性微分方程描述的（详见第 6 章），要用一个传递函数来准确地表示它的输入-输出关系是不可能的。但是可以先在一定的假定条件下，用稳态工作点附近的微偏线性化方法求出一种近似的传递函数。具体推导如下：

由式（5.2.10）可知电磁转矩为

$$T_e = \frac{3n_p U_s^2 R_r'/s}{\omega_1 \left[\left(R_s + \frac{R_r'}{s} \right)^2 + \omega_1^2 (L_{1s} + L_{2r}')^2 \right]} \tag{5.4.6}$$

当转差率（s）很小时，可以认为

$$R_s \ll \frac{R_r'}{s} \tag{5.4.7}$$

同时

$$\omega_1 (L_{1s} + L_{1r}) \ll \frac{R_r'}{s} \tag{5.4.8}$$

因此可忽略三相交流异步电动机的漏感电磁惯性。在此条件下，

$$T_e \approx \frac{3n_p}{\omega_1 R_r'} U_s^2 \cdot s \tag{5.4.9}$$

即为上述条件下三相交流异步电动机近似的线性机械特性。

设 A 为近似的线性机械特性上的一个稳态工作点，则在 A 点上：

$$T_{eA} \approx \frac{3n_p}{\omega_1 R_r'} U_{sA}^2 s_A \tag{5.4.10}$$

A 点附近（邻域）有微小偏差时，即

$$\begin{cases} T_e = T_{eA} + \Delta T_e \\ U_s = U_{sA} + \Delta U_s \end{cases} \tag{5.4.11}$$

而

$$s = s_A + \Delta s \tag{5.4.12}$$

代入式（5.4.9），化简得

$$T_{eA} + \Delta T_e \approx \frac{3n_p}{\omega_1 R_r'} (U_{sA} + \Delta U_s)^2 (s_A + \Delta s) \tag{5.4.13}$$

将上式展开，并忽略两个和两个以上微偏量的乘积（高阶无穷小），则

$$T_{eA} + \Delta T_e \approx \frac{3n_p}{\omega_1 R_r'} (U_{sA}^2 s_A + 2U_{sA} s_A \Delta U_s + U_{sA}^2 \Delta s) \qquad (5.4.14)$$

从式（5.4.14）中减去式（5.4.10），得

$$\Delta T_e \approx \frac{3n_p}{\omega_1 R_r'} (2U_{sA} s_A \Delta U_s + U_{sA}^2 \Delta s) \qquad (5.4.15)$$

已知转差率（s）：

$$s = 1 - \frac{\omega}{\omega_1} \qquad (5.4.16)$$

式中，ω_1 是同步角转速；ω 是转子角转速。

则

$$\Delta s = -\frac{\Delta \omega}{\omega_1} \qquad (5.4.17)$$

将式（5.4.17）代入式（5.4.15），得

$$\Delta T_e \approx \frac{3n_p}{\omega_1 R_r'} \left(2U_{sA} s_A \Delta U_s - \frac{U_{sA}^2}{\omega_1} \Delta \omega \right) \qquad (5.4.18)$$

式（5.4.18）就是在稳态工作点（邻域）的电磁转矩微小偏差（ΔT_e）与电压微小偏差（ΔU_s）和转子速度微小偏差（$\Delta \omega$）间的关系。

带恒转矩负载时，电力拖动系统的运动方程式为

$$\frac{J}{n_p} \cdot \frac{d\omega}{dt} = T_e - T_L \qquad (5.4.19)$$

按相同的方法处理，可得在稳态工作点 A 附近的微偏量运动方程式为

$$\Delta T_e - \Delta T_L = \frac{J}{n_p} \cdot \frac{d(\Delta \omega)}{dt} \qquad (5.4.20)$$

结合式（5.4.18）和式（5.4.20）的微偏量关系，即得三相交流异步电机在忽略电磁惯性时的微偏线性化动态结构图，如图 5.4.2 所示。

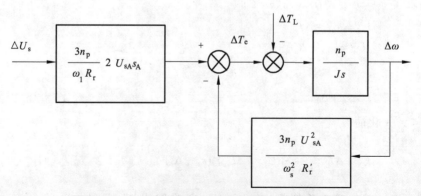

图 5.4.2　忽略电磁惯性时的微偏线性化动态结构图

210

如果只考虑电压微小偏差（ΔU_s）和转子速度微小偏差（$\Delta \omega$）之间的传递函数，可先取 $\Delta T_\text{L} = 0$。

图 5.4.2 中，小闭环传递函数可变换成受 $\Delta T_\text{L} = 0$ 约束的方程，则小闭环传递函数为

$$\frac{\dfrac{n_\text{p}}{Js}}{1 + \dfrac{3n_\text{p}U_\text{sA}^2}{\omega_\text{s}^2 R_\text{r}'} \cdot \dfrac{n_\text{p}}{J \cdot s}} = \frac{1}{\dfrac{J}{n_\text{p}}s + \dfrac{3n_\text{p}U_\text{sA}^2}{\omega_\text{l}^2 R_\text{r}'}} \tag{5.4.21}$$

于是，三相交流异步电机的近似线性化传递函数为

$$W_\text{MA}(s) = \frac{\Delta\omega(s)}{\Delta U_\text{s}(s)} = \frac{\left(\dfrac{3n_\text{p}}{\omega_\text{l} R_\text{r}'}\right)2U_\text{sA}s_\text{A}}{\dfrac{J}{n_\text{p}}s + \dfrac{3n_\text{p}U_\text{sA}^2}{\omega_\text{l}^2 R_\text{r}'}} = \frac{\dfrac{2s_\text{A}\omega_\text{l}}{U_\text{sA}}}{\dfrac{J \cdot \omega_\text{l}^2 R_\text{r}'}{3n_\text{p}^2 U_\text{sA}^2}s + 1} = \frac{K_\text{MA}}{T_\text{m}s + 1} \tag{5.4.22}$$

式中　K_MA——三相交流异步电机的传递系数，且

$$K_\text{MA} = \frac{2s_\text{A}\omega_\text{l}}{U_\text{sA}} = \frac{2(\omega_\text{l} - \omega_\text{A})}{U_\text{sA}} \tag{5.4.23}$$

　　T_m——三相交流异步电机拖动系统的机电时间常数，且

$$T_\text{m} = \frac{J \cdot \omega_\text{l}^2 R_\text{r}'}{3n_\text{p}^2 U_\text{sA}^2} \tag{5.4.24}$$

由于忽略了电磁惯性，只考虑同轴旋转体的机电惯性，三相交流异步电机便近似成一个线性的一阶惯性环节，即

$$W_\text{MA}(s) = \frac{\Delta\omega(s)}{\Delta U_\text{s}(s)} = \frac{K_\text{MA}}{T_\text{m}s + 1} \tag{5.4.25}$$

把得到的相关传递函数代入图 5.4.1 中各方框内，即得三相交流异步电动机调压调速系统微偏线性化的近似动态结构图。具体使用这个动态结构图时要注意以下两点：

（1）由于它是偏微线性化模型，只能用于机械特性线性段上工作点附近的稳定性判别和动态校正，不适用于启、制动时转速大范围变化的动态响应；

（2）由于它完全忽略了电磁惯性，分析与计算有很大的近似性。

5.5　转差功率损耗分析

三相交流异步电动机调压调速系统是转差功率消耗型调速系统，转差功率消耗是决定这类调速系统工作性能的重要因数。当今社会对节能要求越来越高，对于经济运行的传动系统也提出节能运行的要求。在绝大多数的情形下，调速过程的转差功率的消耗使得传动系统的能耗指标大大飙升。分析表明，转差功率损耗与系统的调速范围和所带负载的性质有密切的关系。

根据电机学原理，三相交流异步电动机的电磁功率为

$$P_\text{m} = T_\text{e}\omega_\text{ml} = \frac{T_\text{e}\omega_\text{l}}{n_\text{p}} = \frac{T_\text{e}\omega}{n_\text{p}(1-s)} \tag{5.5.1}$$

若忽略机械损耗等因数的影响，不同性质的负载转矩可近似表示为

$$T_L = C \cdot \omega^\alpha \qquad (5.5.2)$$

式中，C 为常数 0、1、2 时分别代表恒转矩负载、与转速成正比的负载、与转速平方成正比的负载（即风机泵类负载）。

如图 5.5.1 所示绘出了式（5.5.2）所表示的不同类型负载转矩特性，同时还给出了三相交流异步电动机调压调速系统机械特性。

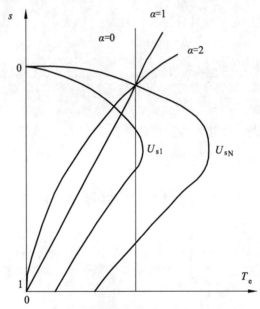

图 5.5.1 不同类型负载转矩特性与异步电机调压机械特性

当三相交流异步电动机定子电压满足下式，即

$$U_s = U_{sN} \qquad (5.5.3)$$

约束时，各类负载特性通过机械特性的额定工作点。

当满足下式，即

$$T_e = T_L \qquad (5.5.4)$$

约束时，将式（5.5.2）代入式（5.5.1）后，注意 ω 与 ω_1 的关系，即

$$\omega = \frac{\omega_1}{n_p} \qquad (5.5.5)$$

得

$$P_m = \frac{C\omega^{\alpha+1}}{n_p(1-s)} = \frac{C}{n_p}(1-s)^\alpha \omega_1^{\alpha+1} \qquad (5.5.6)$$

这样，得到转差功率为

$$P_s = sP_m$$

将式（5.5.6）代入，化简得到

212

$$P_s = \frac{C}{n_p} s \cdot (1-s)^\alpha \cdot \omega_1^{(\alpha+1)} \qquad (5.5.7)$$

输出的机械功率为：

$$P_2 \approx (1-s)P_m$$

将式（5.5.6）代入，化简得到

$$P_s = \frac{C}{n_p} \cdot (1-s)^{(\alpha+1)} \cdot \omega_1^{(\alpha+1)} \qquad (5.5.8)$$

当转差率满足

$$s = 0 \qquad (5.5.9)$$

条件时（即电机以同步转速运行，这对于三相交流异步电机是不可能的），全部电磁功率都输出（假定这是可能的），这时输出功率最大，为

$$P_{2\max} = \frac{C}{n_p} \cdot \omega_1^{(\alpha+1)} \qquad (5.5.10)$$

选择 $P_{2\max}$ 为功率基准值，定义转差功率损耗系数为 σ，则

$$\sigma = \frac{P_s}{P_{2\max}} = s(1-s)^\alpha \qquad (5.5.11)$$

转差功率损耗系数（σ）就是评估转差功率损耗大小的指标。

按式（5.5.11）绘出不同类型负载的转差功率损耗系数（σ）与转差率（s）的关系曲线如图 5.5.2 所示。

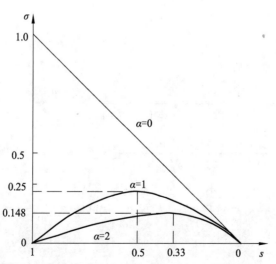

图 5.5.2　不同类型负载的转差功率损耗系数（σ）与转差率（s）的关系曲线

5.6 调压控制在软启动器和轻载降压节能运行中的应用

对于三相交流异步电机，除了调压调速以外，三相交流异步电机的调压控制在软起动器（SS，Soft Starter）和轻载降压节能运行中也得到了广泛的应用。

本节主要介绍软启动器（SS，Soft Starter）和轻载降压节能运行的基本原理，关于其运行中的一些具体问题可参阅相关参考文献。

5.6.1 软启动器

常用的三相交流异步电机结构简单，价格便宜，而且性能良好，运行可靠。对于小容量三相交流异步电机，只要供电线路和变压器的容量足够大（一般要求比电机容量大4倍以上），且供电线路并不太长（启动电流造成的瞬时电压降落10%~15%），便可直接启动，操作也很简便。对于大容量电动机，就必须采取一定的启动措施。

在式（5.2.1）和式（5.2.10）中已导出三相交流异步电动机的电流和转矩方程式：

$$I_s \approx I_r' = \frac{U_s}{\sqrt{\left(R_s + \dfrac{R_r'}{s}\right)^2 + \omega_1^2(L_{1s} + L_{2r}')^2}} \tag{5.6.1}$$

$$T_e = \frac{P_m}{\omega_{m1}} = \frac{3n_p}{\omega_1}(I_r')^2 \frac{R_r'}{s}$$

化简得到

$$T_e = \frac{3n_p U_s^2 R_r'/s}{\omega_1\left[\left(R_s + \dfrac{R_r'}{s}\right)^2 + \omega_1^2(L_{1s} + L_{2r}')^2\right]} \tag{5.6.2}$$

在启动时，转差率满足

$$s = 1 \tag{5.6.3}$$

因此启动电流和启动转矩分别为

$$I_{sst} \approx I_{rst}' = \frac{U_s}{\sqrt{(R_s + R_r')^2 + \omega_1^2(L_{1s} + L_{2r}')^2}} \tag{5.6.4}$$

$$T_{est} = \frac{3n_p U_s^2 R_r'}{\omega_1[(R_s + R_r')^2 + \omega_1^2(L_{1s} + L_{2r}')^2]} \tag{5.6.5}$$

由式（5.6.4）和式（5.6.5）不难看出，在一般情况下，三相交流异步电动机的启动电流比较大，但启动转矩并不大。对于一般的鼠笼式三相交流异步电动机，启动电流为其额定值的倍数大约为

$$K_I = \frac{I_{sst}}{I_{sN}} = 4 \sim 7 \tag{5.6.6}$$

214

启动转矩为其额定值的倍数大约为

$$K_{\mathrm{T}} = \frac{T_{\mathrm{est}}}{T_{\mathrm{eN}}} = 0.9 \sim 1.3 \qquad\qquad (5.6.7)$$

中、大容量三相交流异步电动机的启动电流比较大，会使电网压降过大，影响其他用电设备的正常运行，甚至使该三相交流异步电动机根本启动不起来。这时，必须采取措施来降低其启动电流，常用的办法是降压启动。

由式（5.6.4）可知，当电压降低时，启动电流将随电压成正比地降低，从而可以避开启动电流冲击的高峰。

但是，式（5.6.5）又表明，启动转矩与电压的平方成正比，启动转矩的减小将比启动电流的降低更快，所以，降压启动时又会出现启动转矩不够的问题。为了避免这个麻烦，降压启动只适用于中、大容量电动机空载（或轻载）启动的场合。

传统的降压启动方法有：星-三角（Y-△）启动，定子串电阻或电抗启动，自耦变压器（又称启动补偿器）降压启动。它们都是一级降压启动，启动过程中电流有二次冲击，其幅值都比直接启动电流低，但启动过程时间略长，如图 5.6.1 所示。

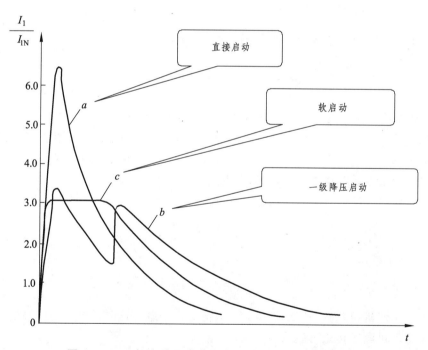

图 5.6.1　三相交流异步电机启动过程分析及电流冲击

现代控制借助电力电子技术，出现了带电流闭环的电子控制软启动器，可以限制启动电流并保持恒值，直到转速升高后电流自动衰减下来（图 5.6.1 中曲线 c），启动时间也短于一级降压启动。

主电路采用晶闸管交流调压器，连续地改变其输出电压来保证恒流启动（要实现恒流必须要对电流进行反馈），稳定运行时可用接触器给晶闸管旁路，以免晶闸管不必要地长期工作。

根据启动时所带负载的大小，启动电流可在 $(0.5 \sim 4)I_N$ 之间调整，以获得最佳的启动效果，但无论如何调整都不宜满载启动。负载略重或静摩擦转矩较大时，可在启动时突加短时的脉冲电流，以缩短启动时间。

软启动的功能同样也可以用于制动，实现软停车。

5.6.2 轻载降压节能运行

三相交流异步电动机运行时的总损耗可用下式表达式：

$$\sum p = p_{\text{Cus}} + p_{\text{Fe}} + p_{\text{Cur}} + p_{\text{mech}} + p_s \tag{5.6.8}$$

式中，p_{Cus} 为定子铜损；p_{Fe} 为铁损；p_{Cur} 为转子铜损；p_{mech} 为机械损耗；p_s 为杂散损耗。

各种损耗可以表示为

$$\begin{cases} p_{\text{Cus}} = 3 \cdot I_s^2 \cdot R_s \\ p_{\text{Fe}} = \dfrac{3 \cdot U_s^2}{R_{\text{Fe}}} \\ p_{\text{Cur}} = 3 \cdot I_r'^2 \cdot R_r' \end{cases} \tag{5.6.9}$$

三相交流异步电动机的运行效率（η）：

$$\eta = \frac{P_2}{P_1} = \frac{P_2}{P_2 + \sum p} \tag{5.6.10}$$

式中，η 为效率；P_1 为输入电功率；P_2 为轴上输出机械功率。

当三相交流异步电动机在额定工况下运行时，由于输出机械功率，总损耗只占很小的成分，所以额定效率（η_N）较高，一般可达 75% ~ 95%，一般情形三相交流异步电动机越大效率越高，最大效率发生在 $(0.7 \sim 1.1)P_{2N}$ 的范围内。

三相交流异步电动机空载时，理论上可以认为

$$P_2 = 0 \tag{5.6.11}$$

根据式（5.6.10）推出

$$\eta = 0 \tag{5.6.12}$$

但实际上生产机械总有一些摩擦负载，只能算作轻载，这时，电磁转矩很小。稳态时三相交流异步电动机电磁转矩可表示为

$$T_e = C_m \Phi_m I_r' \cos \varphi_r \tag{5.6.13}$$

三相交流异步电动机在正常运行时，气隙主磁通（Φ_m）基本不变，因此轻载时转子电流（I_r'）很小，转子铜耗（p_{Cur}）很小，三相交流异步电动机铁耗（p_{Fe}）、机械损耗（p_{mech}）、附加损耗（p_s）基本不变，而定子电流为

$$\dot{I}_s = \dot{I}_r' + \dot{I}_0 \tag{5.6.14}$$

受激磁电流的牵制，定子电流并没有转子电流降低得那么多。

总之，轻载时在效率表达式（5.6.10）的分母中，总的损耗 $(\sum p)$ 所占的成分较大，效率将急剧降低。如果三相交流异步电动机长期轻载运行，将无谓地消耗许多电能。由上述分析可知，减少轻载时的能量损耗的关键是降低气隙主磁通（Φ_m），这样可以同时降低铁损（p_{Fe}）和激磁电流（$\dot{I}_0$），从而降低定子电压。

但是，如果过多降低电压和磁通，由式（5.6.14）可知，转子电流（$\dot{I}'_r$）必然增大，则定子电流（$\dot{I}_s$）反而可能增加，铁损（p_{Fe}）的降低将被铜损的增加填补，效率反而更差了。

如图 5.6.2 所示，当负载转矩一定时，轻载降压节能有一个最佳电压值，此时效率最高。$\eta = f(U_s)$ 的曲线可由试验取得。

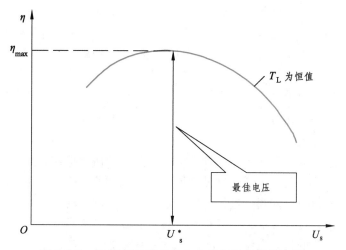

图 5.6.2　轻载降压节能效率曲线与最佳定子电压

在图 5.6.2 中，U_s^* 表示电压的标幺值，此标幺值的基准值为三相交流异步电动机自身的额定值。

217

第6章 三相交流异步电动机变频调速系统

从第5章介绍的三相交流异步电动机的速度表达式可以看出，其调速也可以通过对电源频率的改变来实现，这就是变频调速系统。变频调速系统一般简称为变频调速。

由于三相交流异步电动机在变频调速时转差功率不随转速变化，调速范围宽，无论是高速还是低速时效率都较高，在采取一定的技术措施（控制）后能实现高动态性能，可与直流调速系统媲美。因此现在变频调速系统应用广泛，变频调速是三相交流异步电动机控制的重点。

首先，从三相交流异步电动机的基本特性出发，介绍变频调速的基本控制方式。在基频以下，要维持气隙磁通（Φ_m）不变，需按比例控制电压和频率，低频时还应适当提高定子电压以补偿定子绕组阻抗上压降；在基频以上，由于定子电压无法再升高，只能通过提高频率而迫使磁通减弱。基频以下，变压变频调速的特点是必须协调地控制电压和频率，也就是说要找出电压随频率变化的函数关系，这是掌握变压变频调速系统的关键。

在此基础上，分析按不同规律进行电压和频率协调控制时的稳态机械特性，特别是按转子磁链恒定原则的协调控制方法，可以得到和直流它励电动机机械特性相似的线性硬特性，为后面论述高动态性能的矢量控制（Transvector）系统奠定基础。

电力电子技术中电压变换技术和频率变换技术是变压变频调速系统的主要知识储备，已在"电力电子技术"课程中阐述，为了课程间的衔接，本书归纳了电压变换技术和频率变换技术的几种主要类型，专门讨论目前发展最快并受到普遍重视的交流脉宽调制（PWM）控制技术。

最后，分三个层次阐述三相交流异步电动机变频调速系统。

（1）讨论基于三相交流异步电动机稳态数学模型的变频调速系统，包括转速开环、恒压频比控制的变频调速系统和转速闭环、转差频率控制的变频调速系统。

（2）介绍高性能变频调速系统。如果要实现高动态性能的变频调速系统，就要涉及比较精确的动态数学模型，因此引出三相交流异步电动机非线性、多变量、强耦合的精确动态数学模型，并利用坐标变换加以简化，得到常用的二相旋转坐标系（dq）和二相静止坐标系（$\alpha\beta$）下的模型；再以等效直流它励电动机模型为桥梁阐述三相交流异步电动机矢量控制（Transvector）的基本概念，然后从三相交流异步电动机非线性、多变量、强耦合的精确动态数学模型出发，推导出矢量控制（Transvector）方程和转子磁链方程。

（3）介绍转速、磁链闭环控制（直接矢量控制）和磁链开环转差控制（间接矢量控制）两种矢量控制（Transvector）系统。再从非线性控制的角度，介绍 Bang-Bang 控制在三相交流异步电动机中的应用，简单介绍按定子磁链控制的直接转矩控制系统（DTC），并对上述两类高性能的三相交流异步电动机变频调速系统进行分析、比较。

218

6.1 变压变频调速的基本控制方式

在进行三相交流异步电动机调速时，常须考虑的一个重要因素是：保持电机中每极每相磁通量（Φ_m）为额定值并保持不变。如果磁通太小，没有充分利用三相交流异步电动机的铁芯，是一种浪费；如果磁通太大，又会使铁芯饱和，从而导致过大的激磁电流，严重时会因绕组过热而损坏三相交流异步电动机。

对于直流电动机，励磁系统是独立的，只要对电枢反应补偿恰当，就可实现直流电动机每极每相磁通量（Φ_m）保持不变。在三相交流异步电动机中，每极每相磁通量（Φ_m）由定子和转子磁势合成产生，要保持磁通量（Φ_m）恒定就需要费一些周折了。

对于三相交流异步电动机，根据电机学原理，稳态时定子每相电动势的有效值为

$$E_g = 4.44 \cdot f_1 \cdot N_s \cdot k_{N_s} \cdot \Phi_m \tag{6.1.1}$$

式中，E_g 为气隙磁通在定子每相中感应电动势的有效值（V）；f_1 为定子电源频率（Hz）；N_s 为定子每相绕组串联匝数；k_{N_s} 为基波绕组系数；Φ_m 为每极每相气隙磁通量（Wb）。

由式（6.1.1）可知，只要控制好 E_g 和 f_1，便可达到控制磁通（Φ_m）的目的。对此，需要考虑基频（额定频率）以下和基频（额定频率）以上两种情况。

6.1.1 基频（额定频率）以下的调速

由式（6.1.1）可知，要保持每极每相气隙磁通量（Φ_m）不变，当频率从额定值（f_{1N}）向下调节时，必须同时降低 E_g，使

$$\frac{E_g}{f_1} = 常值 \tag{6.1.2}$$

即采用恒值电动势频率比的控制方式。

然而，三相交流异步电动机定子绕组中的感应电动势是难以直接控制（测量）的，当感应电动势较高时，可以忽略定子绕组的漏磁阻抗压降，认为定子相电压（U_s）：

$$U_s \approx E_g \tag{6.1.3}$$

则

$$\frac{U_s}{f_1} = 常值 \tag{6.1.4}$$

这是恒压频比的控制方式。但是，在低频时，定子端电压（U_s）和反电势（E_g）都较小，定子阻抗压降所占的分量就比较显著，不能忽略。这时，需要人为地把定子端电压（U_s）抬高一些，以便近似地补偿定子阻抗压降。

补偿的定子阻抗压降特性如图 6.1.1 所示中的 b 线，无补偿的控制特性则为 a 线。

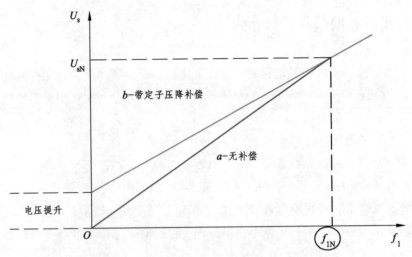

图 6.1.1　恒压频比控制电压频率变化曲线

　　在实际应用中，由于负载大小不同，需要补偿的定子阻抗压降也不一样，在控制软件中须设置不同斜率的补偿特性曲线，以便用户选择。

6.1.2　基频（额定频率）以上的调速

　　在基频（额定频率）以上，频率应该从额定频率（f_{1N}）向上升高，但定子电压（U_s）不可能超过额定电压（U_{sN}），最多只能保持额定值，即

$$U_s = U_{sN} \tag{6.1.5}$$

这将迫使磁通与频率成反比地降低，相当于直流电动机弱磁升速的情况。

　　基频以下和基频以上两种情况的控制特性如图 6.1.2 所示。

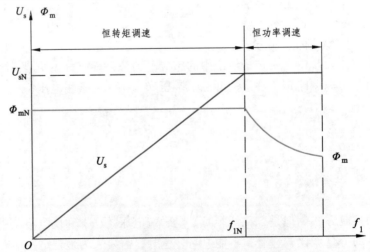

图 6.1.2　三相交流异步电动机变压变频调速的控制特性

　　如果三相交流异步电动机在不同转速时所带的负载都能使负载电流达到额定值，即都能在允许温升下长期运行，则转矩基本上随磁通变化。按照电力拖动原理，在基频以下，磁通

恒定时转矩也恒定，属于"恒转矩调速"性质；而在基频以上，转速升高时转矩降低，基本上属于"恒功率调速"。

6.2 三相交流异步电动机电压频率协调控制时的机械特性

6.2.1 恒压恒频正弦波供电时三相交流异步电动机的机械特性

第 5 章式（5.2.10）已给出恒压恒频正弦波供电时三相交流异步电动机的机械特性方程：

$$T_e = f(s) \tag{6.2.1}$$

或

$$T_e = f(n) \tag{6.2.2}$$

当定子电压（U_s）和电源角频率（ω_1）恒定时，可以改写成如下形式：

$$T_e = 3n_p \left(\frac{U_s}{\omega_1}\right)^2 \frac{(s \cdot \omega_1) \cdot R_r'}{(s \cdot R_s + R_r')^2 + s^2 \omega_1^2 (L_{1s} + L_{2r}')^2} \tag{6.2.3}$$

当转差率 (s) 很小时，可忽略上式分母中与转差率 (s) 相乘的各项，则

$$T_e \approx 3n_p \left(\frac{U_s}{\omega_1}\right)^2 \frac{s \cdot \omega_1}{R_r'} \propto s \tag{6.2.4}$$

即转差率 (s) 很小时，转矩近似与转差率 (s) 成正比。机械特性（6.2.1）是一段直线，如图 6.2.1 所示。

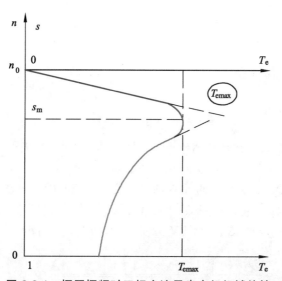

图 6.2.1　恒压恒频时三相交流异步电机机械特性

当转差率 (s) 接近于 1 时，可忽略式（6.2.3）分母中的 R_r'，则

221

$$T_e \approx 3n_p \left(\frac{U_s}{\omega_1}\right)^2 \frac{\omega_1 \cdot R_r'}{s \cdot (R_s^2 + \omega_1^2 (L_{1s} + L_{2r}')^2)} \propto \frac{1}{s} \qquad (6.2.5)$$

即转差率 (s) 接近于 1 时，转矩近似与转差率 (s) 成反比，这时，机械特性式（6.2.1）是关于原点对称的一段双曲线。当转差率 (s) 为以上两段的中间数值时，机械特性从直线段逐渐过渡到双曲线段，如图 6.2.1 所示。

6.2.2 基频以下电压-频率协调控制时的机械特性

由式（6.2.3）机械特性方程式可以看出，对于同一组转矩（T_e）和转速（n）（或转差率）的要求，定子电压（U_s）和频率（ω_1）可以有多种配合。在定子电压（U_s）和频率（ω_1）的不同配合下，机械特性也是不一样的，因此可以有不同方式的电压-频率协调控制。

1. 恒压频比控制（$U_s/\omega_1 = $ 恒值）

在 6.1 节中已经指出，为了近似地保持气隙磁通不变，以便充分利用三相交流异步电机铁芯，最大限度利用三相交流异步电机转矩，在基频以下须采用恒压频比控制。这时，同步转速自然要随频率变化。这时，同步转速（n_0）与同步角速度（ω_1）间的关系可以表示为

$$n_0 = \frac{60 \cdot \omega_1}{2\pi \cdot n_p} = 9.55 \frac{\omega_1}{n_p} \qquad (6.2.6)$$

带负载时的转速降落（Δn）为

$$\Delta n = s \cdot n_0 = \frac{60}{2\pi \cdot n_p} \cdot s \cdot \omega_1 = 9.55 \frac{s \cdot \omega_1}{n_p} \qquad (6.2.7)$$

在式（6.2.4）所表示的机械特性近似直线段上，可以导出

$$s\omega_1 \approx \frac{R_r' T_e}{3n_p \left(\dfrac{U_s}{\omega_1}\right)^2} \qquad (6.2.8)$$

由此可见，当压频比满足

$$\frac{U_s}{\omega_1} = \text{恒值} \qquad (6.2.9)$$

时，对于同一转矩（T_e），$s \cdot \omega_1$ 是基本不变的，因而速降（Δn）也是基本不变的。这就是说，在恒压频比的条件下改变频率（ω_1）时，机械特性基本上是平行下移，如图 6.2.2 所示。

从图 6.2.2 可以看出，它们和直流它励电机调压调速时的情况基本相似。所不同的是，当转矩增大到最大值以后，转速再降低，特性就折回来了。而且频率越低时最大转矩值（$T_{e\max}$）越小，可参看第 5 章式（5.2.13），对式（5.2.13）稍加整理后可得

$$T_{e\max} = \frac{3n_p}{2} \left(\frac{U_s}{\omega_1}\right)^2 \frac{1}{\dfrac{R_s}{\omega_1} + \sqrt{\left(\dfrac{R_s}{\omega_1}\right)^2 + (L_{1s} + L_{2r}')^2}} \qquad (6.2.10)$$

222

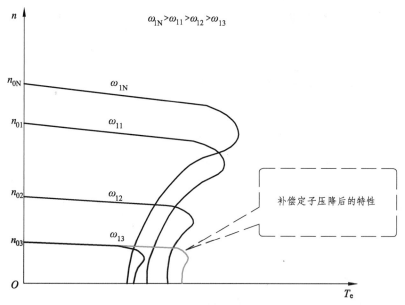

图 6.2.2　恒压频比控制室变频调速系统的机械特性

　　由式（6.2.10）可见最大转矩值 $(T_{e\max})$ 是随着的同步角速度 (ω_1) 降低而减小的。频率很低时，最大转矩值 $(T_{e\max})$ 太小将限制三相交流异步电机的带负载能力，如果对定子压降补偿，适当地提高定子电压（U_s），可以增强带载能力，如图 6.2.2 所示。

2. 恒压频比控制（$E_g/\omega_1 =$ 恒值）

如图 6.2.3 所示为三相交流异步电机的稳态等效电路。

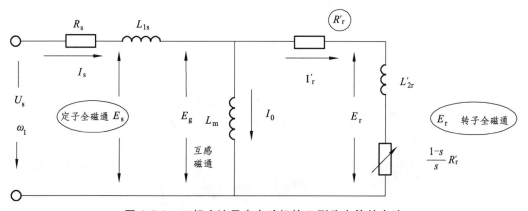

图 6.2.3　三相交流异步电动机的 T 型稳态等效电路

　　图 6.2.3 中，E_g 为气隙（或互感）磁通在定子每相绕组中的感应电动势；E_s 为定子全磁通在定子每相绕组中的感应电动势；E_r 为转子全磁通在转子绕组中的感应电动势（折算到定子侧，应该是机械功率等效电阻及转子漏抗上的电势）。

　　如果在电压-频率协调控制中，恰当地提高定子电压（U_s）的数值，使它在克服定子阻抗压降以后，能维持式（6.2.11）的条件（基频以下），即

$$E_g / \omega_1 = 恒值 \qquad\qquad (6.2.11)$$

223

则由式（6.1.1）可知，无论频率高低，每极每相磁通（Φ_m）均为常值。由图（6.2.3）等效电路可以看出

$$I_r' = \frac{E_g}{\sqrt{\left(\dfrac{R_r'}{s}\right)^2 + \omega_1^2 L_{2r}'^2}}$$ （6.2.12）

代入电磁转矩关系式，得

$$T_e = \frac{3n_p}{\omega_1} \frac{E_g^2}{\left(\dfrac{R_r'}{s}\right)^2 + \omega_1^2 L_{2r}'^2} \frac{R_r'}{s}$$

简化，得到

$$T_e = 3n_p \left(\frac{E_g}{\omega_1}\right)^2 \frac{s \cdot \omega_1 R_r'}{(R_r')^2 + s^2 \omega_1^2 (L_{2r}')^2}$$ （6.2.13）

这就是满足式（6.2.11），即

$$E_g / \omega_1 = 恒值$$

的机械特性方程。

利用相似的分析方法，当转差率(s)很小时，可忽略式（6.2.13）分母中与转差率(s)相乘的各项，则

$$T_e \approx 3n_p \left(\frac{E_g}{\omega_1}\right)^2 \frac{s \cdot \omega_1}{R_r'} \propto s$$ （6.2.14）

这表明：满足式（6.2.11）机械特性的这一段近似为一条直线。

当转差率(s)接近于1时，可忽略式（6.2.13）分母中的$(R_r')^2$项，则

$$T_e \approx 3n_p \left(\frac{E_g}{\omega_1}\right)^2 \frac{R_r'}{(L_{2r}')^2 \cdot s \cdot \omega_1} \propto \frac{1}{s}$$ （6.2.14）

式（6.2.14）是一条双曲线。

转差率(s)为上述两段的中间值时，机械特性在直线和双曲线之间逐渐过渡。总的来看，整条特性与恒压频比特性相似。但是，对比式（6.2.3）和式（6.2.13）可以看出，恒E_g / ω_1特性分母中含转差率(s)的参数要小于恒U_s / ω_1特性中的同类项。也就是说，转差率(s)要更大一些才能使该项占有显著的分量，从而不被忽略，因此恒E_g / ω_1特性的线性段范围更宽。如图 6.2.4 所示给出了不同控制方式下的机械特性。

224

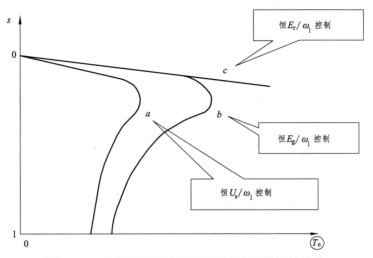

图 6.2.4 变频调速系统不同控制方式下的机械特性

将式（6.2.13）对转差率（s）求导，并令

$$\frac{\mathrm{d}T_e}{\mathrm{d}s} = 0 \tag{6.2.15}$$

可得恒 E_g / ω_1 控制特性在最大转矩（$T_{e\max}$）时的转差率（s_m）：

$$s_m = \frac{(R_r')^2}{\omega_1 \cdot L_{2r}'} \tag{6.2.16}$$

此时的最大转矩（$T_{e\max}$）：

$$T_{e\max} = \frac{3}{2} n_p \left(\frac{E_g}{\omega_1}\right)^2 \frac{1}{L_{2r}'} \tag{6.2.17}$$

值得注意的是，在式（6.2.17）中，当 E_g / ω_1 为恒值时，最大转矩（$T_{e\max}$）恒定不变，如图 6.2.5 所示。

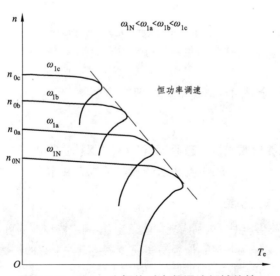

图 6.2.5 E_g / ω_1 为恒值时变频调速机械特性

比较图 6.2.4 和图 6.2.5，可以发现其稳态性能优于恒 U_s/ω_1 控制的性能。这正是恒 E_g/ω_1 控制中补偿定子压降所追求的目标。

3. 恒压频比控制（$E_r/\omega_1 =$ 恒值）

如果把电压-频率协调控制中的定子电压再进一步提高，把转子漏抗上的压降也抵消掉，得到式（6.2.18）约束的控制方法，即

$$\frac{E_r}{\omega_1} = 恒值 \tag{6.2.18}$$

那么用同样的分析方法可以得到式（6.2.18）约束下的机械特性。

由此可写出

$$I_s' = \frac{E_r}{R_r'/s} \tag{6.2.19}$$

代入电磁转矩基本关系式，得

$$T_e = \frac{3n_p}{\omega_1} \cdot \frac{E_r^2}{\left(\dfrac{R_r'}{s}\right)^2} \cdot \frac{R_r'}{s}$$

简化，整理得到

$$T_e = 3n_p \left(\frac{E_r}{\omega_1}\right)^2 \cdot \frac{s \cdot \omega_1}{R_r'} \tag{6.2.20}$$

在式（6.2.20）中，没有近似等于符号，这时的机械特性完全是一条直线，如图 6.2.4（c）所示。

显然，恒 E_r/ω_1 控制的稳态性能最好，可以获得和直流电机一样的线性机械特性。这正是高性能交流异步电机变频调速所要求的性能。

怎样控制变频装置的电压和频率才能获得恒定的 E_r/ω_1 呢？

按照式（6.1.1）电动势和磁通的关系，可以看出，当频率恒定时，电动势和磁通成正比，气隙磁通的感应电动势（E_g）对应于气隙磁通幅值（$\varPhi_{rm}$），那么，转子全磁通的感应电动势（E_r）就应该对应于转子全磁通幅值（$\varPhi_{rm}$），即

$$E_r = 4.44 f_1 N_s k_{Ns} \varPhi_{rm} \tag{6.2.21}$$

由此可见，只要能够按照转子全磁通幅值（$\varPhi_{rm}$）保持恒值进行控制，就可以获得恒 E_r/ω_1 了。这正是矢量控制（Transvector）系统所遵循的原则，在本章第 6.7 节中将详细讨论。

4. 几种协调控制方式小结

综上所述，在正弦波供电时，按不同规律实现电压-频率协调控制可得不同类型的机械特性。

（1）恒压频比（$U_s/\omega_1 = C$）控制最容易实现，变频条件下它的机械特性基本上是平行上下移，硬度也较好，能够满足一般的调速要求，但低速带载能力有限，须对定子压降实行补偿；

226

（2）恒压频比（$E_g/\omega_1 = C$）控制是通常对恒压频比（1）控制实行定子电压补偿的控制方法，可以在稳态时达到 Φ_m 不变，从而改善了低速性能。但机械特性还是非线性的，产生转矩的能力仍受到限制；

（3）恒压频比（$E_r/\omega_1 = C$）控制可以得到和直流它励电机一样的线性机械特性，按照转子全磁通幅值（Φ_m）保持恒值进行控制，使得 $E_r/\omega_1 = C$。

在动态中也尽可能保持 Φ_m 恒定是矢量控制（Transvector）系统的目标，当然实现起来是比较复杂的。

6.2.3 基频以上恒压变频时的机械特性

在基频（f_{1N}）以上变频调速时，由于定子电压已经为额定电压，即

$$U_s = U_{sN}$$

无法再升高，式（6.2.3）的机械特性方程式可写成

$$T_e = 3n_p U_{sN}^2 \frac{s \cdot R_r'}{\omega_1[(s \cdot R_s + R_r')^2 + s^2 \omega_1^2 (L_{1s} + L_{2r}')^2]} \tag{6.2.22}$$

而式（6.2.20）的最大转矩表达式可改写成：

$$T_{emax} = \frac{3}{2} n_p U_{sN}^2 \frac{1}{\omega_1[R_s + \sqrt{R_s^2 + \omega_1^2 (L_{1s} + L_{2r}')^2}]} \tag{6.2.23}$$

同步角转速（ω_1）的表达式仍和式（6.2.6）一样。由此可见，当同步角转速（ω_1）提高时，同步转速随之提高，最大转矩减小，机械特性上移，而形状基本不变，如图6.2.6所示。

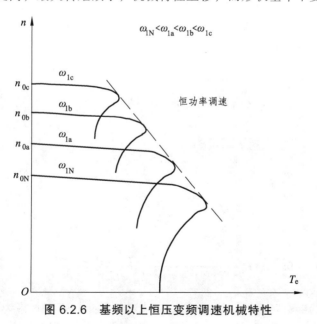

图 6.2.6　基频以上恒压变频调速机械特性

由于频率提高而电压不变，气隙磁动势必减弱，导致转矩减小，但转速升高，可以认为

227

输出功率基本不变。所以基频以上变频调速属于弱磁恒功率调速。

以上所有分析的机械特性都是在正弦波电压供电下的情况。如果电压源含有谐波（Harmonics），将使机械特性受到扭曲，并增加电机中的损耗。因此在设计变频装置时，应尽量减少输出电压中的谐波。

6.2.4 恒流正弦波供电时的机械特性

在变频调速时，保持三相交流异步电动机定子电流的幅值恒定，叫作恒流控制。电流幅值恒定是通过电流闭环控制调节器来实现的，这种系统不仅安全可靠，而且具有良好的动、静态性能。

恒流供电时的机械特性与恒压机械特性不同。这里采用 Fourier 变换来分析。

设电流波形为正弦波（Sinunoid），即忽略电流谐波，由三相交流异步电动机如图 6.2.3 所示的等效电路在恒流供电情况下可得

$$\dot{I}'_r = \dot{I}_s \frac{\dfrac{\mathrm{j}\omega_1 \cdot L_m\left(\dfrac{R'_r}{s} + \mathrm{j}\omega_1 \cdot L'_{2r}\right)}{\mathrm{j}\omega_1 \cdot L_m + \dfrac{R'_r}{s} + \mathrm{j}\omega_1 \cdot L'_{2r}}}{\dfrac{R'_r}{s} + \mathrm{j}\omega_1 \cdot L'_{1r}}$$

化简、合并，可得

$$\dot{I}'_r = \dot{I}_s \frac{\mathrm{j}\omega_1 \cdot L_m}{\dfrac{R'_r}{s} + \mathrm{j}\cdot\omega_1(L_m + L'_{2r})} \qquad (6.2.24)$$

电流幅值为

$$I'_r = \frac{\omega_1 \cdot L_m \cdot I_s}{\sqrt{\left(\dfrac{R'_r}{s}\right)^2 + \omega_1^2(L_m + L'_{2r})^2}} \qquad (6.2.25)$$

将式（6.2.25）代入电磁转矩表达式得

$$T_e = \frac{3n_p}{\omega_1} I'^2_r \frac{R'_r}{s}$$

将 I'_r 代入，得到

$$T_e = 3n_p \cdot \omega_1 \cdot L_m^2 \cdot I_s^2 \frac{R'_r \cdot s}{(R'_r)^2 + s^2 \omega_1^2(L_m + L'_{2r})^2} \qquad (6.2.26)$$

为了得到最大的电磁转矩，对式（6.2.26）求导，并令转矩变化率为零，即

228

$$\frac{\mathrm{d}T_e}{\mathrm{d}s} = 0 \tag{6.2.27}$$

可求出恒流机械特性的最大转矩值（$T_{\mathrm{e\,max}}\big|_{I_s=\mathrm{const.}}$）：

$$T_{\mathrm{e\,max}}\big|_{I_s=\mathrm{const.}} = \frac{3n_p L_m^2 I_s^2}{2(L_m + L'_{2r})} \tag{6.2.28}$$

产生最大转矩值时的转差率（$s_m\big|_{I_s=\mathrm{const.}}$）为

$$s_m\big|_{I_s=\mathrm{const.}} = \frac{R'_r}{\omega_1 \cdot (L_m + L'_{2r})} \tag{6.2.29}$$

第 5 章式（5.2.13）和式（5.2.12）给出了恒压机械特性的最大转差率和最大转矩：

$$T_{\mathrm{e\,max}}\big|_{U_s=\mathrm{const.}} = \frac{3n_p U_s^2}{2\omega_1 \left[R_s + \sqrt{R_s^2 + \omega_1^2 (L_{1s} + L'_{1r})^2} \right]} \tag{6.2.30}$$

而式（5.2.13）对应转差率（$s_m\big|_{U_s=\mathrm{const.}}$）：

$$s_m\big|_{U_s=\mathrm{const.}} = \frac{R'_r}{\sqrt{R_s^2 + \omega_1^2 (L_{1s} + L'_{1r})^2}} \tag{6.2.31}$$

按式（6.2.26）、式（6.2.28）、式（6.2.29）分别绘出不同电流、不同频率下的恒流机械特性如图 6.2.7 所示。

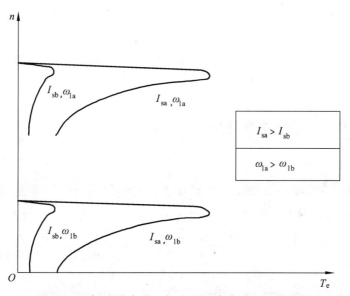

图 6.2.7　恒流供电是三相交流异步电动机机械特性

比较恒流机械特性与恒压机械特性，由上述相关表达式和特性曲线可得以下的结论：

（1）恒流机械特性与恒压机械特性相似，都有理想空载转速点（$s = 0$，$T_e = 0$）和最大转矩点（s_m，$T_{\mathrm{e\,max}}$）。

（2）两类特性的特征有所不同，比较式（6.2.29）和式（6.2.31）可知，由于

$$L_{\text{ls}} \ll L_{\text{m}} \tag{6.2.32}$$

所以

$$s_{\text{m}}\big|_{I_{\text{s}}=\text{const.}} \ll s_{\text{m}}\big|_{U_{\text{s}}=\text{const.}} \tag{6.2.33}$$

因此恒流机械特性的线性段比较平（特性较硬），而最大转矩处形状很尖。

（3）恒流机械特性的最大转矩值与频率无关，恒流变频时最大转矩不变，但改变定子电流时，最大转矩与电流的平方成正比。

（4）由于恒流控制限制了定子电流（I_{s}），而恒压供电时随着转速的降低定子电流（I_{s}）会不断增大，所以在额定电流时，$T_{\text{emax}}\big|_{I_{\text{s}}=\text{const.}}$ 要比额定电压时 $T_{\text{emax}}\big|_{U_{\text{s}}=\text{const.}}$ 小得多，用同一电机的参数代入式（6.2.28）和式（6.2.30）可以证明这个结论。但这并不影响恒流控制的系统承受短时过载的能力，因为过载时可以短时加大定子电流，以产生更大的转矩，如图 6.2.7 所示。

6.3 基于电力电子开关元件变频器主要形式

对于三相交流异步电动机的变压变频调速，必须具备能够同时控制电压幅值和频率的交流电源，而电网提供的是恒压恒频（CVCF）的电源，显然不能适应调频调压的要求，因此应该配置能够同时变压、变频的装置，称作 VVVF（Variable Voltage Variable Frequency）装置。

最早的 VVVF 装置是旋转变频机组，即由直流电动机拖动交流同步发电机，调节直流电动机的转速就能控制交流发电机输出电压和频率，这就是所谓的变频机组。自电力电子器件获得广泛应用后，旋转变频机组已经毫无例外地让位给静止式的变压变频器了。

本节将介绍与电力拖动控制系统中交流电机控制（运动控制系统）有关的变流技术，包括主电路、PWM 技术、死区等内容。

6.3.1 交-直-交和交-交两大类变频器

1. 交-直-交变频器

交-直-交变压变频器先将工频交流电源通过整流器变换成直流，再通过逆变器变换成可控频率和电压的交流，如图 6.3.1 所示。

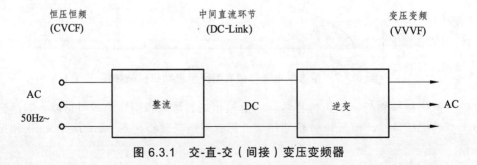

图 6.3.1 交-直-交（间接）变压变频器

从图 6.3.1 可以看出，由于这类变压变频器在恒频交流电源和变频交流输出之间有一个"中间直流环节"，所以又称间接式的变压变频器。

具体的整流和逆变电路种类很多，当前应用最广的是由电力二极管（Power Diode）组成不可控整流器和由功率开关器件（MOSFET、GTR、IGBT、IGCT、GTO、SIT、SITH 等）组成的脉宽调制（PWM）逆变器，简称 PWM 变压变频器，如图 6.3.2 所示。

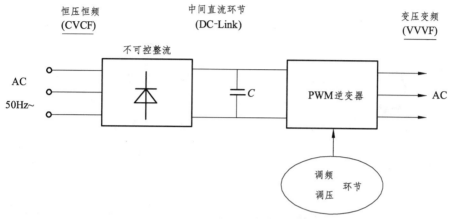

图 6.3.2　交-直-交电压型 PWM 变压变频器

电压型 PWM 变压变频器的应用之所以如此广泛，是由于它具有以下优点：

（1）在主电路整流和逆变两个单元中，只有逆变单元可控，通过它同时调节电压和频率，结构简单。采用全控型的功率开关器件，只通过驱动电压脉冲进行控制，电路简单，效率高；

（2）输出电压波形虽是一系列的脉宽调制（PWM）波，但由于采用了恰当的 PWM 控制技术，正弦基波的比重较大，影响电机运行的低次谐波受到很大的抑制，因而转矩脉动小，提高了系统的调速范围和稳态性能；

（3）逆变器同时实现调压和调频，动态响应不受中间直流环节（DC-Link）滤波器参数的影响，系统的动态性能也得到提高；

（4）采用不可控的二极管（Diode），电源侧功率因数较高，且不受逆变输出电压大小的影响；

PWM 变压变频器常用的功率开关器件有：场效应晶体管（MOSFET，Metal Oxide Semiconductor Field Effect Transistor）、绝缘门极双极晶体管（IGBT，Insulated Gate Bipolar Transistor）、门极可关断晶闸管（GTO，Gate Turn-off Thyristor）和替代 GTO 的电压控制器件，如集成门极换流的晶闸管（IGCT，Integrated Gate Commutated Thyristor）、注入增强栅晶体管（IECT，Injection Enhanced Gate Transistor）等。

受到功率开关器件额定电压和额定电流的限制，对于特大容量交流电机的变压变频调速装置仍采用半控型晶闸管（SCR），并用可控整流器调压和六拍逆变器调频的交-直-交变压变频器，如图 6.3.3 所示。

231

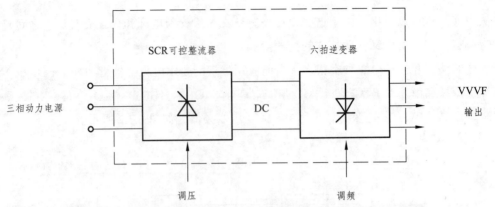

图 6.3.3 可控整流器调压和六拍逆变器调频的交-直-交变压变频器

2. 交-交变频器

交-交变压变频器的基本结构如图 6.3.3 所示，它只有一个功率变换环节，把恒压恒频（CVCF）的交流电源直接变换成变压变频（VVVF）输出，因此又称直接式变压变频器。有时为了突出其变频功能，也称周波变换器（Cyclic-conveter）。

常用的交-交变压变频器输出的每一相都是一个由正、反两组晶闸管（SCR）可控整流装置反并联（Anti-parallel）实现的可逆线路。也就是说，每一相都相当于一套直流可逆调速系统的反并联可逆线路，如图 6.3.4（a）所示。

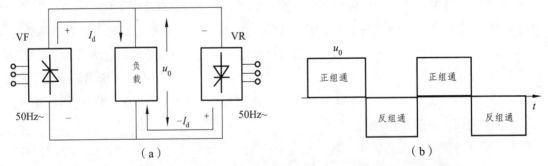

（a）   （b）

图 6.3.4 交-交变压变频器每一相可逆线路及方波型平均输出电压波形

常用的交-交变压变频器控制方法有两种：整半周控制方式和调制控制方式。

1）整半周控制方式

正、反两组晶闸管（SCR）按一定周期相互切换，在负载上获得交变的输出电压（u_0），输出电压（u_0）的幅值决定于各组可控整流装置的控制角（α），输出电压（u_0）的频率决定于正、反两组晶闸管（SCR）的切换频率。如果控制角（α）一直不变，则输出平均电压是方波，如图 6.3.4（b）所示。

2）调制控制方式

要获得正弦波（Sinonoid Curve）输出，就必须在每一组整流装置导通期间不断改变其控制角（α）。例如：在正向组导通的半个周期中，使控制角（α）由 $\pi/2$（对应平均电压 $u_0 = 0$）逐渐减小到 0（对应平均电压 u_0 最大），然后控制角（α）再逐渐增加到 $\pi/2$（平均电压 u_0 再变为 0），如图 6.3.5 所示。

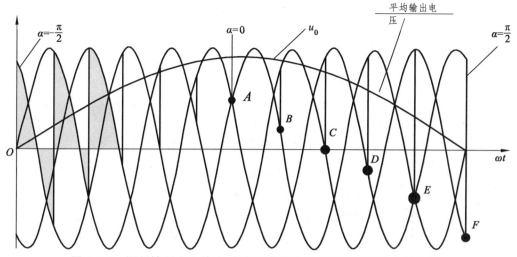

输出电压 u_0

图 6.3.5 调制控制实现的交-交变压变频器单相正弦波输出电压波形

当控制角（α）按正弦规律变化时，正半周的平均输出电压为图 6.3.5 中蓝线所示的正弦波。对反向组负半周的控制也是这样。

三相交-交变频电路可以由 3 个单相交-交变频电路组成，其基本结构如图 6.3.6 所示。

如果每组可控整流装置都用桥式电路，含 6 个晶闸管（当每一桥臂都是单管时），则三相可逆线路共需 36 个晶闸管，即使采用零式电路也须 18 个晶闸管。

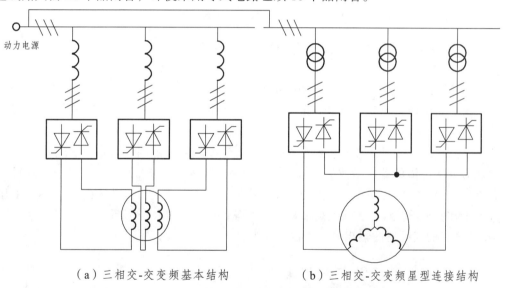

（a）三相交-交变频基本结构　　　（b）三相交-交变频星型连接结构

图 6.3.6　三相交-交变频电路两种典型结构

三相交-交变频电路另一种常用结构如图 6.3.7 所示。

这种交-交变频器虽然在结构上只有一个变换环节，省去了中间直流环节，看似简单，但所用的器件数量却很多，总体设备相当庞大。

不过这些设备都是直流调速系统中常用的可逆整流装置，在技术上和制造工艺上都很成熟，目前国内有些企业已有可靠的产品。

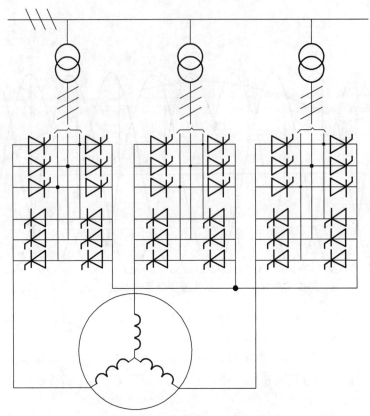

图 6.3.7　三相桥式交-交变频电路

这类交-交变频器的其他缺点是：输入功率因数较低，谐波电流含量大，频谱复杂，因此需配置谐波滤波和无功补偿设备。

交-交变频器最高输出频率不超过电网频率的 1/3 ~ 1/2，一般主要用于热轧机主传动、球磨机、水泥回转窑等大容量、低转速的调速系统，供电给低速交流电机直接传动时，可以省去庞大的齿轮减速箱。

近年来又出现了一种采用全控型开关器件的矩阵式交-交变频器，类似于 PWM 控制方式，输出电压和输入电流的低次谐波都较小，输入功率因数可调，能量可双向流动，以获得四象限运行，但当输出电压必须为正弦波时，最大输出和输入电压比只有 0.866。目前这类变压变频器尚处于开发阶段，其发展前景是很好的。矩阵变换器如图 6.3.8 所示。

图 6.3.8 中的变频器的输出电压可以表示为

$$\begin{bmatrix} u_u \\ u_v \\ u_w \end{bmatrix} = \begin{bmatrix} \sigma_{11} & \sigma_{12} & \sigma_{13} \\ \sigma_{21} & \sigma_{22} & \sigma_{23} \\ \sigma_{31} & \sigma_{32} & \sigma_{33} \end{bmatrix} \cdot \begin{bmatrix} u_a \\ u_b \\ u_c \end{bmatrix} \qquad (6.3.1)$$

式中，u_a、u_b、u_c 分别为三相输入电源；σ 为调制矩阵：

$$\sigma = \begin{bmatrix} \sigma_{11} & \sigma_{12} & \sigma_{13} \\ \sigma_{21} & \sigma_{22} & \sigma_{23} \\ \sigma_{31} & \sigma_{32} & \sigma_{33} \end{bmatrix} = (\sigma_{ij}), \quad i,j = 1,2,3 \qquad (6.3.2)$$

234

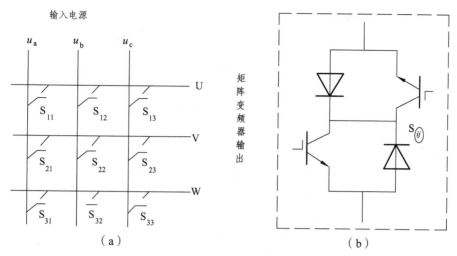

图 6.3.8　矩阵式变频电路

从式（6.3.2）可以发现，9 个变量只有 3 个约束方程，这就是说 σ_{ij} 的选择不唯一，为 σ_{ij} 的优化选择提供了条件。

6.3.2　电压源型和电流源型逆变器

在交-直-交间接变压变频器中，按照中间直流环节直流电源性质的不同，逆变器可以分成电压源型和电流源型两类，两种类型的实际区别在于直流环节采用的滤波器（不准确！应该从电流源、电压源的角度来定义！）。如图 6.3.9 所示绘出了电压源型和电流源型逆变器的示意图。

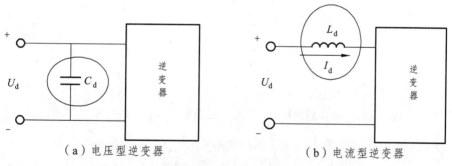

图 6.3.9　电压源型和电流源型逆变器的示意图

（1）电压源型逆变器（VSI，Voltage Source Inverter）：直流环节采用大电解电容滤波，因而直流母线电压波形比较平直，在理想情况下是一个内阻为零的恒压源，输出交流电压是矩形波或阶梯波，简称电压型逆变器。

（2）电流源型逆变器（CSI，Current Source Inverter）：直流环节采用大平波电抗滤波，直流母线中电流波形比较平直，相当于一个恒流源，输出交流电流是矩形波或阶梯波，简称电流型逆变器。

电压型逆变器和电流型逆变器在主电路上虽然只是滤波环节的不同，在性能上却有着明显的差异，主要表现如下：

1. 无功能量的缓冲方法

在调速系统中，逆变器的负载是三相交流异步电动机，属感性负载。在中间直流环节与负载电机之间，除了有功功率的传送外，还存在无功功率的交换。滤波器除滤波（主要滤除谐波）外，还起着对无功功率的缓冲作用，使它不至影响到公共交流电网。

因此，两类逆变器的区别还表现在缓冲无功能量所采用的储能元件上。

2. 能量的回馈

用电流源型逆变器（CSI）给三相交流异步电动机供电的电流源型变压变频调速系统有一个显著特征，即容易实现能量的回馈，从而便于四象限运行，适用于需要回馈制动和经常正、反转的生产机械。

如图 6.3.10 所示是由晶闸管（SCR）可控整流器（UCR）和电流源型串联二极管式晶闸管（SCR）逆变器（CSI）构成的交-直-交变压变频调速系统。现以其主要工况，即电动运行和回馈制动运行，为例进行分析。

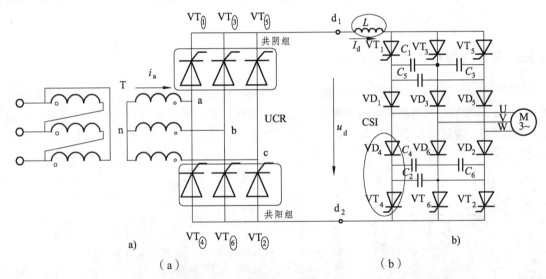

图 6.3.10　电流源型串联二极管式晶闸管（SCR）逆变器（CSI）

当电动运行时，整流装置（UCR）的控制角（α）约束在下列条件，即

$$\alpha < \frac{\pi}{2} \tag{6.3.3}$$

整流装置（UCR）工作于整流状态，直流回路电压（U_d）的极性为上正下负，电流（I_d）由正端流入逆变器（CSI），逆变器（CSI）工作在逆变状态，输出电压的频率

$$\omega_1 > \omega \tag{6.3.4}$$

即交流电动机的转子速度（ω）低于气隙磁场的同步旋转转速（ω_1），电功率的传送方向如图 6.3.11（a）所示。

236

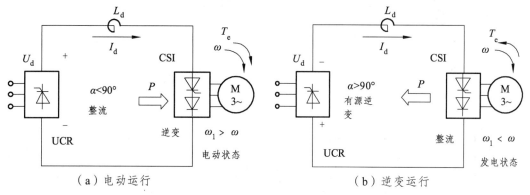

（a）电动运行　　　　　　　　　　　　（b）逆变运行

图 6.3.11　电流源型串联二极管式晶闸管逆变器工况

如果降低变压变频器的输出频率（ω_1），或从机械上提高电机转速（ω），使其满足

$$\omega_1 > \omega \tag{6.3.5}$$

同时使整流装置（UCR）的控制角（α）满足

$$\alpha > \frac{\pi}{2} \tag{6.3.6}$$

则三相交流异步电动机转入发电状态，逆变器转入整流状态，而可控整流器转入有源逆变状态，此时直流电压（U_d）立即反向，而电流（I_d）方向不变，电能由三相交流异步电动机回馈给交流电网，如图 6.3.11（b）所示。

与电流源型逆变器（CSI）相反，采用电压源型逆变器供电的变压变频调速系统要实现回馈制动和四象限运行却很困难，因为其中间直流环节有大电解电容钳制着母线电压的极性，不可能迅速反向，而电流受到功率开关器件单向导电性的制约也不能反向，所以在原装置上无法实现回馈制动。

在系统必须制动时，只能在直流环节中并联电阻实现能耗制动，或者使 UCR 反并联一组反向的可控整流器，使其通过反向的制动电流，保持电压极性不变，实现回馈制动。但会增加设备复杂性。

3. 动态响应

由于交-直-交电流源型变压变频调速系统的直流电压可以迅速改变，所以电流源型变压变频调速系统动态响应比较快，而电压源型变压变频调速系统的动态响应就慢得多。

4. 输出波形

电压源型变压变频调速系统的输出电压波形为方波，电流源型变压变频调速系统的输出电流波形为方波，如图 6.3.12 所示。

5. 应用场合

电压源型逆变器属恒压源，电压控制响应慢，电压不易波动，所以适于作多台电机同步运行时的供电电源，或用于单台电机调速但不要求快速启、制动和快速减速的场合。电流源型逆变器则相反，不适用于多电机传动，但可以满足快速启、制动和可逆运行的要求。

237

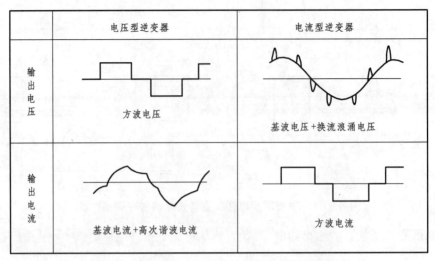

	电压型逆变器	电流型逆变器
输出电压	方波电压	基波电压+换流浪涌电压
输出电流	基波电流+高次谐波电流	方波电流

图 6.3.12　电流型逆变器与电压型逆变器输出波形比较

6.3.3　180°导通型逆变器和 120°导通型逆变器

不同导通角度的交-直-交变压变频器中的逆变器一般接成三相桥式电路，以输出三相交流变频电源，如图 6.3.13 所示为 6 个电力电子开关元件（$VT_1 \sim VT_6$）组成的三相逆变器主电路，图中用开关符号代表任何一种电力电子开关元件。

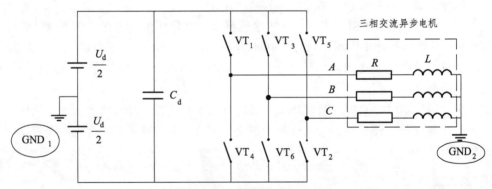

图 6.3.13　三相逆变器主电路

控制各开关元件（$VT_1 \sim VT_6$）轮流导通和关断，可以在输出端得到三相交流电压。在某一瞬间，控制一个开关元件关断，同时按照一定的控制规律使另一个器件导通，就实现了两个器件之间的换流。在三相桥式逆变器中，有 180°导通型逆变器和 120°导通型逆变器。

（1）同一桥臂上、下两管之间互相换流的逆变器称作 180°导通型逆变器。

例如，当 VT_1 关断后，使 VT_4 导通；当 VT_4 关断后，使 VT_1 导通。这时，每个开关器件在一个周期内导通的角度是 180°，其他各相亦如此。由于每隔 60°有一个开关器件导通，在 180°导通型逆变器中，除换流期间外，每一时刻总有 3 个开关器件同时导通。

但要防止同一桥臂的上、下两管同时导通，否则将造成直流电源短路，谓之"直通"。为此，在换流时，必须采取"先断后通"的方法，即先给应关断的开关器件发出关断信号，待其关断后留一定的时间裕量，即"死区时间（Deadbeat Time）"，再给应导通的开关器件发出开通信号。

死区时间（Deadbeat Time）的大小视开关器件的开关速度而定，开关器件的开关速度越快，所留的死区时间可以越短。为了安全起见，设置死区时间是非常必要的，但它会造成输出电压波形的畸变。

（2）120°导通型逆变器的换流是在不同桥臂中同一排左、右两管之间进行的。

例如，VT_1 关断后，使 VT_3 导通；VT_3 关断后，使 VT_5 导通；VT_4 关断后，使 VT_6 导通。每个开关器件一次连续导通 120°，在同一时刻只有两个器件同时导通。如果负载电机绕组是 Y 联结，则只有两相绕组导电，剩余一相悬空。

6.4 变压变频调速系统中的脉宽调制（PWM）技术

早期的交-直-交变压变频器所输出的交流波形都是六拍阶梯波（电压型逆变器）或矩形波（电流型逆变器），这是因为当时逆变器只能采用半控式的晶闸管，其关断的不可控性和较低的开关频率导致逆变器的输出波形不可能近似按正弦波变化，从而会有较多的低次谐波，使电机输出转矩存在脉动分量，影响其稳态工作性能，在低速运行时尤为明显。

为了改善交流电动机变压变频调速系统的性能，20 世纪 80 年代出现了全控式电力电子开关器件之后，开发了应用 PWM 技术的逆变器。由于 PWM 技术的逆变器具有优良性能，当今国内外各厂商生产的变压变频器都已采用这种技术，只有在全控器件尚未能及的特大容量场合才属例外。

这里，主要介绍在交流电力拖动控制系统（交流运动控制系统）中常用的 PWM 技术，即：

（1）调制型 PWM 技术，SPWM；
（2）优化型 PWM 技术，SHEPWM；
（3）滞环非线性 PWM 技术，CHBPWM；
（4）空间矢量调制 PWM 技术，SVPWM。

下面分别介绍。

6.4.1 调制型 正弦波脉宽调制（PWM）技术

以正弦波作为逆变器输出的期望波形，以频率比期望波高得多的等腰三角波（锯齿波）作为载波（CW, Carrier Wave），并用频率和期望波相同的正弦波作为调制波（MW, Modulation Wave），当调制波与载波相交时，由它们的交点确定逆变器开关器件的通断时刻，从而获得在正弦调制波的半个周期内呈两边窄中间宽的一系列等幅不等宽的矩形波（正弦调制信号的初相角为零），如图 6.4.1（b）所示，此时，输出电压波形如图 6.4.1（a）所示。

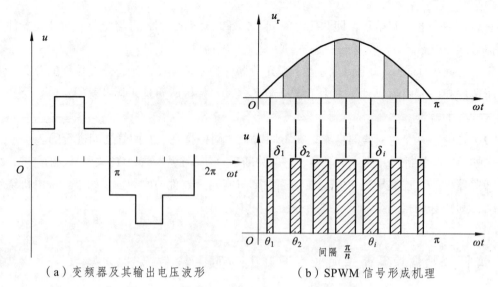

（a）变频器及其输出电压波形　　　　（b）SPWM 信号形成机理

图 6.4.1　模拟调制型 SPWM 信号形成示意图

　　按照面积相等的原则，每一个矩形波的面积与相应位置的正弦波面积相等，因而这个序列的矩形波与期望的正弦波等效。这种调制方法称作正弦波脉宽调制（SPWM，Sinusoidal Pulse Width Modulation），这种序列的矩形波称作 SPWM 波。

　　SPWM 控制技术有单极性控制方式和双极性控制方式。如果在正弦调制波的半个周期内，三角载波只在正或负的一种极性范围内变化，则所得到的 SPWM 波也只处于一个极性的范围内，叫做单极性控制方式，如图 6.4.2 所示。

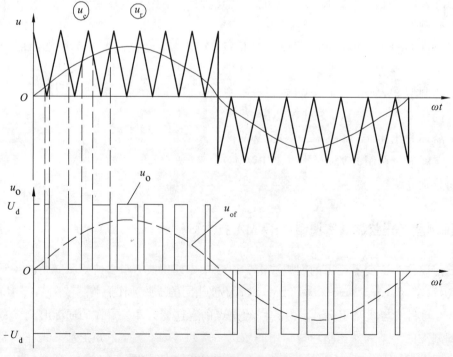

图 6.4.2　单极性 SPWM 控制方式

240

如果在正弦调制波的半个周期内，三角载波在正或负极性之间连续变化，则 SPWM 波也是在正或负之间变化，叫做双极性控制方式，如图 6.4.3 所示。

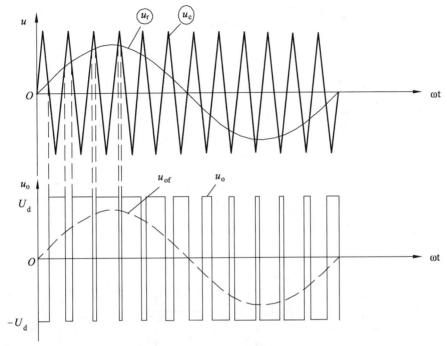

图 6.4.3　双极性 SPWM 控制方式

三相桥式 PWM 逆变器主电路的原理图如图 6.4.4 所示。图中，u_r 为调制信号；u_c 为载波信号。

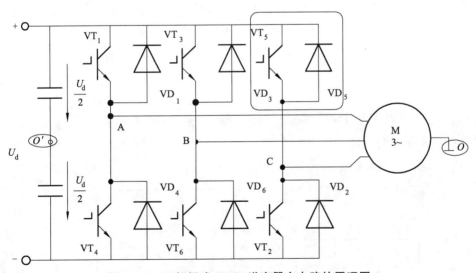

图 6.4.4　三相桥式 PWM 逆变器主电路的原理图

图 6.4.4 中，$VT_1 \sim VT_6$ 为主电路开关器件；$VD_1 \sim VD_6$ 为相应的续流二极管；O 为交流异步电机三相绕组的中性点；O′为直流电源正、负极之间的中性点。在主电路器件的不同开关状态下，O 与 O′间的电位经常是不同的。

如图 6.4.5 所示为三相正弦 SPWM 波形的形成原理图。

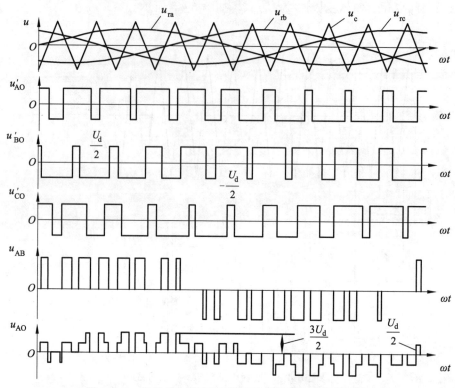

图 6.4.5　双极性三相正弦 SPWM 波形的形成原理图

图中，u_{ra}、u_{rb}、u_{rc} 分别为 A、B、C 三相的正弦调制波；u_c 为双极性三角载波；u'_{AO}、u'_{BO}、u'_{BO} 分别为 A、B、C 三相输出与电源中性点（O′）之间的相电压波形。

A、B 两相间的线电压（u_{AB}）可以定义为

$$u_{AB} = u'_{AO} - u'_{BO} \tag{6.4.1}$$

其幅值为 $+U_d$ 和 $-U_d$。u_{AO} 为 A、B、C 各相输出与电机中点（O）之间的相电压，与 u'_{AO} 不同。

早期的正弦 SPWM 可以用模拟电子电路，采用正弦波函数发生器、三角波函数发生器和比较器实现，如图 6.4.6 所示。

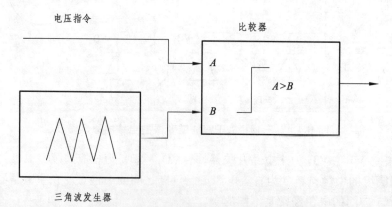

图 6.4.6　基于模拟电子电路实现 SPWM

目前基本都是数字实现。如图 6.4.7 所示为"自然采样法"，可实现数字化。

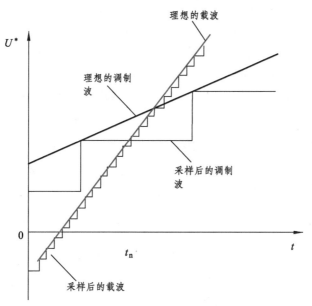

图 6.4.7 自然采样法实现原理图 SPWM

自然采样法由于波形不具有对称性，加上三角函数运算的非线性，故运算比较复杂。在工程上更实用的简化方法，是"规则采样法"，由于简化方法的不同，衍生出多种规则采样法，如图 6.4.8 所示。

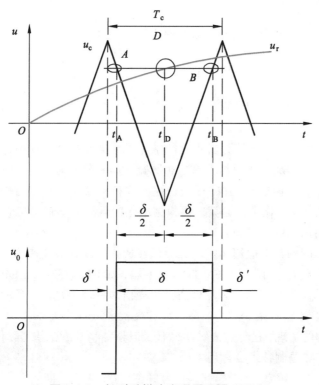

图 6.4.8 规则采样法实现原理图 SPWM

规则采样法的基本原则：

载波（三角波）两个正峰值之间为一个采样周期（T_c）。自然采样法中，脉冲中点不和载波（三角波）一个周期的中点（负峰点）重合；规则采样法中两者重合，每个脉冲的中点都以相应的载波（三角波）中点为对称，使计算大为简化。

在载波（三角波）的负峰时刻 t_D 对正弦信号波采样得 D 点，过 D 作水平直线和三角波分别交于 A、B 点，在 A 点时刻 t_A 和 B 点时刻 t_B 控制开关器件的通断；脉冲宽度 δ 和用自然采样法得到的脉冲宽度非常接近。

假设正弦调制信号

$$u_r = M \cdot \sin(\omega_r^r) \tag{6.4.2}$$

式中，M 为调制深度，一般

$$0 \leqslant M \leqslant 1 \tag{6.4.3}$$

ω_r 为调制波角频率。

根据图 6.4.8 可得

$$\frac{1 + M \sin \omega_r t_D}{\delta / 2} = \frac{2}{T_c / 2} \tag{6.4.4}$$

可得

$$\delta = \frac{T_c}{2}(1 + M \sin \omega_r t_D) \tag{6.4.5}$$

载波（三角波）信号一个周期内，脉冲两边间隙宽度 (δ')：

$$\delta' = \frac{1}{2}(T_c - \delta) = \frac{T_c}{4}(1 - M \sin \omega_r t_D) \tag{6.4.6}$$

根据上述规则采样法原理和计算公式，可以用计算机实时控制产生 SPWM 波形，具体实现方法有：

（1）查表法——可以先离线计算出相应的脉宽等数据存放在内存中，然后在调速系统实时控制过程中通过查表和加、减运算求出各相脉宽时间和间隙时间。

（2）实时计算法——事先在内存中存放正弦函数和 $T_c/2$ 值，控制时先查出正弦值，与调速系统所需的调制度（M）作乘法运算，再根据给定的载波频率查出相应的 $T_c/2$ 值，由计算公式计算各相脉宽时间和间隙时间。

由于 PWM 变压变频器的应用非常广泛，已经成为传动领域变速驱动的主要形式，且已生产多种专用集成电路芯片作为 SPWM 信号发生器，如 HFE4752、SLE4520、SA838 等，后来更进一步把这些功能集成在微机芯片里面，生产出多种带 PWM 信号输出口的电机控制用的 8 位、16 位微机芯片和专用 PWM。

虽然 PWM 技术的实现，已经进入数字时代，但是一些术语还是延续传统模拟调制方法，故先要简单介绍 PWM 调制技术及常用术语。

载波比（N）为载波频率（f_c）与调制信号频率（f_r）之比，即

$$N = \frac{f_c}{f_r} \qquad\qquad (6.4.7)$$

根据载波和调制波是否同步及载波比的变化情况，PWM 调制方式分为异步调制和同步调制。

1. 异步调制

载波信号和调制信号不同步的调制方式称作异步调制。

（1）通常保持载波（f_c）固定不变，当调制波（f_r）变化时，载波比（N）是变化的；

（2）在调制波的半周期内，PWM 波的脉冲个数不固定，相位也不固定，正、负半周期内的脉冲不对称，半周期内，前、后 1/4 周期的脉冲也不对称；

（3）当调制波（f_r）较低时，载波比（N）较大，在一周期内脉冲数较多，PWM 脉冲不对称产生的不利影响都较小；

（4）当调制波（f_r）增高时，载波比（N）减小，在一周期内脉冲数减少，PWM 脉冲不对称的影响就变大。

2. 同步调制

同步调制的基本原理如图 6.4.9 所示。

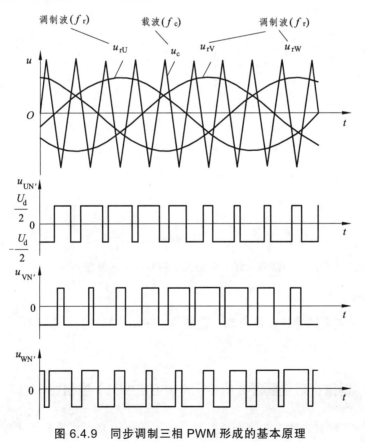

图 6.4.9　同步调制三相 PWM 形成的基本原理

载波比（N）等于常数，并在变频时使载波比（N）和调制波（f_c）保持同步。

（1）基本同步调制方式，调制波（f_r）变化时载波比（N）不变，调制波（f_r）一周期内输出脉冲数固定；

（2）三相电路公用一个三角波载波（f_c），且取载波比（N）为 3 的整数倍，使三相输出对称；

（3）为使任一相的 PWM 波正、负半周镜像对称，载波比（N）应取奇数；

（4）调制波（f_r）很低时，载波（f_c）也很低，由调制带来的谐波不易滤除；

（5）调制波（f_r）很高时，载波（f_c）会过高，使开关器件难以承受，开关损耗大。

3. 分段同步调制

分段同步调制的原理图如图 6.4.10 所示。

（1）把调制波（f_r）划分成若干个频段，每个频段内保持载波比（N）恒定，不同频段载波比（N）不同；

（2）在调制波（f_r）高的频段采用较低的载波比（N），使载波频率不致过高；

（3）在调制波（f_r）低的频段采用较高的载波比（N），使载波频率不致过低；

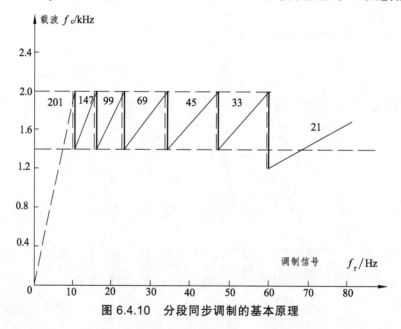

图 6.4.10　分段同步调制的基本原理

4. 混合调制

可在低频输出时采用异步调制方式，高频输出时切换到同步调制方式，这样把两者的优点结合起来，和分段同步方式效果接近。

6.4.1　优化型　消除指定次数谐波的 PWM（SHEPWM）控制技术

脉宽调制（PWM）的目的是使变压变频器输出的电压波形尽量接近正弦波，减少谐波，以满足交流电机的需要。要达到这一目的，除了上述采用正弦波调制三角波的方法以外，还可以采用直接计算如图 6.4.11 所示各脉冲起始与终止相位 α_1，α_2，$\cdots$，α_{2m} 的方法，以消除指定次数的谐波，构成近似正弦的 PWM 波形（SHEPWM，Selected Harmonics Elimination）。

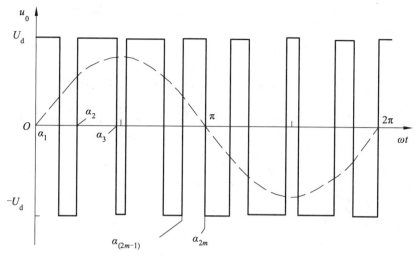

图 6.4.11　特定谐波消去法的输出 PWM

采用消除指定次数谐波的 PWM (SHEPWM) 控制技术，对图 6.4.11 曲线进行傅里叶 (Fourier) 级数分解，分析可知，其 k 次谐波相电压幅值的表达式为

$$U_{km} = \frac{2U_d}{k \cdot \pi}\left[1 + 2\sum_{i=1}^{m}(-1)^i \cos(k \cdot \alpha_i)\right] \qquad (6.4.8)$$

式中，U_d 为变压变频器直流侧电压；α_i 为以相位角表示的 PWM 波形第 i 个起始或终了时刻。

从理论上讲，要消除 k 次谐波分量，只需令式（6.4.8）中的 $U_{km}=0$ 并满足基波幅值为所要求的电压值，从而解出相应的值即可。

要对某个波形进行傅里叶 (Fourier) 级数分解，通常要分析波形的特殊性，如对称性等。然而，图 6.4.11 的输出电压波形为一组正、负相间的 PWM 波，它不仅半个周期对称，而且具有 1/4 周期为纵轴对称的性质。

在 1/4 周期内，有 m 个 α_m 值，即 m 个待定参数，这些参数代表了可以用于消除指定谐波的自由度。其中除了必须满足的基波幅值外，尚有 $(m-1)$ 个可选的参数，它们分别代表了可消除谐波的数量。

例如，取

$$m = 5 \qquad (6.4.9)$$

可消除 4 个不同次数的谐波。常常希望消除影响最大的 5、7、11、13 次谐波，就让这些次谐波电压的幅值为零，并令基波幅值为需要值（不一定是最大值），代入式（6.4.8）可得一组三角函数联立的超越非线性方程，即

$$\begin{cases} U_{1m} = \dfrac{2U_d}{\pi}[1 - 2\cos\alpha_1 + 2\cos\alpha_2 - 2\cos\alpha_3 + 2\cos\alpha_4 - 2\cos\alpha_5] \\[2mm] U_{5m} = \dfrac{2U_d}{5\pi}[1 - 2\cos5\alpha_1 + 2\cos5\alpha_2 - 2\cos5\alpha_3 + 2\cos5\alpha_4 - 2\cos5\alpha_5] \\[2mm] U_{7m} = \dfrac{2U_d}{7\pi}[1 - 2\cos7\alpha_1 + 2\cos7\alpha_2 - 2\cos7\alpha_3 + 2\cos7\alpha_4 - 2\cos7\alpha_5] \\[2mm] U_{11m} = \dfrac{2U_d}{11\pi}[1 - 2\cos11\alpha_1 + 2\cos11\alpha_2 - 2\cos11\alpha_3 + 2\cos11\alpha_4 - 2\cos11\alpha_5] \\[2mm] U_{13m} = \dfrac{2U_d}{13\pi}[1 - 2\cos13\alpha_1 + 2\cos13\alpha_2 - 2\cos13\alpha_3 + 2\cos13\alpha_4 - 2\cos13\alpha_5] \end{cases}$$

$$\begin{cases} U_{1m} = 需要值 \\ U_{5m} = 0 \\ U_{7m} = 0 \\ U_{11m} = 0 \\ U_{13m} = 0 \end{cases} \tag{6.4.10}$$

从式（6.4.10）可以看出，联立方程为非线性超越方程组，常采用数值法迭代求解开关时刻相位角 α_1，α_2，$\cdots$，α_5，再利用 1/4 周期对称性，计算出 $\alpha_{2m} = \pi - \alpha_1$，以及 α_{2m-1} 的值。

这样的数值计算法在理论上虽能消除所指定次数的谐波，但更高次数的谐波却反而可能增大，不过它们对交流异步电动机电流和转矩的影响已经不大，所以这种控制技术的效果还是不错的。

由于上述数值计算法的复杂性，而且对应于不同基波频率应有不同的基波电压幅值，求解出的脉冲开关时刻（α_i）也不一样，所以这种方法不宜用于实时控制，必须用计算机离线求出开关角的数值，放入内存，以备控制时调用。

当然，优化的性能指标可以根据实际需要提出。

6.4.3 非线性型 电流滞环跟踪 PWM（CHBPWM）控制技术

应用 PWM 控制技术的变压变频器一般都是电压源型的，它可以按需要方便地控制其输出电压，前面两小节所述的 PWM 控制技术都是以输出电压近似正弦波为目标的。

但是，在讨论交流电机中，实际需要保证的应该是正弦波电流，因为在交流电机绕组中只有通入三相平衡的正弦电流才能使合成的电磁转矩为恒定值，不含脉动分量。

因此，若能对电机电流实行闭环控制，以保证其正弦波形，显然能比电压开环控制获得更好的性能。

常用的一种电流闭环控制方法是电流滞环跟踪 PWM（CHBPWM, Current Hysteresis Band PWM）控制技术，具有电流滞环跟踪 PWM 控制技术的变压变频器的 A 相控制原理图如图 6.4.12 所示。

248

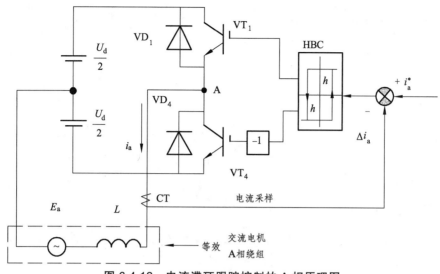

图 6.4.12 电流滞环跟踪控制的 A 相原理图

从图 6.4.12 中可以看出，电流滞环控制技术主要是利用自动控制原理中的非线性 Bang-Bang 控制器控制电机定子电流。

图 6.4.12 中，电流控制器是带滞环的比较器，滞环环宽为 $2h$。将 A 相给定电流 (i'_a) 与 A 相实际电流 (i_a) 进行比较，电流偏差 (Δi_a) 超过 $\pm h$，经滞环控制器（CHB）控制逆变器 A 相上（或下）桥臂的功率器件动作。B 相、C 相的原理图均与此相同。

采用电流滞环跟踪 PWM 控制时，变压变频器的电流波形与 PWM 电压波形如图 6.4.13 所示。

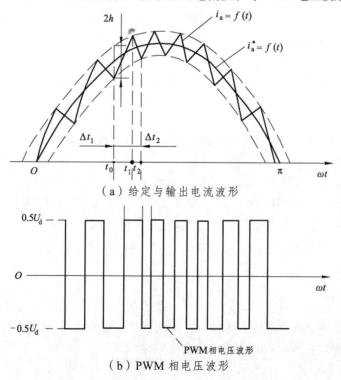

（a）给定与输出电流波形

（b）PWM 相电压波形

图 6.4.13 电流滞环跟踪 PWM 控制时电流与相电压波形

图 6.4.13 中，在 t_0 时刻，如果满足

$$i_a < i_a^* \tag{6.4.11}$$

且

$$\Delta i_a = i_a - i_a^* \geqslant h \tag{6.4.12}$$

则滞环控制器（CHB）输出高电平，驱动上桥臂功率开关器件（VT$_1$）导通，变压变频器输出正电压，使电机定子电流（i_a）增大。当电机定子电流（i_a）增长到与电机定子电流给定值（i_a^*）相等时，虽然此时

$$\Delta i_a = 0 \tag{6.4.13}$$

但滞环控制器（CHB）的输出保持高电平输出，使上桥臂功率开关器件（VT$_1$）保持导通，电机定子电流（i_a）继续增大。直到时间到达

$$t = t_1 \tag{6.4.14}$$

此时电机定子电流（i_a）达到

$$i_a = i_a^* + h \tag{6.4.15}$$

这时定子电流与给定电流的差值为

$$\Delta i_a = i_a^* - i_a = -h \tag{6.4.16}$$

使滞环控制器（CHB）的输出翻转，输出负电平，VT$_1$ 关断，并经延时后驱动 VT$_4$。但此时 VT$_4$ 未必能够导通。这是由于电机绕组的电感作用，电机定子绕组中的电流（i_a）不会跳变反向，而是通过续流二极管 VD$_4$ 续流，使 VT$_4$ 受到反向钳位而不能导通。

此后，电机定子绕组中的电流（i_a）逐渐减小，直到时间到达：

$$t = t_2 \tag{6.4.17}$$

此时电流达到滞环控制器（CHB）偏差值的下限，使滞环控制器（CHB）再翻转，又重复使 VT$_1$ 导通。

这样，VT$_1$ 与 VD$_4$ 交替工作，将 A 相实际电流（i_a）与 A 相给定值（i_a^*）之间的偏差保持在滞环宽度（$\pm h$）范围内，在给定的参考标准正弦波上、下作锯齿状变化。从图 6.4.13 中可以看到，电机 A 相实际电流（i_a）十分接近正弦波。

图 6.4.13 给出了在给定正弦波电流（i_a^*）半个周期内的输出电流波形

$$i_a = f(t) \tag{6.4.18}$$

以及相应的相电压波形。可以看出，输出电流波形在半个周期内围绕给定正弦波电流（i_a^*）作脉动变化，无论在上升段还是下降段，它都是指数曲线中的一小部分，其变化率与电路参数（寄生电容、寄生电感）和电机的感应电动势有关。

在 A 相实际电流（i_a）的上升段，逆变器输出相电压为 $0.5U_d$；在 A 相实际电流（i_a）的下降段，逆变器输出相电压为 $-0.5U_d$。因此，A 相实际输出相电压波形呈 PWM 波形状，但

250

与两侧窄、中间宽的正弦调制信号（SPWM）波相反，其两侧增宽而中间变窄，表明为了使实际电流波形跟踪参考波形（正弦波），应该调整电压波形。

电流跟踪控制的精度与滞环控制器（CHB）的滞环环宽（$2h$）有关，同时还受到功率开关器件允许的开关频率的制约。当滞环环宽（$2h$）选得较大时，可降低开关频率，但电流波形失真严重，谐波分量高；如果滞环环宽（$2h$）选得较小，电流波形虽然较理想，却使开关频率增大了。这是一对矛盾的因素。实际应用中，应在充分利用器件开关频率资源的前提下，正确地选择尽可能小的环宽。

为了更好地利用这对矛盾，有必要对其进行分析，即分析滞环环宽（$2h$）与器件开关频率之间的关系，先作如下的假定：

① 忽略开关器件的死区时间，认为同一桥臂上、下两个开关器件的"开"和"关"是瞬时完成、互补工作的；

② 考虑到器件允许的开关频率较高，交流异步电机定子绕组漏感的作用远大于定子绕组电阻的作用，可以忽略定子绕组电阻的影响。

假设任一相给定正弦参考电流（i^*）为

$$i^* = I_m \cdot \sin(\omega t) \tag{6.4.19}$$

根据图 6.4.12 和图 6.4.13（a）的描述，可以得出以下两个关系式：

$$\frac{di^+}{dt} = \frac{0.5U_d - E_a}{L} \tag{6.4.20}$$

$$\frac{di^-}{dt} = \frac{-0.5U_d - E_a}{L} \tag{6.4.21}$$

式中，i^+、i^- 分别表示交流电机定子电流上升段与下降段的电流；L 表示交流电机定子每相电感；E_a 为交流电机定子每相感应电动势。

对于图 6.4.13（a）中的电流上升段，如果持续时间为 Δt_1，即

$$\Delta t_1 = t_1 - t_0 \tag{6.4.22}$$

对指数形式的电流波形进行三角折线近似，则

$$\frac{di^+}{dt} = \frac{\Delta t_1 \frac{di^*}{dt} + 2h}{\Delta t_1} \tag{6.4.23}$$

把式（6.4.20）代入（6.4.23），可以得到电流上升段的时间（Δt_1）为

$$\Delta t_1 = \frac{2hL}{0.5U_d - \left(E_a + L\frac{di^*}{dt}\right)} \tag{6.4.24}$$

同理，对电流下降段进行同样分析，得到

$$\frac{\mathrm{d}i^-}{\mathrm{d}t} = \frac{\Delta t_2 \dfrac{\mathrm{d}i^*}{\mathrm{d}t} - 2h}{\Delta t_2} \tag{6.4.25}$$

可以得到电流下降段的时间（Δt_2）

$$\Delta t_2 = \frac{2hL}{0.5U_\mathrm{d} + \left(E_\mathrm{a} + L\dfrac{\mathrm{d}i^*}{\mathrm{d}t}\right)} \tag{6.4.26}$$

因此

$$\Delta t_2 = t_2 - t_1 \tag{6.4.27}$$

就是电流下降段的持续时间。

取式（6.4.24）、式（6.4.26）之和，变频器的一个开关周期（T）为

$$T = \Delta t_1 + \Delta t_2$$

即

$$T = \frac{(2 \cdot h) \cdot L \cdot U_\mathrm{d}}{(0.5 \cdot U_\mathrm{d})^2 - \left(E_\mathrm{a} + L \cdot \dfrac{\mathrm{d}i^*}{\mathrm{d}t}\right)^2} \tag{6.4.28}$$

对应的开关频率（f_t）为

$$f_\mathrm{r} = \frac{1}{T} = \frac{1}{\Delta t_1 + \Delta t_2}$$

$$f_\mathrm{t} = \frac{(0.5 \cdot U_\mathrm{d})^2 - \left(E_\mathrm{a} + L \cdot \dfrac{\mathrm{d}i^*}{\mathrm{d}t}\right)^2}{(2 \cdot h) \cdot L \cdot U_\mathrm{d}} \tag{6.4.29}$$

根据式（6.4.29）可以看出，采用电流滞环跟踪控制时，电力电子器件的开关频率（f_t）与滞环宽度（$2h$）成反比。同时，式（6.4.29）还表明，开关频率并不是常数，它是随反电势（E_a）和定子相电流的变化率($\mathrm{d}i^*/\mathrm{d}t$)变化而变化的。由于反电势（$E_\mathrm{a}$）取决于交流电机的转速，转速越低，反电势（$E_\mathrm{a}$）就越小，开关频率（$f_\mathrm{t}$）也就越高，最大的开关频率发生在交流电机堵转的情况下。根据式（6.4.29），当

$$E_\mathrm{a} = 0$$

时，堵转开关频率（f_tins）可以表示为

$$f_\mathrm{tins} = \frac{(0.5 \cdot U_\mathrm{d})^2 - \left(L \cdot \dfrac{\mathrm{d}i^*}{\mathrm{d}t}\right)^2}{(2h) \cdot L \cdot U_\mathrm{d}} \tag{6.4.30}$$

从式（6.4.19）可以看出，给定电流（i^*）是正弦函数，其变化率为

$$\frac{\mathrm{d}i^*}{\mathrm{d}t} = \omega \cdot I_\mathrm{m} \cdot \cos(\omega \cdot t) \tag{6.4.31}$$

式（6.4.31）表明，在相电流变化的一个周期内的不同时刻，其变化率的变化范围为

$$\frac{\mathrm{d}i^*}{\mathrm{d}t} \in [-\omega \cdot I_\mathrm{m},\ 0] \bigcup [0,\ \omega \cdot I_\mathrm{m}] \tag{6.4.32}$$

因此，也可以求出交流电机在堵转时变频器的功率开关管频率的上限、下限分别为

$$\begin{cases} f_{\mathrm{tins\,max}} = \dfrac{U_\mathrm{d}}{8h \cdot L}, & \omega t = \dfrac{\pi}{2},\ \dfrac{3\pi}{3},\ \cdots \\[3mm] f_{\mathrm{tins\,min}} = \dfrac{0.25U_\mathrm{d}^2 - \omega^2 L^2 I_\mathrm{m}^2}{(2h) \cdot LU_\mathrm{d}}, & \omega t = 0,\ \pi,\ 2\pi,\ \cdots \end{cases} \tag{6.4.33}$$

根据式（6.4.33）可画出交流电机堵转时开关频率随给定电流周期的变化规律，如图 6.4.14 所示。

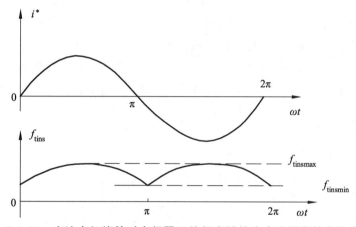

图 6.4.14　交流电机堵转时变频器开关频率随给定电流周期的变化关系

当交流电机运转时，开关频率随转速的升高而降低，由于绕组中感应电动势也按正弦函数周期性变化，它与 $L\dfrac{\mathrm{d}i^*}{\mathrm{d}t}$ 之和仍是正弦周期函数，开关频率的变化规律不变，只是最大值和最小值的相位有所不同。

电流滞环跟踪 PWM（CHBPWM）控制技术的精度高、响应快，且易于实现。但受功率开关器件允许开关频率的限制，仅在交流电机堵转且在给定电流峰值处才发挥出最高开关频率，在其他情况下，开关器件允许开关频率都未得到充分利用。为了克服这个缺点，可以采用具有恒定开关频率的电流控制器，或者在局部范围内限制开关频率，但这样对电流波形会产生一定影响。

具有电流滞环跟踪 PWM（CHBPWM）控制技术的变频器用于调速系统时，只需改变电流给定信号的频率即可实现变频调速，无需人为地调节逆变器电压。此时，电流控制环只是系统的内环，仍应有转速外环，才能根据不同负载的需要自动控制给定电流的幅值。

6.4.4　空间矢量PWM（SVPWM）控制技术（磁链跟踪控制技术）

经典的正弦脉宽调制（SPWM）控制技术主要着眼于使变频器的输出电压尽量接近正弦波，并未顾及输出电流的波形；电流滞环跟踪脉宽调制（CHBPWM）控制技术则直接控制输出电流，使之在正弦波附近变化，这就比只要求正弦电压前进了一步。然而交流电动机需要输入三相正弦电流的最终目的是在交流电机定、转子的气隙中形成圆形旋转磁场，从而产生恒定的电磁转矩。如果对准这一目标，把变流器和交流电机视为一体，按照跟踪圆形旋转磁场来控制变流器的工作，其效果应该更好。这种控制方法称作磁链跟踪控制。

相关研究表明，交流电机气隙中形成的圆形旋转磁场磁链运行轨迹的变化是交替使用不同的电压并作用一定的时间（形成电压冲量）的结果，即电压空间矢量。电压空间矢量为空间矢量的一种，为此先介绍空间矢量（SVPWM，Space Vector PWM）的概念。

1. 空间矢量的定义

三相交流电机（同步电机或异步电机）在定子绕组中施加对称的三相交流电源，由于三相交流电机的绕组在空间上呈三相对称，这样的双对称就可以在交流电机的气隙中产生同步旋转磁场。这个"磁场量"既是时间的函数又是空间的函数，具有"时空一体"的概念，在分析时，可以简化，用一等效的空间矢量来替代。

也可以这样来理解：交流电机绕组的电压、电流、磁链等物理量都是随时间变化的，分析时常用时间相量来表示，但如果考虑到它们所在绕组的空间位置，也可以定义为空间矢量，如图6.4.15所示。

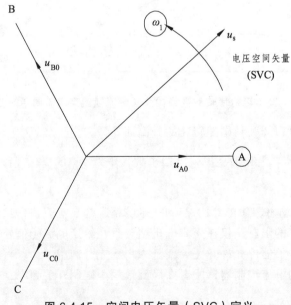

图6.4.15　空间电压矢量（SVC）定义

在图6.4.15中，A、B、C分别代表空间静止的交流电机三相绕组的轴线，在空间上互差120°，三相正弦波相电压U_{A0}、U_{B0}、U_{C0}分别施加在交流电机的三相绕组上。

254

由三相定子电压空间矢量相加合成的空间矢量（u_s），是一个旋转的空间矢量，它的幅值不变，是每相电压幅值的 3/2 倍。

当电源频率不变时，合成空间矢量（u_s）以电源角频率（同步角速度）（ω_1）作恒速旋转。当某一相电压为最大值时，合成空间矢量（u_s）就落在该相的轴线上。用公式表示，则有

$$u_s = u_{A0} + u_{B0} + u_{C0} \qquad (6.4.34)$$

与定子电压空间矢量一样，可以定义定子电流和磁链的空间矢量 I_s 和 $\varPsi_s$。

2. 定子电压（u_s）与气隙磁链（$\varPsi_s$）空间矢量的关系

当三相交流异步电动机的三相对称定子绕组由三相对称正弦电压供电时，对每一相有电压平衡方程式，三相的电压平衡方程式相加，即得到用合成空间矢量表示的定子电压方程式：

$$\overline{u}_s = R_s \overline{I}_s + \frac{\mathrm{d}\overline{\varPsi}_s}{\mathrm{d}t} \qquad (6.4.35)$$

式中，$\overline{u}_s$ 为定子三相电压合成空间矢量；$\overline{I}_s$ 为定子三相电流合成空间矢量；$\varPsi_s$ 为定子三相磁链合成空间矢量。

当交流电机转速不是很低时，定子电阻压降在式（6.4.35）中所占的成分很小，可忽略不计，事实上这部分电压不参与"磁链的建立"。则定子合成电压空间矢量与合成磁链空间矢量的近似关系为

$$\overline{u}_s \approx \frac{\mathrm{d}\overline{\varPsi}_s}{\mathrm{d}t} \qquad (6.4.36)$$

也可以表述为

$$\overline{\varPsi}_s \approx \int_{-\infty}^{t} \overline{u}_s \cdot \mathrm{d}t \qquad (6.4.37)$$

当交流电机由三相对称正弦电压供电时，交流电机定子磁链幅值恒定，其空间矢量以恒速旋转，磁链矢量顶端的运动轨迹为圆形。这样的定子磁链旋转矢量：

$$\overline{\varPsi}_s = \varPsi_m \mathrm{e}^{\mathrm{j}\omega_1 t} \qquad (6.4.37)$$

式中，$\varPsi_m$ 是磁链（$\varPsi_s$）的幅值；ω_1 为其旋转角速度。

由式（6.4.36）和式（6.4.37）可得磁链旋转所需的电压矢量为

$$\overline{u}_s \approx \frac{\mathrm{d}}{\mathrm{d}t}(\varPsi_m \mathrm{e}^{\mathrm{j}\omega_1 t}) = \mathrm{j}\omega_1 \varPsi_m \mathrm{e}^{\mathrm{j}\omega_1 t} = \omega_1 \varPsi_m \mathrm{e}^{\mathrm{j}\left(\omega_1 t + \frac{\pi}{2}\right)} \qquad (6.4.38)$$

式（6.4.38）表明，当磁链幅值 $\varPsi_m$ 一定时，电压矢量（$\overline{u}_s$）的大小与电源角频率 ω_1 成正比，其方向则与磁链矢量（$\overline{\varPsi}_s$）正交，即磁链圆的切线方向，如图 6.4.16 所示。

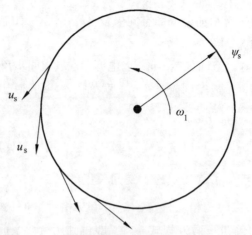

图 6.4.16　磁链旋转方向与电压空间矢量的关系

当磁链矢量在空间旋转一周时，电压矢量也连续地按磁链圆的切线方向运动 2π 弧度，其轨迹与磁链圆重合。

这样，交流电动机旋转磁场的轨迹问题就可转化为电压空间矢量的运动轨迹问题。

3. 正六边形空间旋转磁场

在常规的 PWM 变频调速系统中，三相交流异步电动机由六拍阶梯波逆变器供电，这时供电电压并不是对称的三相正弦电压，此时的电压空间矢量运动轨迹是怎样的呢？

为了讨论方便，把逆变器（变频器）-三相交流异步电动机调速系统主电路的原理图绘出，如图 6.4.17 所示。

续流二极管没有画出来！

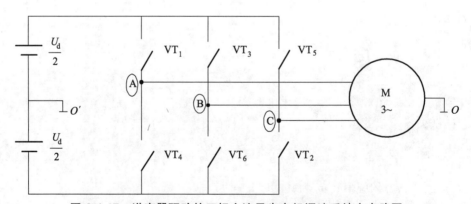

图 6.4.17　逆变器驱动的三相交流异步电机调速系统主电路图

若图中的逆变器采用 $180°$ 导通型，功率开关管采用上、下换流工作方式，则共有八种工作状态，即：VT_6、VT_1、VT_2 导通，VT_1、VT_2、VT_3 导通，VT_2、VT_3、VT_4 导通，VT_3、VT_4、VT_5 导通，VT_4、VT_5、VT_6 导通，VT_5、VT_6、VT_1 导通以及 VT_1、VT_3、VT_5 导通和 VT_2、VT_4、VT_6 导通，如图 6.4.18 所示。

256

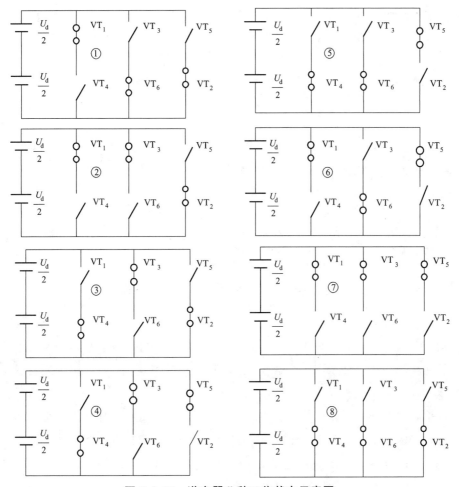

图 6.4.18　逆变器八种工作状态示意图

由图 6.4.18 的八种电压激励，得到合成电压矢量如图 6.4.19 所示，其中 $u_1 \sim u_6$ 形成首尾相接的六边形。

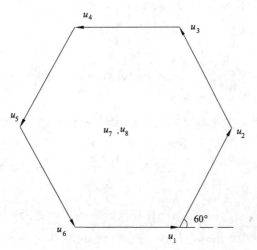

图 6.4.19　一个周期内六边形合成电压矢量

不同的开关状态，对应的电压空间矢量图是不一样的。如图 6.4.20 所示给出了开关状态 100、110 的电压空间矢量图。

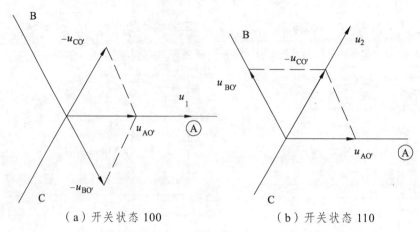

（a）开关状态 100   （b）开关状态 110

图 6.4.20　两种开关状态对应的合成电压空间矢量

如果把功率开关器件导通用数字"1"表示，则上述八种工作状态按照 ABC 相序依次排列时可分别表示为 100、110、010、011、001、101 以及 111 和 000。从逆变器的正常工作看（输出电压不为零），前六种工作状态是有效的，后两种状态是无效的，因为逆变器此时并没有输出电压。

对于六拍阶梯波逆变器，在其输出的每个周期中六种有效的工作状态各出现一次。逆变器每隔 60° 就切换一次工作状态（换相），而在这 60° 时间间隔内开关状态保持不变。假设工作周期从 100 状态开始，这时 VT_6、VT_1、VT_2 导通，交流电机定子 A 点电位为正，B 点和 C 点电位为负，它们对直流电源中点 O′ 的电压都是幅值为 $0.5U_d$ 的直流电压，而三相电压空间矢量的相位分别处于 A、B、C 三根轴线上。由图 6.4.20 可知，三相的合成空间矢量为 $\bar{u}_1$，其幅值等于 U_d，方向沿 A 轴（即 X 轴）。$\bar{u}_1$ 的作用间隔为 60°，在 $\bar{u}_1$ 的作用间隔以后，工作状态转为 110，和上面的分析相似，合成空间矢量变成图 6.4.20 中的 $\bar{u}_2$，它在空间上滞后 $\bar{u}_1$ 相位 60°，$\bar{u}_2$ 作用间隔也为 60°。依此类推，空间矢量 $\bar{u}_3$、$\bar{u}_4$、$\bar{u}_5$、$\bar{u}_6$ 分别表示工作状态 010、011、001、101。

随着逆变器工作状态的变化，电压空间矢量的幅值不变，相位每次旋转 60°，直到一个周期结束，$\bar{u}_6$ 的顶端恰好与 $\bar{u}_1$ 的尾端衔接。

这样，在一个周期中六个电压空间矢量共转过 360°，形成一个封闭的正六边形，如图 6.4.19 所示。111 和 000 这两个"似乎无效"的工作状态，可分别冠以 $\bar{u}_7$ 和 $\bar{u}_8$，统称之为"0 矢量"或"0 矢量与 1 矢量"，它们的幅值均为 0，无相位，可"认为"它们坐落在六边形的中心点上。

如前所述，一个由电压空间矢量激励作用所形成的正六边形轨迹也可以看作是三相交流异步电动机定子磁链矢量端点的运动轨迹。或者直接可以认为，电压空间矢量的作用形成了

258

气隙磁场的运动。这就是所讲的第二冲量定理，即电压空间矢量作用时间的积累（电压冲量）就是气隙磁场的运动。

进一步说明：设在逆变器工作开始时定子磁链空间矢量为 $\overline{\varPsi}_1$，在第一个 60° 期间，三相交流电机上施加的电压空间矢量为图 6.4.20 中的 $\overline{u}_1$。

根据式（6.4.36），可以得到

$$\overline{u}_1 \cdot \Delta t = \Delta \overline{\varPsi}_1 \tag{6.4.39}$$

式（6.4.36）表明，在 60° 所对应的时间间隔 Δt 内，施加电压激励 $\overline{u}_1$，使定子磁链（$\overline{\varPsi}_1$）产生一个增量 $\Delta \overline{\varPsi}_1$，其幅值与 $\overline{u}_1$ 的幅值成正比，方向与 $\overline{u}_1$ 方向一致，则可以得到如图 6.4.21 所示的新磁链 $\overline{\varPsi}_2$。

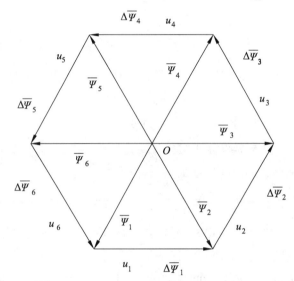

图 6.4.21　六阶梯波逆变器供电电压空间矢量与磁链空间矢量间关系

可以明显看出：

$$\overline{\varPsi}_2 = \overline{\varPsi}_1 + \Delta \overline{\varPsi}_1 \tag{6.4.40}$$

这样，就可以得到 $\Delta \overline{\varPsi}_i$ 的递推公式：

$$\overline{u}_i \cdot \Delta t = \Delta \overline{\varPsi}_i, \quad i = 1, 2, \cdots, 6 \tag{6.4.41}$$

同时，得到磁链的递推公式为

$$\overline{\varPsi}_{i+1} = \overline{\varPsi}_i + \Delta \overline{\varPsi}_i \tag{6.4.42}$$

总之，在一个周期内，六个磁链空间矢量呈放射状，磁链空间矢量的尾部都在 O 点，其顶端的运动轨迹也就是六个电压空间矢量所围成的正六边形。

在电压空间矢量作用的过程中，其作用时间 Δt 可能小于 60°，如电压空间矢量 $\overline{u}_1$，则 $\Delta \overline{\varPsi}_1$ 的幅值也按比例地减小，因为电压作用的冲量减小了，如图 6.4.22 所示的矢量 $\overline{AB}$。

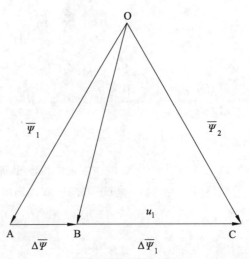

图 6.4.22　不满一个时间间隔的电压矢量与磁链矢量间的作用关系

随着时间的推移，$\Delta \overline{\Psi}_1$ 的顶点由 B 点沿着 $\overrightarrow{BC}$ 方向移向 C 点，经过时间间隔 (Δt) 到达 $60°$，$\Delta \overline{\Psi}_1$ 成为图 6.4.22 中的矢量 $\overrightarrow{AC}$，在 $\overrightarrow{AC}$ 上任何一点都是在电压空间矢量 $\overline{u}_1$ 作用过程中，磁链空间矢量由 $\overline{\Psi}_1$ 到 $\overline{\Psi}_2$ 的中间点，这是一个累积的过程。

在任何时刻，所产生的磁链增量的方向决定于所施加的电压，幅值则正比于施加电压空间矢量与作用时间的乘积，即电压空间矢量的冲量。

4. 电压空间矢量的线性组合与空间矢量脉宽调制（SVPWM）控制

从图 6.4.21、图 6.4.22 可以看出，磁链运行轨迹取决与电压空间矢量及电压空间矢量的作用时间长短（电压空间矢量的冲量），磁链从 $\overline{\Psi}_i$ 运行到 $\overline{\Psi}_{i+1}$，电压空间矢量的选择不唯一，而且不同的电压空间矢量，作用的时间长短也不一样，提供了用不同的电压空间矢量及其线性组合来达到同样的目的，即，使磁链从 $\overline{\Psi}_i$ 运行到 $\overline{\Psi}_{i+1}$。这就给控制提供了多种选择，究竟选择何种控制方法以及各种控制方法之间的异同点，将在下面的章节中介绍。

如果交流电机仅由常规的六拍阶梯波逆变器供电，磁链轨迹便是六边形的旋转磁场，这显然不像在正弦波供电时所产生的圆形旋转磁场那样能使交流电机获得匀速运行，交流电机的运行只能一步一步，因为在一个周期内，逆变器的工作状态只切换 6 次，切换以后只采用六个电压空间矢量。

如果想获得更多边形或逼近圆形的旋转磁场，就必须在每一个 $60°$ 期间内出现多个工作状态，以形成更多的相位不同的电压空间矢量。为此，必须对逆变器的控制模式进行改进。也就是综合利用六个电压空间矢量，根据它们的线性组合得到更多"边"的控制方法。

PWM 控制显然可以适应上述要求，怎样控制 PWM 的开关时间才能逼近圆形旋转磁场？

实际工作中，已经提出过多种实现方法，例如线性组合法、三段逼近法、比较判断法等，这里只介绍线性组合法。

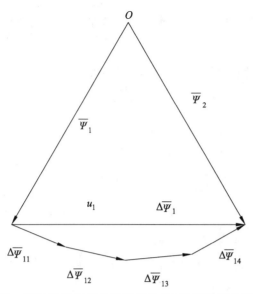

图 6.4.23　通过电压矢量的线性组合 24 边形磁链轨迹的实现

如图 6.4.23 所示为通过 6 个电压空间矢量的线性组合 24 边形磁链轨迹。如果每周期只切换 6 次，当电压空间矢量为 $\bar{u}_1$ 时，磁链增量为 $\Delta\bar{\varPsi}_1$，磁链轨迹呈六边形。如果要逼近圆形，可以增加切换次数，设想磁链增量为 $\Delta\bar{\varPsi}_1$，由图中的 $\Delta\bar{\varPsi}_{11}$、$\Delta\bar{\varPsi}_{12}$、$\Delta\bar{\varPsi}_{13}$ 和 $\Delta\bar{\varPsi}_{14}$ 四段组成。

那么 $\Delta\bar{\varPsi}_{11}$、$\Delta\bar{\varPsi}_{12}$、$\Delta\bar{\varPsi}_{13}$ 和 $\Delta\bar{\varPsi}_{14}$ 如何得到？从图 6.4.21 可以看出，$\Delta\bar{\varPsi}_{11}$ 可以用 $\bar{u}_6$ 和 $\bar{u}_1$ 线性合成，也就是说，$\bar{u}_6$ 和 $\bar{u}_1$ 的合成方向与 $\Delta\bar{\varPsi}_{11}$ 的方向一致，当然两个电压空间矢量 $\bar{u}_1$ 和 $\bar{u}_2$ 作用时间不一样，也会改变磁链的大小与方向。以此类推。任何方向的磁链增益都可以用基本电压空间矢量线性组合的方法获得。

如图 6.4.24 所示为由两个电压空间矢量 $\bar{u}_1$ 和 $\bar{u}_2$ 的线性组合构成新的电压空间矢量 $\bar{u}_s$。

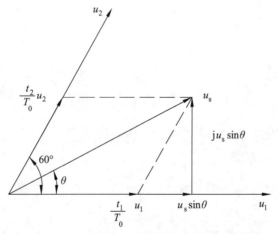

图 6.4.24　两个电压空间矢量 $\bar{u}_1$ 和 $\bar{u}_2$ 合成新矢量 $\bar{u}_s$

在一定的时间间隔内，$\bar{u}_1$ 和 $\bar{u}_2$ 分别作用多长的时间间隔？设在某个周期时间（T_0）中，电压空间矢量 $\bar{u}_1$ 作用时间为 t_1，电压空间矢量 $\bar{u}_2$ 的作用时间为 t_2，显然：

$$T_0 \geqslant t_1 + t_2 \tag{6.4.43}$$

新的电压空间矢量 $\bar{u}_s$ 的相位为 θ，它与电压空间矢量 $\bar{u}_1$ 和 $\bar{u}_2$ 的相位都不同。

可根据各段磁链增量的相位求出所需的作用时间 t_1 和 t_2。由于 t_1、t_2 都比较小，所以产生的磁链变化也比较小，因此可以用 $\dfrac{t_1}{T_0}\bar{u}_1$ 和 $\dfrac{t_2}{T_0}\bar{u}_2$ 电压空间矢量来表示。在图 6.4.24 中，可以看出

$$\bar{u}_s = \frac{t_1}{T_0}\bar{u}_1 + \frac{t_2}{T_0}\bar{u}_2 \tag{6.4.44}$$

化简，可以得到

$$\bar{u}_s = |\bar{u}_s|\cos\theta + j|\bar{u}_s|\sin\theta \tag{6.4.45}$$

式中，$|\bar{u}_s|$ 表示新的电压空间矢量 $\bar{u}_s$ 的幅值。

根据式（6.4.34）用相电压表示合成电压空间矢量的定义，把相电压的时间函数和空间相位分开写，得

$$\bar{u}_s = \bar{u}_{A0}(t) + \bar{u}_{B0}(t)e^{j\gamma} + \bar{u}_{C0}(t)e^{j2\gamma} \tag{6.4.46}$$

式中，j 表示单位虚数；γ 为角度，$\gamma = 120°$。

若改用线电压表示，可得

$$\bar{u}_s = \bar{u}_{AB}(t) - \bar{u}_{BC}(t)\cdot e^{-j\gamma} \tag{6.4.47}$$

由图 6.4.18 可见，当各功率开关处于不同状态时，线电压可取值为 $+U_d$、0 或 $-U_d$，比用相电压表示时要明确一些。

当开关状态为 100 时，输出线电压可以表示为

$$\begin{cases} u_{AB} = U_d \\ u_{BC} = 0 \end{cases} \tag{6.4.48}$$

则合成电压（$\bar{u}_1$）

$$\bar{u}_1 = U_d \tag{6.4.49}$$

当开关状态为 110 时，输出线电压可以表示为

$$\begin{cases} u_{AB} = 0 \\ u_{BC} = U_d \end{cases} \tag{6.4.50}$$

则合成电压（$\bar{u}_2$）

$$\bar{u}_2 = -U_d \cdot e^{-j\gamma} \tag{6.4.51}$$

依次类推，可以得到 $\bar{u}_3 \sim \bar{u}_6$ 的表达式，代入（6.4.45），得到

$$\bar{u}_s = \frac{t_1}{T_0}U_d + \frac{t_2}{T_0}U_d e^{j\pi/3}$$

进行化简，即

262

$$\overline{u}_\mathrm{s} = U_\mathrm{d}\left(\frac{t_1}{T_0} + \frac{t_2}{T_0}\mathrm{e}^{\mathrm{j}\pi/3}\right) = U_\mathrm{d}\left(\frac{t_1}{T_0} + \frac{t_2}{T_0}\left(\cos\frac{\pi}{3} + \mathrm{j}\sin\frac{\pi}{3}\right)\right)$$

进一步得到

$$\overline{u}_\mathrm{s} = \left(\frac{t_1}{T_0} + \frac{t_2}{T_0}\left(\frac{1}{2} + \mathrm{j}\frac{\sqrt{3}}{2}\right)\right)$$

或

$$\overline{u}_\mathrm{s} = U_\mathrm{d}\left(\left(\frac{t_1}{T_0} + \frac{t_2}{2T_0}\right) + \mathrm{j}\frac{\sqrt{3}t_2}{2T_0}\right) \tag{6.4.52}$$

比较式（6.4.52）和式（6.4.45），令实部和虚部分别相等，则

$$\begin{cases} |\overline{u}_\mathrm{s}|\cos\theta = \left(\dfrac{t_1}{T_0} + \dfrac{t_2}{2T_0}\right)U_\mathrm{d} \\[3mm] |\overline{u}_\mathrm{s}|\sin\theta = \dfrac{\sqrt{3}t_2}{2T_0}U_\mathrm{d} \end{cases} \tag{6.4.53}$$

从式（6.4.53）解 t_1 和 t_2，得

$$\begin{cases} \dfrac{t_1}{T_0} = \dfrac{|\overline{u}_\mathrm{s}|\cos\theta}{U_\mathrm{d}} - \dfrac{1}{\sqrt{3}}\cdot\dfrac{|\overline{u}_\mathrm{s}|\sin\theta}{U_\mathrm{d}} \\[3mm] \dfrac{t_2}{T_0} = \dfrac{2}{\sqrt{3}}\cdot\dfrac{|\overline{u}_\mathrm{s}|\sin\theta}{U_\mathrm{d}} \end{cases} \tag{6.4.54}$$

换相周期（T_0）应由旋转磁场所需的频率决定，T_0 与 $t_1 + t_2$ 未必相等，即

$$T_0 \geqslant T = t_1 + t_2 \tag{6.4.55}$$

如果间隙时间（T）小于换相周期（T_0），可用零矢量（包括 1 矢量）$\overline{u}_7$ 或 $\overline{u}_8$ 来填补时间缺口。在工程实际中，为了减少功率器件的开关次数，一般使 $\overline{u}_7$ 或 $\overline{u}_8$ 各占一半时间，因此：

$$t_7 = t_8 = \frac{1}{2}(T_0 - t_1 - t_2) \geqslant 0 \tag{6.4.56}$$

这种方法不唯一，也不一定为最优的方法。

为了讨论方便，可把逆变器的一个工作周期根据六个电压空间矢量划分成六个区域，称为扇区（Sector），如图 6.4.25 所示的 Ⅰ、Ⅱ、…、Ⅵ，每个扇区对应的时间均为 60°。由于逆变器在各扇区的工作状态都是对称的，分析一个扇区（Sector）的方法可以推广到其他扇区。

在常规六拍逆变器中，一个扇区仅包含两个开关工作状态，实现空间矢量脉宽调制（SVPWM）控制就是要把每一扇区再分成若干个对应于时间间隔为 T_0 的小区间。按照上述方法插入若干个线性组合的新电压空间矢量 $\overline{u}_\mathrm{s}$，以获得优于正六边形的多边形（逼近圆形）旋转磁场。

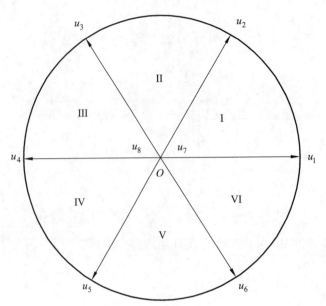

图 6.4.25　电压空间矢量及相关的六个扇区

在工程实际中，应该尽量减少开关状态变化时引起的开关损耗，因此不同开关状态的切换顺序必须遵守一定的规则，比如：每次切换开关状态时，只切换一个功率开关器件，以使开关损耗最小。

每一个换向周期（T_0）相当于 PWM 电压波形中的一个脉冲波。例如，图 6.4.24 所示扇区内的区间包含 t_1、t_2、t_7 和 t_8 共四段，相应的电压空间矢量为 $\overline{u}_1$、$\overline{u}_2$、$\overline{u}_7$ 和 $\overline{u}_8$，即 100、110、111 和 000 共四种开关状态。

在实际应用中，为了使电压波形对称，把每一种状态的作用时间都一分为二，因而形成电压空间矢量的作用序列为：12788721，其中 1 表示 $\overline{u}_1$ 作用，2 表示 $\overline{u}_2$ 作用，……，这样，在这一个换相周期内，逆变器的开关状态序列为 100、110、111、000、000、111、110 和 100。

假如按照最小开关损耗原则进行检查，发现上述开关状态 1278 的顺序是不合适的。这是因为，虽然由 1 切换到 2 时，即由 100 切换到 110，只有 B 相桥臂上、下开关切换，实现了只切换一个开关；由 2 切换到 7 时，即由 110 切换到 111，也只有 C 相桥臂上、下开关切换，也实现了只切换一个开关；但由 7 切换到 8 就不行了，出现了 A、B、C 三个桥臂开关同时切换的情况，显然违背了最小开关损耗原则。为避免此情况的发生，把切换顺序改为 81277218，即开关状态序列为 000（8）、100（1）、110（2）、111（7）、111（7）、110（2）、100（1）、000（8），这样就能满足每次只切换一个开关的要求了。

如图 6.4.26 所示绘出了在这个换相小区间（T_0）中按修改后开关序列工作的逆变器输出三相相电压波形，图中虚线间的每一小段表示一种工作状态，其间隔长短可以是不同的。

如上所述，如果一个扇区（Sector）分成 4 个小区间，则一个换相周期中将出现 24 个脉冲波，但开关器件的开关次数更多，必须选用高开关频率的开关器件。当然，一个扇区内所分的小区间越多，能更好地逼近圆形旋转磁场。

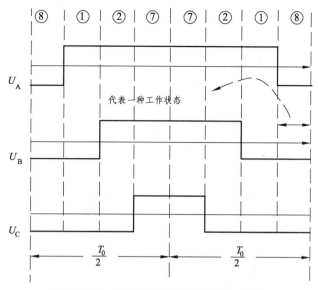

图 6.4.26　修正后换相周期作用顺序图

空间矢量脉宽调制（SVPWM）控制模式有以下特点：

（1）逆变器的一个换相周期分成 6 个扇区（Sector），每个扇区（Sector）相当于常规六拍逆变器的一拍。为了使交流电机气隙旋转磁场逼近圆形，每个扇区（Sector）再分成若干个小区间（T_0），T_0 越短，旋转磁场越逼近圆形，但小区间（T_0）的减小受到功率开关器件允许开关频率的制约；

（2）在每个小区间（T_0）内虽有多次开关状态的切换，但每次切换都只涉及一个功率开关器件，因而开关损耗较小；

（3）每个小区间（T_0）均以零电压矢量开始，又以零电压矢量结束；

（4）利用电压空间矢量直接生成三相 PWM 波，计算简便；

（5）采用空间矢量脉宽调制（SVPWM）控制时，逆变器输出线电压基波最大值为直流侧电压，这比一般的正弦脉宽调制（SPWM）逆变器输出电压提高了 15%。

6.4.5　开关死区（Deadtime）对 PWM 变频器性能的影响

在上面讨论 PWM 控制的变频器（Inverter）工作原理时，一直认为功率开关器件都是理想的开关，也就是说，它们的导通与关断都随其驱动信号同步、无延时地完成。但实际上，功率开关器件并不是理想的开关，它们都存在导通时延与关断时延。因此，对于按上、下换流（180°）工作的变频器，为保证其安全工作，必须在同一桥臂上、下两个开关器件的通、断信号之间设置一段死区时间（t_d）（或称时滞），即在上（下）桥臂开关器件得到关断信号后，要留出 t_d 时间以后才允许给下（上）桥臂开关器件输入导通信号，以防止其中一个开关器件尚未关断时，另一个开关器件已经导通，而导致同一桥臂上、下两个开关器件同时导通，产生变频器直流侧被短路的故障。开关死区（Deadtime）的长短因功率开关器件的开关特性不同而异，一般对大功率晶体管（GTR，Giant Transistor）可选用 $10 \sim 35 \, \mu s$，对绝缘栅双极型晶体管（IGBT，Insulated Gate Bipolar Transistor）为 $2 \sim 10 \, \mu s$。

265

开关死区（Deadtime）时间的存在，显然会使变频器（Inverter）不能完全精确地复现PWM 控制信号的理想波形，当然也就不能精确地实现控制目标，甚至会产生更多的谐波或使电流、磁链跟踪性能变差。总之，会影响拖动控制系统的期望运行性能。开关死区（Deadtime）的影响，分析非常复杂，下面在一定的假设条件下进行简单分析。

1. 开关死区（Deadtime）对逆变器输出电流波形的影响

以如图 6.4.27 所示的典型电压型逆变电路为例，分析死区时间对输出的影响。

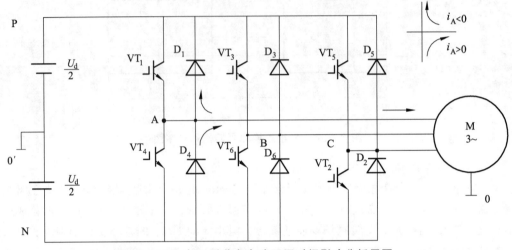

图 6.4.27　电压型逆变电路死区时间影响分析用图

死区的影响分析是非常复杂的非线性过程，为简单分析，假设：

（1）逆变电路采用正弦脉宽调制（SPWM）控制，得到 SPWM 波形输出；

（2）交流异步电机的电流为正弦波形，并具有功率因数角（φ）；

（3）不考虑功率开关器件的反向存储时间。

此时，逆变器 A 相输出的理想 SPWM 相电压波形（$u_{A0'}^*$）如图 6.4.28（a）所示，此波形也表示 A 相的理想 SPWM 控制信号。考虑到开关器件死区时间（Deadtime）（t_d）的影响，A相桥臂功率开关器件 VT_1 与 VT_4 的实际驱动信号分别如图 6.4.28（b）和图 6.4.28（c）所示，如图 6.4.28（d）所示为计及死区时间（t_d）影响后逆变器实际输出的相电压波形 $u_{A0'}$。

可以看出，它与理想 SPWM 相电压波形（$u_{A0'}^*$）相比产生了死区畸变，在死区中，桥臂上、下两个开关器件都没有驱动信号，桥臂的工作状态取决于该相电流（i_A）的方向和续流二极管 D_1 与 D_4 的作用。

下面具体分析死区畸变产生的过程。在图 6.4.27 中，当功率开关器件 VT_1 导通时，A 点电位为 $+0.5U_d$。VT_1 被关断后，由于死区时间（Deadtime）（t_d）的存在，功率开关器件 VT_4 并不会立即导通。这时，由于交流异步电机绕组电感的存在，电机绕组中的电流不会立即反向，而是通过二极管 D_1（或 D_4）续流。图 6.4.28（f）绘出了 A 相电流（i_A）的波形，它滞后于相电压（$u_{A0'}$）基波相位角 φ，并按调制频率（ω_1）正弦变化，其正（负）半周的持续时间远大于 SPWM 波的单个脉冲宽度。这样，如果电机电流满足

$$i_A > 0$$

266

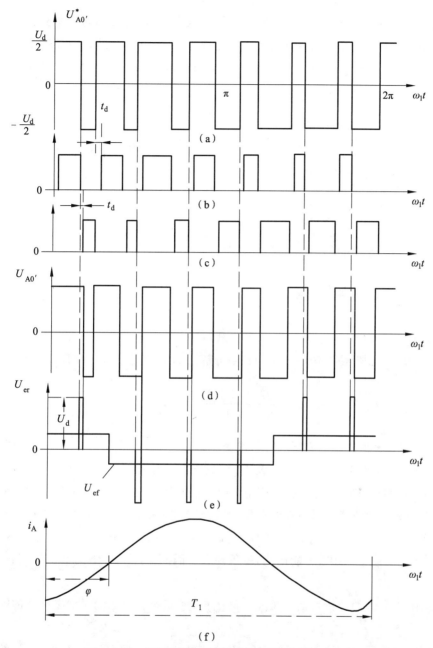

图 6.4.28 死区对逆变器输出电压及电流的影响

VT_1 关断后，即通过 D_4 续流，此时 A 点电位被钳位于 $-0.5U_d$；同理，如果电机电流满足

$$i_A < 0$$

则通过 D_1 续流，A 点电位被钳位于 $+0.5U_d$。

在 VT_4 关断与 VT_1 导通间死区（t_d）内的续流情况也是如此。

总之，当电机电流 $i_A > 0$ 时，逆变器实际输出电压波形的负脉冲增宽，而正脉冲变窄；当电机电流 $i_A < 0$ 时，则反之。

这样，由于死区的影响，逆变器实际输出的电压产生了畸变，不同于理想的 SPWM 波形。波形 $u_{A0'}$ 与 $u_{A0'}^*$ 之差为一系列的脉冲电压，称作偏差脉冲 (u_{er})（见图 6.4.28（e）），其宽度为 t_d，幅值为 U_d，极性与 i_A 方向相反，且和 SPWM 脉冲本身的正负无关。一个周期内偏差脉冲 (u_{er}) 的脉冲数取决于 SPWM 的开关频率。

2. 死区对逆变器输出电压的影响

将图 6.4.28（e）所示的偏差脉冲序列 (u_{er}) 等效为一个矩形波的偏差电压 (U_{ef})，等效的方法是取其平均电压。由此可得

$$U_{ef} \cdot \frac{T_1}{2} = t_d \cdot U_d \cdot \frac{N}{2} \qquad (6.4.57)$$

化简，即得到等效的偏差电压为

$$U_{ef} = \frac{t_d \cdot U_d \cdot N}{T_1} \qquad (6.4.58)$$

式中，T_1 为逆变器输出电压基波周期；N 为载波比，$N = f_t / f_r$；t_d 为死区时间。

对图 6.4.28（e）进行傅里叶（Fourier）级数分解，可得偏差电压 (U_{ef}) 的基波分量幅值 (U_{ef1}) 为

$$U_{ef1} = \frac{2\sqrt{2}}{\pi} \cdot U_{ef} = \frac{2\sqrt{2}}{\pi} \cdot \frac{t_d \cdot U_d \cdot N}{T_1} \qquad (6.4.59)$$

式（6.4.59）表明，在直流侧电压与逆变器输出频率不变的条件下，偏差电压 (U_{ef}) 的基波分量幅值 (U_{ef1}) 与死区时间 (t_d) 和载波比 (N) 的乘积成正比。显然，这两个量与逆变器所采用的开关器件种类和控制方式有关。以应用大功率晶体管（GTR）与绝缘栅双极型晶体管（IGBT）组成的两种 SPWM 逆变器为例，GTR 的死区时间 (t_d) 比 IGBT 死区时间 (t_d) 大（大 3 ~ 4 倍），但 GTR 的开关频率比 IGBT 低，所以 GTR 的载波比 (N) 取得比 IGBT 小（仅为其 1/8 ~ 1/6）。因此，比较乘积 ($N \cdot t_d$)，IGBT 可能比 GTR 还要大，因而偏差电压 (U_{ef}) 和基波值 (U_{ef1}) 也要大一些。

根据对图 6.4.28 的分析可知，死区时间 (t_d) 对逆变器（Inverter）输出电压的影响有以下几点：

（1）死区时间形成的偏差电压 (U_{ef}) 会使 SPWM 逆变器实际输出基波电压的幅值比理想的输出基波电压的幅值有所减少。从图 6.4.28 可以看出，如果初相角 (φ) 满足

$$\varphi = 0°$$

则有效偏差电压 (U_{ef}) 与理想相电压 ($U_{A0'}^*$) 反相，使实际输出电压比理想电压减小。实际上，逆变器的负载交流电动机是感性负载，其电流相位必然滞后于电压相位，存在功率因数角 (φ)（续流的影响），则实际输出电压会被抵消一些。功率因数角 (φ) 越大，死区的影响越小；

（2）随着变频器输出频率的降低，死区的影响越来越大。为了衡量影响大小，定义基波电压偏差系数 (ε)：

$$\varepsilon = \frac{U_{ef1}}{U_{A0'1}^*} \qquad (6.4.60)$$

式中，$U_{A0'1}^*$ 表示理想相电压的基波电压幅值。

由于在交流变频传动中，常选用恒压频比的控制方式，则有

$$U_{A0'1}^* = C \cdot f_1 \qquad (6.4.61)$$

式中，C 为压频比常数；f_1 为输出电压基波频率。

由此可得到

$$\varepsilon = \frac{\dfrac{2\sqrt{2}}{\pi} \cdot \dfrac{t_d \cdot U_d \cdot N}{T_1}}{C \cdot f_1}$$

化简，得到

$$\varepsilon = \frac{2\sqrt{2}}{C \cdot \pi} t_d \cdot U_d \cdot N \qquad (6.4.62)$$

在上式中，由于 f_1 降低时载频比 (N) 会增大，所以基波电压偏差系数 (ε) 也增大，说明死区引起电压偏差的相对作用更大了。

以上仅以 SPWM 波形为例说明死区的影响，实际上，死区的影响在各种 PWM 控制方式的逆变器（变频器）中都是存在的，分析方法也各不相同，要针对具体情况具体分析。

6.5 基于交流异步电动机稳态模型的变压变频调速闭环控制方式

在直流电动机中，它的主磁通和电枢电流分布的空间位置是确定的，而且二者可以独立控制；三相交流异步电机的磁通则由定子电流与转子电流合成产生，它的空间位置相对于定子和转子都是运动的，除此以外，在鼠笼型转子异步电机中，转子电流还是不可测和不可控的。因此，交流异步电机的动态数学模型要比直流电机模型复杂得多。

但不少机械负载，例如风机和水泵，并不需要很高的动态性能，只要在一定范围内能实现高效率的调速就行，因此可以只用交流异步电机的稳态模型来设计其控制系统。

三相交流异步电机的稳态模型如本章第 6.2 节所述，为了实现电压-频率协调控制，可以采用转速开环恒压频比带低频电压补偿的控制方案，这就是常用的通用变频器控制系统。

如果要求更高一些的调速范围和启动、制动性能，可以采用转速闭环转差频率控制的方案，这种方法实际上是一种近似的直接转矩控制，其应用范围受到一定的限制。

本节将分别介绍这两类基于稳态数学模型的变压变频（VVVF）调速系统。

6.5.1 转速开环恒压频比控制调速系统

通用变频器-交流异步电动机调速系统大都是采用二极管实现不可控整流和由快速全控开关器件或功率模块（IPM）组成的 PWM 逆变器，构成交-直-交电压型变压变频器，已经占领了全世界 0.5～500 kVA 中、小容量变频调速装置的绝大部分市场。

所谓"通用"，包含着两方面的含义：

（1）可以和通用（国产 Y-系列）的交流异步电动机配套使用；

（2）具有多种可供选择的功能，适用于各种不同性质的负载。

如图 6.5.1 所示为一种典型的数字控制通用变频器-交流异步电动机调速系统原理图。

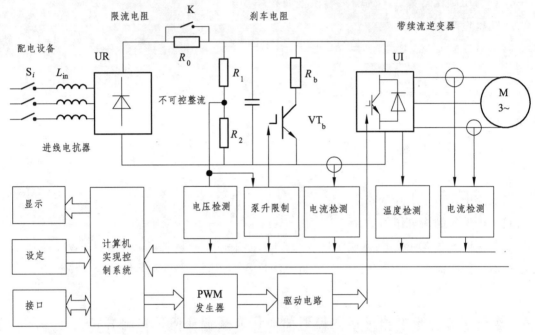

图 6.5.1　数字控制变频器-交流异步电动机调速系统

1. 主电路

由功率二极管实现不可控整流（UR）、PWM 逆变器（UI）和中间直流电路（DC-Link）三部分组成，一般都是电压型的，采用大电容（C）滤波，同时大电容兼有无功功率交换的作用。

2. 限流电阻

为了避免大电容（C）在通电瞬间产生过大的充电电流（电解电容在端电压为零时，相当于短路），在整流器和滤波电容间的直流回路串入限流电阻（或电抗），通上电源时，先限制充电电流，再延时用开关（K）将其短路，以免长时间接入影响变频器的正常工作，并产生附加损耗。

3. 泵升限制电路

由于功率二极管实现的不可控整流不能为交流异步电机的再生制动提供反向电流通路，

所以除特殊情况外，通用变频器一般都用电阻吸收制动能量。减速制动时，交流异步电机进入发电状态，首先通过逆变器的续流二极管向大电容（C）充电，当中间直流回路的电压（通常称泵升电压）升高到一定的限制值时，通过泵升限制电路使开关器件导通，将交流电机释放的动能消耗在制动电阻上。为了便于散热，制动电阻器常作为附件单独装在变频器机箱外边。

4. 进线电抗器

二极管不可控整流虽然是全波整流装置，但由于其输出端有滤波电容存在，因此输入电流呈脉冲波形，如图 6.5.2 所示。

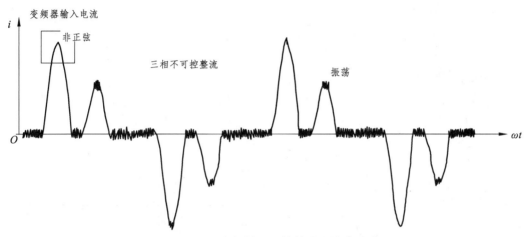

图 6.5.2　通用变频器不可控整流进线电流波形

图 6.5.2 中电流波形的谐波成分非常复杂（可以用傅里叶级数（Fourier Series）进行分析，但非周期信号分析相当麻烦，应该采用瞬时功率理论），使电源受到污染。为了抑制谐波电流，对于容量较大的 PWM 变频器，应在输入端设进线电抗器（Reactor），有时也可以在整流器和电容器之间串接直流电抗器（平波电抗器）。这些措施还可用来抑制电源电压不平衡对变频器的影响。

5. 控制电路

现代 PWM 变频器的控制电路大都是以微处理器（Microprocessor）为核心的数字电路，其功能主要是接收各种设定信息和指令，再根据它们的要求形成驱动逆变器工作的 PWM 信号。微处理器芯片主要采用 8 位或 16 位的单片机，或用 32 位的 DSP（Digital Signal Process），现在已有应用 RISC（Reduced Instruction Set Computer）、CISC（Complex Instruction Set Computer）的产品出现。

控制电路由以下几个部分组成：

（1）PWM 信号产生：可以由微处理器本身的软件产生，由 PWM 输出端口输出，也可采用专用的 PWM 生成电路 IC 芯片，如：HEF4752、SLE4520、SA838 等。

（2）检测与保护电路：各种故障的保护由电压、电流、温度等检测信号经信号处理电路进行分压、光电隔离、滤波、放大等综合处理，再进入 A/D 转换器，输入给微处理器作为控制算法的依据，或者作为开关电平产生保护信号和显示信号。

（3）信号设定：需要设定的控制信息主要有：压频特性、工作频率、频率加速时间、频率减速时间等，还可以有一系列特殊功能的设定。由于通用变频器-交流异步电动机调速系统是转速或频率开环、恒压频比控制系统，低频时，负载的性质和大小不同时，都得靠改变压频特性函数发生器来实现，使系统达到恒定气隙磁通的目的。这种功能在通用产品中称作"电压补偿"或"转矩补偿"。

一般通用变频器实现补偿的方法有两种：一种是在微处理器中存储多条不同斜率或折线段的实现压频特性函数，由用户根据需要选择最佳特性；另一种方法是采用电流传感器（如：霍尔元件）检测定子电流或直流母线电流，按电流大小自动补偿定子电压。但无论如何都存在过补偿或欠补偿的可能，这是开环控制系统的不足之处。

（4）给定积分：由于通用变频器本身没有自动限制启、制动电流的功能，因此，频率设定信号必须通过给定积分算法产生平缓升速或降速信号，升速和降速的积分时间可以根据负载需要由操作人员分别选择。

综上所述，PWM 变压变频器的基本控制作用如图 6.5.3 所示。近年来，许多企业不断推出更多具有自动控制功能的变频器，使产品性能更加完善，质量不断提高。

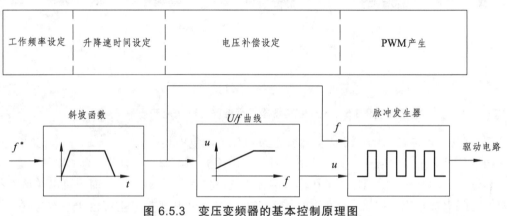

图 6.5.3　变压变频器的基本控制原理图

6.5.2　转速闭环转差频率控制的变频调速系统

如上所述的转速开环变频调速系统可以满足平滑调速的要求，但静、动态性能都有限。要提高静、动态性能，首先要用转速反馈闭环控制，在图 6.5.1 所示的通用变频器中，就必须增加转速检测（硬件）或速度观测器（软件）功能。转速反馈闭环控制的静特性比开环系统强，但是，是否能够提高系统的动态性能呢？

任何电力拖动控制系统都服从基本运动方程式：

$$\frac{J}{n_p} \cdot \frac{d\omega}{dt} = T_e - T_L \tag{6.5.1}$$

提高调速系统动态性能主要依靠控制转速的变化率，根据基本运动方程式（6.5.1），控制电磁转矩就能控制转速的变化率，因此，归根结底，调速系统的动态性能就是控制电机电磁转矩的能力。在直流电机中，电机产生的电磁转矩控制简单；对于交流异步电机，电磁转矩的控制非常复杂，对电磁转矩的控制在 6.8 节介绍。对于稳态分析，交流异步电机的电磁转矩能否有简单一点的"量"进行控制？下面进行分析。

在三相交流异步电机变压变频调速系统中，需要控制的是电压（或电流）和频率，怎样能够通过控制电压（电流）和频率来控制电磁转矩，这是寻求提高动态性能时需要解决的问题。

1. 转差频率控制的基本概念

直流电机产生的电磁转矩在主磁通不变的条件下与电枢电流成正比，控制电枢电流就能控制电磁转矩。因此，把直流双闭环调速系统转速调节器的输出信号当作电流给定信号，也就是电磁转矩给定信号。

对于三相交流异步电机，影响电磁转矩的因素较多，控制三相交流异步电机电磁转矩的问题也比较复杂。

按照第 6.2.2 节恒 E_g / ω_1 控制（即恒 Φ_m 控制）时的电磁转矩公式（6.2.13）：

$$T_e = 3n_p \left(\frac{E_g}{\omega_1} \right)^2 \frac{s \cdot R_r'}{(R_r')^2 + s^2 \omega_1^2 (L_{2r}')^2} \tag{6.5.2}$$

将 E_g 的表达式代入，即

$$E_g = 4.44 f_1 N_s k_{Ns} \Phi_m$$

代入 f_1 与角频率的表达式，得到

$$E_g = 4.44 \frac{\omega_1}{2\pi} N_s k_{Ns} \Phi_m$$

简化，即

$$E_g = \frac{1}{\sqrt{2}} \omega_1 N_s k_{Ns} \Phi_m$$

代入式（6.5.2），得到

$$T_e = \frac{3}{2} n_p N_s^2 k_{Ns}^2 \Phi_m^2 \frac{s \omega_1 R_r'}{(R_r')^2 + s^2 \omega_1^2 (L_{2r}')^2} \tag{6.5.3}$$

令

$$\omega_s = s \cdot \omega_1 \tag{6.5.4}$$

并定义为转差频率，也称为转差角频率。如果定义参数

$$K_m = \frac{3}{2} n_p N_s^2 k_{Ns}^2 \tag{6.5.5}$$

为交流异步电机的结构参数，与交流异步电机结构有关，则

$$T_e = K_m \Phi_m^2 \frac{\omega_s \cdot R_r'}{R_r'^2 + (\omega_s \cdot L_{2r}')^2} \tag{6.5.6}$$

当交流异步电机稳态运行时，转差率（s）值很小，因而转差（角）频率（ω_s）也很小，只有 ω_1 的百分之几，可以认为

$$\omega_s L_{2r}' \ll R_r' \qquad (6.5.7)$$

则交流异步电机电磁转矩可近似表示为

$$T_e \approx K_m \Phi_m^2 \frac{\omega_s}{R_r'} \qquad (6.5.8)$$

式（6.5.8）表明，在转差率（s）值很小的稳态运行范围内，如果能够保持气隙磁通（Φ_m）恒定不变，交流异步电机电磁转矩就近似与转差（角）频率（ω_s）成正比。这就是说，在交流异步电机中转差（角）频率就能够和直流电机中控制电流一样达到间接控制电磁转矩的目的。

控制转差（角）频率能够间接控制电磁转矩，这就是转差（角）频率控制的基本概念，是一种近似直接转矩控制方法。

2. 基于三相交流异步电机稳态模型的转差频率控制规律

上面分析所得的转差（角）频率控制概念是在电磁转矩近似公式（6.5.8）上得到的，当转差（角）频率（ω_s）较大时，就得采用式（6.5.1）的精确电磁转矩计算公式。把这个精确电磁转矩特性（即机械特性）表示为

$$T_e = f(\omega_s) \qquad (6.5.9)$$

如图 6.5.4 所示。

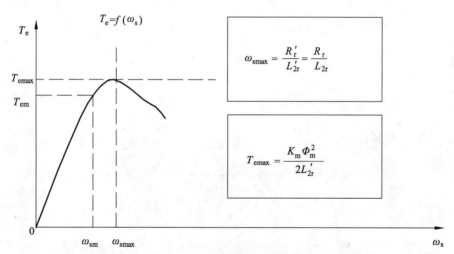

图 6.5.4　式（6.5.1）电磁转矩计算公式机械特性

从图 6.5.4 可以看出，在转差（角）频率（ω_s）较小的稳态运行段，电磁转矩（T_e）基本上与转差（角）频率成正比，当电磁转矩（T_e）达到其最大值（T_{emax}）时，转差（角）频率（ω_s）达到转差角频率最大值（ω_{smax}）。对式（6.2.3），取

$$\frac{dT_e}{d\omega_s} = 0 \qquad (6.5.10)$$

可得转差角频率最大值（$\omega_{s\,max}$）：

$$\omega_{s\,max} = \frac{R'_r}{L'_{2r}} = \frac{R_r}{L_{2r}} \tag{6.5.11}$$

对应的电磁转矩最大值 ($T_{e\,max}$)：

$$T_{e\,max} = \frac{K_m \cdot \Phi^2_m}{2L'_{2r}} \tag{6.5.12}$$

在转差频率控制系统中，只要给转差角频率（ω_s）限幅，使其限幅值（ω_{sm}）为

$$\omega_{sm} < \omega_{s\,max} = \frac{R_r}{L_{2r}} \tag{6.5.13}$$

就可以基本保证电磁转矩（T_e）与转差角频率（ω_s）的正比关系，也就可以用转差频率控制来代表转矩控制。这是转差角频率控制的基本规律之一。

转差频率控制规律是在保持气隙磁通（Φ_m）恒定的前提下才成立的，那么，如何能保持气隙磁通恒定？恒 E_g/ω_1 控制时可保持气隙磁通 (Φ_m) 恒定。在图 6.2.3 的等效电路中可得

$$\dot{U}_s = \dot{I}_s(R_s + j\omega_1 L_{ls}) + \dot{E}_g = \dot{I}_s(R_s + j\omega_1 L_{ls}) + \left(\frac{\dot{E}_g}{\omega_1}\right)\omega_1 \tag{6.5.14}$$

由此可见，要实现恒 E_g/ω_1 控制，须在"$U_s/\omega_1 =$ 恒值"的基础上再提高定子电压 (U_s) 以补偿定子电流在定子阻抗上的压降。如果忽略电流相量相位变化的影响，不同定子电流时恒 E_g/ω_1 控制所需的电压-频率特性为

$$\dot{U}_s = f(\omega_1, \dot{I}_s) \tag{6.5.15}$$

如图 6.5.5 所示。

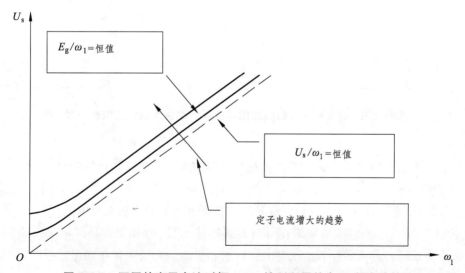

图 6.5.5　不同的定子电流时恒 E_g/ω_1 控制所需的电压-频率特性

上述关系表明，只要 U_s、ω_1 及 I_s 的关系符合图 6.5.5 所示特性，就能保持 E_g / ω_1 恒定，也就是保持气隙磁通 (Φ_m) 恒定。这是转差频率控制的基本规律之一。

转差角频率控制的规律总结如下：

（1）在 $\omega_s \leqslant \omega_{sm}$ 的范围内，电磁转矩（T_e）基本上与转差角频率（ω_s）成正比，条件是气隙磁通（Φ_m）恒定；

（2）在不同的定子电流值时，按图 6.5.5 的函数关系控制定子电压和频率，就能使气隙磁通（Φ_m）恒定。

3. 转差频率控制的变频调速系统

实现上述转差频率（ω_s）规律的转速闭环变压变频调速系统结构原理图如图 6.5.6 所示。

1）频率控制

图 6.5.6 中，转速调节器（ASR）的输出信号是转差（角）频率给定信号（ω_s^*），与实测转速信号 (ω) 相加，即得定子频率给定信号（ω_1^*），即

$$\omega_s^* + \omega = \omega_1^* \qquad (6.5.16)$$

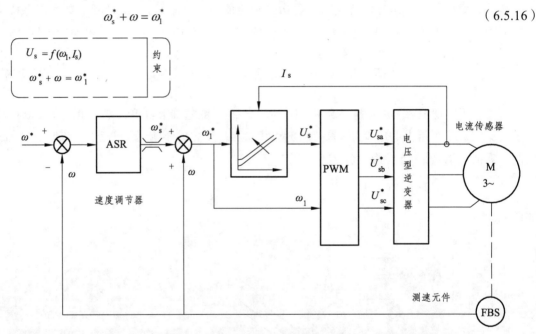

图 6.5.6　转差频率控制转速闭环变压变频调速系统结构原理图

2）电压控制

由转差频率给定信号（ω_s^*）和定子电流反馈信号（I_s）从微处理器存储的 $U_s = f(\omega_1, I_s)$ 函数中查得定子电压给定信号（U_s^*），用定子电压给定信号（U_s^*）和转差频率给定信号（ω_s^*）控制 PWM 电压型逆变器，即可产生三相交流异步电机调速所需的变压变频电源。

式（6.5.16）所示的转差角频率（ω_s^*）与实测转速信号（ω）相加后得到定子频率给定信号（ω_1^*），这一关系是转差频率控制系统突出的特点和优点。它表明，在调速过程中，实际电源频率（ω_1）随着实际转速（ω）同步地上升或下降，因此加、减速平滑而且稳定。

同时，由于在动态过程中转速调节器（ASR）饱和，系统能利用对应于转差角频率最大

276

值（ω_{smax}）的限幅电磁转矩（T_{emax}）进行控制，保证了在允许条件下的快速性。

由此可见，转速闭环转差频率控制变压变频调速系统能够像直流电机双闭环控制系统那样具有较好的静、动态性能，是一个比较优越的控制策略，结构也不算复杂。然而，它的转速闭环转差频率控制变压变频调速系统静、动态性能还不能完全达到直流双闭环系统的水平，存在差距的原因有以下几个方面：

（1）对转差频率控制规律的分析，是从三相交流异步电机稳态等效电路和稳态电磁转矩公式出发的，所谓的"保持磁通恒定"的结论也只在稳态情况下才能成立。在动态过程中磁通（Φ_m）如何变化还没有深入研究，但肯定不会恒定，这不得不影响调速系统的实际动态性能。

（2）$U_s = f(\omega_1, I_s)$电压-频率函数关系中只控制了定子电流的幅值，没有控制到电流的相位，而在调速系统的动态过程中，电流的相位也是影响电磁转矩变化的因素。

（3）在转差频率控制环节中，取

$$\omega_1 = \omega_s + \omega$$

使定子电源频率（变频器的输出频率）得以与转速同步升、降，这是转差频率控制的优点。然而，如果转速检测信号不准确或存在干扰，就会直接给输出频率造成误差，因为所有这些偏差和干扰都以正反馈的形式毫无衰减地传递到频率控制信号中。

（4）转差频率控制是一种近似的直接转矩控制，其使用还具有一定的条件约束；同时，转差频率控制是基于三相交流异步电机稳态等效电路得到的控制方法，在调速等控制过程中不一定都适用。

6.6 三相异步电动机动态模型

前节论述的基于稳态数学模型的三相交流异步电机调速系统虽然能够在一定范围内实现平滑调速，但是，如果遇到冶金轧机（间歇性负载）、数控机床、机器人、载客电梯等需要高动态性能的调速系统或伺服系统，就不能完全适用了。要实现高动态性能的调速系统，必须立足于三相交流异步电机的动态数学模型。

6.6.1 三相交流异步电机的动态数学模型及特性

它励直流电动机的主磁通由励磁绕组产生，可以在电枢绕组得电以前建立起来而不参与系统的动态过程（弱磁调速运行时除外）。因此，它的动态数学模型只有一个输入变量，即电枢电压，和一个输出变量，即转速，在控制对象中含有机电时间常数（T_m）和电枢回路电磁时间常数（T_1）。如果电力电子变换装置也计入控制对象，则还有滞后时间常数（T_s）。

在工程上能够允许的假定条件下，可以把它励直流电动机描述成单输入单输出的三阶线性系统（详见第 1 章），应用经典的线性控制理论和由它发展出来的工程设计方法进行分析与设计。

但是，同样的理论和方法用来分析与设计交流调速系统时，就不那么方便了，因为交流电动机数学模型与直流电动机数学模型相比有着本质上的区别。

（1）对三相交流异步电机进行变频调速时需要进行电压（或电流）和频率的协调控制，有电压（电流）和频率两个独立的输入变量。在输出变量中，除转速外，气隙磁通（Φ_{m}）也为独立的输出变量。因为三相交流异步电机只有一个三相输入电源，气隙磁通（Φ_{m}）的建立和转速的变化是同时进行的，为了获得良好的动态性能，也希望对气隙磁通施加某种控制，使它在动态过程中尽量保持恒定，才能产生较大的动态电磁转矩。事实上，通过本章的介绍，可以发现：对交流电机的控制，实际就是对气隙磁通控制。由于这些原因，三相交流异步电动机是一个多变量、非线性、强耦合的时变参数描述系统。这种特性，可以用如图 6.6.1 所示来定性地描述。

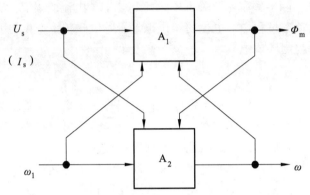

图 6.6.1　三相交流异步电机特性描述示意图

（2）在三相交流异步电机中，非线性特性的表现比较多，如：电流乘磁通产生电磁转矩、转速乘磁通得到感应电动势，由于它们都是同时变化的，在三相交流异步电机数学模型中就含有两个变量的乘积项（乘积非线性）。即使不考虑磁饱和等因素，动态数学模型也由于乘积非线性的存在而呈现出非线性的特点。

（3）三相交流异步电机定子有三个绕组，转子也可等效为三个绕组，每个绕组产生相应磁通时都有自身的电磁惯性（时间常数），再算上运动系统的机电惯性和转速与转角的积分关系，即使不考虑变频装置的滞后因素，也是一个八阶系统。

总之，三相交流异步电机的动态数学模型是一个高阶、非线性、强耦合、时变参数的多变量系统。

6.6.2　三相交流异步电机的动态数学模型

在研究三相交流异步电机的高阶、非线性、强耦合、时变参数的多变量动态数学模型时，为了简化分析，作一些合理的假设，即认为以下条件能够满足：

（1）忽略空间磁势谐波，设三相绕组对称，在空间互差 120° 电角度，所产生的磁动势（F）沿气隙周围按正弦规律分布；

（2）忽略磁路饱和，各绕组的自感和互感都是线性的；

（3）忽略铁芯损耗；

（4）不考虑频率变化和温度变化对绕组电阻的影响。

无论三相交流异步电动机转子是绕线型还是鼠笼型的，都将它等效成三相绕线转子，并折算到定子侧，折算后的定子和转子绕组匝数都相等。实际三相交流异步电机绕组就等效成图 6.6.2 所示的三相交流异步电机数学模型。

图 6.6.2（a）中，定子三相绕组轴线 A、B、C 在空间是固定的，以 A 轴为参考坐标轴；转子等效三相绕组轴线 a、b、c 随着转子旋转，转子 a 轴和定子 A 轴间的电角度 (θ) 为空间角位移变量。

如果规定各绕组电压、电流、磁链的正方向符合交流异步电机惯例和右手螺旋定则。则可得到三相交流异步电机的数学模型，由电压方程、磁链方程、转矩方程和运动方程组成。

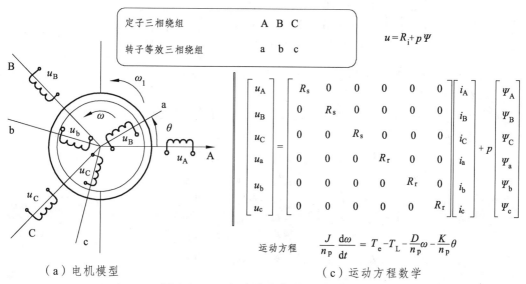

（a）电机模型　　　　　　　　　　（c）运动方程数学

图 6.6.2　三相交流异步电机数学模型

1）电压方程

三相定子绕组的电压方程为

$$\begin{cases} u_A = i_A R_s + \dfrac{\Psi_A}{dt} \\ u_B = i_B R_s + \dfrac{d\Psi_B}{dt} \\ u_C = i_C R_s + \dfrac{d\Psi_C}{dt} \end{cases} \quad (6.6.1)$$

与此相应，三相等效转子绕组折算到定子侧后的电压方程为

$$\begin{cases} u_a = i_a R_r + \dfrac{d\Psi_a}{dt} \\ u_b = i_b R_r + \dfrac{d\Psi_b}{dt} \\ u_c = i_c R_r + \dfrac{d\Psi_c}{dt} \end{cases} \quad (6.6.2)$$

式中，u_A、u_B、u_C 和 u_a、u_b、u_c 分别为定子和转子相电压的瞬时值；i_A、i_B、i_C 和 i_a、i_b、i_c 分别为定子和转子相电流的瞬时值；Ψ_A、Ψ_B、Ψ_C 和 Ψ_a、Ψ_b、Ψ_c 分别为各相绕组的全磁链；R_s、R_r 分别为定子和转子绕组电阻。

上述各量都已折算到定子侧，为了简单起见，表示折算的上角标均省略，以下同此。

式（6.6.1）、（6.6.2）的表达式均为时域描述。

将电压方程写成矩阵形式，并以微分算子(p)代替微分符号 (d/dt)，则

$$
\begin{bmatrix} u_A \\ u_B \\ u_C \\ u_a \\ u_b \\ u_c \end{bmatrix} = \begin{bmatrix} R_s & 0 & 0 & 0 & 0 & 0 \\ 0 & R_s & 0 & 0 & 0 & 0 \\ 0 & 0 & R_s & 0 & 0 & 0 \\ 0 & 0 & 0 & R_r & 0 & 0 \\ 0 & 0 & 0 & 0 & R_r & 0 \\ 0 & 0 & 0 & 0 & 0 & R_r \end{bmatrix} \begin{bmatrix} i_A \\ i_B \\ i_C \\ i_a \\ i_b \\ i_c \end{bmatrix} + p \begin{bmatrix} \Psi_A \\ \Psi_B \\ \Psi_C \\ \Psi_a \\ \Psi_b \\ \Psi_c \end{bmatrix}
\tag{6.6.3}
$$

或写成

$$
\bar{u} = \bar{R} \cdot \bar{i} + p\bar{\Psi}
\tag{6.6.4}
$$

2）磁链方程

每相绕组的磁链是它本身的自感磁链和其他绕组对它的互感磁链之和，因此，六个绕组的磁链可表达为

$$
\begin{bmatrix} \Psi_A \\ \Psi_B \\ \Psi_C \\ \Psi_a \\ \Psi_b \\ \Psi_c \end{bmatrix} = \begin{bmatrix} L_{AA} & L_{AB} & L_{AC} & L_{Aa} & L_{Ab} & L_{Ac} \\ L_{BA} & L_{BB} & L_{BC} & L_{Ba} & L_{Bb} & L_{Bc} \\ L_{CA} & L_{CB} & L_{CC} & L_{Ca} & L_{Cb} & L_{Cc} \\ L_{aA} & L_{aB} & L_{aC} & L_{aa} & L_{ab} & L_{ac} \\ L_{bA} & L_{bB} & L_{bC} & L_{ba} & L_{bb} & L_{bc} \\ L_{cA} & L_{cB} & L_{cC} & L_{ca} & L_{cb} & L_{cC} \end{bmatrix} \begin{bmatrix} i_A \\ i_B \\ i_C \\ i_a \\ i_b \\ i_c \end{bmatrix}
\tag{6.6.5}
$$

或写成

$$
\bar{\Psi} = \bar{L} \cdot \bar{i}
\tag{6.6.6}
$$

式中，$\bar{L}$ 是 6×6 的电感矩阵，其中对角线元素 L_{AA}、L_{BB}、L_{CC}、L_{aa}、L_{bb}、L_{cc} 是各绕组的自感，其余各项则是绕组间的互感。

实际上，与交流电机绕组交链的磁通主要有两类：

① 穿过气隙的相间互感磁通，是主磁通；

② 只与一相绕组交链而不穿过气隙的漏磁通。

变量定义如下：

① 定子漏感（L_{ls}）：定子各相漏磁通所对应的电感，由于绕组的对称性，各相漏感值均相等；

② 转子漏感（L_{lr}）：转子各相漏磁通所对应的电感；

③ 定子互感（L_{ms}）：与定子一相绕组交链的最大互感磁通；

④ 转子互感（L_{mr}）：与转子一相绕组交链的最大互感磁通。

由于折算后定、转子绕组匝数相等，且各绕组间互感磁通都通过气隙，因此磁阻相同，故可认为

$$
L_{ms} = L_{mr}
\tag{6.6.7}
$$

对于每一相绕组来说，它所交链的磁通是互感磁通与漏感磁通之和，因此可以得到定、转子的自感，即

280

定子各相自感为

$$\begin{cases} L_{AA} = L_{ms} + L_{ls} \\ L_{BB} = L_{ms} + L_{ls} \\ L_{CC} = L_{ms} + L_{ls} \end{cases}$$

(6.6.8)

转子各相自感为

$$\begin{cases} L_{aa} = L_{ms} + L_{lr} \\ L_{bb} = L_{ms} + L_{lr} \\ L_{cc} = L_{ms} + L_{lr} \end{cases}$$

(6.6.9)

两相绕组之间只有互感。互感又分为两类：

① 定子三相彼此之间和转子等效三相彼此之间位置都是固定的，故互感为常值；

② 定子任一相与转子任一相之间的位置是变化的，互感是角位移(θ)的函数。

对于第一类互感，三相绕组轴线彼此在空间的相位差是 ±120°，在假定气隙磁通为正弦分布的条件下，互感值应为

$$L_{ms} \cos 120° = L_{ms} \cos(-120°) = -\frac{1}{2} L_{ms}$$

(6.6.10)

这样可以得到相应的电感系数，定子侧的电感系数为

$$\begin{cases} L_{AB} = -\frac{1}{2} L_{ms} \\ \\ L_{BC} = -\frac{1}{2} L_{ms} \\ \\ L_{CA} = -\frac{1}{2} L_{ms} \\ \\ L_{BA} = -\frac{1}{2} L_{ms} \\ \\ L_{CB} = -\frac{1}{2} L_{ms} \\ \\ L_{AC} = -\frac{1}{2} L_{ms} \end{cases}$$

(6.6.11)

转子侧的电感系数为

$$\begin{cases} L_{ab} = -\frac{1}{2} L_{ms} \\ \\ L_{bc} = -\frac{1}{2} L_{ms} \\ \\ L_{ca} = -\frac{1}{2} L_{ms} \\ \\ L_{ba} = -\frac{1}{2} L_{ms} \\ \\ L_{cb} = -\frac{1}{2} L_{ms} \\ \\ L_{ac} = -\frac{1}{2} L_{ms} \end{cases}$$

(6.6.12)

对于第二类互感，即定、转子绕组间的互感，由于相互间位置的变化（见图 6.6.2），可分别表示为

$$\begin{cases} L_{\mathrm{Aa}} = L_{\mathrm{ms}} \cos\theta \\ L_{\mathrm{aA}} = L_{\mathrm{ms}} \cos\theta \\ L_{\mathrm{Bb}} = L_{\mathrm{ms}} \cos\theta \\ L_{\mathrm{bB}} = L_{\mathrm{ms}} \cos\theta \\ L_{\mathrm{Cc}} = L_{\mathrm{ms}} \cos\theta \\ L_{\mathrm{cC}} = L_{\mathrm{ms}} \cos\theta \end{cases} \tag{6.6.13}$$

以及

$$\begin{cases} L_{\mathrm{Ac}} = L_{\mathrm{ms}} \cos(\theta - 120°) \\ L_{\mathrm{cA}} = L_{\mathrm{ms}} \cos(\theta - 120°) \\ L_{\mathrm{Ba}} = L_{\mathrm{ms}} \cos(\theta - 120°) \\ L_{\mathrm{aB}} = L_{\mathrm{ms}} \cos(\theta - 120°) \\ L_{\mathrm{Cb}} = L_{\mathrm{ms}} \cos(\theta - 120°) \\ L_{\mathrm{bC}} = L_{\mathrm{ms}} \cos(\theta - 120°) \end{cases} \tag{6.6.14}$$

同时

$$\begin{cases} L_{\mathrm{Ab}} = L_{\mathrm{ms}} \cos(\theta + 120°) \\ L_{\mathrm{bA}} = L_{\mathrm{ms}} \cos(\theta + 120°) \\ L_{\mathrm{Bc}} = L_{\mathrm{ms}} \cos(\theta + 120°) \\ L_{\mathrm{cB}} = L_{\mathrm{ms}} \cos(\theta + 120°) \\ L_{\mathrm{Ca}} = L_{\mathrm{ms}} \cos(\theta + 120°) \\ L_{\mathrm{aC}} = L_{\mathrm{ms}} \cos(\theta + 120°) \end{cases} \tag{6.6.15}$$

当定、转子两个绕组轴线一致时，两者之间的互感值最大，即每相最大互感（L_{ms}）。将式（6.6.8）～式（6.6.15）都代入式（6.6.6），得到完整的磁链方程，显然这个矩阵方程是比较复杂的，为了方便起见，可以将它写成分块矩阵的形式：

$$\begin{bmatrix} \overline{\varPsi}_s \\ \overline{\varPsi}_r \end{bmatrix} = \begin{bmatrix} \overline{L}_{\mathrm{ss}} & \overline{L}_{\mathrm{sr}} \\ \overline{L}_{\mathrm{rs}} & \overline{L}_{\mathrm{rr}} \end{bmatrix} \cdot \begin{bmatrix} \overline{i}_s \\ \overline{i}_r \end{bmatrix} \tag{6.6.16}$$

式中，相关量的定义为

$$\begin{cases} \overline{\varPsi}_s = [\varPsi_{\mathrm{A}} \quad \varPsi_{\mathrm{B}} \quad \varPsi_{\mathrm{C}}]^{\mathrm{T}} \\ \overline{\varPsi}_r = [\varPsi_{\mathrm{a}} \quad \varPsi_{\mathrm{b}} \quad \varPsi_{\mathrm{c}}]^{\mathrm{T}} \\ \overline{i}_s = [i_{\mathrm{A}} \quad i_{\mathrm{B}} \quad i_{\mathrm{C}}]^{\mathrm{T}} \\ \overline{i}_r = [i_{\mathrm{a}} \quad i_{\mathrm{b}} \quad i_{\mathrm{c}}]^{\mathrm{T}} \end{cases} \tag{6.6.17}$$

$$\boldsymbol{L}_{\mathrm{ss}} = \begin{bmatrix} L_{\mathrm{ms}} + L_{\mathrm{ls}} & -\dfrac{1}{2}L_{\mathrm{ms}} & -\dfrac{1}{2}L_{\mathrm{ms}} \\ -\dfrac{1}{2}L_{\mathrm{ms}} & L_{\mathrm{ms}} + L_{\mathrm{ls}} & -\dfrac{1}{2}L_{\mathrm{ms}} \\ -\dfrac{1}{2}L_{\mathrm{ms}} & -\dfrac{1}{2}L_{\mathrm{ms}} & L_{\mathrm{ms}} + L_{\mathrm{ls}} \end{bmatrix} \tag{6.6.18}$$

$$\boldsymbol{L}_{\mathrm{rr}} = \begin{bmatrix} L_{\mathrm{ms}} + L_{\mathrm{lr}} & -\dfrac{1}{2}L_{\mathrm{ms}} & -\dfrac{1}{2}L_{\mathrm{ms}} \\ -\dfrac{1}{2}L_{\mathrm{ms}} & L_{\mathrm{ms}} + L_{\mathrm{lr}} & -\dfrac{1}{2}L_{\mathrm{ms}} \\ -\dfrac{1}{2}L_{\mathrm{ms}} & -\dfrac{1}{2}L_{\mathrm{ms}} & L_{\mathrm{ms}} + L_{\mathrm{lr}} \end{bmatrix} \quad (6.6.19)$$

$$\boldsymbol{L}_{\mathrm{rs}} = L_{\mathrm{ms}} \begin{bmatrix} \cos\theta & \cos(\theta-120°) & \cos(\theta+120°) \\ \cos(\theta+120°) & \cos\theta & \cos(\theta-120°) \\ \cos(\theta-120°) & \cos(\theta+120°) & \cos\theta \end{bmatrix} \quad (6.6.20)$$

$$\boldsymbol{L}_{\mathrm{sr}} = \boldsymbol{L}_{\mathrm{rs}}^{\mathrm{T}} = L_{\mathrm{ms}} \begin{bmatrix} \cos\theta & \cos(\theta+120°) & \cos(\theta-120°) \\ \cos(\theta-120°) & \cos\theta & \cos(\theta+120°) \\ \cos(\theta+120°) & \cos(\theta-120°) & \cos\theta \end{bmatrix} \quad (6.6.21)$$

注意：$\boldsymbol{L}_{\mathrm{rs}}$ 和 $\boldsymbol{L}_{\mathrm{sr}}$ 两个分块矩阵互为转置，且均与转子位置（θ）有关，转子位置是角速度（ω）对时间的积分，故两个分块矩阵的元素都是时变参数，这是对象（三相交流异步电动机）非线性的一个根源。为了把时变参数转换成常参数必须利用坐标变换，后面将详细讨论这个问题，因为在经典控制系统中，对于时变参数还没有办法很好的处理。

如果把磁链方程（6.6.6）代入电压方程（6.6.4）中，即得展开后的电压方程：

$$\bar{\boldsymbol{u}} = \bar{\boldsymbol{R}} \cdot \bar{\boldsymbol{i}} + p(\bar{\boldsymbol{L}} \cdot \bar{\boldsymbol{i}}) \quad (6.6.22)$$

对式（6.6.22）进行运算，得到

$$\bar{\boldsymbol{u}} = \bar{\boldsymbol{R}} \cdot \bar{\boldsymbol{i}} + \bar{\boldsymbol{L}} \frac{\mathrm{d}\bar{\boldsymbol{i}}}{\mathrm{d}t} + \frac{\mathrm{d}\bar{\boldsymbol{L}}}{\mathrm{d}t} \bar{\boldsymbol{i}}$$

将前面的相关表达式代入，即

$$\bar{\boldsymbol{u}} = \bar{\boldsymbol{R}} \cdot \bar{\boldsymbol{i}} + \bar{\boldsymbol{L}} \frac{\mathrm{d}\bar{\boldsymbol{i}}}{\mathrm{d}t} + \frac{\mathrm{d}\bar{\boldsymbol{L}}}{\mathrm{d}\theta} \cdot \omega \cdot \bar{\boldsymbol{i}} \quad (6.6.23)$$

注意：式（6.6.23）只有在磁路线性条件下才成立。式中，$\bar{\boldsymbol{L}} \dfrac{\mathrm{d}\bar{\boldsymbol{i}}}{\mathrm{d}t}$ 为电磁感应电动势中的脉变电动势（或称变压器电动势）；$\dfrac{\mathrm{d}\bar{\boldsymbol{L}}}{\mathrm{d}\theta} \cdot \omega \cdot \bar{\boldsymbol{i}}$ 为电磁感应电动势中与转速成正比的旋转电动势。

3）转矩方程

利用达郎贝尔虚位移原理（Principle of Virtual Displacement）求解交流异步电机输出轴上的电磁转矩，推导如下。

根据机电能量转换原理，在多绕组电机中，磁场的储能和磁共能为

$$\begin{cases} W_{\mathrm{m}} = \dfrac{1}{2}\boldsymbol{i}^{\mathrm{T}} \cdot \boldsymbol{\Psi} \\ W_{\mathrm{m}}' = \dfrac{1}{2}\boldsymbol{i}^{\mathrm{T}} \cdot \boldsymbol{\Psi} \end{cases} \quad (6.6.24)$$

在线性电感的条件下，可以得到

$$\begin{cases} W_{\mathrm{m}} = \dfrac{1}{2}\overline{\boldsymbol{i}}^{\mathrm{T}} \cdot \overline{\boldsymbol{\varPsi}} = \dfrac{1}{2}\overline{\boldsymbol{i}}^{\mathrm{T}} \cdot \overline{\boldsymbol{L}} \cdot \overline{\boldsymbol{i}} \\ W_{\mathrm{m}}' = \dfrac{1}{2}\overline{\boldsymbol{i}}^{\mathrm{T}} \cdot \overline{\boldsymbol{\varPsi}} = \dfrac{1}{2}\overline{\boldsymbol{i}}^{\mathrm{T}} \cdot \overline{\boldsymbol{L}} \cdot \overline{\boldsymbol{i}} \end{cases} \tag{6.6.25}$$

而交流异步电机电磁转矩等于机械角位移变化时磁共能的变化率，即

$$T_{\mathrm{e}} = \frac{\partial W_{\mathrm{m}}'}{\partial \theta_{\mathrm{m}}} \tag{6.6.26}$$

式（6.6.26）成立的条件是磁共能中电流不变，且机械角位移：

$$\theta_{\mathrm{m}} = \frac{\theta}{n_{\mathrm{p}}} \tag{6.6.27}$$

这样，三相交流异步电机的电磁转矩可以表示为

$$T_{\mathrm{e}} = \left.\frac{\partial W_{\mathrm{m}}'}{\partial \theta_{\mathrm{m}}}\right|_{i=\mathrm{const.}} = n_{\mathrm{p}} \cdot \left.\frac{\partial W_{\mathrm{m}}'}{\partial \theta}\right|_{i=\mathrm{const.}} \tag{6.6.28}$$

将式（6.6.27）代入式（6.6.28），并考虑到电感的分块矩阵关系式（6.6.16）、式（6.6.18）~（6.6.21），得

$$T_{\mathrm{e}} = \frac{1}{2}n_{\mathrm{p}}\overline{\boldsymbol{i}}^{\mathrm{T}}\frac{\partial \overline{\boldsymbol{L}}}{\partial \theta}\overline{\boldsymbol{i}} = \frac{1}{2}n_{\mathrm{p}}\overline{\boldsymbol{i}}^{\mathrm{T}} \begin{bmatrix} 0 & \dfrac{\partial \overline{L}_{\mathrm{sr}}}{\partial \theta} \\ \dfrac{\partial \overline{L}_{\mathrm{sr}}}{\partial \theta} & 0 \end{bmatrix} \overline{\boldsymbol{i}} \tag{6.6.29}$$

又由于

$$\overline{\boldsymbol{i}}^{\mathrm{T}} = \begin{bmatrix} \overline{\boldsymbol{i}}_{\mathrm{s}}^{\mathrm{T}} & \overline{\boldsymbol{i}}_{\mathrm{r}}^{\mathrm{T}} \end{bmatrix} = \begin{bmatrix} i_{\mathrm{A}} & i_{\mathrm{B}} & i_{\mathrm{C}} & i_{\mathrm{a}} & i_{\mathrm{b}} & i_{\mathrm{c}} \end{bmatrix} \tag{6.6.30}$$

代入式（6.6.29）得

$$T_{\mathrm{e}} = \frac{1}{2}n_{\mathrm{p}}\left[\overline{\boldsymbol{i}}_{\mathrm{r}}^{\mathrm{T}}\frac{\partial \overline{L}_{\mathrm{rs}}}{\partial \theta}\overline{\boldsymbol{i}}_{\mathrm{s}} + \overline{\boldsymbol{i}}_{\mathrm{s}}^{\mathrm{T}}\frac{\partial \overline{L}_{\mathrm{sr}}}{\partial \theta}\overline{\boldsymbol{i}}_{\mathrm{r}} \right] \tag{6.6.31}$$

将式（6.6.20）、式（6.6.21）代入式（6.6.31）并展开后，舍去负号，即电磁转矩的正方向为使定、转子之间夹角（θ）减小的方向，则

$$T_{\mathrm{e}} = n_{\mathrm{p}} \cdot L_{\mathrm{ms}} \cdot (Q_1 + Q_2 + Q_3) \tag{6.6.32}$$

式中，Q_1、Q_2 和 Q_3 表达式为

$$\begin{cases} Q_1 = (i_{\mathrm{A}}i_{\mathrm{a}} + i_{\mathrm{B}}i_{\mathrm{b}} + i_{\mathrm{C}}i_{\mathrm{c}})\sin\theta \\ Q_2 = (i_{\mathrm{A}}i_{\mathrm{b}} + i_{\mathrm{B}}i_{\mathrm{c}} + i_{\mathrm{C}}i_{\mathrm{a}})\sin(\theta+120°) \\ Q_3 = (i_{\mathrm{A}}i_{\mathrm{c}} + i_{\mathrm{B}}i_{\mathrm{a}} + i_{\mathrm{C}}i_{\mathrm{b}})\sin(\theta-120°) \end{cases} \tag{6.6.33}$$

注意：公式（6.6.32）是在磁路线性且磁动势在空间按正弦分布的假定条件下得出来的，但对定、转子电流的波形未作任何假定，式中的电流都是瞬时值。因此，式（6.6.32）电磁转矩公式完全适用于变频器供电的含有电流谐波的三相交流异步电动机调速系统。

4）电力拖动系统运动方程

在一般情况下，电力拖动系统的运动方程是

$$\frac{J}{n_\mathrm{p}}\frac{\mathrm{d}\omega}{\mathrm{d}t}=T_\mathrm{e}-T_\mathrm{L}-\frac{D}{n_\mathrm{p}}\omega-\frac{K}{n_\mathrm{p}}\theta \qquad (6.6.34)$$

式中，T_L 为负载转矩；J 为传动系统的转动惯量；D 为与转速成正比的转矩阻尼系数；K 为扭转弹性转矩系数。

对于恒转矩负载，式（6.6.34）中：

$$\begin{cases} D=0 \\ K=0 \end{cases} \qquad (6.6.35)$$

则式（6.6.34）为

$$\frac{J}{n_\mathrm{p}}\frac{\mathrm{d}\omega}{\mathrm{d}t}=T_\mathrm{e}-T_\mathrm{L} \qquad (6.6.36)$$

将式（6.6.16）、式（6.6.23）、式（6.6.32）和式（6.6.36）综合起来，结合：

$$\omega=\frac{\mathrm{d}\theta}{\mathrm{d}t}$$

便构成在恒转矩负载（T_L）下三相交流异步电动机的多变量、非线性、强耦合、时变参数的数学模型，用自控原理的结构图表示如图 6.6.3 所示。

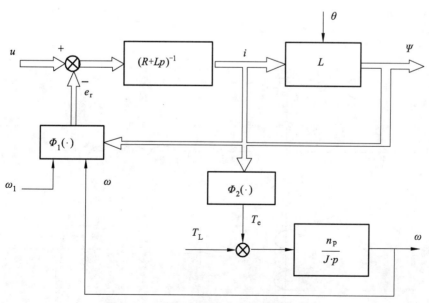

图 6.6.3　三相交流异步电动机数学模型

图 6.6.3 是图 6.6.1 模型结构的具体体现，表明三相交流异步电动机的数学模型的下列具体性质：

（1）从对象的角度看，三相交流异步电动机可以看作一个双输入、双输出的系统，输入量是电压激励向量 $(\bar{u}_s)$ 和定子输入角频率 (ω_1)，输出量是磁链向量 $(\bar{\Psi})$ 和转子角速度 (ω)。电流向量 $(\bar{I})$ 可以看作是状态变量，它和磁链向量 $(\bar{\Psi})$ 之间关系由式（6.6.16）确定，当然磁路要线性。

（2）非线性因素存在于两个环节，$\Phi_1(\cdot)$ 和 $\Phi_2(\cdot)$ 中，即存在于产生旋转电动势 (e_r) 和电磁转矩 (T_e) 两个环节上；还包含在电感矩阵 (L) 中，旋转电动势和电磁转矩的非线性关系和直流电机弱磁控制的情况相似，只是关系更复杂一些。

（3）多变量之间的耦合关系主要也体现在 $\Phi_1(\cdot)$ 和 $\Phi_2(\cdot)$ 两个环节上，特别是产生旋转电动势 (e_r) 的 $\Phi_1(\cdot)$ 对三相交流异步电动机内部的影响最大。

6.6.3 坐标变换与变换矩阵

上节虽已推导出三相交流异步电动机的动态数学模型，但是，要分析和求解这组非线性方程显然是十分困难的，甚至在经典控制理论中，根本没有方法可以求解。在实际应用中必须设法予以处理、简化，基本方法是坐标变换。同时域的微积分方程经过拉普拉斯（Laplace）变换后就成为代数方程一样，经过坐标变换后，三相交流异步电动机就表现为直流电机的性质。

1. 坐标变换的基本思路

从上节推导出的三相交流异步电动机动态数学模型的过程中可以看出，这个数学模型之所以复杂，关键是因为有 6 阶时变电感系数矩阵，它体现了影响磁链和受磁链影响的复杂关系。因此，要简化数学模型，必须从简化磁链关系入手。

直流电机的数学模型比较简单，先分析一下直流电机中的磁链关系。如图 6.6.4 所示为二极直流电机的物理模型。

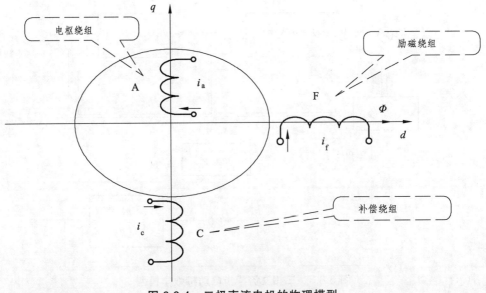

图 6.6.4 二极直流电机的物理模型

图 6.6.4 中，F 为励磁绕组，A 为电枢绕组，C 为补偿绕组。F 和 C 都在定子上，只有 A 是在转子上。

把励磁绕组（F）的轴线称作直轴（或 d 轴（Direct Axis）），主磁通（Φ）的方向就是沿着 d 轴的；A 和 C 的轴线则称为交轴（或 q 轴（Quadrature Axis））。

虽然电枢绕组（A）自身是旋转的，但电枢绕组通过换向器和电刷与外部直流电源相接，相应的电枢绕组线圈通电。电刷将闭合的电枢绕组分成两条支路。当一条支路中的导线经过正电刷归入另一条支路中时，在负电刷下又有一根导线补回来。因此，直流电机的换向器实际上就是"机械式变流器"。

这样，电刷两侧每条支路中导线的电流方向总是相同的，因此，电枢磁动势的轴线始终被电刷限定在 q 轴位置上，其效果好象一个在 q 轴上存在虚拟静止的绕组一样。

但实际上电枢绕组是旋转的，会切割 d 轴的磁通而产生旋转电动势，这又和真正静止的绕组不同，通常把这种等效的静止绕组称作"伪静止绕组"（Pseudo-Stationary Coils，PSC）。

电枢磁动势的作用可以用补偿绕组产生磁动势抵消，或者由于其作用方向与 d 轴垂直而对主磁通影响甚微，所以直流电机的主磁通基本上可唯一地由励磁绕组（F）的励磁电流决定，这是直流电机的数学模型及其控制系统比较简单的根本原因。

如果能将图 6.6.2 的交流电机的物理模型等效地变换成类似直流电机的模型，分析和控制就可以大大简化。坐标变换正是按照这个思路进行的。

不同电机模型彼此等效的原则是在不同坐标系下所产生的磁动势完全一致。

众所周知，三相交流异步电机对称的静止绕组 A、B、C 通以三相对称的正弦电流时，所产生的合成磁动势是旋转磁动势（$\bar{F}$），此合成磁动势在空间呈正弦分布，以同步转速（ω_1）（即定子电源的角频率）顺着 A→B→C 的相序旋转。物理模型如图 6.6.5 所示。

然而，旋转磁动势（$\bar{F}$）并不一定必须为三相，可以为单相、二相、三相、四相等任意对称的多相绕组，再通以平衡、对称的多相电流，都能产生旋转磁动势，当然以两相最为简单。

图 6.6.5（b）中两相静止绕组 α 和 β，它们在空间互差 90°，通以时间上互差 90°的两相平衡、对称交流电流，同样可以产生旋转磁动势（$\bar{F}$）。

当图 6.6.5（a）和图 6.6.5（b）的两个旋转磁动势大小和转速都相等时，即可认为图 6.6.5（b）和图 6.6.5（a）等效。

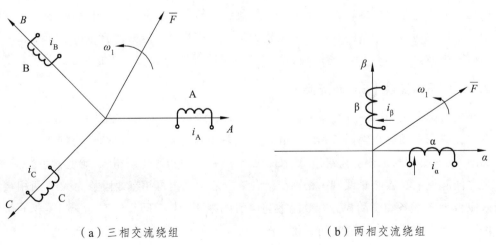

（a）三相交流绕组　　　　　　　　（b）两相交流绕组

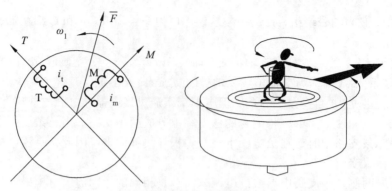

（c）旋转的直流绕组

图 6.6.5　三相交流异步电动机坐标变换的原理图

图 6.6.5（c）中的两个匝数相等且互相垂直的绕组 M 和 T，其中分别通以直流电流 i_m 和 i_t，产生旋转磁动势 $(\vec{F})$，旋转磁动位置相对于转子绕组来说是固定的。

如果让包含两个绕组在内的整个铁芯以同步转速旋转，则旋转磁动势 $(\vec{F})$ 自然也随之旋转起来，成为旋转磁动势。

把这个由直流电源在直流等效绕组中产生旋转磁动势的大小和转速也控制成与图 6.6.5（a）和图 6.6.5（b）中的磁动势一样，那么这组旋转的直流绕组也就和前面两组固定的交流绕组都等效了。当观察者也站到铁芯上和绕组一起旋转时，在观察者看来，互相垂直的绕组 M 和 T 是两个施加直流电源而相互垂直的静止绕组。

如果控制磁通的位置在绕组 M 轴上，就和直流电机物理模型没有本质上的区别了。这时，绕组 M 相当于励磁绕组，绕组 T 相当于"伪静止"的电枢绕组。

由此可见，以产生同样的旋转磁动势 $(\vec{F})$ 为准则，图 6.6.5（a）的三相交流绕组、图 6.6.5（b）的两相交流绕组和图 6.6.5（c）中整体旋转的直流绕组彼此等效。或者说，在三相坐标系下的 i_A、i_B、i_C 在两相坐标系下的 i_α、i_β 在两相旋转坐标系下的直流 i_M、i_T 是等效的，它们能产生相同的旋转磁动势 $(\vec{F})$。

就图 6.6.5（c）中的 M 绕组和 T 绕组而言，当观察者站在地面看上去，M 绕组和 T 绕组是与三相交流绕组等效的旋转直流绕组；如果跳到旋转着的铁芯上看，它们就是一个直流电机模型。这样，通过坐标系的变换，可以找到与三相交流绕组等效的直流电机模型。

如何求出 i_A、i_B、i_C 与 i_α、i_β 和 i_M、i_T 之间准确的等效关系，这就是坐标变换的任务。

2. 三相/两相变换（3s/2s 变换）

现在先考虑上述的第一种坐标变换。在三相静止绕组 A、B、C 和两相静止绕组 α、β 之间的变换，或称三相静止坐标系和两相静止坐标系间的变换，简称 3s/2s 变换。

如图 6.6.6 所示为三相静止绕组 A、B、C 坐标系和两相静止绕组 α、β 坐标系。

为方便起见，取 A 相轴线和 α 相轴线重合。设三相绕组每相有效匝数为 N_3，两相绕组每相有效匝数为 N_2，各相磁动势为有效匝数与电流的乘积，其空间矢量均位于相关相的坐标轴上。由于交流磁动势的大小随时间变化，图 6.6.6 中磁动势矢量的幅值是变化的。

288

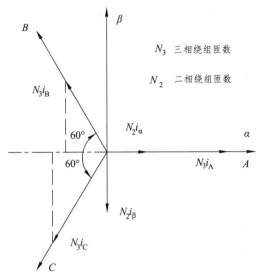

图 6.6.6　三相及两相静止坐标系与相应的磁动势空间矢量关系

设磁动势波形为正弦分布，当三相总磁动势与两相总磁动势相等时，两套绕组瞬时磁动势在 α、β 轴上的投影都应相等，即

$$\begin{cases} N_2 \cdot i_\alpha = N_3 \cdot i_A - N_3 \cdot i_B \cos 60° - N_3 \cdot i_C \cos 60° \\ N_2 \cdot i_\beta = N_3 \cdot i_B \sin 60° - N_3 \cdot i_C \sin 60° \end{cases}$$

把相应的参数代入，则得到

$$\begin{cases} N_2 \cdot i_\alpha = N_3 \cdot \left(i_A - \dfrac{1}{2} i_B - \dfrac{1}{2} i_C \right) \\ N_2 \cdot i_\beta = \dfrac{\sqrt{3}}{2} N_3 \cdot (i_B - i_C) \end{cases} \tag{6.6.37}$$

整理成矩阵形式，得

$$\begin{bmatrix} i_\alpha \\ i_\beta \end{bmatrix} = \frac{N_3}{N_2} \begin{bmatrix} 1 & -\dfrac{1}{2} & -\dfrac{1}{2} \\ 0 & \dfrac{\sqrt{3}}{2} & -\dfrac{\sqrt{3}}{2} \end{bmatrix} \begin{bmatrix} i_A \\ i_B \\ i_C \end{bmatrix} \tag{6.6.38}$$

式（6.6.38）有三个变量和两个约束方程，在其解空间中，没有唯一解。

为了得到唯一的解，可以增加约束条件，考虑变换前后总功率不变，在此前提下，可以证明，匝数比应为

$$\frac{N_3}{N_2} = \sqrt{\frac{2}{3}} \tag{6.6.39}$$

将式（6.6.39）代入式（6.6.38），得

$$\begin{bmatrix} i_\alpha \\ i_\beta \end{bmatrix} = \sqrt{\frac{2}{3}} \begin{bmatrix} 1 & -\dfrac{1}{2} & -\dfrac{1}{2} \\ 0 & \dfrac{\sqrt{3}}{2} & -\dfrac{\sqrt{3}}{2} \end{bmatrix} \begin{bmatrix} i_A \\ i_B \\ i_C \end{bmatrix} \tag{6.6.40}$$

令 $C_{3/2}$ 表示从三相静止坐标系变换到两相静止坐标系的变换矩阵，即

$$C_{3/2} = \sqrt{\frac{2}{3}} \begin{bmatrix} 1 & -\dfrac{1}{2} & -\dfrac{1}{2} \\ 0 & \dfrac{\sqrt{3}}{2} & -\dfrac{\sqrt{3}}{2} \end{bmatrix} \tag{6.6.41}$$

如果要从两相静止坐标系变换到三相静止坐标系（简称 2s/3s 变换），可利用增广矩阵的方法先把 $C_{3/2}$ 扩成方阵，求其逆矩阵后，再除去增加的一列，即

$$C_{3/2} = \sqrt{\frac{2}{3}} \begin{bmatrix} 1 & 0 \\ -\dfrac{1}{2} & \dfrac{\sqrt{3}}{2} \\ -\dfrac{1}{2} & -\dfrac{\sqrt{3}}{2} \end{bmatrix} \tag{6.6.42}$$

在工程中，有一种特殊情形，即，如果三相绕组是 Y 形连接且不带零线，则有

$$i_A + i_B + i_C = 0 \tag{6.6.43}$$

或

$$i_C = -(i_A + i_B) \tag{6.6.44}$$

代入式（6.6.40），并整理得

$$\begin{bmatrix} i_\alpha \\ i_\beta \end{bmatrix} = \begin{bmatrix} \sqrt{\dfrac{3}{2}} & 0 \\ \dfrac{1}{\sqrt{2}} & \sqrt{2} \end{bmatrix} \begin{bmatrix} i_A \\ i_B \end{bmatrix} \tag{6.6.45}$$

以及

$$\begin{bmatrix} i_A \\ i_B \end{bmatrix} = \begin{bmatrix} \sqrt{\dfrac{2}{3}} & 0 \\ -\dfrac{1}{\sqrt{6}} & \dfrac{1}{\sqrt{2}} \end{bmatrix} \begin{bmatrix} i_\alpha \\ i_\beta \end{bmatrix} \tag{6.6.46}$$

按照所采用的条件，电流变换阵也就是电压变换阵。同时还可证明，它也是磁链变换阵。匦比满足式（6.6.39）的特殊变换，也称 Clarke 变换。

3. 两相静止-两相旋转变换（2s/2r 变换）

从图 6.6.5（a）三相静止坐标、图 6.6.5（b）两相静止坐标和图 6.6.5（c）两相旋转坐标中，把两相静止坐标系到两相旋转坐标系 M、T 的变换称作旋转变换，简称 2s/2r 变换，其中"s"表示静止，"r"表示旋转。

把两相静止坐标系（$\alpha\beta$）、两相旋转坐标系（MT）画在一起，如图 6.6.7 所示。

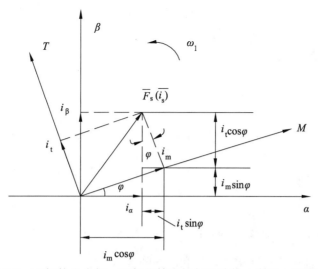

图 6.6.7　两相静止坐标、两相旋转坐标与磁动势（电流）空间矢量

图 6.6.7 中，两相静止坐标系（$\alpha\beta$）中交流电流 i_α、i_β 和两相旋转坐标系（MT）直流电流 i_m、i_t 产生同样的以同步转速 (ω_1) 旋转的合成磁动势 ($\overline{F}_s$)。由于各绕组匝数都相等（即使不相等，通过折算也可以等效），可以消去磁动势中的匝数，直接用电流表示，例如合成磁动势可以直接表示成 $\vec{i}_s$。

但必须注意，这里的电流是空间矢量，而不是时间相量。在图 6.6.7 中，两相旋转坐标系的 M 轴、T 轴和空间矢量 ($\overline{F}_s$, $\vec{i}_s$) 都以同步转速 (ω_1) 旋转，分量 i_m、i_t 的大小不变，相当于 M 绕组、T 绕组的直流磁动势。

但 α、β 轴是静止的，α 轴与 M 轴的夹角 (φ) 随时间而变化，因此 $\vec{i}_s$ 在 α、β 轴上的分量的大小也随时间而变化，相当于交流磁动势的瞬时值。根据图 6.6.7，i_α、i_β 和 i_m、i_t 之间存在下列关系：

$$\begin{cases} i_\alpha = i_m \cos\varphi - i_t \sin\varphi \\ i_\beta = i_m \sin\varphi + i_t \cos\varphi \end{cases} \tag{6.6.47}$$

写成矩阵形式，得

$$\begin{bmatrix} i_\alpha \\ i_\beta \end{bmatrix} = \begin{bmatrix} \cos\varphi & -\sin\varphi \\ \sin\varphi & \cos\varphi \end{bmatrix} \begin{bmatrix} i_m \\ i_t \end{bmatrix} \overset{\Delta}{=} \boldsymbol{C}_{2r/2s} \begin{bmatrix} i_m \\ i_t \end{bmatrix} \tag{6.6.48}$$

式中，$\boldsymbol{C}_{2r/2s}$ 为两相旋转坐标系变换到两相静止坐标系的变换矩阵。

$$C_{2r/2s} = \begin{bmatrix} \cos\varphi & -\sin\varphi \\ \sin\varphi & \cos\varphi \end{bmatrix} \tag{6.6.49}$$

式（6.6.49）两边都左乘变换阵的逆矩阵 ($\boldsymbol{C}_{2s/2r}$)：

$$C_{2s/2r} = \begin{bmatrix} \cos\varphi & -\sin\varphi \\ \sin\varphi & \cos\varphi \end{bmatrix}^{-1} = \begin{bmatrix} \cos\varphi & \sin\varphi \\ -\sin\varphi & \cos\varphi \end{bmatrix} \tag{6.6.50}$$

得到

$$\begin{bmatrix} i_{\mathrm{m}} \\ i_{\mathrm{t}} \end{bmatrix} = \boldsymbol{C}_{2s/2r} \begin{bmatrix} i_{\alpha} \\ i_{\beta} \end{bmatrix}$$

代入式（6.6.50），得

$$\begin{bmatrix} i_{\mathrm{m}} \\ i_{\mathrm{t}} \end{bmatrix} = \begin{bmatrix} \cos\varphi & -\sin\varphi \\ \sin\varphi & \cos\varphi \end{bmatrix}^{-1} \begin{bmatrix} i_{\alpha} \\ i_{\beta} \end{bmatrix}$$

求出逆矩阵，则可以得到

$$\begin{bmatrix} i_{\mathrm{m}} \\ i_{\mathrm{t}} \end{bmatrix} = \begin{bmatrix} \cos\varphi & \sin\varphi \\ -\sin\varphi & \cos\varphi \end{bmatrix} \begin{bmatrix} i_{\alpha} \\ i_{\beta} \end{bmatrix} \tag{6.6.51}$$

式（6.6.50）变换矩阵也适用于电压和磁链的变换。

4. 直角坐标/极坐标变换（K/P 变换）

在图 6.6.7 中，令电流空间矢量（$\vec{i}_s$）和 M 轴的夹角为 θ_s，已知 i_{m}、i_{t}，求出电流空间矢量（$\vec{i}_s$）和 θ_s，就是直角坐标/极坐标变换（K/P 变换）。显然，其变换式应为

$$\begin{cases} \left| \vec{i}_s \right| = \sqrt{i_{\mathrm{m}}^2 + i_{\mathrm{t}}^2} \\ \theta_s = \arctan\left(\dfrac{i_{\mathrm{t}}}{i_{\mathrm{m}}} \right) \end{cases} \tag{6.6.52}$$

当 θ_s 的变化为

$$\theta_s \in [0°,\ 90°] \tag{6.6.53}$$

时，定义函数 $f(\theta_s)$：

$$f(\theta_s) = \tan(\theta_s) \tag{6.6.54}$$

值域为

$$f(\theta_s) \in [0,\ \infty] \tag{6.6.55}$$

因函数 $f(\theta_s)$ 变化幅度太大，很难在实际变换器中实现，因此常改用半角万能公式来表示 θ_s 值，即

$$\tan\frac{\theta_s}{2} = \frac{\sin\dfrac{\theta_s}{2}}{\cos\dfrac{\theta_s}{2}} \tag{6.6.56}$$

变换得到

$$\tan\frac{\theta_s}{2} = \frac{\sin\dfrac{\theta_s}{2}\left(2\cos\dfrac{\theta_s}{2} \right)}{\cos\dfrac{\theta_s}{2}\left(2\cos\dfrac{\theta_s}{2} \right)}$$

化简，得到

$$\tan\frac{\theta_s}{2} = \frac{\sin\theta_s}{1+\cos\theta_s}$$

即

$$\tan\frac{\theta_s}{2} = \frac{i_t}{i_s+i_m} \tag{6.6.57}$$

则

$$\theta_s = 2\arctan\frac{i_t}{i_s+i_m} \tag{6.6.58}$$

式（6.6.58）可用来代替式（6.6.52），作为 θ_s 的变换式。

6.6.4 三相交流异步电动机在两相坐标系上的数学模型

前已指出，三相交流异步电动机的数学模型比较复杂，坐标变换的目的是进行简化。

6.2 节的三相交流异步电机数学模型是建立在三相静止的 ABC 定子坐标系上的，如果把它变换到两相坐标系上，由于两相坐标轴互相垂直，两相绕组之间没有磁耦合，仅此一点，就会使数学模型简单许多。

1. 三相交流异步电机在两相任意旋转坐标系（dq 坐标系）上的数学模型

两相坐标系可以是静止的，也可以是旋转的，其中以任意速度旋转坐标系（dq 坐标系）为最一般的情况。有了这种情况下的数学模型，要求出某一具体两相坐标系上的数学模型就比较容易了。设任意速度旋转坐标系（dq 坐标系）d 轴与三相静止坐标系 A 轴的夹角为 θ_s，如图 6.6.8 所示。

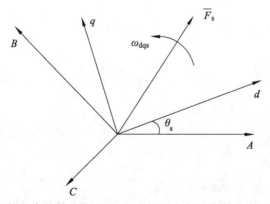

图 6.6.8 两相任意旋转坐标系（dq 坐标系）与三相静止坐标系间的关系

图 6.6.8 中，dq 轴坐标系的旋转速度（ω_{dqs}）：

$$\omega_{dqs} = \frac{d\theta_s}{dt} \tag{6.6.59}$$

它是 dq 坐标系相对于定子绕组的角转速，dq 坐标系相对于转子绕组的角转速为 ω_{dqr}。

要把三相静止坐标系上交流异步电机的电压方程、磁链方程和转矩方程都变换到两相旋转坐标系上来，可以先利用 3s/2s 变换将相关方程式中定子、转子的电压、电流、磁链和转矩都变换到两相静止坐标系（$\alpha\beta$）上，然后再用旋转变换阵（$C_{2s/2r}$）将这些变量变换到两相旋转坐标系（dq）上，变换流程如图 6.6.9 所示。

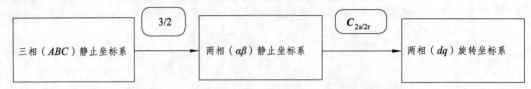

图 6.6.9　三相静止坐标到任意旋转坐标的变换流程

具体的变换运算比较复杂，可参看相关的参考书目，变换过程如下：

1）磁链方程

在 dq 坐标系中，磁链方程为

$$\begin{bmatrix} \Psi_{sd} \\ \Psi_{sq} \\ \Psi_{rd} \\ \Psi_{rq} \end{bmatrix} = \begin{bmatrix} L_s & 0 & L_m & 0 \\ 0 & L_s & 0 & L_m \\ L_m & 0 & L_r & 0 \\ 0 & L_m & 0 & L_r \end{bmatrix} \cdot \begin{bmatrix} i_{sd} \\ i_{sq} \\ i_{rd} \\ i_{rq} \end{bmatrix} \tag{6.6.60}$$

也可以写为

$$\begin{cases} \Psi_{sd} = L_s i_{sd} + L_m i_{rd} \\ \Psi_{sq} = L_s i_{sd} + L_m i_{rq} \\ \Psi_{rd} = L_m i_{sd} + L_r i_{rd} \\ \Psi_{rq} = L_m i_{sd} + L_r i_{rq} \end{cases} \tag{6.6.61}$$

式中，L_m 为 dq 坐标系定子、转子同轴等效绕组间的互感，

$$L_m = \frac{3}{2} L_{ms} \tag{6.6.62}$$

L_s 为 dq 轴坐标系定子等效两相绕组的自感，

$$L_s = \frac{3}{2} L_{ms} + L_{ls} = L_m + L_{ls} \tag{6.6.63}$$

L_r 为 dq 轴坐标系转子等效两相绕组的自感，

$$L_r = \frac{3}{2} L_{ms} + L_{lr} = L_m + L_{lr} \tag{6.6.64}$$

两相绕组互感（L_m）是原三相绕组中任意两相间最大互感的 3/2 倍，因为用两相绕组等效地取代了三相绕组。三相交流异步电机变换到 dq 坐标系上的数学模型如图 6.6.10 所示。

294

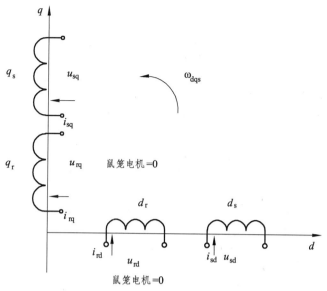

图 6.6.10　三相交流异步电机变换到 dq 坐标系上的物理模型

在图 6.6.10 中，定子、转子的等效绕组都同样落在 d 轴和 q 轴上，而且 d 轴和 q 轴互相垂直，它们之间没有耦合关系，互感磁链只在同轴绕组间存在，所以式（6.6.60）、式（6.6.61）中每个磁链分量只剩下两项，电感矩阵比 ABC 坐标系的（6×6）矩阵简单多了。

2）电压方程

dq 坐标系中，电压方程略去零轴分量后为

$$\begin{cases} u_{sd} = R_s i_{sd} + p\Psi_{sd} - \omega_{dqs}\Psi_{sq} \\ u_{sq} = R_s i_{sq} + p\Psi_{sq} - \omega_{dqs}\Psi_{sd} \\ u_{rd} = R_r i_{rd} + p\Psi_{rd} - \omega_{dqs}\Psi_{rq} \\ u_{rq} = R_r i_{rq} + p\Psi_{rq} - \omega_{dqs}\Psi_{rd} \end{cases} \tag{6.6.65}$$

将磁链方程式（6.6.61）代入式（6.6.65），得到 dq 坐标系中的电压-电流约束方程为

$$\begin{bmatrix} u_{sd} \\ u_{sq} \\ u_{rd} \\ u_{rq} \end{bmatrix} = \begin{bmatrix} R_s + L_s p & -\omega_{dqs}L_s & L_m p & -\omega_{dqs}L_m \\ \omega_{dqs}L_s & R_s + L_s p & \omega_{dqs}L_m & L_m p \\ L_m p & -\omega_{dqr}L_m & R_r + L_r p & -\omega_{dqr}L_r \\ \omega_{dqr}L_m & L_m p & \omega_{dqr}L_r & R_r + L_r p \end{bmatrix} \cdot \begin{bmatrix} i_{sd} \\ i_{sq} \\ i_{rd} \\ i_{rq} \end{bmatrix} \tag{6.6.66}$$

对比式（6.6.66）和式（6.6.3）可知，两相坐标系上的电压方程是 4 维的，它比三相坐标系上的 6 维电压方程降低了 2 维。

在电压方程式（6.6.66）等号右侧的系数矩阵中，含电阻（R）项表示电阻压降，含 L 项表示电感压降，即脉动电动势，含 ω 项表示旋转电动势。为了使物理概念更清楚，可以把它们分开写：

$$\bar{u} = \bar{R} \cdot \bar{i} + \bar{L} \cdot \dot{\bar{i}} + \bar{\omega} \cdot \bar{\Psi} \tag{6.6.67}$$

式中，$\bar{u}$、$\bar{i}$、$\bar{\Psi}$、$\bar{R}$、$\bar{L}$、$\bar{\omega}$ 分别为

295

$$\begin{cases} \bar{u} = [u_{sd} \quad u_{sq} \quad u_{rd} \quad u_{rq}]^T \\ \bar{i} = [i_{sd} \quad i_{sq} \quad i_{rd} \quad i_{rq}]^T \\ \bar{\Psi} = [\Psi_{sd} \quad \Psi_{sq} \quad \Psi_{rd} \quad \Psi_{rq}]^T \end{cases}$$

$$\bar{R} = \begin{bmatrix} R_s & 0 & 0 & 0 \\ 0 & R_s & 0 & 0 \\ 0 & 0 & R_r & 0 \\ 0 & 0 & 0 & R_r \end{bmatrix}, \quad \bar{L} = \begin{bmatrix} L_s p & 0 & L_m p & 0 \\ 0 & L_s p & 0 & L_m p \\ L_m p & 0 & L_r p & 0 \\ 0 & L_m p & 0 & L_r p \end{bmatrix}$$

$$\bar{\omega} = \begin{bmatrix} 0 & -\omega_{dqs} & 0 & 0 \\ \omega_{dqs} & 0 & 0 & 0 \\ 0 & 0 & 0 & -\omega_{dqr} \\ 0 & 0 & \omega_{dqr} & 0 \end{bmatrix}$$

旋转电动势向量 $(\bar{e}_r)$，可以表示为

$$\bar{e}_r = \bar{\omega} \cdot \bar{\Psi} \tag{6.6.68}$$

写成矢量形式，得到

$$\bar{u} = \bar{R} \cdot \bar{i} + \bar{L} \cdot \bar{i} + \bar{e}_r \tag{6.6.69}$$

式（6.6.69）就是三相交流异步电机非线性动态电压方程式。与 6.6.2 节中三相静止 ABC 坐标系方程不同的是：此处电感矩阵 $(\bar{L})$ 变为（4×4）常系数线性矩阵，而整个电压方程也降低为 4 维方程。

3）转矩和运动方程

dq 坐标系上的转矩方程为

$$T_e = n_p L_m (i_{sq} \cdot i_{rd} - i_{sd} \cdot i_{rq}) \tag{6.6.70}$$

而运动方程与坐标变换无关，仍为

$$\frac{J}{n_p} \cdot \frac{d\omega}{dt} = T_e - T_L \tag{6.6.71}$$

式中，ω 为三相交流异步电机转子电气角速度，表达式为

$$\omega = \omega_{dqs} - \omega_{dqr} \tag{6.6.72}$$

式（6.6.61）、式（6.6.65）、式（6.6.66）或式（6.6.71）以及

$$\omega = \frac{d\theta}{dt}$$

构成三相交流异步电动机在两相任意旋转坐标系（dq 坐标系）上的数学模型。它比三相静止 ABC 坐标系上的数学模型简单得多，阶次也降低了，但其非线性、多变量、强耦合、时变参数的性质并未改变。

将式（6.6.65）或式（6.6.66）的 dq 轴电压方程绘成动态等效电路，如图 6.6.11 所示。

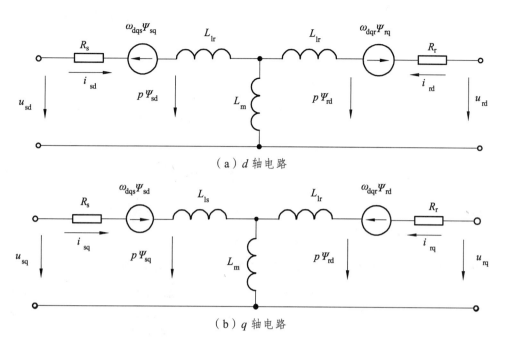

（a）d 轴电路

（b）q 轴电路

图 6.6.11　三相交流异步电机在任意速度旋转坐标系上的动态等效电路

其中 d 轴、q 轴等效电路之间靠 4 个旋转电动势互相耦合。图 6.6.11 中所有表示电压或电动势的箭头方向都为电压降（理想正方向）方向。

2. 三相交流异步电动机在两相静止坐标系（$\alpha\beta$ 坐标系）上的数学模型

在两相静止 $\alpha\beta$ 坐标系上的数学模型是任意速度旋转坐标系（dq 坐标系）数学模型当坐标转速等于零时的特例。此时：

$$\begin{cases} \omega_{dqs} = 0 \\ \omega_{dqr} = -\omega \end{cases} \tag{6.6.73}$$

即 ω_{dqr} 为转子转速的负值，并将下角标 d、q 改成 α、β，则式（6.6.66）的电压矩阵方程变成

$$\begin{bmatrix} u_{s\alpha} \\ u_{s\beta} \\ u_{r\alpha} \\ u_{r\beta} \end{bmatrix} = \begin{bmatrix} R_s + L_s p & 0 & L_m p & 0 \\ 0 & R_s + L_s p & 0 & L_m p \\ L_m p & \omega L_m & R_r + L_r p & \omega L_r \\ -\omega L_m & L_m p & -\omega L_r & R_r + L_r p \end{bmatrix} \cdot \begin{bmatrix} i_{s\alpha} \\ i_{s\beta} \\ i_{r\alpha} \\ i_{r\beta} \end{bmatrix} \tag{6.6.74}$$

而式（6.6.60）的磁链方程变为

$$\begin{bmatrix} \Psi_{s\alpha} \\ \Psi_{s\beta} \\ \Psi_{r\alpha} \\ \Psi_{r\beta} \end{bmatrix} = \begin{bmatrix} L_s & 0 & L_m & 0 \\ 0 & L_s & 0 & L_m \\ L_m & 0 & L_r & 0 \\ 0 & L_m & 0 & L_r \end{bmatrix} \begin{bmatrix} i_{s\alpha d} \\ i_{s\beta q} \\ i_{r\alpha d} \\ i_{r\beta q} \end{bmatrix} \tag{6.6.75}$$

利用两相旋转变换阵（$C_{2s/2r}$），可得

$$\begin{cases} i_{sd} = i_{s\alpha}\cos\theta + i_{s\beta}\sin\theta \\ i_{sq} = -i_{s\alpha}\sin\theta + i_{s\beta}\cos\theta \\ i_{rd} = i_{r\alpha}\cos\theta + i_{r\beta}\sin\theta \\ i_{rq} = -i_{r\alpha}\sin\theta + i_{r\beta}\cos\theta \end{cases} \tag{6.6.76}$$

代入式（6.6.70）并整理后，即得到 $\alpha\beta$ 坐标系上的电磁转矩（T_e）：

$$T_e = n_p L_m (i_{s\beta} \cdot i_{r\alpha} - i_{s\alpha} \cdot i_{r\beta}) \tag{6.6.77}$$

式（6.6.74）~ 式（6.6.77）再加上运动方程式（6.6.71）便成为 $\alpha\beta$ 坐标系上的三相交流异步电动机数学模型。

两相静止坐标系上的数学模型又称作 Kron 三相交流异步电动机方程式或双轴原型电机（Two Axis Primitive Machine）基本方程式。

3. 三相交流异步电动机在两相同步旋转坐标系上的数学模型

另一种很有用的坐标系是两相同步旋转坐标系，其坐标轴仍用 d、q 表示，只是坐标轴的旋转速度（ω_{dqs}）等于定子频率的同步角转速（ω_1），而转子的角转速为 ω，因此 d、q 轴相对于转子的角转速为

$$\omega_{dqr} = \omega_1 - \omega = \omega_s \tag{6.6.78}$$

即转差角频率。

代入式（6.6.66），得两相同步旋转坐标系上的电压方程：

$$\begin{bmatrix} u_{sd} \\ u_{sq} \\ u_{rd} \\ u_{rq} \end{bmatrix} = \begin{bmatrix} R_s + L_s p & -\omega_1 L_s & L_m p & -\omega_1 L_m \\ \omega_1 L_s & R_s + L_s p & \omega_1 L_m & L_s p \\ L_m p & -\omega_1 L_m & R_r + L_r p & -\omega_s L_r \\ \omega_s L_m & L_m p & \omega_s L_r & R_r + L_r p \end{bmatrix} \cdot \begin{bmatrix} i_{sd} \\ i_{sq} \\ i_{rd} \\ i_{rq} \end{bmatrix} \tag{6.6.79}$$

在两相同步旋转坐标系上，磁链方程、转矩方程和运动方程均不变。两相同步旋转坐标系的突出特点是：当三相 ABC 坐标系中的电压和电流是交流正弦时，变换到 dq 坐标系上就成为直流。

6.6.5 从控制的观点来描述三相交流异步电动机

在两相坐标系上，如何用状态方程描述三相交流异步电机非常重要，利用状态方程来分析三相交流异步电机也是对其控制的必然方向。

对作为控制系统研究和分析基础的数学模型（过去经常使用矩阵方程），下面将介绍如何从矩阵方程构造控制需要的状态方程。

为了简单起见，这里只讨论两相同步旋转坐标系 dq 轴上的状态方程，如果需要其他类型的两相坐标，只需稍加变换，就可以得到。基于前面的分析结果，在两相坐标系上的三相交流异步电动机具有 4 阶电压方程和 1 阶运动方程，因此其状态方程也应该是 5 阶的，需选取 5 个状态变量，而可选的变量共有 9 个，即转速（ω）、4 个电流变量 i_{sd}、i_{sq}、i_{rd}、i_{rq} 和 4 个

磁链变量 Ψ_{sd}、Ψ_{sq}、Ψ_{rd}、Ψ_{rq}，共有 C_9^5 种状态方程的选择方法。

转子电流（i_{rd}、i_{rq}）是不可测的（实际工程上的不可测，尤其对鼠笼电机），一般不选为状态变量；定子电流（i_{sd}、i_{sq}）与转子磁链（Ψ_{rd}、Ψ_{rq}）往往可以选为状态变量；电机的定子电流（i_{sd}、i_{sq}）与定子磁链（Ψ_{sd}、Ψ_{sq}）也可以选为状态变量。下面结合具体的工程实际，举几种实用的选择方法。

1. 以速度-转子磁链-定子电流（$\omega - \bar{\Psi}_r - \bar{i}_s$）为状态变量的状态方程

根据式（6.6.61）表示的 dq 坐标系上的磁链方程，即

$$\begin{cases} \Psi_{sd} = L_s i_{sd} + L_m i_{rd} \\ \Psi_{sq} = L_s i_{sq} + L_m i_{rq} \\ \Psi_{rd} = L_m i_{sd} + L_r i_{rd} \\ \Psi_{rq} = L_m i_{sq} + L_r i_{rq} \end{cases}$$

和式（6.6.65）表示的以任意速度旋转的坐标系上的电压方程：

$$\begin{cases} u_{sd} = R_s i_{sd} + p\Psi_{sd} - \omega_{dqs}\Psi_{sq} \\ u_{sq} = R_s i_{sq} + p\Psi_{sq} - \omega_{dqs}\Psi_{sd} \\ u_{rd} = R_r i_{rd} + p\Psi_{rd} - \omega_{dqr}\Psi_{rq} \\ u_{rq} = R_r i_{rq} + p\Psi_{rq} - \omega_{dqr}\Psi_{rd} \end{cases}$$

对于同步速度旋转坐标系，有

$$\begin{cases} \omega_{dqs} = \omega_1 \\ \omega_{dqr} = \omega_1 - \omega = \omega_s \end{cases} \tag{6.6.80}$$

对于鼠笼型三相交流异步电机，转子绕组内部短路，所以

$$\begin{cases} u_{rd} = 0 \\ u_{rq} = 0 \end{cases} \tag{6.6.81}$$

代入式（6.6.65），则可以得到

$$\begin{cases} u_{sd} = R_s i_{sd} + p\Psi_{sd} - \omega_1\Psi_{sq} \\ u_{sq} = R_s i_{sq} + p\Psi_{sq} + \omega_1\Psi_{sd} \\ 0 = R_r i_{rd} + p\Psi_{rd} - (\omega_1 - \omega)\Psi_{rq} \\ 0 = R_r i_{rq} + p\Psi_{rq} + (\omega_1 - \omega)\Psi_{rd} \end{cases} \tag{6.6.82}$$

由式（6.6.61）中第 3、4 两式可解出

$$\begin{cases} i_{rd} = \dfrac{1}{L_r}(\Psi_{rd} - L_m i_{sd}) \\ \\ i_{rq} = \dfrac{1}{L_r}(\Psi_{rq} - L_m i_{sq}) \end{cases} \tag{6.6.83}$$

代入式（6.6.70）的电磁转矩计算公式，得

$$T_{\mathrm{e}} = \frac{n_{\mathrm{p}} L_{\mathrm{m}}}{L_{\mathrm{r}}} (i_{\mathrm{sq}} \Psi_{\mathrm{rd}} - L_{\mathrm{m}} i_{\mathrm{sd}} i_{\mathrm{sq}} - i_{\mathrm{sd}} \Psi_{\mathrm{rq}} + L_{\mathrm{m}} i_{\mathrm{sd}} i_{\mathrm{sq}})$$

化简，整理得到

$$T_{\mathrm{e}} = \frac{n_{\mathrm{p}} L_{\mathrm{m}}}{L_{\mathrm{r}}} (i_{\mathrm{sq}} \Psi_{\mathrm{rd}} - i_{\mathrm{sd}} \Psi_{\mathrm{rq}}) \tag{6.6.84}$$

将式（6.6.61）代入式（6.6.84），消去 i_{rd}、i_{rq}、Ψ_{sd}、Ψ_{sq}，同时将（6.6.84）代入运动方程式（6.6.71），经整理后即得以速度-转子磁链-定子电流 $(\omega - \bar{\Psi}_{\mathrm{r}} - \bar{i}_{\mathrm{s}})$ 为状态变量的状态方程：

$$\begin{cases} \dfrac{\mathrm{d}\omega}{\mathrm{d}t} = \dfrac{n_{\mathrm{p}}^2 L_{\mathrm{m}}}{J \cdot L_{\mathrm{r}}} (i_{\mathrm{sq}} \Psi_{\mathrm{rd}} - i_{\mathrm{sd}} \Psi_{\mathrm{rq}}) - \dfrac{n_{\mathrm{p}}}{J} T_{\mathrm{L}} \\[2mm] \dfrac{\mathrm{d}\Psi_{\mathrm{rd}}}{\mathrm{d}t} = -\dfrac{1}{T_{\mathrm{r}}} \Psi_{\mathrm{rd}} + (\omega_1 - \omega) \Psi_{\mathrm{rq}} + \dfrac{L_{\mathrm{m}}}{T_{\mathrm{r}}} i_{\mathrm{sd}} \\[2mm] \dfrac{\mathrm{d}\Psi_{\mathrm{rq}}}{\mathrm{d}t} = -\dfrac{1}{T_{\mathrm{r}}} \Psi_{\mathrm{rq}} - (\omega_1 - \omega) \Psi_{\mathrm{rd}} + \dfrac{L_{\mathrm{m}}}{T_{\mathrm{r}}} i_{\mathrm{sq}} \\[2mm] \dfrac{\mathrm{d}i_{\mathrm{sd}}}{\mathrm{d}t} = v_1 \Psi_{\mathrm{rd}} + v_2 \omega \Psi_{\mathrm{rq}} - v_3 i_{\mathrm{sd}} + \omega_1 i_{\mathrm{sq}} + \dfrac{u_{\mathrm{sd}}}{\sigma \cdot L_{\mathrm{s}}} \\[2mm] \dfrac{\mathrm{d}i_{\mathrm{sq}}}{\mathrm{d}t} = v_1 \Psi_{\mathrm{rq}} + v_2 \omega \Psi_{\mathrm{rd}} - v_3 i_{\mathrm{sq}} - \omega_1 i_{\mathrm{sd}} + \dfrac{u_{\mathrm{sq}}}{\sigma \cdot L_{\mathrm{s}}} \end{cases} \tag{6.6.85}$$

式中，σ 为交流异步电机漏磁系数；T_{r} 为转子时间常数；σ、T_{r}、v_1、v_2、v_3 表达式为

$$\begin{cases} \sigma = 1 - \dfrac{L_{\mathrm{m}}^2}{L_{\mathrm{s}} \cdot L_{\mathrm{R}}} \\[2mm] T_{\mathrm{r}} = \dfrac{L_{\mathrm{r}}}{R_{\mathrm{r}}} \\[2mm] v_1 = \dfrac{L_{\mathrm{m}}}{\sigma \cdot L_{\mathrm{s}} \cdot L_{\mathrm{r}} \cdot T_{\mathrm{r}}} \\[2mm] v_2 = \dfrac{L_{\mathrm{m}}}{\sigma \cdot L_{\mathrm{s}} \cdot L_{\mathrm{r}}} \\[2mm] v_3 = \dfrac{R_{\mathrm{s}} \cdot L_{\mathrm{r}}^2 + R_{\mathrm{r}} \cdot L_{\mathrm{m}}^2}{\sigma \cdot L_{\mathrm{s}} \cdot L_{\mathrm{r}}^2} \end{cases} \tag{6.6.86}$$

在式（6.6.85）描述的状态方程中，选用的状态变量 (X)、输入变量 (U) 为

$$\begin{cases} X = [\omega \quad \Psi_{\mathrm{rd}} \quad \Psi_{\mathrm{rq}} \quad i_{\mathrm{sd}} \quad i_{\mathrm{sq}}]^{\mathrm{T}} \\[2mm] U = [u_{\mathrm{sd}} \quad u_{\mathrm{sq}} \quad \omega_1 \quad T_{\mathrm{L}}]^{\mathrm{T}} \end{cases} \tag{6.6.87}$$

2. 以速度-定子磁链-定子电流 $(\omega - \bar{\Psi}_{\mathrm{s}} - \bar{i}_{\mathrm{s}})$ 为状态变量的状态方程

状态方程推导同上，只是在把式（6.6.61）代入式（6.6.84）时，消去 i_{rd}、i_{rq}、Ψ_{rd}、Ψ_{rq}，整理后得状态方程为

300

$$\begin{cases} \dfrac{\mathrm{d}\omega}{\mathrm{d}t} = \dfrac{n_{\mathrm{p}}^2}{J \cdot L_{\mathrm{r}}}(i_{\mathrm{sq}}\Psi_{\mathrm{sd}} - i_{\mathrm{sd}}\Psi_{\mathrm{sq}}) - \dfrac{n_{\mathrm{p}}}{J}T_{\mathrm{L}} \\[2mm] \dfrac{\mathrm{d}\Psi_{\mathrm{sd}}}{\mathrm{d}t} = -R_{\mathrm{s}}i_{\mathrm{sd}} + \omega_1\Psi_{\mathrm{sd}} + u_{\mathrm{sd}} \\[2mm] \dfrac{\mathrm{d}\Psi_{\mathrm{sq}}}{\mathrm{d}t} = -R_{\mathrm{s}}i_{\mathrm{sq}} - \omega_1\Psi_{\mathrm{sd}} + u_{\mathrm{sq}} \\[2mm] \dfrac{\mathrm{d}i_{\mathrm{sd}}}{\mathrm{d}t} = d_1\Psi_{\mathrm{sd}} + d_2\omega\Psi_{\mathrm{sq}} - d_3 i_{\mathrm{sd}} + \omega_{\mathrm{s}}i_{\mathrm{sq}} + d_2 i_{\mathrm{sd}} \\[2mm] \dfrac{\mathrm{d}i_{\mathrm{sq}}}{\mathrm{d}t} = d_1\Psi_{\mathrm{sq}} - d_2\omega\Psi_{\mathrm{sd}} - d_3 i_{\mathrm{sq}} - \omega_{\mathrm{s}}i_{\mathrm{sd}} + d_2 i_{\mathrm{sd}} \end{cases} \tag{6.6.88}$$

式中，σ、T_{r} 定义同上；d_1、d_2、d_3 定义如下：

$$\begin{cases} d_1 = \dfrac{1}{\sigma \cdot L_{\mathrm{s}} \cdot T_{\mathrm{r}}} \\[3mm] d_2 = \dfrac{1}{\sigma \cdot L_{\mathrm{s}}} \\[3mm] d_3 = \dfrac{R_{\mathrm{s}} \cdot L_{\mathrm{r}} + R_{\mathrm{r}} \cdot L_{\mathrm{s}}}{\sigma \cdot L_{\mathrm{s}} \cdot L_{\mathrm{r}}} \end{cases} \tag{6.6.89}$$

选用的状态变量、输入变量为

$$\begin{cases} X = [\omega \quad \Psi_{\mathrm{sd}} \quad \Psi_{\mathrm{sq}} \quad i_{\mathrm{sd}} \quad i_{\mathrm{sq}}]^{\mathrm{T}} \\[1mm] U = [u_{\mathrm{sd}} \quad u_{\mathrm{sq}} \quad \omega_1 \quad T_{\mathrm{L}}]^{\mathrm{T}} \end{cases} \tag{6.6.90}$$

6.7 基于转子磁链定向的矢量控制（Transvector）系统

三相交流异步电机的动态数学模型是一个高阶、非线性、强耦合、多变量、时变参数系统，通过坐标变换，可以使之降阶并化简，但并没有改变其非线性、强耦合、多变量、时变参数的本质，经典控制理论中的方法并不适用，因而成熟的直流调速系统的控制、设计方法对其没有借鉴作用，其控制依然非常困难。高动态性能的三相交流异步电机调速系统必须在其动态数学模型的基础上进行分析和设计，但要完成这一任务并非易事。经过多年控制研究和实践，有几种控制方案已成功应用，目前应用最多的方案有如下两种：

① 按转子磁链定向的矢量控制（R-FOC）系统；

② 按定子磁链定向的矢量控制（S-FOC）系统。

6.7.1 按转子磁链定向的矢量控制（R-FOC）系统基本原理

在 6.3 节中已经阐明，以产生同样的旋转磁动势为准则，在三相坐标系上的定子交流电流 i_{A}、i_{B}、i_{C}，通过三相/两相变换（3s/2s）可以等效成两相静止坐标系上的交流电流 i_{α}、i_{β}，再通过同步旋转变换（$dq-\omega_1$），可以等效成同步旋转坐标系上的直流电流 i_{m}、i_{t}，可以实现像控制直流电机那样控制交流异步电机的方法就是坐标变换。

另外从相对位置的角度看，假如观察者站到铁芯上与坐标系一起旋转，观察者所看到定子中的电流、电压的便是直流量，相当于一台"直流电机"，则可以通过控制，使交流电机的转子总磁通（Φ_{m}）等效于直流电机的磁通，而 M 绕组相当于伪静止直流电机的励磁绕组，i_{m} 相当于励磁电流，T 绕组相当于伪静止直流电机的电枢绕组，i_{t} 相当于与转矩成正比的电枢电流。把上述等效关系用结构图的形式画出来，如图 6.7.1 所示。

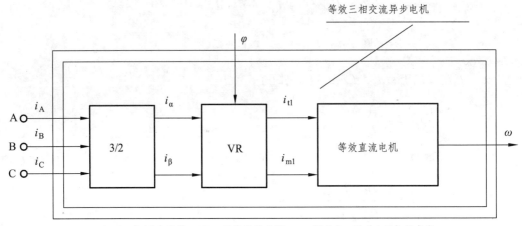

3s/2s—三相/两相变换；VR—同步旋转变换；φ—M 轴与 α 轴（A 轴）的夹角

图 6.7.1　三相交流异步电机坐标变换结构图

图 6.7.1 为一台三相交流异步电动机。三相交流异步电机的输入为 A、B、C 三相动力电源，输出为三相交流异步电机的转子转速（ω）。从图 6.7.1 内部看，经过 3s/2s 变换和同步旋转变换（$dq - \omega_1$）（也称矢量旋转器），变成一台由 i_{m}、i_{t} 为输入、ω 为输出的"直流电机"。

既然三相交流异步电动机经过坐标变换可以等效成"直流电机"，那么，模仿"直流电机"的控制策略，得到"直流电机"的控制量，经过相应的坐标反变换，就能够像控制"直流电机"一样控制三相交流异步电动机了。

由于进行坐标变换的是电流（反映磁动势）的空间矢量，所以通过坐标变换实现的控制系统就叫作矢量控制系统（Vector Control System，VCS），控制系统的原理如图 6.7.2 所示。

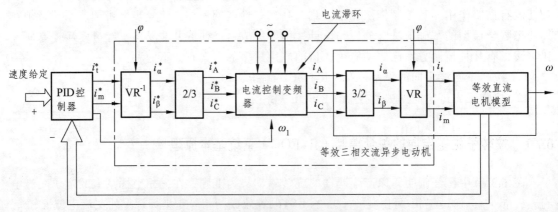

图 6.7.2　矢量控制系统原理图

图 6.7.2 中给定信号和反馈信号经过类似于直流调速系统所用的控制器（PID 控制器或智能控制器），产生等效直流电机模型的励磁电流的给定信号（i_{m}^{*}）和电枢电流的给定信号（i_{t}^{*}），经过逆旋转变换（VR^{-1}）得到两相静止坐标系中电流给定信号 i_{α}^{*}、i_{β}^{*}，再经过 2s/3s 变换得到三相静止坐标系中电流给定信号 i_{A}^{*}、i_{B}^{*}、i_{C}^{*}。

把这三个电流控制信号和经控制器得到的频率信号（ω_1）加到电流控制的变频器上，即可输出三相交流异步电动机调速所需的三相变频电流。

在设计矢量控制系统（Vector Control System，VCS）时，可以认为，在控制器后面引入的逆旋转变换（VR^{-1}）与三相交流异步电机内部的旋转变换（VR）作用相抵消，2s/3s 变换与三相交流异步电机内部的 3s/2s 变换作用相抵消，如果再忽略变频器中可能产生的滞后效应，则图 6.7.2 中虚线框内的部分可以完全删去，再对三相交流异步电机等效直流电机模型进行调速控制，如图 6.7.3 所示。

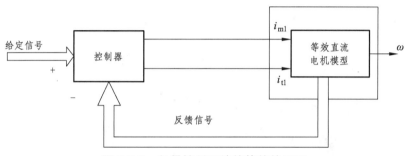

图 6.7.3　矢量控制系统的等效效果图

三相交流电机采用矢量控制技术的交流变频调速系统在静态、动态性能上完全能够与直流调速系统相媲美。

总结：对于三相交流异步电机这样的多变量、非线性、强耦合、时变参数的对象，可以通过矢量控制技术对其进行控制。矢量控制技术目的是像控制直流电机那样控制交流异步电机，其实现方法是坐标变换。

其中，3s/2s 将三相静止坐标系中的变量变换到两相静止坐标系中，可以起到减少变量数目的目的；VR 旋转坐标变换克服了定、转子之间参数的时变耦合，起到解耦作用；将两相静止坐标系中的变量变换到三相静止坐标系，可求得实际需要的控制量；VR^{-1} 为 VR 的逆变换，可求出实际两相静止坐标系中的量。

6.7.2　按转子磁链定向的矢量控制（R-FOC）方程及其解耦作用分析

1971 年西门子公司工程师 F. Blaschke 提出的基于转子磁场定向控制的交流异步电机控制方法是矢量控制的雏形。虽然尚未考虑磁场定向控制的方法能否在工程上实现、是否存在定向误差等问题，但不影响对此方法的理解。

矢量控制的基本思路，包括三相静止坐标-两相静止坐标变换(3s/2s)和同步旋转变换（VR）。实际上三相交流异步电动机包含定子系统和转子系统，定子和转子电压、电流都得变换，情况要复杂一些，还必须用三相交流异步电动机动态数学模型来分析。

前述三相交流异步电动机动态数学模型分析中，在进行两相同步旋转坐标变换（dq）时，只规定了 d 轴、q 轴的相互垂直关系和与定子频率同步的旋转速度，并未规定 d 轴、q 轴与三相交流异步电动机旋转磁场的相对位置，因此在选择上是有余地的、不唯一的。

如果取 d 轴沿着转子总磁链矢量（$\overline{\Psi_r}$）的方向，称为 M 轴（Magnetization），而 q 轴再逆时针转 90°，即垂直于转子总磁链矢量的方向，称为 T 轴（Torque）。这样的两相同步旋转坐标变换就为 M、T 坐标系，即转子磁链定向（Rotor Field Orientation，PFO）的旋转坐标系。

当两相同步旋转坐标变换按转子磁链定向时，应有如下的约束条件，即

$$\begin{cases} \Psi_{rd} = \Psi_{rm} = \Psi_r \\ \Psi_{rq} = \Psi_{rt} = 0 \end{cases} \tag{6.7.1}$$

代入转矩方程式（6.6.84）和状态方程式（6.6.85），并用下标 m、t 替代相关公式中 d、q，即

$$\begin{cases} T_e = \dfrac{n_p L_m}{L_r} i_{st} \Psi_r \\[2mm] \dfrac{\mathrm{d}\omega}{\mathrm{d}t} = \dfrac{n_p^2 L_m}{J \cdot L_r} i_{st} \Psi_r - \dfrac{n_p}{J} T_L \\[2mm] \dfrac{\mathrm{d}\Psi_r}{\mathrm{d}t} = \dfrac{\Psi_r}{T_r} + \dfrac{L_m}{T_r} i_{sm} \\[2mm] 0 = -(\omega_1 - \omega)\Psi_r + \dfrac{L_m}{T_r} i_{st} \\[2mm] \dfrac{\mathrm{d}i_{sm}}{\mathrm{d}t} = -\dfrac{C_1 L_m}{T_r}\Psi_r - C_2 i_{sm} + \omega_1 i_{st} + \dfrac{u_{sm}}{\sigma \cdot L_s} \\[2mm] \dfrac{\mathrm{d}i_{st}}{\mathrm{d}t} = -C_1 \cdot \omega \cdot \Psi_r - C_2 i_{st} - \omega_1 i_{sm} + \dfrac{u_{st}}{\sigma \cdot L_s} \end{cases} \tag{6.7.2}$$

式中，参数 C_1、C_2 的定义为

$$\begin{cases} C_1 = \dfrac{L_m}{\sigma \cdot L_s \cdot L_r} \\[3mm] C_2 = \dfrac{R_s L_r^2 + R_r L_m^2}{\sigma \cdot L_s \cdot L_r^2} \end{cases} \tag{6.7.3}$$

由于状态方程式（6.7.2）中的第 4 式为代数方程，整理后得转差：

$$\omega_s = \omega_1 - \omega \frac{L_m i_{st}}{T_r \Psi_r} \tag{6.7.4}$$

这使状态方程式（6.7.2）降低了一阶。

由状态方程式（6.7.2）第 3 式可得

$$T_r p \Psi_r + \Psi_r = L_m i_{sm} \tag{6.7.5}$$

则

304

$$\begin{cases} \Psi_r = \dfrac{L_m}{T_r \cdot p + 1} i_{sm} \\ i_{sm} = \dfrac{T_r \cdot p + 1}{L_m} \Psi_r \end{cases} \qquad (6.7.6)$$

式（6.7.6）表明，转子磁链（Ψ_r）仅由定子电流励磁分量（i_{sm}）产生，与转矩分量（i_{st}）无关，从这个意义上讲，定子电流励磁分量与转矩分量是解耦的。

式（6.7.6）第1式还表明，转子磁链（Ψ_r）与定子电流励磁分量（i_{sm}）之间的传递函数是一阶惯性环节，时间常数为转子磁链励磁时间常数；当励磁电流分量（i_{sm}）突变时，转子磁链（Ψ_r）的变化要受到励磁惯性的限制，这和直流电机励磁绕组的惯性作用是一致的。

式（6.7.6）、式（6.7.2）构成矢量控制基本方程式，三相交流异步电动机的数学模型如图6.7.4所示。

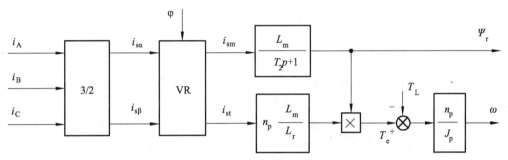

图6.7.4　按转子磁链定向实现的三相交流异步电机解耦模型

图6.7.2中的等效直流电机模型（见图6.7.1）被分解成速度（ω）和转子磁链（Ψ_r）两个子系统。可以看出，虽然通过矢量变换，定子电流解耦成励磁分量（i_{sm}）与转矩分量（i_{st}）。但是，从速度（ω）和转子磁链（Ψ_r）两个子系统来看，由于电磁转矩（T_e）同时受到转矩分量（i_{st}）和转子磁链（Ψ_r）的影响，两个子系统仍旧是耦合的。

按照图6.7.3的矢量控制系统原理结构图模仿直流调速系统进行控制时，可设置磁链调节器（$A\Psi_rR$）和转速调节器（ASR）分别控制速度（ω）和转子磁链（Ψ_r），如图6.7.5（a）所示。

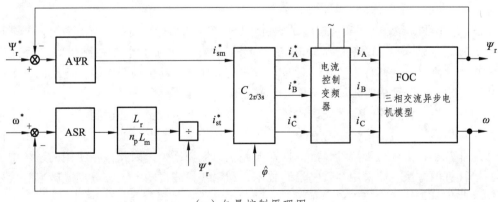

（a）矢量控制原理图

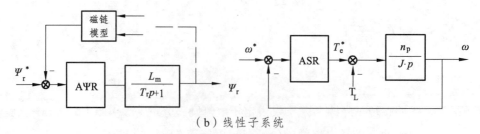

（b）线性子系统

图 6.7.5　模仿直流调速系统的矢量控制系统原理图

为了使两个子系统（Subsystem）完全解耦，除了坐标变换外，还应设法抵消转子磁链（Ψ_r）对电磁转矩（T_e）的影响。

那么怎样可以抵消转子磁链（Ψ_r）对电磁转矩（T_e）的影响？比较直观的办法是将速度调节器（ASR）的输出信号除以转子磁链（Ψ_r），当控制器的坐标反变换与交流异步电机中的坐标变换对消，且变频器的滞后作用可以忽略时，图 6.7.5（a）中的（$\div \Psi_r^*$）便可与交流异步电机模型中的（$\times \Psi_r^*$）对消，，两个子系统（Subsystem）完全解耦。

带除法环节的矢量控制系统可以看成是两个独立的线性子系统（Subsystem）（见图 6.7.5（b）中表示的磁链模型），可以采用经典控制理论的单输入、单输出（SISO）线性系统综合方法或相应的工程设计方法来设计磁链调节器（AΨ_rR）和转速调节器（ASR）。具体设计时还应考虑变频器滞后、反馈信号滤波等因素的影响。

注意：在三相交流异步电动机矢量变换模型中的转子磁链（Ψ_r）和它的定向相位角（φ）都是在三相交流异步电动机中实际存在的，而用于控制器的这两个量却难以直接检测，只能采用磁链模型来计算，实际上是一种"软测量"方法，在图 6.7.5（a）中冠以符号"∧"以示区别。

因此，上述转子磁链（Ψ_r）只有在以下的相关假设下才能成立：

① 转子磁链（Ψ_r）的计算值（$\hat{\Psi}_r$）等于其实际值（Ψ_r）；
② 转子磁链定向相位角的计算值（$\hat{\varphi}$）等于其实际值（φ）；
③ 忽略电流控制变频器的滞后影响。

6.7.3　转子磁链（Ψ_r）模型

从图 6.7.5 可以看出，要实现按转子磁链（Ψ_r）定向的矢量控制（VC）系统，关键是要获得转子磁链（Ψ_r），以供磁链反馈和除法环节的需要。开始提出矢量控制（VC）系统时，曾尝试直接检测磁链的两种方法：一种是在三相交流异步电动机槽内埋设探测线圈，另一种是利用贴在定子内表面的霍尔元件（Hall）或其他磁敏元件。

从理论上说，直接检测磁链应该比较准确，但实际上这样做都会遇到不少工艺和技术问题。由于齿槽影响，检测信号中含有较大成分的脉动分量，速度越低影响越严重；由于检测的磁通量非常小，信号易于淹没，抗干扰性能差，即信噪比小。因此，在实用的系统中，多采用间接计算的方法，即采用"软测量"技术，利用容易测得的电压、电流或转速等信号，再利用这些信号与转子磁链（Ψ_r）的关系，实时计算磁链的幅值与相位。

根据能够实测的物理量的不同组合，可以获得多种转子磁链（Ψ_r）的计算方法。当然，转子磁链（$\varPsi_r$）也可以从三相交流异步电动机数学模型中推导出来，还可利用现代控制理论状态观测器或状态估计理论得到闭环的转子磁链观测模型。在实际应用中，多采用比较简单的计算模型。在计算模型中，由于主要实测信号的不同，又分为电流模型和电压模型两种。现给出两个典型的实例，这两种模型在实际工程中都有使用，只是使用的场合不同。

1. 计算用转子磁链（$\varPsi_r$）的电流模型

根据描述磁链与电流关系的磁链方程来计算转子磁链（$\varPsi_r$），所推导出的模型称为电流模型。在不同的坐标系中，电流模型可以有不同形式。

1）在两相静止坐标系（$\alpha\beta$）上的转子磁链（$\varPsi_r$）的电流模型

根据实测的三相静止坐标系（ABC）中的定子电流 i_A、i_B、i_C，通过 3s/2s 变换得到两相静止坐标系（$\alpha\beta$）上定子电流 $i_{s\alpha}$、$i_{s\beta}$，再利用式（6.6.75）矩阵方程第 3、4 行，计算转子磁链（$\varPsi_r$）在 α、β 轴上的分量为

$$\begin{cases} \varPsi_{r\alpha} = L_m i_{s\alpha} + L_r i_{r\alpha} \\ \varPsi_{r\beta} = L_m i_{s\beta} + L_r i_{r\beta} \\ i_{s\alpha} = \dfrac{1}{L_r}(\varPsi_{r\alpha} - L_m i_{s\alpha}) \\ i_{s\beta} = \dfrac{1}{L_r}(\varPsi_{r\beta} - L_m i_{s\beta}) \end{cases} \tag{6.7.7}$$

又由式（6.6.74）两相静止坐标系（$\alpha\beta$）的电压矩阵方程第 3、4 行，并针对三相鼠笼型异步电机的特点，令

$$\begin{cases} u_{r\alpha} = 0 \\ u_{r\beta} = 0 \end{cases} \tag{6.7.8}$$

代入式（6.7.7），得到

$$\begin{cases} L_m p i_{s\alpha} + L_r p i_{r\alpha} + \omega(L_m i_{s\beta} + L_r i_{r\beta}) + R_r i_{r\alpha} = 0 \\ L_m p i_{s\beta} + L_r p i_{r\beta} + \omega(L_m i_{s\alpha} + L_r i_{r\alpha}) + R_r i_{r\beta} = 0 \end{cases} \tag{6.7.9}$$

将式（6.7.7）代入，得到

$$\begin{cases} p\varPsi_{r\alpha} + \omega\varPsi_{r\beta} + \dfrac{1}{T_r}(\varPsi_{r\alpha} - L_m i_{s\alpha}) = 0 \\ p\varPsi_{r\beta} + \omega\varPsi_{r\alpha} + \dfrac{1}{T_r}(\varPsi_{r\beta} - L_m i_{s\beta}) = 0 \end{cases} \tag{6.7.10}$$

整理后得"软测量"转子磁链（$\varPsi_r$）的电流模型：

$$\begin{cases} \varPsi_{r\alpha} = \dfrac{1}{T_r p + 1}(L_m i_{s\alpha} - \omega T_r \varPsi_{r\beta}) \\ \varPsi_{r\beta} = \dfrac{1}{T_r p + 1}(L_m i_{s\beta} - \omega T_r \varPsi_{r\alpha}) \end{cases} \tag{6.7.11}$$

按式（6.7.11）转子磁链（Ψ_r）的电流模型计算的α、β轴分量的运算框图如图 6.7.6 所示。通过式（6.7.11）计算得到转子磁链α、β轴分量$\Psi_{r\alpha}$、$\Psi_{r\beta}$，进而计算出转子磁链（Ψ_r）的幅值和相位。

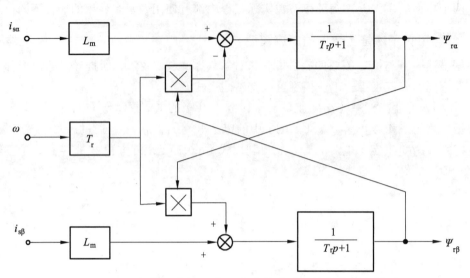

图 6.7.6　两相静止坐标系（αβ）中转子磁链计算用电流模型

图 6.7.6 的转子磁链（Ψ_r）的电流模型适合于模拟控制，用运算放大器和乘法器就可以实现。采用数字控制时，由于转子磁链α、β轴分量$\Psi_{r\alpha}$、$\Psi_{r\beta}$之间有交叉反馈关系（耦合），离散计算时可能不收敛，推荐采用下面第二种模型。

转子磁场定向（FOC）控制用两相同步旋转坐标系（dq）上的转子磁链电流模型如图 6.7.7 所示。这是另一种转子磁链（Ψ_r）的运算框图。

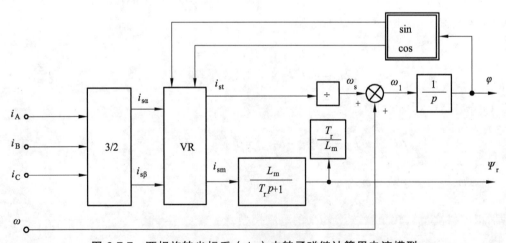

图 6.7.7　两相旋转坐标系（dq）中转子磁链计算用电流模型

三相定子电流 i_A、i_B、i_C 经 3s/2s 变换变成两相静止坐标系（$\alpha\beta$）中两相电流 $i_{s\alpha}$、$i_{s\beta}$，再经同步旋转变换并按转子磁链（Ψ_r）定向，得到 MT 坐标系上的两相电流 i_{sm}、i_{st}，利用矢量控制方程式（6.7.6）第 1 式和式（6.7.4）可以获得转子磁链（Ψ_r）和转差角频率（ω_s）信号，由 ω_s 与实测转速（ω）相加得到定子频率（ω_1）信号，再积分即为转子磁链的相位角（φ），也就是两相同步旋转坐标变换的旋转相位角。

和第一种模型相比，这种模型更适合于转子磁链的数字实时计算，容易收敛，也比较准确。

上述两种转子磁链（Ψ_r）模型的应用都比较普遍，但也都受交流异步电机参数变化的影响，例如温升和频率变化都会影响交流异步电机转子电阻（R_r），从而改变转子时间常数（T_r）；磁饱和程度将影响电感系数 L_m、L_r，从而也改变转子时间常数（T_r）。

这些影响都将导致转子磁链幅值与相位信号失真，而信号失真必然会使磁链闭环控制系统的性能降低。

2. 计算转子磁链（Ψ_r）电压模型

根据电压方程中感应电动势等于磁链变化率的关系，取感应电动势的积分就可以得到磁链，根据此原理计算得到转子磁链的模型称为电压模型。

利用两相静止坐标系（$\alpha\beta$），由式（6.6.74）第 1、2 行可得

$$\begin{cases} u_{s\alpha} = R_s i_{s\alpha} + L_s \dfrac{di_{s\alpha}}{dt} + L_m \dfrac{di_{r\alpha}}{dt} \\ u_{s\beta} = R_s i_{s\beta} + L_s \dfrac{di_{s\beta}}{dt} + L_m \dfrac{di_{r\beta}}{dt} \end{cases} \qquad (6.7.12)$$

利用式（6.7.7）把式（6.7.12）中的 $i_{r\alpha}$、$i_{r\beta}$ 置换掉，整理得

$$\begin{cases} \dfrac{L_m}{L_r} \cdot \dfrac{d\Psi_{r\alpha}}{dt} = u_{s\alpha} - R_s i_{s\alpha} - \left(L_s - \dfrac{L_m^2}{L_r} \right) \cdot \dfrac{di_{s\alpha}}{dt} \\ \dfrac{L_m}{L_r} \cdot \dfrac{d\Psi_{r\beta}}{dt} = u_{s\beta} - R_s i_{s\beta} - \left(L_s - \dfrac{L_m^2}{L_r} \right) \cdot \dfrac{di_{s\beta}}{dt} \end{cases} \qquad (6.7.13)$$

将漏磁系数

$$\sigma = 1 - \frac{L_m^2}{L_s L_r}$$

代入式（6.7.13）中，并对等式两侧取积分，得转子磁链（Ψ_r）电压模型：

$$\begin{cases} \Psi_{r\alpha} = \dfrac{L_r}{L_m} \left(\displaystyle\int_{-\infty}^{t} (u_{s\alpha} - R_s i_{s\alpha}) dt - \sigma \cdot L_s \cdot i_{s\alpha} \right) \\ \Psi_{r\beta} = \dfrac{L_r}{L_m} \left(\displaystyle\int_{-\infty}^{t} (u_{s\beta} - R_s i_{s\beta}) dt - \sigma \cdot L_s \cdot i_{s\beta} \right) \end{cases} \qquad (6.7.14)$$

按式（6.7.14）构成转子磁链（Ψ_r）的电压模型如图 6.7.8 所示。

由图（6.7.8）可见，电压模型只需要实测的交流异步电机电压和电流，不需要转速信号，而且算法与转子电阻（R_r）无关，只与定子电阻（R_s）有关，且 R_s 是容易测得的。

和电流模型相比，电压模型受交流异步电机参数变化的影响较小，算法简单，便于应用。但是，由于电压模型包含纯积分项，积分的初始值和累积误差都影响计算结果，要采取一定的控制方法（如限制积分饱和的积分分离法），具体见第 3 章；在低速时，定子电阻压降变化的影响也较大。

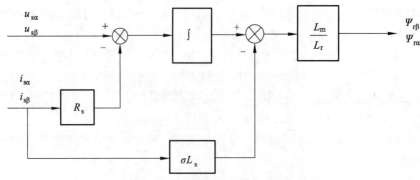

图 6.7.8 转子磁链计算用的电压模型

比较而言，转子磁链（Ψ_r）"软测量"电压模型更适用于中、高速，而电流模型更适用于低速。有时为了提高准确度，把两种模型结合起来，采用"变结构"的形式，在低速（例如 $n < 15\% n_N$）时采用电流模型，在中、高速时采用电压模型，只要解决好如何过渡的问题，就可以提高整个运行范围中转子磁链的准确度。

6.7.4 转速、磁链闭环控制的矢量控制系统——直接矢量控制（DFOC）系统

直接矢量控制（DFOC）系统有时也称为 Blaschke 直接（反馈）矢量控制方法。图 6.7.5 表示用除法环节使转子磁链（Ψ_r）、转子速度（ω）解耦的系统是一种典型的转速、磁链闭环控制的矢量控制系统，转子磁链模型在图中略去未画。转速调节器输出带除法环节，使系统可以在有关假定条件下简化成完全解耦的两个子系统。两个调节器的设计方法和直流调速系统相似，调节器和坐标变换都包含在数字控制器中。

图 6.7.5 中，电流控制变频器可以采用非线性电流滞环跟踪控制（CHBPWM）变频器，如图 6.7.9 所示；也可采用带电流内环控制的电压型（PWM）变频器，如图 6.7.10 所示。

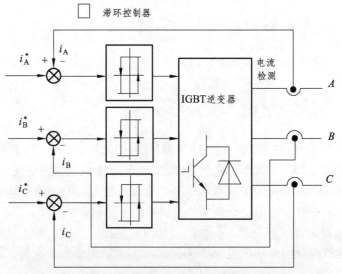

图 6.7.9 电流控制滞环变频器（与图 6.7.5 对应）

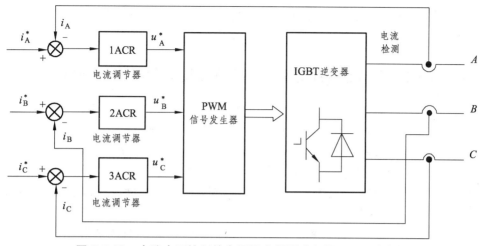

图 6.7.10　电流内环控制的电压型变频器（与图 6.7.5 对应）

转速、磁链闭环控制的矢量控制系统又称直接矢量控制系统。

提高转速和磁链闭环控制系统解耦性能的方法是在转速环内增设转矩控制内环，如图6.7.11 所示。

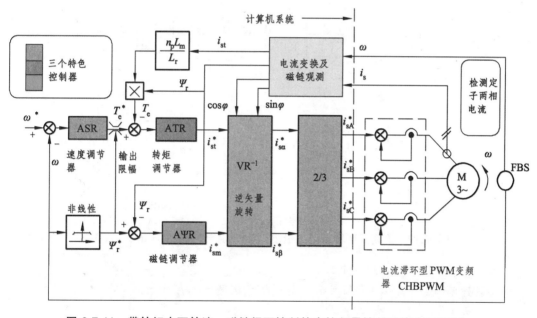

图 6.7.11　带转矩内环转速、磁链闭环控制的直接矢量控制系统（DFOC）

正如前面介绍，要提高传动系统的控制性能，必须要增加对转矩的控制，即要增设转矩闭环。转矩控制内环之所以有助于系统动态性能的提高，是因为磁链对控制对象的影响相当于一种扰动作用，转矩内环可以抑制这个扰动（如设计为 II 型系统），从而改造了转速子系统，使它少受磁链变化的影响。图 6.7.11 中，主电路选择了电流滞环跟踪控制（CHBPWM）变频器，这只是一种示例，也可以用带电流内环的电压型变频器。图 6.7.11 中还标明了转速正、反向和弱磁升速环节，磁链给定信号由函数发生程序获得。转速调节器（ASR）的输出作为转矩给定信号，这与电流、转速双闭环直流调速系统类似，弱磁时它也受到磁链给定信号的控制。

6.7.5　磁链开环转差型矢量控制系统——间接矢量控制（IFOC）系统

在磁链闭环控制的矢量控制系统中，转子磁链反馈信号是由磁链模型获得的，其幅值和相位都受到交流异步电机参数（如：T_r、L_m）变化的影响，造成控制的不准确。因此，很多应用场合，与其采用磁链闭环控制，不如采用磁链开环控制，系统反而会简单一些。

在这种情况下，常利用矢量控制方程中的转差公式（6.7.4），构成转差型的矢量控制系统，又称间接矢量控制系统。它继承了 6.5.2 节中基于稳态模型转差频率控制系统的优点，同时用基于动态模型的矢量控制规律克服了它的大部分不足之处。如图 6.7.12 所示为转差型的矢量控制系统的原理图，其中主电路采用交-直-交电流型变频器，适用于数千千瓦的大容量装置，在中、小容量装置中多采用带电流控制的电压型（PWM）变频器。

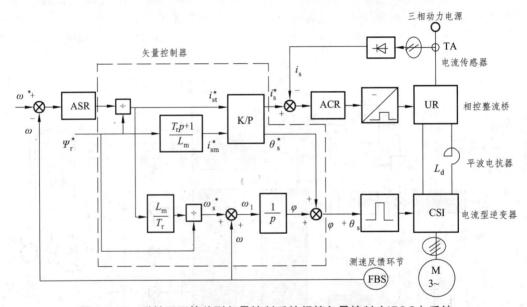

图 6.7.12　磁链开环转差型矢量控制系统间接矢量控制（IFOC）系统

图 6.7.12 系统的主要特点如下：

（1）转速调节器（ASR）的输出正比于转矩给定信号（T_e^*），即

$$\text{ASR 输出} = \frac{L_r}{n_p L_m} T_e^* \tag{6.7.15}$$

由矢量控制方程式可求出定子电流转矩分量给定信号（i_{st}^*）和转差频率给定信号（ω_s^*），其表达式为

$$\begin{cases} i_{st}^* = \dfrac{L_r}{n_p \cdot L_m \cdot \Psi_r} T_e^* \\[2mm] \omega_s^* = \dfrac{L_m}{T_r \cdot \Psi_r} i_{st}^* \end{cases} \tag{6.7.16}$$

式（6.7.16）的两式中都除以转子磁链（Ψ_r），因此两个通道中各设置一个除法环节。

（2）定子电流励磁分量给定信号（i_{sm}^*）和转子磁链给定信号（Ψ_r^*）之间的关系是由式（6.7.6）确定的，其中的比例微分环节，即 $T_t p + 1$，使定子电流励磁分量给定信号（i_{sm}^*）在动态中获得强迫励磁效应，从而克服实际磁通的滞后。

（3）定子电流励磁分量给定信号（i_{sm}^*）和定子电流转矩分量给定信号（i_{st}^*）经直角坐标/极坐标变换器（K/P）合成后，产生定子电流幅值给定信号（i_s^*）和相角给定信号（θ_s^*）。

定子电流幅值给定信号（i_s^*）经电流调节器（ASR）控制定子电流的大小，相角给定信号（θ_s^*）则控制逆变器（CSI）换相的时刻，从而决定定子电流的相位。定子电流相位控制对于动态转矩的产生极为重要。极端情况来看，如果电流幅值很大，但相位滞后 90°，所产生的转矩仍只能是零。

（4）转差频率给定信号（ω_s^*）按矢量控制方程式（6.7.4）算出，实现转差频率控制功能。

由以上特点可以看出，磁链开环转差型矢量控制系统的磁场定向由磁链和转矩给定信号确定，由矢量控制方程式（6.7.4）保证，并没有用磁链模型来实际计算转子磁链幅值及其相位，所以属于间接矢量控制系统。但由于矢量控制方程式（6.7.4）中包含交流异步电机转子参数，定向精度仍受参数变化的影响，会存在一定的误差。

无论是直接矢量控制还是间接矢量控制，都具有动态性能好、调速范围宽的优点，采用光电编码盘等数字测转速传感器时，一般调速范围可以达到 100，已在实际中获得普遍的应用。

动态性能受交流异步电机转子参数变化（尤其是转子参数）的影响是其主要的不足之处。为了解决这个问题，在参数辨识和自适应控制等方面做过许多研究工作，获得了不少成果，但迄今尚未得到实际应用。近年来，尝试了用智能控制、鲁棒性（Robustness）控制的方法来提高控制系统性能，有很好的应用前景。

有的参考书上，对于直接矢量控制、间接矢量控制有别的表述方法，如 Blaschke 直接（反馈）矢量控制方法、Hasse 间接（前馈）矢量控制方法。其主要区别是 θ 角的计算方法。Blaschke 直接（反馈）矢量控制方法 θ 角直接由电流、电压计算出；Hasse 间接（前馈）矢量控制方法 θ 角计算是通过转差频率积分得到。

6.8 基于动态模型按定子磁链控制的直接转矩控制系统

直接转矩控制系统简称 DTC（Direct Torque Control）系统，是继矢量控制系统之后发展起来的另一种高动态性能的交流电动机变频调速系统。在转速环内利用转矩反馈直接控制交流电动机的电磁转矩，因而得名。实际上，这种控制方法，将非线性控制理论中的 Bang-Bang 控制引入到对交流异步电机的转矩控制中，打开了非线性控制在传动中的应用。这一部分也可以看为转差频率控制的"原型"，从交流电机的角度看，没有任何近似。通过本章的介绍，可以看出，对交流电动机的控制实际就是对其气隙磁场进行控制，也就是对定子电压进行控制，因此国内有一部分学者也将这种控制策略称为基于定子磁链定向控制，但概念上比较抽象，没有从非线性控制器的角度看问题直接。

在性能上，无法比较矢量控制（FOC）和直接转矩控制（DTC）的优劣，因为这是两种不同类别的控制方法，假如某个方面控制不佳，可能是设计参数的不确定、不合适，不能代表方法不好，只能说这两种控制方法代表两种不同的方向。

6.8.1 直接转矩控制系统（DTC）的原理与特点

如图 6.8.1 所示为按定子磁链定向控制实现的直接转矩控制系统（DTC）的原理框图。与矢量控制系统（FOC）一样，它也是分别控制三相交流异步电动机的转速和磁链。转速调节器（ASR）的输出作为电磁转矩的给定信号（T_e^*），与图 6.7.11 的矢量控制系统相似；在给定信号（T_e^*）后面设置转矩控制内环，它可以抑制磁链变化对转速子系统的影响，从而使转速和磁链子系统实现近似的解耦。

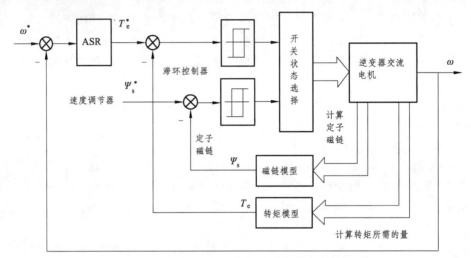

图 6.8.1 基于定子磁链定向的直接转矩控制系统

转矩和磁链控制器用滞环非线性控制器取代传统 PI 调节器。

因此，从总体控制结构上看，直接转矩控制系统（DTC）和矢量控制系统（FOC）是一致的，都能获得较高的静、动态性能。

在具体的控制方法上，直接转矩控制系统（DTC）和矢量控制系统一样，也是分别控制三相交流异步电动机的转速和磁链，只不过矢量控制系统（FOC）是控制转子磁链，而直接转矩控制系统（DTC）是控制定子磁链。直接转矩控制系统（DTC）与矢量控制系统（FOC）的不同主要表现在：

（1）转矩和磁链的控制采用双位式砰-砰非线性控制器（Bang-Bang），并在 PWM 逆变器中直接用这两个控制信号来产生电压的空间矢量脉宽调制信号（SVPWM），从而避开了将定子电流分解成转矩和磁链分量，省去了旋转变换和电流控制环节，简化了控制器的结构。

（2）选择定子磁链作为被控量，而不像矢量控制系统（FOC）选择转子磁链，这样一来，计算磁链的模型可以不受转子参数变化的影响，提高了控制系统的抗干扰性能。如果从数学模型推导定子磁链控制的规律，显然要比转子磁链定向时复杂，但是，由于采用了双位式砰-砰非线性控制器（Bang-Bang），这种复杂性对控制器并没有影响。

（3）由于采用了直接转矩控制系统（DTC），在加、减速或负载变化的动态过程中，可以获得快速的转矩响应，但必须注意限制过大的冲击电流，以免损坏功率开关器件，因此实际的转矩响应的快速性也是有限的。

6.8.2　直接转矩控制系统的控制规律和特征

除转矩和磁链的双位式砰-砰非线性控制器（Bang-Bang）外，直接转矩控制系统的核心问题是转矩和定子磁链反馈信号的计算模型以及如何根据砰-砰非线性控制器（Bang-Bang）的输出信号来选择电压空间矢量，即：逆变器的开关状态。直接转矩控制系统采用的是两相静止坐标（αβ）系，为了简化数学模型，由三相坐标变换到两相坐标是必要的，应避开的仅仅是旋转变换。

根据式（6.6.74）可以得到

$$\begin{cases} u_{s\alpha} = R_s i_{s\alpha} + p\varPsi_{s\alpha} \\ u_{s\beta} = R_s i_{s\beta} + p\varPsi_{s\beta} \end{cases}$$

代入式（6.6.75）磁链表达式，则

$$\begin{cases} u_{s\alpha} = R_s i_{s\alpha} + L_s p i_{s\alpha} + L_m p i_{s\alpha} \\ u_{s\beta} = R_s i_{s\beta} + L_s p i_{s\beta} + L_m p i_{s\beta} \end{cases} \tag{6.8.1}$$

移项、积分后得到

$$\begin{cases} \varPsi_{s\alpha} = \int_{-\infty}^{t} (u_{s\alpha} - R_s i_{s\alpha})\mathrm{d}t \\ \varPsi_{s\beta} = \int_{-\infty}^{t} (u_{s\beta} - R_s i_{s\beta})\mathrm{d}t \end{cases} \tag{6.8.2}$$

式（6.8.2）就是图 6.8.1 中所采用的定子磁链模型，其结构框图如图 6.8.2 所示。

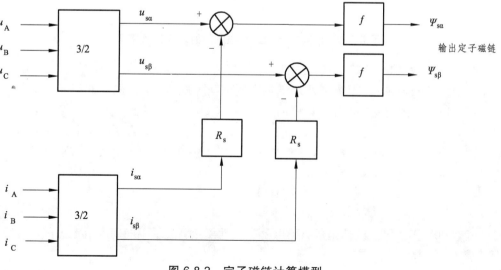

图 6.8.2　定子磁链计算模型

315

图 6.8.2 所示的磁链模型显然是一个基于定子磁链的电压模型。它适合于以中、高速运行的系统，在低速时误差较大，甚至无法应用，必要时，只好在低速时切换到电流模型。但如果采用磁链的电流模型，上述抗干扰的优点就不存在了。

由式（6.6.77）知，两相静止坐标系上的电磁转矩表达式为

$$T_e = n_p L_m (i_{s\beta} I_{r\alpha} - i_{s\alpha} i_{r\beta})$$

根据式（6.6.75）可知

$$\begin{cases} i_{s\alpha} = \dfrac{1}{L_m}(\Psi_{s\alpha} - L_s i_{s\alpha}) \\[2mm] i_{s\beta} = \dfrac{1}{L_m}(\Psi_{s\beta} - L_s i_{s\beta}) \end{cases} \tag{6.8.3}$$

代入式（6.6.77），整理后得到

$$T_e = n_p (i_{s\beta}\Psi_{s\alpha} - i_{s\alpha}\Psi_{s\beta}) \tag{6.8.4}$$

式（6.8.4）就是直接转矩控制系统所用的转矩计算模型，其结构框图如图 6.8.3 所示。

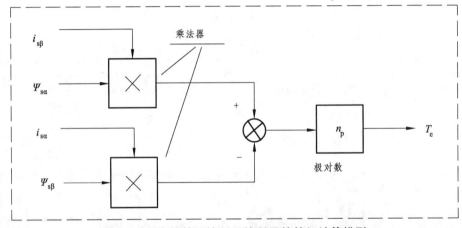

图 6.8.3　直接转矩控制系统所用的转矩计算模型

在图 6.8.3 所示的直接转矩控制系统中，根据定子磁链给定和反馈信号进行双位式砰-砰非线性控制（Bang-Bang），按控制程序选取电压空间矢量和持续时间。如果仅仅要求气隙磁场满足正六边形，则逆变器的控制程序简单，主电路开关器件工作频率低，但气隙磁场偏差较大；如果要气隙磁场逼近圆形磁链轨迹，则控制程序就要复杂得多，主电路开关器件工作频率高，定子磁链接近恒定。图 6.8.3 系统也可用于弱磁升速，这时要设计好磁链给定（Ψ^*）与速度给定（ω^*）之间的函数关系，即

$$\Psi_s^* = f(\omega^*) \tag{6.8.5}$$

式中，函数"f"不一定是线性函数，可以是非线性函数，表示不同速度给定（ω^*）时的磁链给定（Ψ^*）之间的配合关系。

在电压空间矢量按磁链进行控制的同时，也进行转矩的双位式砰-砰非线性控制器

（Bang-Bang）。例如：正转时，当实际转矩低于给定转矩设定值（T_e^*）的允许偏差下限时，按磁链控制得到相应的电压空间矢量，使定子磁链向前旋转，此时的实际效果是转矩上升；当实际转矩达到给定转矩设定值（T_e^*）允许偏差上限时，不论磁链如何，立即切换到零电压空间矢量，使定子磁链静止不动，转矩下降。稳态时，上述情况不断重复，使转矩波动控制在允许范围内。

直接转矩控制系统（DTC）存在以下问题：

（1）由于采用双位式砰-砰非线性控制器（Bang-Bang），实际转矩必然在上、下限内脉动，而不是完全恒定的。

（2）由于定子磁链的计算采用了带积分环节的电压模型，积分初值、累积误差和定子电阻的变化都会影响定子磁链的计算准确度；

这两个问题的影响在低速时都比较显著，因而使直接转矩控制系统的调速范围受到限制。

为了解决这些问题，许多学者做过不少的研究工作，使它们得到一定程度的改善，但并不能完全消除。

交流异步电机变频调速控制方法可以总结如图 6.8.4 所示。

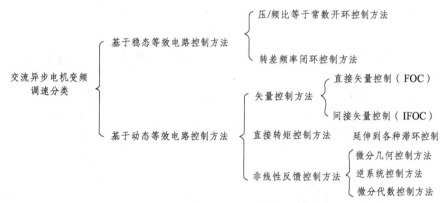

图 6.8.4　交流异步电动机变频调速的分类

图 6.8.4 分类是基于三相交流异步电机稳态等效电路及动态等效电路，内涵在第 6 章已经论述。

第7章 绕线式三相交流异步电动机双馈调速系统

新能源技术要求发电装置简单、可靠，转子绕线式交流异步电机在新能源领域得到了广泛的使用。另外在大功率场合，如轧机、大型风机、水泵上，也常常使用转子绕线式三相交流异步电动机，此时，能量可以从定子和转子同时输入、输出。转子绕线式三相交流异步电动机的转子电压可以利用转差功率控制并调节转速，构成转差功率馈送型调速系统，效率较高，且具有良好的调速性能。

从广义上讲，绕线式三相交流异步电动机可从定子输入或输出转差功率，转差功率也可以从转子馈出或馈入，故称作双馈调速系统。因此，首先介绍转子绕线式三相交流异步电动机双馈调速系统的关键，即控制转子电路中的附加电动势，然后介绍绕线式三相交流异步电动机双馈调速系统常见的几种工况。

在冶金行业等需要大功率驱动场合，有一种特殊的工况为次同步电动状态下的双馈系统，即串级调速系统。虽然它的功率因数、效率都不是很理想，但由于在冶金等需要大功率驱动、调速的场合（尤其是低成本的调速系统）还在使用，故需要讨论电气串级调速系统（与机械串级调速系统相比）的工作原理，并介绍机械式、内馈式等其他类型的串级调速系统。然后从应用的角度，着重分析串级调速系统的机械特性、效率、功率因数、附加装置容量等技术经济指标，从节能的角度，基于现代电力电子学、现代控制理论，改善功率因数。

类比直流双闭环，分析如何设计具有转速、电流双闭环控制的串级调速系统，并将直流双闭环中的调节器设计方法应用于串级调速系统调节器的设计中。

最后，讨论从定子、转子同时馈入电能的双馈调速系统及其矢量控制。

对于三相交流异步电动机而言，转差功率始终是人们所关心的问题，因为节约电能是绕线式三相交流异步电动机调速的主要目的之一，而如何对待转差功率又在很大程度上影响着调速系统的效率。

第5章所讨论的调速方法属于转差功率消耗型，转速越低时，转差功率的消耗越大，效率越低。

在第6章所述的变频调速方法中转差功率虽然也是消耗掉的，但消耗功率不大，而且不随转速变化，所以效率较高。

众所周知，对于三相交流异步电动机，必然会有转差功率，要提高调速系统的效率，除了尽量减小转差功率外，关键还在于如何高效利用转差功率。

但要高效利用转差功率，就必须使三相交流异步电动机转子绕组与外界实现电气连接，鼠笼型三相交流异步电动机无此条件，只有转子绕线式三相交流异步电动机才能做到。

对于转子绕线式三相交流异步电动机，除了转子回路串电阻调速以外，定子、转子回路同时与外电路相连的双馈调速也是一种调速方法，这种方法早在 20 世纪 30 年代就已提出，但直到 60 年代可控电力电子器件出现以后，此方法才得到具体的应用。

双馈供电的主要优点在于能把转差功率馈送到公共电网，或由公共电网馈入，高效利用转差功率，使相应的调速系统具有良好的性能。

7.1 三相交流异步电动机双馈工作原理

转子绕线式三相交流异步电动机"双馈"，就是指对电机的定子和转子分别供电，使定子和转子可以独立进行电功率的相互传递，如图 7.1.1 所示。至于电功率是馈入定子绕组或转子绕组，还是馈出定子绕组或转子绕组，要视电机的工况而定。

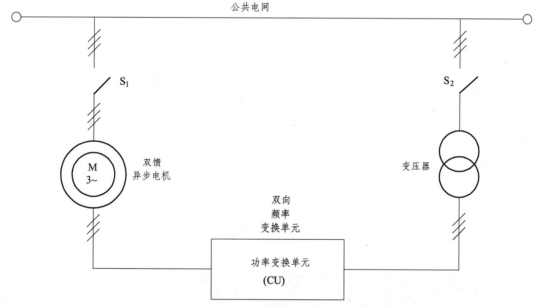

图 7.1.1　绕线式三相交流异步电机双馈供电示意图

转子绕线式三相交流异步电动机由公共电网供电并以电动状态运行时，电机从公共电网输入电功率，而在电机轴上输出机械功率给负载，以拖动负载运行；当电机以发电状态运行时，电机被动运转，从电机轴上输入机械功率，这样，经机电能量变换后以电功率的形式从定子侧输出到公共电网。

下面从电路的角度分析转子绕线式三相交流异步电动机在双馈调速工作时的工作原理。从图 7.1.1 看到，除了定子侧与公共电网直接连接外，转子侧也与公共电网连接，从电路拓扑结构上看，可认为是在转子绕组回路中附加一个交流电动势（E_{add}）。

由于在转子绕线式三相交流异步电动机的转子绕组回路中附加一个交流电动势（E_{add}），这个交流电动势对三相交流异步电动机产生极大的影响。

7.1.1 三相交流异步电机在转子侧附加电动势作用

三相交流异步电动机运行时，转子回路的相电动势为

$$E_r = s \cdot E_{ro} \tag{7.1.1}$$

式中　s——三相交流异步电动机转差率；

　　　E_{ro}——转子绕线式三相交流异步电动机在转子静止时的相电动势，或称转子开路电动势。

式（7.1.1）表明，转子绕线式三相交流异步电动机工作时，其转子电动势（E_r）值与转差率（s）成正比。此外转子回路电流、电压频率（f_2）也与转差率（s）成正比，即

$$f_2 = s \cdot f_1 \tag{7.1.2}$$

式中　f_1——定子电源频率。

在转子短路情况下，转子相电流值（I_r）的表达式为

$$I_r = \frac{s \cdot E_{ro}}{\sqrt{R_r^2 + (s \cdot X_{ro})^2}} \tag{7.1.3}$$

式中　R_r——转子绕组每相电阻；

　　　X_{ro}——电机没有旋转时，即转差率（s）为 1 时转子绕组每相漏抗。

在转子绕组回路中引入一个可控的交流附加电动势（E_{add}），此交流附加电动势与转子电动势（E_r）有相同的频率，并与转子电动势串接，如图 7.1.2 所示。

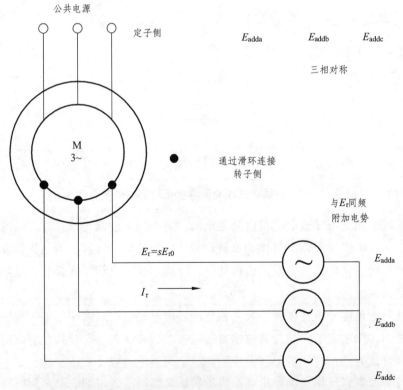

图 7.1.2　转子绕线式异步电机转子绕组与附加电势的电气连接

320

转子回路的相电流（I_r）的表达式为

$$I_r = \frac{s \cdot E_{ro} \pm E_{add}}{\sqrt{R_r^2 + (s \cdot X_{ro})^2}} \qquad (7.1.4)$$

当交流异步电动机处于电动状态时，其转子回路的相电流（I_r）与负载大小有直接关系；当交流异步电动机带有恒定负载转矩（T_L）时，可近似地认为不论转速高、低，I_r都不变，这时，在不同转差率（s）值下的式（7.1.3）与式（7.1.4）应相等。

设在没有串入附加电动势（E_{add}）前，交流异步电动机在某一转差率（s_1）下稳定运行。当每相都引入同相的附加电动势后，交流异步电动机转子绕组回路的合成电动势增大，I_r和电磁转矩（T_e）也相应增大，由于负载转矩（T_L）没有变，交流异步电动机必然加速，因而转差率（s_1）降低，转子电动势（E_r）随之减小，I_r也逐渐减小，直至运行到新的转差率（s_2）

$$s_2 < s_1 \qquad (7.1.5)$$

此时，转子电流（I_r）又恢复到负载所需的原值，交流异步电动机便进入新的、更高转速的稳定状态。

式（7.1.3）与式（7.1.4）的平衡关系为

$$\frac{s_1 \cdot E_{ro}}{\sqrt{R_r^2 + (s_2 \cdot X_{ro})^2}} = I_r = \frac{s_1 \cdot E_{ro} \pm E_{add}}{\sqrt{R_r^2 + (s_1 \cdot X_{ro})^2}} \qquad (7.1.6)$$

同理可知，若减少附加电动势（E_{add}）或串入反相的附加电动势（$-E_{add}$），则可使交流异步电动机的转速降低。

因此，在转子绕线式交流异步电动机的转子侧引入一个可控的附加电动势（E_{add}），就可达到调节交流异步电动机转速的目的。

上面的两个速度动态变化过程描述如下：

1. 转子电动势（E_r）与附加电动势（E_{add}）同相

1）第一种情形

当附加电动势（E_{add}）↑时，

$$(s_1 E_{r0} + E_{add}) \uparrow \rightarrow I_r \uparrow \rightarrow T_e \uparrow \rightarrow n \uparrow \rightarrow s \downarrow$$

使得

$$s_1 E_{r0} + E_{add} = s_2 E_{r0} + E'_{add}$$

最终，转速上升，即

$$s_1 > s_2$$

2）第二种情形

当附加电动势（E_{add}）↓时，

$$(s_1 E_{r0} + E_{add}) \downarrow \rightarrow I_r \downarrow \rightarrow T_e \downarrow \rightarrow n \downarrow \rightarrow s \downarrow$$

使得

$$s_1 E_{r0} + E_{add} = s_2 E_{r0} + E'_{add}$$

最终，转速下降，即

$$s_1 < s_2$$

2. 转子电动势（E_r）与附加电动势（E_{add}）反相

同理可知，若减小或串入反相的附加电动势（$-E_{add}$），则可使交流异步电动机的转速降低。

所以，在转子绕线式交流异步电动机的转子侧引入一个可控的附加电动势（E_{add}），就可调节交流异步电动机的转速。

7.1.2　转子绕线式交流异步电动机双馈工作方式下的五种工况

转子绕线式交流异步电动机双馈工作方式下的五种工况如下：

（1）双馈电动机在次同步转速下作电动运行；

（2）双馈电动机在反转时作倒拉制动运行；

（3）双馈电动机在超同步转速下作回馈制动运行；

（4）双馈电动机在超同步转速下作电动运行；

（5）双馈电动机在次同步转速下作回馈制动运行。

转子绕线式交流异步电动机由公共电网供电并以电动状态运行时，它从公共电网吸收电功率（P_1），而在其轴上输出机械功率给负载，以拖动负载运行，如图 7.1.3 所示。

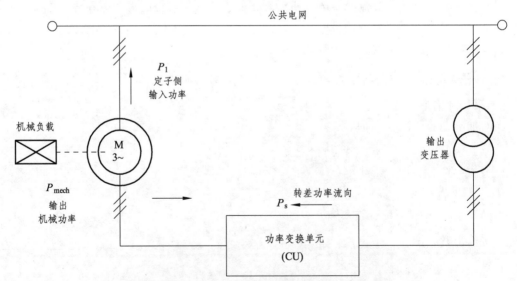

图 7.1.3　双馈电动机在次同步转速下作电动运行功率流向图

当交流异步电动机以发电状态运行时，它被拖着运转，从轴上输入机械功率，经双馈电动机能量变换后以电功率的形式从定子侧输出到公共电网，如图 7.1.4 所示。

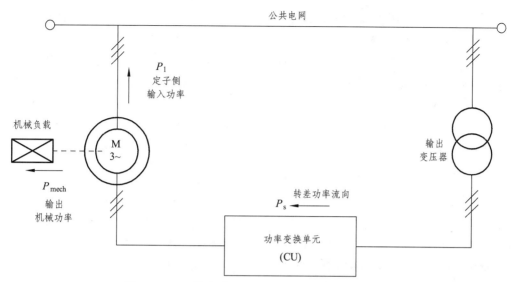

图 7.1.4　双馈电动机在发电状态运行功率流向图

由于转子电动势（E_r）与转子电流（I_r）的频率（f_2）随转速（ω）变化，即

$$f_2 = s \cdot f_1 \tag{7.1.7}$$

因此转子电动势（E_r）要与附加转子电动势（E_{add}）有电气上的连接，必须通过功率变换单元（Power Converter Unit，CU）对不同频率的电功率进行电能变换。

对于双馈绕线式交流异步电机传动系统来说，功率变换单元（CU）为了保证能量的正常流动，必须由双向变流器构成。

忽略机械损耗和杂散损耗，交流异步电机在任何工况下功率平衡关系都可写为

$$P_m = (s \cdot P_m - s \cdot P_m) + P_m$$

经过适当组合，变为

$$P_m = s \cdot P_m + (1-s) \cdot P_m$$

定义转差功率（p_s）为 sP_m，得到

$$P_m = p_s + (1-s) \cdot P_m \tag{7.1.8}$$

式中　P_m——从电机定子侧传入转子侧（或由转子侧传入给定子侧）的电磁功率；

　　　　$(1-s) \cdot P_m$——电机轴上输出功率（机械功率）。

由于转子侧串入附加电动势（E_{add}）极性和大小不同，转差率（s）和电磁功率（P_m）都可正、可负，因而对于转子绕线式交流异步电机，根据转差率（s）和电磁功率（P_m）不同的正、负，可以有以上五种不同的工作情况，下面简单介绍，着重注意转差功率（p_s）的流向。

1. 双馈电动机在次同步转速下作电动运行

设转子绕线式交流异步电机定子接公共电网，转子开路，且轴上带有反抗性的恒转矩负载，此时电机不会转动（$s=1$），转子绕组存在开路相电动势（E_{ro}）。若在转子侧每相都施加与开路相电动势（E_{ro}）同相的附加电动势（E_{add}）且 $E_{add} < E_{ro}$，并把三相转子回路通过滑环短

接。根据式（7.1.4），转子回路就会形成转子电流（I_r），转子电流（I_r）与气隙磁场（F_s）相互作用产生电磁转矩（T_e），如果 T_e 足够大，即可使转子绕线式交流异步电机启动。

随着转速的升高，转差率（s）开始下降，转子电流（I_r）也减小，当转子电流所对应的电磁转矩与负载转矩相等，且转差率正好满足式（7.1.4）的条件时，转子绕线式交流异步电机就在此转速下稳定运行。

若继续加大或减少附加电动势（E_{add}），转速还将升高，并在新的稳定状态下运行。

对照式（7.1.8）可知，由于转子绕线式交流异步电机作电动运行，此时转差率取值范围为

$$s \in (0,1) \tag{7.1.9}$$

此取值范围不包含同步转速点及静止点，是开区间。从定子侧输入电功率，交流异步电机轴上输出机械功率，而转差功率在扣除转子损耗后从转子侧馈送到公共电网，其功率流向如图 7.1.5 所示。由于交流异步电机在低于同步转速下工作，故称为次同步转速下电动运行。

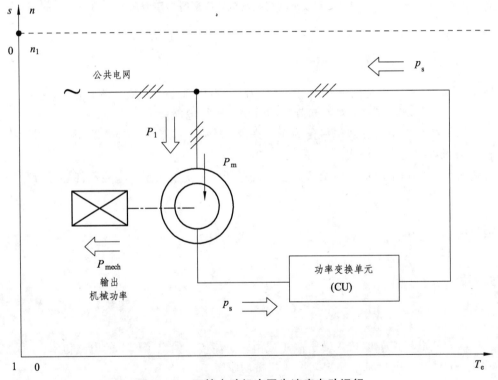

图 7.1.5 双馈电动机次同步速度电动运行

2. 双馈交流异步电动机在反转时作倒拉制动运行

设转子绕线式交流异步电机原在转子侧已接入一定数值附加电动势（E_{add}）的情况下作电动运行，其轴上带有位能性恒转矩负载（这是能够进入倒拉制动运行的必要条件）。此时若逐渐减少附加电动势（E_{add}），并使之反相变负，只要反相附加电动势（$-E_{add}$）不为零，根据式（7.1.6）的平衡条件，可使转差率（s）大于1，即转子绕线式交流异步电机将反转。

转差率（s）大于1表明：在反相附加电动势（$-E_{add}$）与位能性负载外力的作用下，可

以使交流异步电机进入倒拉制动运行状态（在 T_e、n 坐标系的第Ⅳ象限）。$|-E_{add}|$值越大，交流异步电机的反向转速越高。由于转差率（s）大于 1，故式（7.1.8）可改写为

$$P_m + |(1-s) \cdot P_m| = P_m \qquad (7.1.9)$$

此时公共电网输入交流异步电机定子的功率和由负载输入交流异步电机轴的功率两部分合成转差功率（p_s），并从转子侧馈送给公共电网，如图 7.1.6 所示。

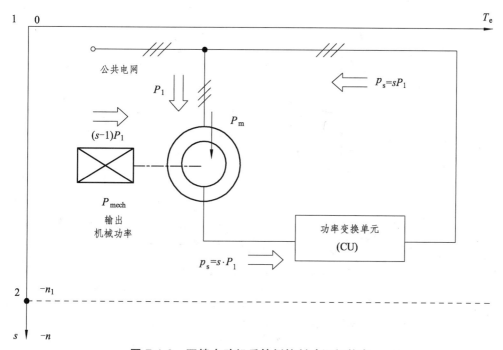

图 7.1.6　双馈电动机反转倒拉制动运行状态

3. 双馈交流异步电动机在超同步转速下作回馈制动运行

双馈交流异步电动机超同步转速下作回馈制动运行的必要条件是有位能性机械外力作用在电机轴上，并使电机能在超过其同步转速的情况下运行。

典型的工况为双馈交流异步电动机拖动车辆上下坡的运动。由于车辆上坡时由双馈交流异步电动机拖动作电动运行；车辆下坡时，车辆重量形成的坡向分力能克服各种摩擦阻力而使车辆下滑，为了防止下坡速度过高，被车辆拖动的双馈交流异步电动机便需要产生制动转矩以限制车辆的速度，此时双馈交流异步电动机的运转方向和上坡时一样，但运行状态却变成回馈制动，转速超过其同步转速（n_{sm}），转差率为负，定子电流（I_s）、转子电流（I_r）和转子电动势（sE_{ro}）的相位都与电动运行时相反。

双馈交流异步电动机处于发电状态运行，若在转子回路再串入一个与转子电动势（sE_{ro}）反相的附加电动势（E_{add}），根据式（7.1.6），双馈交流异步电动机将在比未串入反相附加电动势（E_{add}）时的转速更高的状态下作回馈制动运行。由于双馈交流异步电动机处在发电状态工作，电机功率由负载通过电机轴输入，经过机电能量变换分别从电机定子侧与转子侧馈送到公共电网。这一结果也可从式（7.1.8）得到，此时式（7.1.8）可改写成

$$|P_m| + |sP_m| = |(1-s)P_m| \qquad (7.1.10)$$

式中，电机气隙传送（P_m）与转差率（s）本身都是负值。

超同步转速回馈制动运行的功率流程如图 7.1.7 所示。

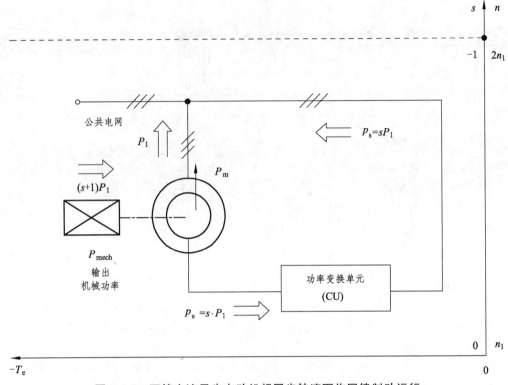

图 7.1.7 双馈交流异步电动机超同步转速下作回馈制动运行

4. 双馈交流异步电动机在超同步转速下作电动运行

设转子绕线式三相交流异步电动机原作电动运行，转差率满足

$$0 < s < 1 \tag{7.1.11}$$

此时如果转子侧串入同相的附加电动势（E_{add}），轴上拖动恒转矩的反抗性负载。

从前面讨论可知，只要不断加大附加电动势（E_{add}），就可提高三相交流异步电动机的转速。当接近额定转速时，如继续加大三相交流异步电动机，则从式（7.1.6）可知，三相交流异步电动机将加速到转差率（s）满足

$$s < 0 \tag{7.1.12}$$

新的稳态下运行，即三相交流异步电动机在超过其同步转速下稳定运行。

注意：此时三相交流异步电动机转速虽然超过了其同步转速，但它仍拖动着负载作电动运转，因此三相交流异步电动机轴上可以输出比其电机铭牌所示额定功率还要大得多的功率。对于此功率的获得可以从式（7.1.7）看出。把式（7.1.7）改写成

$$P_m - s \cdot P_m = (1-s)P_m \tag{7.1.13}$$

式中，转差率（s）本身为负值。

326

结论：（1）三相交流异步电动机轴上输出功率为定子侧与转子侧两部分输入功率之和，三相交流异步电动机处于定子与转子双输入状态，其功率流程如图 7.1.8 所示。

（2）转子绕线式三相交流异步电动机在转子中串入附加电动势（E_{add}）后可以在超同步转速下作电动运行，并可使输出超过其额定功率，这一特殊工况正是由定子与转子双输电的条件决定的。

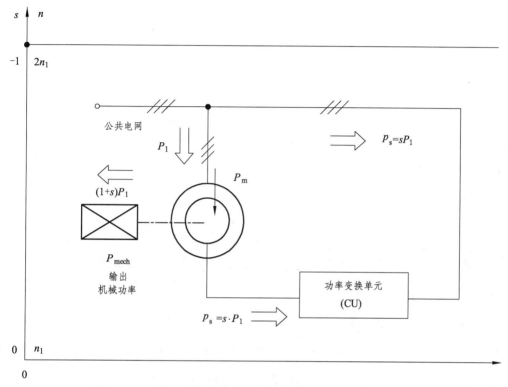

图 7.1.8　双馈交流异步电机在超同步转速下作回馈制动运行

5. 双馈交流异步电动机在次同步转速下作回馈制动运行

为了改善传动系统的动态响应速度，希望传动系统能缩短减速和停车的时间，因此必须使运行在低于同步转速电动状态的双馈交流异步电动机切换到制动状态下工作。

如果在双馈交流异步电动机在串入附加电动势（E_{add}），能否满足这一要求呢？设双馈交流异步电动机原在低于同步转速下作电动运行，其转子侧已加入一定附加电动势（E_{add}）。现欲使之进入制动状态，可以在双馈交流异步电动机转子侧突加一个反相的双馈交流异步电动机（即：E_{add} 由 "＋" 变 "－"，并使 $|-E_{add}|$ 大于制动瞬间的转子侧电动势（$s \cdot E_{add}$）。根据式（7.1.6），此时转子电流（I_r）变为负值，在交流异步电动机相量图上表现为 $\bar{I}_r$ 反相，但不一定反相 180°，如图 7.1.9 所示。

从图 7.1.9 所示的双馈交流异步电机次同步运行相量图可知，相应的定子电流（$\bar{I}_s$）相量的相位也变了，从而使定子电压（$\bar{U}_s$）相量与定子电流（$\bar{I}_s$）的夹角（φ_s）满足

$$\varphi_s > 90° \tag{7.1.14}$$

327

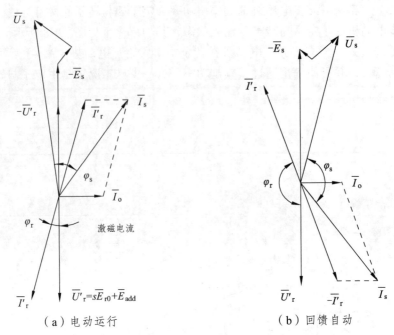

|（a）电动运行|（b）回馈自动|

图 7.1.9 双馈交流异步电机次同步运行相量图

由电机学可知，三相交流异步电机的输入功率（P_1）可以用下式表达，即

$$P_1 = m \cdot U_s \cdot I_s \cdot \cos \varphi_s \qquad (7.1.15)$$

式中，m 为电机相数。

当满足式（7.1.14）时，三相交流异步电机的输入功率（P_1）变负，说明是由三相交流异步电机定子侧输出功率到公共电网，三相交流异步电机成为发电机并处于制动工作状态，同时产生制动转矩以加快减速停车过程。

为使电机在制动过程中能维持一定的制动转矩，随着电机转速的降低，必须相应增大 $|-E_{add}|$ 值。

注意：在这种工况下是不存在稳定运行点的。由于在制动过程中电机处于回馈制动状态，送回公共电网的功率一部分由负载的机械功率转换而成，另一部分则由转子侧提供。由式（7.1.7）可知，三相交流异步电机的功率关系为

$$|P_m| = (1-s)|P_m| + s \cdot |P_m| \qquad (7.1.16)$$

此时转子从公共电网获取转差功率（p_s）为

$$p_s = s \cdot |P_m| \qquad (7.1.17)$$

其功率流程如图 7.1.10 所示。

五种工况都是三相交流异步电机转子串入附加电动势（E_{add}）时的运行状态。五种工况汇总如图 7.1.11 所示。

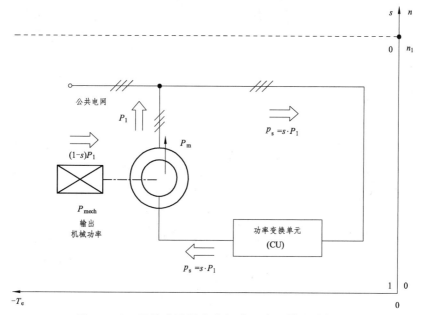

图 7.1.10 双馈交流异步电机次同步回馈制动状态

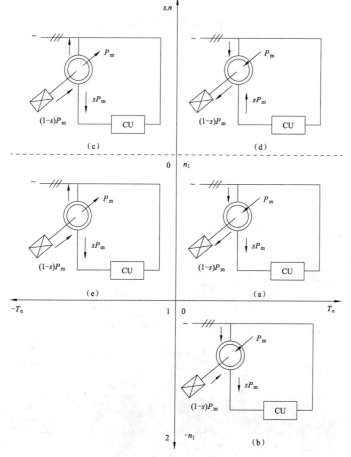

图 7.1.11 双馈交流异步电机五种不同的运行工况

在工况（a）、（b）、（c）中，转子侧都输出功率，可把转子的交流电功率先整流成直流，然后再逆变成与公共电网具有相同电压与频率的交流电功率，如图 7.1.12 所示。

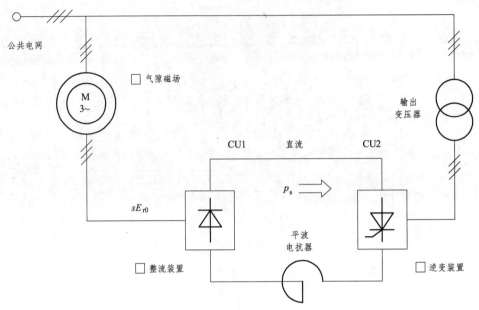

图 7.1.12　双馈交流异步电机转子侧输出功率

此时功率变换单元（CU）的组成如图 7.1.12 所示，其中功率变换单元（CU1）是整流器，功率变换单元（CU2）是有源逆变器。

对于工况（d）和（e），双馈交流异步电机转子要从公共电网吸收功率，可用一台变频器与双馈交流异步电机转子相连，其结构与图 7.1.12 相似，只是功率变换单元（CU2）工作在可控整流状态，功率变换单元（CU1）工作在逆变状态，如图 7.1.13 所示。

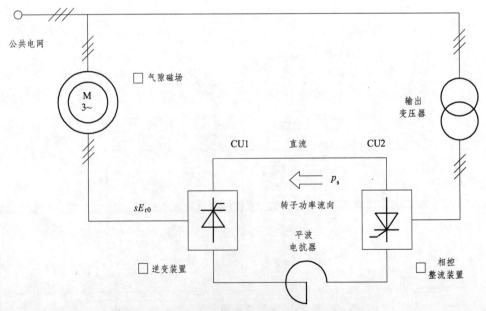

图 7.1.13　双馈交流异步电机转子侧输入功率

在工况（b）中，由于双馈交流异步电机转子输出的转差功率（p_s）较大，要求功率变换单元的装置功率也较大，增加了初始投资，所以这种倒拉制动方法应用很少，此时的转差功率为

$$p_s = s \cdot |P_m|$$

对于工况（c），由于机械负载的特殊性，而且在工况（c）下一般不会出现转速高调的要求，所以工况（c）的应用场合也不多。至于工况（d）能否实现，主要视拖动电机的超速能力而定。

7.2 三相交流异步电动机在次同步电动状态下的双馈系统串级调速系统

7.2.1 串级调速系统的工作原理

如前所述，在转子绕线式三相交流异步电动机转子回路中附加交流电动势（E_{add}）调速的关键就是在转子侧串入一个可变频率、可变幅值的电压。怎样才能获得这样的电压呢？

对于只用于次同步电动状态的情况来说，比较方便的办法是将转子电压先整流成直流电压，然后再引入一个附加的直流电动势，控制此附加直流电动势大小，就可以调节转子绕线式三相交流异步电动机转速。

这样，就把转子绕线式三相交流异步电动机转子回路交流变频这一复杂问题，转化为与频率无关的直流调压问题，对问题的分析与工程实现都方便多了。这个可调直流电压应该满足条件如下：

（1）可平滑调节，以满足对三相交流异步电动机转速平滑调节的要求；

（2）从节能的角度看，希望产生附加直流电动势的装置能够吸收从转子绕线式三相交流异步电动机转子回路传递来的转差功率（p_s）并加以利用。

根据以上两点要求，较好的方案是采用工作在有源逆变状态的晶闸管可控整流装置（相控整流）产生附加直流电动势，如图 7.1.11 中的功率变换单元（CU2）。

按照上述原理组成的转子绕线式三相交流异步电动机在低于同步转速下作电动状态运行双馈调速系统如图 7.2.1 所示，习惯上称之为电气串级调速系统（Scherbius 系统）。

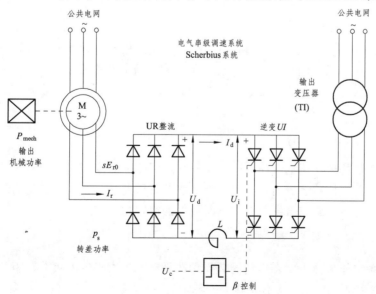

图 7.2.1 电气串级调速系统原理图

图 7.2.1 中，M 为转子绕线式三相交流异步电动机；UR 为三相不可控整流装置，将转子绕线式三相交流异步电动机转子相电动势（sE_{ro}）整流为直流电压（U_d）；UI 为三相可控整流装置，工作在有源逆变状态，可提供可调的直流电压（U_i），作为转子绕线式三相交流异步电动机调速所需的附加直流电动势，也可将转差功率变换成具有工频特性的交流功率，经输出变压器匹配电压后回馈到公共电网；TI 为逆变器输出变压器，其功能和特点将详细讨论；L 为平波电抗器；两套整流装置直流母线之间电压 U_d、U_i 的极性以及直流电路电流（I_d）的方向如图 7.2.1 中所示。

显然，电气串级调速系统在稳定工作时，必有

$$U_d > U_i \qquad\qquad (7.2.1)$$

由此可以写出整流后的转子直流回路电压平衡方程式：

$$U_d = U_i + R \cdot I_d \qquad\qquad (7.2.2)$$

代入相关表达式，得到

$$K_1 \cdot s \cdot E_{ro} = K_2 \cdot U_{T2} \cdot \cos\beta + R \cdot I_d \qquad\qquad (7.2.3)$$

式中，K_1、K_2 是 UR 与 UI 两个整流装置的电压整流系数，如两者都是三相桥式整流电路，则

$$\begin{cases} K_1 = \dfrac{3\sqrt{6}}{2\pi} = 2.34 \\ \\ K_2 = \dfrac{3\sqrt{6}}{2\pi} = 2.34 \end{cases} \qquad\qquad (7.2.4)$$

U_{T2} 为逆变输出变压器的二次侧相电压；β 为工作在逆变状态的可控整流装置 UI 的逆变角；R 为转子直流回路总电阻。

需要说明，式（7.2.3）中并未计及三相交流异步电动机转子绕组与逆变输出变压器绕组的内阻和换相重叠角（γ）压降的影响，所以它只是一个简化的公式，但已足以用于对串级调速传动系统作定性的分析。从式（7.2.3）中可以看出，直流平均电压（U_d）中包含了三相交流异步电动机的转差率（s），而直流母线电流（I_d）与三相交流异步电动机转子交流电流（I_r）之间有固定的线性关系，因此它近似地反映了三相交流异步电动机电磁转矩的大小，而 UI 的逆变角（β）是控制变量。所以式（7.2.3）可以看作是在串级调速系统机械特性的间接表达式，即

$$s = f(I_d, \beta) \qquad\qquad (7.2.5)$$

串级调速系统的运行包括启动、调速与停车。因此下面按照这三种工况来分析串级调速系统的工作。对电气传动装置而言，实质上是能否获得加、减速时所必需的电磁转矩。在下面的讨论中，认为串级调速系统轴上带有反抗性的恒转矩负载。

1. 启 动

串级调速系统能从静止状态启动的必要条件是能产生大于轴上负载转矩的电磁转矩。对电气串级调速系统而言，就是应有足够大的转子电流（I_r）或足够大的整流后直流电流（I_d）。

为此，转子整流平均电压（U_d）与逆变电压（U_i）间应有较大的差值。三相交流异步电动机在静止不动时，其转子电动势为 E_{ro}；控制逆变角（β），使电气串级调速系统在启动开始的瞬间，U_d 与 U_i 的差值能产生足够大的直流电流（I_d）以满足所需的电磁转矩，但又不超过允许的电流值，这样电气串级调速系统就可在一定的动态转矩下加速启动。随着电气串级调速系统转速的增高，其转子电动势（$s \cdot E_{ro}$）减少，为了维持加速过程中动态转矩基本恒定，必须相应地增大控制逆变角（β）以减小逆变电压（U_i），维持（$U_d - U_i$）基本恒定。当电气串级调速系统加速到所需转速时，不再调整控制逆变角（β），电气串级调速系统即在此转速下稳定运行。设此时：

$$\begin{cases} s = s_1 \\ \beta = \beta_1 \end{cases} \tag{7.2.6}$$

式（7.2.3）可以换为

$$K_1 \cdot s_1 \cdot E_{ro} = K_2 \cdot U_{T2} \cdot \cos\beta_1 + R \cdot I_{dL} \tag{7.2.7}$$

式中，I_{dL} 为对应于负载转矩的转子直流回路电流。

2. 调 速

控制逆变角（β）的大小就可以调节电气串级调速系统的转速。当增大控制逆变角（β），使

$$\beta = \beta_2 > \beta_1 \tag{7.2.8}$$

根据式（7.2.3），逆变电压（U_i）就会降低，但电气串级调速系统的转速不能立即改变，所以直流电流（I_d）将增大，电磁转矩也增大，因而产生动态转矩使串级调速系统加速。随着串级调速系统转速的增高，$K_1 \cdot s \cdot E_{ro}$ 减小，直流电流（I_d）回降，直到产生式（7.2.9）所示的新的平衡状态，串级调速系统才在增高了的转速下稳定运行。

$$K_1 \cdot s_2 \cdot E_{ro} = K_2 \cdot U_{T2} \cdot \cos\beta_2 + R \cdot I_{dL} \tag{7.2.9}$$

式中，各变量的关系满足

$$\begin{cases} s_2 < s_1 \\ \beta_2 > \beta_1 \end{cases} \tag{7.2.10}$$

这个过程可以用下面的流程表示：

$$\beta\uparrow \to U_i\downarrow \to I_d\uparrow \to T_e\uparrow \to n\uparrow \to K_1 \cdot s \cdot E_{ro}\uparrow \to I_d\downarrow \to T_e = T_L$$

同理，减小控制逆变角（β），可以让串级调速系统转速在降低了的转速下运行。

3. 停 车

串级调速系统的停车有制动停车和自由停车（惯性停车）两种。

上节已讨论过，对处于次同步转速下运行的双馈调速系统，必须在转子绕线式三相交流异步电动机转子侧输入电功率时才能实现制动。

在电气串级调速系统中与转子连接的是不可控整流装置，它只能从转子绕线式三相交流异步电动机转子侧输出电功率，而不可能向转子输入电功率。

因此，电气串级调速系统没有制动停车功能。只能通过减小控制逆变角（β）或增加逆变电压（U_i）逐渐减速，并依靠负载阻矩的作用自由停车。

根据以上对电气串级调速系统工作原理的讨论可以得出下列结论：

（1）电气串级调速系统能够通过调节控制逆变角（β），实现平滑无级调速；

（2）电气串级调速系统能把转子绕线式三相交流异步电动机的转差功率回馈给交流公共电网，从而使扣除装置损耗后的转差功率得到有效利用，大大提高了调速系统的效率。

7.2.2 电气串级调速系统的其他形式

在图 7.2.1 所示的电气串级调速系统中，用三相桥式电路组成逆变器，对于小功率系统，为了简化电路、降低成本，也可以采用三相半波逆变电路。

除了电气串级调速系统外，还有机械串级调速系统，也称为克莱默（Kramer）系统，其原理如图 7.2.2 所示。

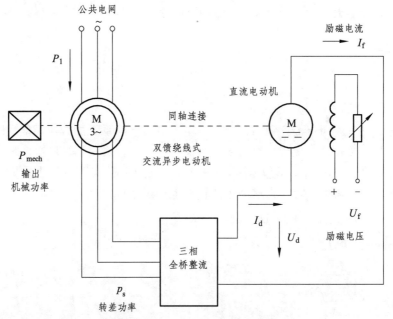

图 7.2.2　机械串级调速系统

图 7.2.2 中，在转子绕线式三相交流异步电动机轴上还装有一台直流电动机，三相交流异步电动机的转差功率（p_s）经整流后就是直流电动机电枢电压（U_d），直流电动机把这部分电功率变换为机械功率，再"帮助"三相交流异步电动机拖动负载，从而使转差功率得到利用。

在这里，直流电动机的电动势就相当于直流附加电动势，通过调节直流电动机的励磁电流（I_f），可以改变其电动势，即

$$E = \Phi \cdot n \cdot C_e \qquad (7.2.11)$$

这样，就可以调节三相异步电动机的转速。增大励磁电流（I_f），可以使三相异步电动机减速；减小励磁电流（I_f），可以使三相异步电动机加速。

从功率传递的角度看，如果忽略调速系统中所有的电气与机械损耗，认为三相异步电动机的转差功率全部为直流电动机所接收，并以机械功率（P_{mech}）的形式从轴上输出给负载。则负载从交流异步电动机、直流电动机的共同驱动轴上所得到的机械功率（P_{mech}），应是交流异步电动机、直流电动机两者轴上输出功率之和，并恒等于三相异步电动机定子输入功率（P_1），而与三相异步电动机运行的转速无关。

一般讲，机械式串级调速系统属于恒功率调速，而前述的电气式串级调速系统则为恒转矩调速，因为其输出的机械功率与三相异步电动机的转速成正比。

另外，还有一种类似于克莱默（Kramer）系统的内馈串级调速系统，其主要特点是在三相异步电动机定子中装有另一套绕组，称作调节绕组。转差功率（P_s）经交-直-交变换器变换成工频功率后施加于调节绕组，作为附加的定子功率传送给三相异步电动机，这样就取代了克莱默（Kramer）系统中的直流电动机，同样能获得恒功率调速的效果，但必须专门制造有两套定子绕组的绕线式转子三相异步电动机。

7.3 三相交流异步电动机串级调速机械特性

在转子绕线式三相异步电动机串级调速系统中，三相交流异步电动机转子侧整流器的输出直流平均电压（U_d）、平均电流（I_d）分别与转子绕线式三相异步电动机串级调速系统转速和电磁转矩有关。因此，可以从三相异步电动机转子直流回路着手来分析串级调速系统机械特性。

7.3.1 三相交流异步电动机串级调速机械特性特点

本节主要讨论转子绕线式三相异步电动机串级调速系统机械特性特点，比较它与常规接线或转子回路串电阻调速系统的机械特性。

1. 理想空载转速

在转子绕线式三相异步电动机转子回路串电阻调速时，其理想空载转速就是其同步转速，而且恒定不变，调速时机械特性变软，调速性能差，调速范围比较窄。

在电气串级调速系统中，转子绕线式三相异步电动机的极对数与旋转磁场同步转速都不变，同步转速也是恒定不变的，但是它的理想空载转速却能够平滑连续地调节。

根据式（7.2.3），当系统在理想空载状态下运行时，满足

$$I_d = 0 \tag{7.3.1}$$

转子直流回路的电压约束方程变成

$$K_1 s_0 E_{r0} = K_2 U_{T2} \cos \beta \tag{7.3.2}$$

式中，s_0 为转子绕线式三相异步电动机在电气串级调速系统时，对应于某一逆变控制角（β）的理想空载转差率。

在一定的条件下，如果整流与逆变采用相同的电路结构，即

$$K_1 = K_2 \tag{7.3.3}$$

则

$$s_0 = \frac{U_{T2}}{E_{ro}} \cos\beta \tag{7.3.4}$$

由此可得相应的理想空载转速（n_0）

$$n_0 = n_{syn}(1 - s_0)$$

化简，得到

$$n_0 = n_{syn}\left(1 - \frac{U_{T2}}{E_{ro}} \cos\beta\right) \tag{7.3.5}$$

式中，n_{syn} 为三相异步电动机的同步转速（即气隙磁场的旋转速度）。

从式（7.3.4）和式（7.3.5）可知，在进行电气串级调速时，理想空载转速（n_0）与同步转速是不一样的。当改变逆变控制角（β）时，理想空载转差率（s_0）和理想空载转速（n_0）都相应地改变。逆变控制角（β）越大时，理想空载转差率（s_0）越小，理想空载转速（n_0）越高。在电气串级调速系统中，逆变控制角的调节范围对应于三相异步电动机调节范围的上、下限，一般逆变控制角的调节范围为

$$\beta \in [30°, 90°] \tag{7.3.6}$$

其下限 30°是为了防止"逆变颠覆"而设置的最小逆变角（β_{min}），具体数值也可根据系统的电气参数来设定。

由式（7.3.5）还可看出，在不同的逆变控制角下，三相异步电动机在电气串级调速的机械特性是近似平行的，其工作段类似于直流电动机调压调速的机械特性。

2. 机械特性的曲线上的特殊点

三相异步电动机在电气串级调速时，转子回路中接入了串级调速装置（包括两套整流装置、平波电抗器、逆变变压器等），实际上相当于在三相异步电动机转子回路中接入了一定数量的等效电阻和电抗，它们的影响在任何转速下都存在。

由于转子回路电阻的影响，三相异步电动机在电气串级调速时的机械特性比其固有特性要软得多。

当三相异步电动机在最高速的特性上（对应于逆变控制角$\beta = 90°$）带额定负载，也难以达到其额定转速。一般三相异步电动机固有机械特性上的额定转差率取值范围为

$$s \in [0.03, 0.05] \tag{7.3.7}$$

而在电气串级调速时却可达 0.1 左右。

另外，由于转子回路电抗的影响，整流电路换相重叠角将加大，并产生强迫延迟导通现象，使电气串级调速时的最大电磁转矩较三相异步电动机在正常接线时的最大电磁转矩明显

降低。电气串级调速系统的机械特性如图 7.3.1 所示。图中，T_e 为串级调速系统电磁转矩；T_{eN} 电机额定转矩。

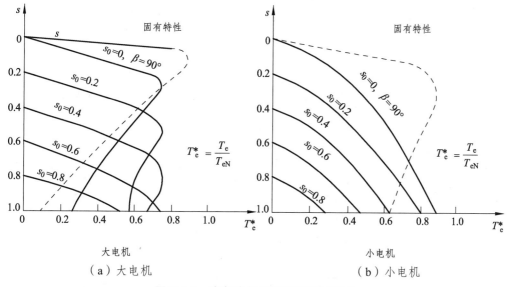

图 7.3.1　电气串级调速系统机械特性

7.3.2　三相交流异步电动机串级调速时的转子整流电路

从图 7.2.1 中可以看出，串级调速系统的三相交流异步电动机相当于转子整流器的供电电源。如果把三相交流异步电动机定子看成是整流变压器的一次侧，则转子绕组相当于二次侧，与带整流变压器的整流电路相似，因而可以引用电力电子技术中分析整流电路的一些结论来研究串级调速时的转子整流电路。

在电力电子技术相关课程中，整流变压器的漏抗对于整流重叠角（γ）的影响非常大，而且存在着严重的非线性，分析非常复杂。但是串级调速系统与此相比还有一些显著的差异，主要是：

（1）一般整流变压器输入、输出的频率是一样的，而三相交流异步电动机转子绕组感应电动势（E_r）的幅值与频率都是变化的，而且随三相交流异步电动转速的改变而变化，且输入、输出之间存在频率变换的问题。

（2）三相交流异步电动机折算到转子侧的漏抗值也与转子频率或转差率有关。

（3）由于三相交流异步电动机折算到转子侧的漏抗值较大，所以出现的换相重叠现象比普通整流电路严重，从而在负载较大时会引起整流器件的强迫延迟换相现象，改变不可控整流电路的工作状态。

因此在分析电气串级调速系统转子整流电路时，与变压器整流电路不同，应该考虑这些因素。

为了简化分析，作出如下假设条件：

（1）开关器件为理想器件，不考虑导通电阻、开关延时、管压降及漏电流等；

（2）转子直流回路中平波电抗器的电感为无穷大，直流电流波形平直、不含谐波；

（3）认为交流气隙磁场瞬间建立，即忽略三相交流异步电动机激磁阻抗的影响。

在以上假设条件下，电气串级调速系统转子整流等效电路如图 7.3.2 所示。

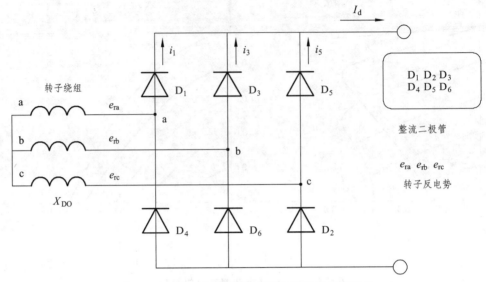

图 7.3.2　电气串级调速系统转子整流等效电路

设转子绕线式三相异步电动机在某一转差率（s）下稳定运行，转子三相的感应电动势为 e_{ra}、e_{rb}、e_{rc}。当六个整流二极管依次导通时，必有器件间的换相过程，这时处于换相过程中的两相电动势同时起作用，产生换相重叠压降，如图 7.3.3 所示。

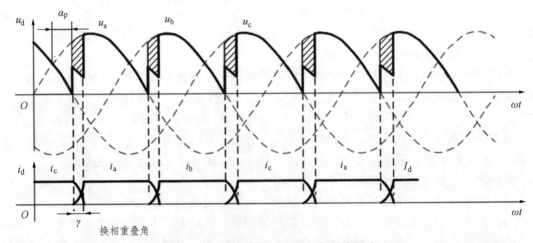

图 7.3.3　换相重叠角对输出电压的影响

根据电力电子技术相关课程中介绍的理论，换相重叠角（γ）（与整流电路的拓扑结构有关）为

$$\gamma = \arccos\left(1 - \frac{2 \cdot s \cdot X_{D0} I_d}{\sqrt{6}s \cdot E_{ro}}\right)$$

338

化简，得到

$$\gamma = \arccos\left(1 - \frac{2X_{D0}I_d}{\sqrt{6}E_{ro}}\right) \tag{7.3.8}$$

式中，X_{D0} 为在三相异步电动机静止时折算到转子侧的电机定子和转子每相漏抗。

由式（7.3.8）可知，换相重叠角（γ）随着整流电流（I_d）的增大而增加。当整流电流较小，换相重叠角（γ）处在式（7.3.9）的范围时，即

$$\gamma \in [0°, 60°] \tag{7.3.9}$$

整流电路中各整流器件都在对应相电压波形的自然换相点处换流，整流波形正常。

当整流电流增大到按式（7.3.8）计算出来的换相重叠角（γ）大于 60° 时，整流器件在自然换相点处未能结束换流，从而迫使本该在自然换相点处换流的整流器件推迟换流，出现了强迫延迟换相现象，所延迟的角度称作强迫延时换相角（α_p）。

特别注意：强迫延迟换相只说明在整流电流（I_d）超过某一值时，整流器件比自然换相点滞后 α_p 角换流，但从总体上看，六个整流器件在 360° 内轮流工作，每一对整流器件的换流过程最多只能是 60°，也就是说，整流电流（I_d）再大，只能使换相重叠角（γ）达到 60°，但绝对不会大于 60°。

由此可见，电气串级调速系统时的三相异步电动机转子整流电路有两种正常工作状态：

1）第一种工作状态

特征为

$$\begin{cases} \gamma \in [0°, 60°] \\ \alpha_p = 0 \end{cases} \tag{7.3.10}$$

此时，转子整流电路处于正常的不可控整流工作状态，称之为第一工作区。

2）第二种工作状态

特征为

$$\begin{cases} \gamma = 60° \\ \alpha_p \in [0°, 30°] \end{cases} \tag{7.3.11}$$

这时，由于强迫延迟换相的作用，转子整流电路处于可控整流工作状态，强迫延时换相角（α_p）相当于整流器件的控制角，称作第二工作区。

3）第三种工作状态

当强迫延时换相角（α_p）满足

$$\alpha_p = 30° \tag{7.3.12}$$

时，整流电路中会出现四个整流器件同时导通，形成共阳极组和共阴极组整流电路双换流的重叠现象，此后强迫延时换相角（α_p）保持为 30°，而换相重叠角（γ）继续增大，整流电路处于第三种工作状态，称作第三工作区，这是一种非正常的故障状态。

如图 7.3.4 所示为在不同工况条件下转子整流电路的整流电流（I_d）与换相重叠角（γ）、强迫延时换相角（α_p）间的关系。

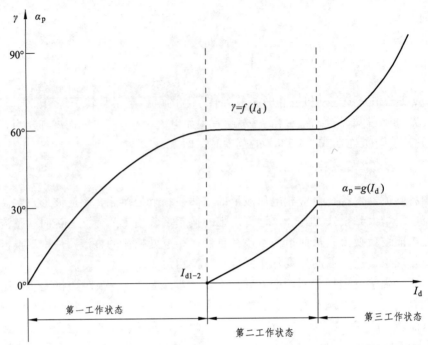

图 7.3.4　不同工况条件转子整流电路电流与换相重叠角、强迫延时换相角间关系

由于整流电路的不可控整流状态是可控整流状态当控制角（β）为零时的特殊情况，所以可以直接引用可控整流状态的有关分析式来表示串级调速时转子整流电路的相关量的表示，如电流（I_d）和电压（U_d）。

整流电路的输出电流（I_d）：

$$I_d = \frac{\sqrt{6}E_{ro}}{2X_{D0}}(\cos\alpha_p - \cos(\alpha_p + \gamma))$$

代入相关表达式，化简得到

$$I_d = \frac{\sqrt{2}E_{ro}}{2X_{D0}}\sin(\alpha_p + 30°) \tag{7.3.13}$$

整流电路的输出电压（U_d）：

$$U_d = 2.34sE_{ro}\frac{\cos\alpha_p + \cos(\alpha_p + \gamma)}{2} - 2R_D I_d$$

代入式（7.3.13）并化简，得到

$$U_d = 2.34(s \cdot E_{ro})\cos\alpha_p - \frac{3X_{D0}}{\pi}I_d - 2R_D I_d \tag{7.3.14}$$

式中，R_D 为折算到转子侧的三相异步电动机定子和转子每相等效电阻。

R_D 的表达式为

340

$$R_D = s \cdot R'_s + R_r \qquad (7.3.15)$$

式（7.3.14）、式（7.3.15）中，转子整流电路工作在第二工作区的条件为

$$\begin{cases} \alpha_p \in (0, 30°) \\ \gamma = 60° \end{cases} \qquad (7.3.16)$$

转子整流电路工作在第一工作区的条件为

$$\begin{cases} \alpha_p = 0 \\ \gamma \in [0, 60°] \end{cases} \qquad (7.3.17)$$

7.3.3　三相交流异步电动机串级调速时机械特性描述

根据串级调速系统主电路接线图，当整流器（UR）和逆变器（UI）都为三相桥式电路时，等效电路如图 7.3.5 所示。

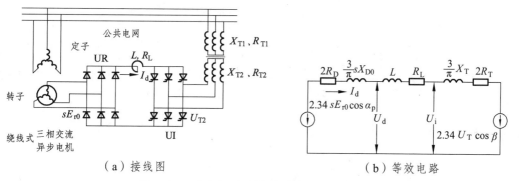

（a）接线图　　　　　　　　　（b）等效电路

图 7.3.5　串级调速系统接线图及等效电路

考虑三相交流异步电动机转子与逆变器的电阻和换相重叠压降后，可以列出串级调速系统的稳态电路方程式如下：

转子整流电路（UR）的输出电压：

$$U_d = 2.34(s \cdot E_{r0})\cos\alpha_p - I_d\left(\frac{3}{\pi}s \cdot X_{D0} + 2R_D\right) \qquad (7.3.18)$$

逆变器电路（UI）的直流侧输出电压：

$$U_i = 2.34 U_{T2}\cos\beta + I_d\left(\frac{3}{\pi}X_T + 2R_T\right) \qquad (7.3.19)$$

图 7.3.5（b）等效电路的电压约束方程：

$$U_d = U_i + I_d R_L \qquad (7.3.20)$$

式中　R_L——直流平波电抗器的电阻；

　　　X_T——折算到二次侧的逆变输出变压器每相等效漏抗，X_T 可以表示为

$$X_T = X'_{T1} + X_{T2} \tag{7.3.21}$$

R_T——折算到二次侧的逆变输出变压器每相等效电阻；

R_D——折算到转子侧的三相交流异步电动机定子和转子每相等效电阻。

R_T、R_D 可以表示为

$$\begin{cases} R_T = R'_{T1} + R_{T2} \\ R_D = s \cdot R'_s + R_r \end{cases} \tag{7.3.22}$$

比较式（7.3.22）和式（7.2.7）可知，式（7.3.22）是更为精确的电压约束方程式。

解式（7.3.18）、式（7.3.19）和式（7.3.20）组成的联列方程组，可以得到转差率（s）：

$$s = \frac{2.34U_{T2}\cos\beta + I_d\left(\dfrac{3}{\pi}X_T + 2R_T + 2R_D + R_L\right)}{2.34E_{r0}\cos\alpha_p - \dfrac{3}{\pi}X_{D0}I_d} \tag{7.3.23}$$

将转差率（s）的表达式 $s = \dfrac{n_0 - n}{n_0}$ 代入，得到串级调速时的机械特性：

$$n = n_0\left(\frac{2.34(E_{r0}\cos\alpha_p - U_{T2}\cos\beta) - R_\Sigma \cdot I_d}{2.34E_{r0}\cos\alpha_p - \dfrac{3}{\pi}X_{D0}I_d}\right) \tag{7.3.24}$$

式中，R_Σ 的表达式为

$$R_\Sigma = \frac{3X_{D0}}{\pi} + \frac{3X_T}{\pi} + 2R_T + 2R_D + R_L \tag{7.3.25}$$

令 $\alpha_p = 0$ 则式（7.3.24）就表示串级调速系统在第一工作区的机械特性。

分析式（7.3.24）可以看出，这是典型的非线性方程式，方程式右边分子中的第一项是转子直流回路的直流电压（U），表达式为

$$U = 2.34(E_{r0}\cos\alpha_p - U_{T2}\cos\beta) \tag{7.3.26}$$

第二项相当于回路中的总电阻压降，可以表示为 $R_\Sigma \cdot I_d$，R_Σ 的表达式为式（7.3.25）；第一项则是转子整流器的输出电压（U_d）。

类比直流电动机的概念和有关算式，引入电动势系数（C_E），令

$$C_E = \frac{2.34E_{r0}\cos\alpha_p - \dfrac{3}{\pi}X_{D0}I_d}{n_0}$$

化简，得到

$$C_E = \frac{U_{d0} - \frac{3}{\pi} X_{D0} I_d}{n_0} \qquad (7.3.27)$$

式中，U_{d0} 的表达式为

$$U_{d0} = 2.34 E_{r0} \cos \alpha_p \qquad (7.3.28)$$

则式（7.3.24）可改写为

$$n = \frac{1}{C_E}(U - R_\Sigma \cdot I_d) \qquad (7.3.29)$$

式（7.3.29）与直流电机传动系统的机械特性非常相似。

注意：在直流调速系统中，电动势系数（C_e）是常数，但在电气串级调速系统中，电动势系数（C_E）是负载电流的函数，它是使转速特性成为非线性的重要因素，故在电动势系数的表达式中，两个表达式的下标不同，以示区别。

式（7.3.29）表明，三相交流异步电动机电气串级调速系统机械特性与它励直流电动机的机械特性在形式上完全相同，改变电压即可得到一簇平行移动的调速系统机械特性。但二者还是存在一定的区别：在直流调速系统中，需直接改变电枢电压；而在电气串级调速系统中，它是通过改变式（7.3.26）第二项中的控制角（β）来实现的。

此外，在电气串级调速系统中，总电阻（R_Σ）较大，电气串级调速系统机械特性较软；对于 α_p 不为零的第二工作区，计及 α_p 的影响，在相同逆变角下的输出电压更小，相当于理想空载转速（n_0）也发生变化，因而电气串级调速系统机械特性更软。

以上所述是电气串级调速系统的机械特性，为了得到相应的以电磁转矩表示的机械特性，必须先求出电磁转矩表达式。可以从转子整流电路的功率传递关系入手，暂且忽略转子绕组的铜耗，则转子整流器的输出功率就是三相交流异步电动机的转差功率（p_s）：

$$p_s = \left(2.34 s E_{r0} \cos \alpha_p - \frac{3 s E_{D0}}{\pi} I_d\right) I_d \qquad (7.3.30)$$

而电磁功率（P_m）：

$$P_m = \frac{p_s}{s} \qquad (7.3.31)$$

因此，电磁转矩为

$$T_e = \frac{P_m}{\Omega_0} = \frac{p_s}{s \cdot \Omega_0} \qquad (7.3.32)$$

代入相应的表达式，则

$$T_e = \frac{1}{\Omega_0}\left(2.34 E_{r0} \cos \alpha_p - \frac{3 X_{D0}}{\pi} I_d\right) I_d \qquad (7.3.33)$$

化简：

$$T_e = \frac{U_{d0} - \dfrac{3X_{D0}}{\pi} I_d}{\Omega_0} I_d \qquad (7.3.34)$$

引入电气串级调速系统的转矩系数（C_M），则

$$T_e = C_M \cdot I_d \qquad (7.3.35)$$

式中，Ω_0 为理想空载机械角转速（rad/s）；转矩系数（C_M）表达式为

$$C_M = \frac{U_{d0} - \dfrac{3X_{D0}}{\pi} I_d}{\Omega_0} \qquad (7.3.36)$$

从 C_M 的表达式（7.3.36）看出，C_M 为整流电流（I_d）的函数。与式（7.3.27）的电动势系数（C_E）相比可知，转矩系数（C_M）和电动势系数（C_E）对电流（I_d）的关系是一样的。

由于理想空载机械角转速（Ω_0）为

$$\Omega_0 = \frac{2\pi n_0}{60} \qquad (7.3.37)$$

故

$$C_M = \frac{30}{\pi} C_E \approx 9.55 C_E \qquad (7.3.38)$$

当电气串级调速系统在第一工作区运行时，α_p 为零，代入式（7.3.35），再令

$$\frac{\mathrm{d}T_e}{\mathrm{d}t} = 0 \qquad (7.3.39)$$

可求出电磁转矩的计算最大值（T_{e1m}），经数学推导，得第一工作区的机械特性方程式：

$$\frac{T_e}{T_{e1m}} = \frac{4}{\dfrac{\Delta s_{1m}}{\Delta s_1} + \dfrac{\Delta s_1}{\Delta s_{1m}} + 2} \qquad (7.3.40)$$

其中　Δs_{1m}——在给定 β 值下，从理想空载到计算最大转矩点的转差率增量，Δs_{1m} 可以表示为

$$\Delta s_{1m} = s_{1m} - s_{10} \qquad (7.3.41)$$

Δs_1——在相应的 β 值下，由负载引起的转差率增量，Δs_1 可以表示为

$$\Delta s_1 = ss - s_{10} \qquad (7.3.42)$$

式中　s_{10}——相应的 β 值下的理想空载转差率；s_{1m} 对应于计算最大转矩（T_{e1m}）的临界转差率，数值上可以表示为

$$s_{1m} = 2s_{10} + \frac{\dfrac{2X_T}{\pi} + 2R_T + 2R_D + R_L}{\dfrac{3X_{D0}}{\pi}} \qquad (7.3.43)$$

由于在三相交流异步电动机串级调速时，负载增大到一定程度，必然会出现转子整流器的强迫延迟换相现象，也就是说，串级调速系统必然会进入第二工作区。而电磁转矩的计算

最大转矩（T_{e1m}）是在 α_p 为零的条件下由式（7.3.35）求得的，它只表示若串级调速系统能继续保持第一工作状态将会达到的最大转矩。

代入第二工作区的条件，比较式（7.3.16），即

$$\begin{cases} \alpha_p \neq 0 \\ \gamma = 60° \end{cases} \tag{7.3.44}$$

经数学推导，可求得第二工作区的机械特性方程式，则

$$\frac{T_e}{T_{e1m}} = \frac{4\cos^2 \alpha_p}{\dfrac{\Delta s_{2m}}{\Delta s_2} + \dfrac{\Delta s_2}{\Delta s_{2m}} + 2} \tag{7.3.45}$$

式中，Δs_{2m} 是计及强迫延迟换相对应于某个确定的 α_p 值时的转差率增量，在数值上，Δs_{2m} 可以表示为

$$\Delta s_{2m} = s_{2m} - s_{20} \tag{7.3.46}$$

Δs_2 为在给定 β 与 α_p 值下，由负载引起的转差率增量，在数值上，Δs_2 可以表示为

$$\Delta s_2 = s - s_{20} \tag{7.3.47}$$

s_{20} 为相应的 β 与 α_p 值下的理想空载转差率，在数值上，s_{20} 可以表示为

$$s_{20} = \frac{U_{2T} \cos \beta}{E_{ro} \cos \alpha_p} \tag{7.3.48}$$

则 Δs_{2m} 可以表示为

$$\Delta s_{2m} = 2s_{20} + \frac{\dfrac{3X_T}{\pi} + 2R_T + 2R_D + R_L}{\dfrac{3X_{D0}}{\pi}} \tag{7.3.49}$$

在用式（7.3.45）计算第二工作区的机械特性时，等号左边分母中仍用 T_{e1m}，这是为了使第一、第二工作区的机械特性计算公式尽量一致，不要误解为第二工作区的最大电磁转矩就是第一工作区电磁转矩（T_{e1m}），它具有另外一个最大电磁转矩（T_{e2m}）。

由于在给定逆变角（β）值下，理想空载转差率 s_{20} 是随换流重叠角（α_p）的变化而变化的（即随负载而变），所以，s_{2m} 也随 α_p 的变化而变化。s_{20} 并不表示在第二工作区实际最大电磁转矩时的转差率，它只是对式（7.3.45）的数学推导过程中为了计算方便而出现的一个量而已。式（7.3.40）和式（7.3.45）与三相交流异步电动机正常接线时机械特性的工程近似表达式相似，便于工程计算。

T_{e1m} 是电气串级调速系统在第一工作区的"计算最大电磁转矩"。前已指出，在三相交流异步电动机电气串级调速系统时，负载增大到一定程度，必然会出现转子整流器的强迫延迟换相现象，也就是说，电气串级调速系统必然会进入第二工作区。而 T_{e1m} 是在强迫延时换相角（α_p）为零的条件下由式（7.3.33）求得的，它只表示若电气串级调速系统能继续保持第一工作状态将会达到的最大电磁转矩。当系统进入第二工作状态后，式（7.3.40）已经不适用了，所以 T_{e1m} 实际上并不存在，故称之为第一工作区的"计算最大电磁转矩"。

从三相交流异步电动机的铭牌数据可计算出其额定转矩（T_{eN}）和正常运行时的最大电磁转矩（T_{em}）。

对电气串级调速系统来说，有实用意义的是第一工作状态的计算最大电磁转矩（T_{e1m}）和第二工作状态真正的最大电磁转矩（T_{e2m}）（相关文献证明，T_{e2m}对应于α_p为15°）。第一、第二工作区交界的转矩值称作交接转矩（T_{e1-2}）。

按照上面的推导，可以得到以下数学表达式：

$$\begin{cases} \dfrac{T_{e1m}}{T_{em}} = 0.955 \\[2mm] \dfrac{T_{e2m}}{T_{em}} = 0.827 \\[2mm] \dfrac{T_{e1-2}}{T_{em}} = 0.716 \end{cases} \qquad (7.3.50)$$

式（7.3.50）的第 2 式说明，电气串级调速系统所能产生的最大电磁转矩比正常接线时减小了，这在选用转子绕线式三相交流异步电动机时必须注意。

另外，由式（7.3.50）的第 3 式可知，交接转矩（T_{e1-2}）为三相交流异步电动机最大电磁转矩的 71.6%，而三相交流异步电动机的转矩过载能力一般大于 2（典型值为 2.2），即

$$T_{em} \geqslant 2.2 T_{eN} \qquad (7.3.51)$$

所以当三相交流异步电动机在额定负载下工作时，还是处于第一工作区。

三相交流异步电动机电气串级调速系统的机械特性如图 7.3.6 所示。

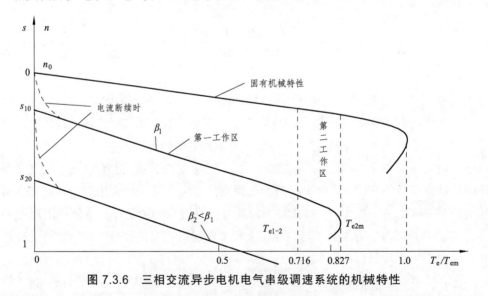

图 7.3.6　三相交流异步电机电气串级调速系统的机械特性

7.4　电气串级调速系统经济技术指标及改善方法

调速系统的经济技术指标主要包括效率（η）、功率因数（$\cos\varphi$）以及调速方法所引起的附加装置容量等。

7.4.1 电气串级调速系统效率

三相交流异步电动机在正常运行时，由定子侧输入电动机的有功功率常用 P_1 表示，扣除定子铜损（p_{Cu}）和铁损（p_{Fe}）后经气隙传送到电动机转子的功率即为电磁功率（P_m）。电磁功率在转子中分成两部分，即机械功率（P_{mech}）和转差功率（p_s），其中：

$$P_{mech} = (1-s)P_m \qquad (7.4.1)$$

在正常接线转子串电阻调速时，转差功率（p_s）全部消耗在转子回路中，而在电气串级调速时，如图 7.4.1 所示，转差功率（p_s）并未被全部消耗完，而是扣除了转子铜损（p_{cur}）、杂散损耗（p_{s1}）、附加的电气串级调速（Tandem Drive）装置损耗（p_{tan}）后，通过转子整流器与逆变器返回公共电网，这部分返回公共电网的功率称作回馈功率（p_f）。

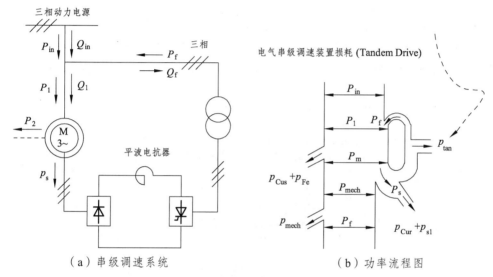

（a）串级调速系统   （b）功率流程图

图 7.4.1　串级调速系统经济技术指标分析用图

对整个电气串级调速系统来说，它从公共电网吸收的净有功功率为

$$P_{in} = P_1 - P_f \qquad (7.4.2)$$

这样可以画出电气串级调速系统的功率流程图，如图 7.4.1（b）所示，图中 P_2 为传动轴的输出功率。

电气串级调速系统的总效率（η_{sch}）是三相交流异步电动机传动轴上的输出功率（P_2）与系统从公共电网输入的净有功功率（P_{in}）之比，可用下式表示：

$$\eta_{sch} = \frac{P_2}{P_{in}} \times 100\% \qquad (7.4.3)$$

将上面的分析及相关的数据代入式（7.4.3），得

$$\eta_{sch} = \frac{P_{mech} - p_{mech}}{P_1 - P_f} \times 100\% \qquad (7.4.4)$$

可以表示为

$$\eta_{sch} = \frac{P_m(1-s) - p_{mech}}{(P_m + p_{Cus} + p_{Fe}) - (P_s - p_{Cur} - p_s - p_{tan})} \times 100\%$$

即

$$\eta_{sch} = \frac{P_m(1-s) - p_{mech}}{P_m(1-s) + p_{Cus} + p_{Fe} + p_{Cur} + p_s + p_{tan}} \times 100\%$$

简化，得到

$$\eta_{sch} = \frac{P_m(1-s) - p_{mech}}{P_m(1-s) + p_{mech} + \sum p + p_{tan}} \times 100\% \tag{7.4.5}$$

式中，$\sum p$ 是三相交流异步电动机定子和转子内的总损耗；p_{mech} 为机械损耗；下标 sch 代表电气（Scherbius）串级调速系统。

相关功率的表达式为

$$(1-s)P_m = P_m - p_s \tag{7.4.6}$$

在电气串级调速系统中，当三相交流异步电动机的转速降低时，如果负载转矩不变，$\sum p$ 和电气串级调速系统（Tandem Drive）装置损耗（p_{tan}）都基本不变，式（7.4.5）分子和分母中的 $P_m(1-s)$ 项随着转差率（s）的增大而同时减少，对电气串级调速系统的总效率（η_{sch}）值的影响并不太大。

当三相交流异步电动机转子回路串电阻调速时，调速系统的效率（η_R）：

$$\eta_R = \frac{P_2}{P_1} \times 100\% = \frac{P_{mech} - p_{mech}}{P_{mech} + p_{Cus} + P_{Fe} + p_{Cur} + p_s} \times 100\%$$

整理，得到

$$\eta_R = \frac{P_m(1-s) - p_{mech}}{P_m(1-s) - p_{mech} + \sum p} \times 100\% \tag{7.4.7}$$

式中，$P_m(1-s)$ 项随着转差率（s）的变化和电气串级调速时一样，而所串电阻越大时，p_{Cus} 越大，$\sum p$ 也越大，因而串电阻调速效率（η_R）越低，几乎是随着转速的降低而成比例地减少。

根据式（7.4.5）和式（7.4.7），电气串级调速系统的效率与串电阻调速系统的效率比较如图 7.4.2 所示。

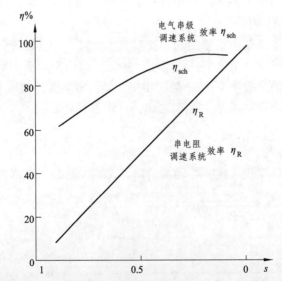

图 7.4.2 两种不同的绕线式三相交流异步电机效率比较

348

从图 7.4.2 可以看出，电气串级调速系统的效率的总效率（η_{sch}）是比较高的，且当三相交流异步电机转速降低时，η_{sch} 的减少并不明显；而转子绕线式三相交流异步电机转子回路串电阻调速系统的效率（η_R）几乎随转速的降低而成比例地减少。

在式（7.4.5）和式（7.4.7）的效率计算中，由于各种损耗的量值比较小，所以求出效率的总和，这样可以减小由于数值小而带来的误差。

7.4.2 电气串级调速系统的功率因数及其改善途径

转子绕线式三相交流异步电机串级调速系统往往都应用在大功率的场合，效率比较低，但调速简单。在提倡节能降耗的社会背景下，如何提高电气串级调速系统的效率与传动系统的功率因数（$\cos\varphi$）密切相关。我国对于大电机的运行综合评价指标为 β 值。β 值与传动系统所用的三相交流异步电机、不可控整流器（UR）和逆变器（UI）三大部分有关。三相交流异步电机本身的功率因数就会随着负载的减轻而下降；转子整流器的换相重叠和强迫延迟导通等作用都会通过三相交流异步电机从公共电网吸收换相无功功率；逆变器（UI）的相控作用使其电流与电压不同相，也要消耗无功功率。

在电气串级调速系统中，从公共电网吸收的总有功功率是三相交流异步电机吸收的有功功率与逆变器（UI）回馈至公共电网的有功功率之差（P_{in}，P_1，P_f），然而从公共电网吸收的总无功功率却是三相交流异步电机和逆变器所吸收的无功功率之和（Q_{in}，Q_1，Q_f），如图 7.4.1 所示，低速时功率因数更低。因此，电气串级调速系统的总功率因数（$\cos\varphi_{sch}$）可表示为

$$\cos\varphi_{sch} = \frac{P_{in}}{S}$$

代入相应的表达式：

$$\cos\varphi_{sch} = \frac{P_1 - P_f}{\sqrt{(P_1 - P_f)^2 + (Q_1 + Q_f)^2}} \tag{7.4.8}$$

式中，S 为电气串级调速系统总的视在功率；Q_1 为三相交流异步电机从公共电网吸收的无功功率；Q_f 为逆变输出变压器从公共电网吸收的无功功率。

一般电气串级调速系统在高速运行时的功率因数（$\cos\varphi_{sch}$）的范围为

$$\cos\varphi_{sch} \in [0.6, 0.65] \tag{7.4.9}$$

比正常接线时三相交流异步电机的功率因数下降 0.1 左右；在低速时电气串级调速系统功率因数（$\cos\varphi_{sch}$）的范围为

$$\cos\varphi_{sch} \in [0.4, 0.5] \tag{7.4.10}$$

这是电气串级调速系统的主要缺点。

上面的结论是对于调速范围为 2 的系统分析的。

对于调速范围较宽的串级调速系统，随着转差率的增大，串级调速系统的功率因数还要下降，这是串级调速系统（Tandem Driver）能否被推广应用的关键问题之一。

为了改善串级调速系统功率因数（$\cos\varphi$），工程上有许多巧妙的方法。下面介绍斩波（Chopper）技术在串级调速系统中的应用。

7.4.3 斩波（Chopper）技术在串级调速系统中的应用

电气串级调速系统功率因数（$\cos\varphi$）较低的一个重要原因就是采用了相位控制的逆变器，逆变控制角（β）越大时，逆变器从公共电网吸收的无功功率越多。

如果用斩波（Chopper）控制方法来直流电压，而将逆变器（UI）的逆变控制角（β）设定为允许的最小值并保持不变，则可降低无功功率的消耗，从而提高电气串级调速系统功率因数。如图 7.4.3 所示为基于斩波控制的电气串级调速系统原理图。

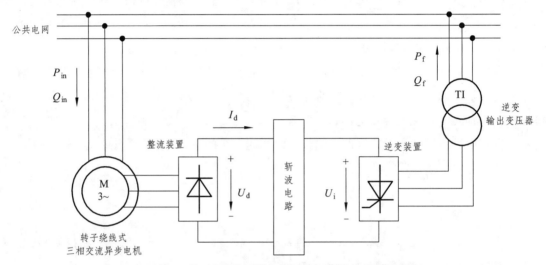

图 7.4.3　基于斩波控制的电气串级调速系统原理图

图 7.4.3 中斩波电路为直流斩波器，可用普通晶闸管或可关断电力电子器件组成，后者可大大简化斩波器电路。

1. 工作原理

在图 7.4.3 所示电气串级调速系统中，斩波器工作在开关状态。当它接通时，逆变器输出的附加电动势被短接；当它断开时，输出附加电动势最大（$E_{add} = U_i$）。可以表示为

$$\begin{cases} E_{add} = 0, S = 1 \\ E_{add} = U_i, S = 0 \end{cases} \tag{7.4.11}$$

式中，S 为斩波开关。

设斩波器开关周期为 T，开关导通的时间为 τ，则逆变器经斩波器输出的平均电动势为

$$\bar{U}_{\mathrm{i}} = \frac{T-\tau}{T} \cdot U_{\mathrm{i}} \overset{\triangle}{=\!=\!=} \rho U_{\mathrm{i}} \tag{7.4.12}$$

改变占空比（ρ），即可调节电动势的大小，从而调节电气串级调速系统的转速。

如图 7.4.4 所示为忽略公共电网电压变化时附加电动势的斩波输出波形。

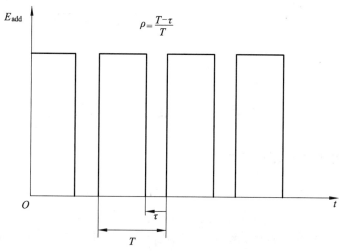

图 7.4.4　斩波控制转子附加电动势波形

当转子回路整流器（UR）和逆变器（UI）都是桥式电路时，可得理想空载的电压平衡方程式：

$$2.34 s_0 E_{\mathrm{r}0} = 2.34 \left(1 - \frac{\tau}{T}\right) U_{\mathrm{T}2} \cos \beta_{\min} \tag{7.4.13}$$

因此，可以得到

$$n_0 = \eta_{\mathrm{syn}} \left(1 - \left(1 - \frac{\tau}{T}\right) \frac{U_{\mathrm{T}2}}{E_{\mathrm{r}0}} \cos \beta_{\min}\right) \tag{7.4.14}$$

式中　n_0——不同占空比时的理想空载转速；

　　　n_{syn}——三相交流异步电机同步转速。

由于转子直流回路在斩波状态下工作，直流回路的等效电阻减小，所以斩波器控制串级调速系统比常规串级调速系统的机械特性略硬一点。

2. 斩波器控制串级调速系统的功率因数

在斩波器控制时，逆变角设定为 $\beta_{\min}$，则逆变器从公共电网吸收的无功功率可减少到最小。如图 7.4.5 所示为带恒转矩负载的斩波控制串级调速系统在不同转差率下的功率因数。

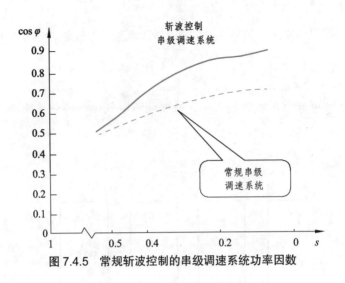

图 7.4.5 常规斩波控制的串级调速系统功率因数

7.4.4 串级调速装置的电压和容量

串级调速装置是指整个串级调速系统中除三相交流异步电动机以外为实现串级调速而附加的所有功率部件，包括转子整流器、逆变器和逆变输出变压器。从经济角度出发，必须正确合理地选择这些附加设备的电压和容量，以提高整个调速系统的性能价格比。

转子整流器、逆变器容量选择主要依据其电流与电压的额定值。电流额定值取决于三相交流异步电动机转子的额定电流（I_{rN}）和所拖动的负载；电压额定值取决于三相交流异步电动机转子的额定相电压（即转子开路电动势（E_{r0}））和串级调速系统的调速范围（D）。为了简便起见，按理想空载状态来定义调速范围（D），并认为三相交流异步电动机的同步转速（n_{syn}）就是最大的理想空载转速，于是：

$$D = \frac{n_{syn}}{n_{0min}} \tag{7.4.15}$$

式中，n_{0min} 是串级调速系统的最低转速，对应于最大的理想空载转差率（s_{0min}）。

由式（7.3.5）可得

$$n_{0min} = n_{syn}(1 - s_{0max}) \tag{7.4.16}$$

则

$$n_{0max} = 1 - \frac{1}{D} \tag{7.4.17}$$

串级调速系统调速范围（D）越大时，s_{0min} 也越大，整流器（UR）、逆变器（UI）所承受的电压越高。

逆变输出变压器（TI）与晶闸管直流电动机调速系统中的整流变压器作用相似，但其容量与二次侧电压的选择与整流变压器截然不同。

直流电动机调速系统中，整流变压器的二次侧电压只要能满足三相交流异步电动机额定

352

电压的要求即可，整流变压器的容量与整流变压器的额定电压和额定电流有关，而与直流电动机调速系统调速范围（D）无关。

在三相交流异步电动机串级调速系统中，设置逆变输出变压器（TI）的主要目的是：取得能与被控三相交流异步电动机转子电压相匹配的逆变电压；把逆变器与交流公共电网隔离，以抑制交流公共电网的浪涌电压对晶闸管的影响。

由式（7.3.4）可以写出逆变输出变压器的二次相电压（U_{T2}）和三相交流异步电动机转子电压（E_{ro}）之间的关系：

$$U_{T2} = \frac{s_{0\max} \cdot E_{ro}}{\cos \beta_{\min}} \qquad (7.4.18)$$

在实际工作中，一般取

$$\beta_{\min} = 30°$$

代入式（7.4.18），可以得到

$$U_{T2} = \frac{s_{0\max} \cdot E_{ro}}{\cos 30°}$$

计算得到

$$U_{T2} = \frac{2}{\sqrt{3}} s_{0\max} \cdot E_{ro} = 1.15 s_{0\max} \cdot E_{ro} \qquad (7.4.19)$$

再利用式（7.4.17），得

$$U_{T2} = 1.15 E_{ro} \left(1 - \frac{1}{D}\right) \qquad (7.4.20)$$

由式（7.4.20）可以看出，逆变输出变压器二次侧相电压（U_{T2}）仍与转子开路电动势成正比。如果不用逆变输出变压器，则式（7.4.20）中的二次侧相电压即是交流公共电网的电压，这样要满足在 $s_{0\max}$ 时 $\beta_{\min} = 30°$ 的条件是很困难的，而且往往是不可能的。

逆变输出变压器（TI）的容量计算如下：

$$W_{T1} = 3 \cdot U_{T2} \cdot I_{T2}$$

利用式（7.4.20），则可以得到

$$W_{T1} = 3.45 E_{ro} \cdot I_{T2} \left(1 - \frac{1}{D}\right) \qquad (7.4.21)$$

从式（7.4.20）可见，随着三相交流异步电动机串级调速系统调速范围（D）的增大，逆变输出变压器（TI）的容量（W_{T1}）和整个串级调速系统装置的容量都相应增大。这在物理概念上也是很容易理解的，因为随着串级调速系统调速范围（D）的增大，通过串级调速系统装置回馈公共电网的转差功率也增大，必须有较大容量的串级调速系统装置来传递与变换这些转差功率。从这一点出发，串级调速系统往往适合用于调速范围有限（例如 $D = 1.5 \sim 2.0$）的场合，而很少用于从零速到额定转速全速度范围调速的系统。

7.5 电气串级调速系统的闭环控制

由于电气串级调速系统机械特性的静差率较大，所以没有实用闭环的电气串级调速系统只能用于对调速精度要求不高的场合。为了提高电气串级调速系统静态调速精度，并获得较好的动态特性，须采用闭环控制，和直流电机调速系统一样，通常采用具有电流反馈（内环）与转速反馈（外环）的双闭环控制方式。

由于电气串级调速系统的转子整流器是不可控的，调速系统自身不能产生电气制动作用，所谓动态性能的改善只是指启动与加速过程性能的改善，减速过程只能靠负载作用自由降速，即惯性停车。

7.5.1 双闭环控制的电气串级调速系统的构成

电流反馈（内环）与转速反馈（外环）的双闭环控制的电气串级调速系统如图7.5.1所示。

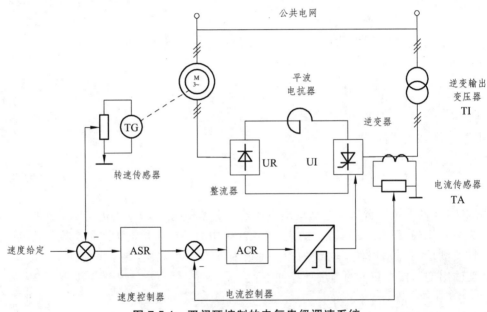

图 7.5.1 双闭环控制的电气串级调速系统

图 7.5.1 中，转速反馈信号取自三相交流异步电动机轴上同轴联接的测速发电机，电流反馈信号取自逆变器（UI）交流侧的电流互感器（如：线圈式电流传感器、霍尔（Hall）电流传感器等），也可通过霍尔传感器或直流互感器取自转子直流回路（通过直流母线的电流结合开关状态来求取交流侧电流）。

为了防止逆变器逆变颠覆，在电流调节器（ACR）输出电压为零时，应整定触发脉冲输出相位角为

$$\beta = \beta_{min} \tag{7.5.1}$$

工程实际中，一般取

354

$$\beta_{\min} = 30° \tag{7.5.2}$$

图 7.5.1 所示的双闭环控制的电气串级调速系统与直流不可逆双闭环调速系统一样，具有静态稳速与动态恒流的双重作用，所不同的是双闭环控制的电气串级调速系统的控制作用都是通过三相交流异步电动机转子回路实现的。

7.5.2 串级调速系统的动态数学模型

对图 7.5.1 所示的双闭环控制的电气串级调速系统进行分析，就必须对其进行建模。可控整流装置、调节器以及反馈环节的动态结构图均与直流调速系统中相同。

在三相交流异步电动机转子直流回路中，不少物理量都与转差率有关，所以要单独处理，首先要对转子直流回路建立模型。

1. 转子直流回路的建模

串级调速系统转子直流回路等效电路如图 7.5.2 所示。

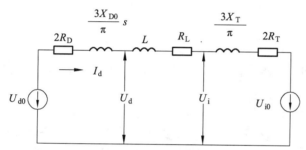

图 7.5.2　级调速系统转子直流回路等效电路

根据图 7.5.2 可以得到电气串级调速系统转子直流回路的动态电压平衡方程式为

$$sU_{\text{d0}} - U_{\text{i0}} = L\frac{\mathrm{d}I_{\text{d}}}{\mathrm{d}t} + R \cdot I_{\text{d}} \tag{7.5.3}$$

式中，U_{d0} 为当转差率（s）为 1 时，转子整流器输出的空载电压，在量值上可以表示为

$$U_{\text{d0}} = 2.34E_{\text{ro}}\cos\alpha_{\text{p}} \tag{7.5.4}$$

U_{i0} 为逆变器直流侧的空载电压，在量值上可以表示为

$$U_{\text{i0}} = 2.34U_{\text{T2}}\cos\beta \tag{7.5.5}$$

L 为转子直流回路总电感，在量值上可以表示为

$$L = 2L_{\text{D}} + 2L_{\text{T}} + L_{\text{L}} \tag{7.5.6}$$

L_{D} 为折算到转子侧的三相交流异步电动机每相漏感；L_{T} 为平波电抗器电感；R 为转差率（s）为 s 时转子直流回路等效电阻，在量值上可以表示为

$$R = \frac{3X_{D0}}{\pi}s + \frac{3X_T}{\pi} + 2R_D + 2R_T + R_L \quad (7.5.7)$$

式（7.5.3）可以变为

$$U_{d0} - \frac{n}{n_0} \cdot U_{d0} - U_{i0} = L\frac{dI_d}{dl} + RI_d \quad (7.5.8)$$

对式（7.5.8）两边取拉氏变换（Laplace Transfer），可求得转子直流回路的传递函数（$G(s)$）为

$$G(s) = \frac{I_d(s)}{U_{d0} - \frac{U_{d0}}{n_0} \cdot n(s) - U_{i0}}$$

代入并化简，得到

$$G(s) = \frac{K_{Lr}}{T_{Lr}s + 1} \quad (7.5.9)$$

式中，T_{Lr} 为转子直流回路的时间常数，在量值上可以表示为

$$T_{Lr} = \frac{L}{R} \quad (7.5.10)$$

K_{Lr} 为转子直流回路的放大系数，在量值上可以表示为

$$K_{Lr} = \frac{1}{R} \quad (7.5.11)$$

转子直流回路的动态结构框图如图 7.5.3 所示。需要指出，串级调速系统转子直流回路的传递函数中的时间常数（T_{Lr}）和放大系数（K_{Lr}）都是转速的函数，它们是非定常的，这对串级调速系统的分析非常不利。

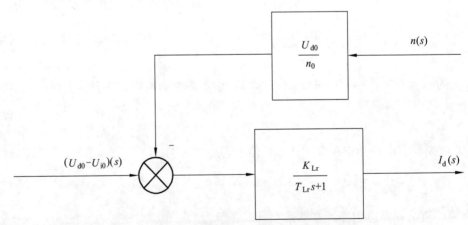

图 7.5.3　转子直流回路动态结构图

2. 三相交流异步电动机的建模

根据第 5 章的分析，可以求出三相交流异步电动机的数学模型，也可以根据式（7.3.34）导出的三相交流异步电动机的电磁转矩，即

$$T_e = \frac{U_{d0} - \dfrac{3X_{D0}}{\pi}I_d}{\Omega_0} \cdot I_d \stackrel{\triangle}{=\!=} C_M \cdot I_d \qquad (7.5.12)$$

串级调速系统的运动方程式：

$$\frac{GD^2}{375} \cdot \frac{dn}{dt} = T_e - T_L \qquad (7.5.13)$$

将式（7.5.12）代入，即得到

$$\frac{GD^2}{375} \cdot \frac{dn}{dt} = C_M(I_d - I_L) \qquad (7.5.14)$$

式中，I_L 为负载转矩（T_L）所对应的等效负载电流。

因此也可以推得三相交流异步电动机在串级调速时的传递函数为

$$\frac{n(s)}{I_d(s) - I_L(s)} = \frac{R/C_E}{\dfrac{GD^2R}{375C_E C_M}s}$$

简化后，得到

$$\frac{n(s)}{I_d(s) - I_L(s)} = \frac{R}{C_E \cdot T_M s} \qquad (7.5.15)$$

式中，T_M 为传动系统的机电时间常数，在量值上可以表示为

$$T_M = \frac{GD^2 \cdot R}{375C_E \cdot C_M} \qquad (7.5.16)$$

T_M 与 R、C_E、C_M 都有关，不是常数，而是关于 I_d、n 的函数。

3. 串级调速系统的动态结构图

把图 7.5.1 中的三相交流异步电动机和转子直流回路都用相应的传递函数表示，再考虑给定滤波环节和反馈滤波环节就可直接画出以电流内环、转速外环双闭环控制的串级调速系统的动态结构图，如图 7.5.4 所示。

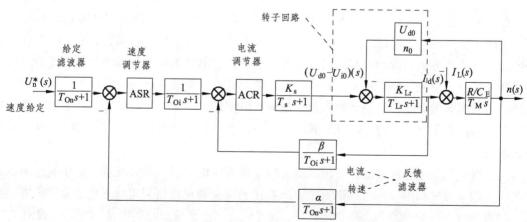

图 7.5.4　基于传递函数描述的双闭环电气串级调速系统

7.5.3 相应调节器参数设计

电流内环、转速外环双闭环控制的电气串级调速系统的动态校正一般主要考虑抗扰性能，即应使系统在负载扰动时具有良好的动态响应能力。

在采用工程设计方法进行动态性能设计时，可以类比直流调速系统，即：转速环按典型Ⅱ型系统设计；电流环按典型Ⅰ型系统设计。当然，也可以采用控制系统的 CAD 来进行实际动态设计，这也是控制系统设计发展的方向。

但是电气串级调速系统中转子直流回路的时间常数（T_{Lr}）和放大系数（K_{Lr}）都是转速的函数，它们是非定常的，而三相交流异步电动机的机电时间常数（T_M）又是转速、电流的函数，这就给调节器参数设计带来一定的困难。

具体设计时，可以先在确定转速（n）和负载电流（I_d）的前提下，求出各传递函数中的参数，例如按照要求的最大转差率（s_{max}）或平均转差率（$0.5s_{max}$）来确定转速，按额定负载或常用的实际负载来选定电流，然后按定常系统进行设计。

如果采用模拟控制系统实现，则当实际转速或电流改变时，电气串级调速系统的动态性能就要变坏；如果采用数字控制，可以按照不同的转速或电流事先计算出参数的变化，实时控制时可根据实测得到的转速或电流查表调用，就可以得到满意的动态性能。

7.5.4 电气串级调速系统的启动

电气串级调速系统是在转子侧逆变器提供附加电动势而实现调速运行的，为了使电气串级调速系统工作正常，对该系统的启动与停车控制必须有合理的方法予以保证。

电气串级调速系统正常工作的总原则是：在启动时必须使逆变器先接上电网，再接上转子侧；停车时则先断开转子侧，再断开电网，以防止逆变器输出侧断电，使晶闸管无法关断，造成逆变器的短路事故。

电气串级调速系统的启动方法通常有间接启动和直接启动两种。

1. 间接启动

在实际工程中，大部分采用电气串级调速系统驱动的设备是并不需要从零速到额定转速作全范围调速运行，尤其适用于对调速性能要求不高的传动系统，如风机、泵、压缩机（主要的耗能设备）等机械传动，其调速范围本来就不大，电气串级调速系统驱动的设备的容量可以选择比三相交流异步电动机小得多；为了使电气串级调速系统驱动的设备不承受过电压损坏，须采用间接启动方式，即将三相交流异步电动机转子先接入电阻（启动电阻）或频敏变阻器（电抗器）启动，待转速升高到电气串级调速系统设计最低转速时，再投入电气串级调速系统。

由于这类负载不经常启动，所用的启动辅助装置（电阻等）都可按短时工作制选用，容量与体积都可以选择的较小。从串电阻启动换接到串级调速可以利用对三相交流异步电动机转速的检测或利用时间原则进行自动控制。电气串级调速系统驱动的设备的配电图如图 7.5.5 所示。

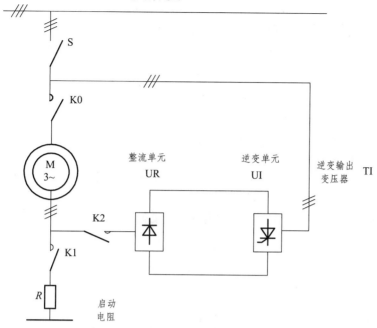

图 7.5.5　电气串级调速的电气配电图

1）间接启动操作顺序

（1）合上串级调速装置总电源开关（S），使逆变器在逆变控制角为 β_{min}（一般为 30°）下等待工作；

（2）依次接通接触器（K1）、接入启动电阻（R）、接通转子绕线式三相交流异步电机定子控制接触器（K0）；

（3）如果转速达到串级调速系统开始工作的最低转速（n_{min}），此时转子绕线式三相交流异步电机对应的转差率为 s_{max}，接通接触器（K2），使绕线式三相交流异步电机转子接到串级调速装置，与此同时，断开接触器（K1）、切断启动电阻，此后传动系统就以串级调速的方式继续加速到所需的转速运行。

2）间接停车操作顺序

（1）由于系统不具有制动作用，故首先断开接触器（K2），使转子绕线式三相交流异步电机转子回路与串级调速装置脱离。

（2）断开接触器（K0），以防止接触器（K0）断开时在转子侧感应高电压而损坏整流器与逆变器。

如果生产机械许可，也可以不用检测最低转速自动控制系统，而让转子绕线式三相交流异步电机在串电阻方式下启动到最高速，再切换到串级调速装置后，按工艺要求调节到所需要的转速运行。这种启动方式可以保证整流器与逆变器不致承受超过额定值的电压，工作安全。

但三相交流异步电机要先升到最高转速，再通过减速达到工作转速，对于有些生产机械是不允许的。

2. 直接启动

直接启动又称串级调速方式启动，用于可在全范围调速的串级调速系统。在启动时，让逆变器先于三相交流异步电机通电，然后使电机的定子与公共电网接通，此时转子侧呈开路状态，可防止因电机启动时的合闸过电压通过转子回路损坏整流装置。最后，再使转子回路与整流器接通。在图 7.5.5 中，相关接触器的工作顺序：S ⇒ K0 ⇒ K2，此时不需要启动电阻。当转子回路接通时，由于转子整流电压小于逆变电压，直流回路无电流，电机尚不能启动。待发出给定信号后，随着控制逆变角（β）的增大，逆变电压降低，产生直流电流，电机才逐渐加速，直至达到给定转速。

7.6　转子绕线式三相交流异步电动机双馈调速系统

上述的转子绕线式三相交流异步电动机电气串级调速系统是从定子侧馈入电能，同时从转子侧馈出电能的传动系统，从广义上说，它也是双馈调速系统的一种。但人们往往狭义地认为双馈（Double-fed）仅仅就是指从定子侧与转子侧都馈入电能的工作状态，以区别转子绕线式三相交流异步电动机电气串级调速系统。

从 7.1 节中的相关分析可知，转子绕线式三相交流异步电动机双馈工作时，其转子应连接一台变频器作为功率变换单元，以提供给转子绕组所需频率的电功率，控制这个电功率即可实现调速。

变频器（Inverter）可以用交-直-交变频器或交-交变频器，在双馈调速时常用交-交变频器。

由于双馈调速与电气串级调速系统应用场合相似，都适用于大功率、有限调速范围的场合，一般调速范围仅为 1.4 ~ 1.5。

交-交变频器是一种功率可双向传输的静止式变频器，只有一次功率转换，适用于大功率变频场合，其输出频率仅为输入频率的 1/3 ~ 1/2，所以用于双馈调速是非常有利的。

7.6.1　双馈调速的构成

要使双馈调速正常运行，需要在任何转速下使变频器输出电压与转子绕线式三相交流异步电动机转子感应电动势都有相同的频率。对变频器输出的频率有两种控制方式：它控式、自控式。

在它控式控制方法中，由独立控制器控制变频器的输出频率，即直接控制输入转子绕线式三相交流异步电动机转子电压频率（f_2）。转子电压频率在量值上满足下列关系，即

$$f_2 = s \cdot f_1 \qquad\qquad (7.6.1)$$

根据式（7.6.1），转子绕线式三相交流异步电动机一定在对应于 s 的转差率下运行，且不随负载变化。此时的转子绕线式三相交流异步电动机的运行方式相当于转子加交流励磁的同

步电机，其同步转速随输入电机转子的电压频率（f_2）的改变而变化。同步电机存在的突加负载时易失步等现象，也会在它控式双馈调速中出现，所以它只适用于负载平稳、对调速的快速性要求不高的场合，如风机、泵类负载，在实际中应用很少。

如图 7.6.1 所示为它控式双馈调速的原理图。

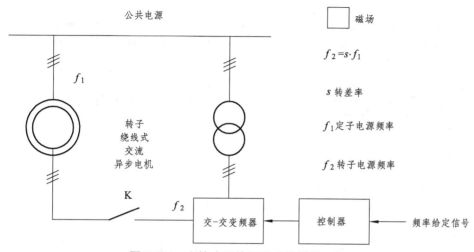

图 7.6.1　它控式双馈调速系统的原理图

在自控式控制方法中，转子绕线式三相交流异步电动机转子的输入频率是通过控制器控制的，这个输入频率应能自动跟踪三相交流异步电动机的转差频率，所以应有相应的检测装置与反馈控制环节，如图 7.6.2 所示。

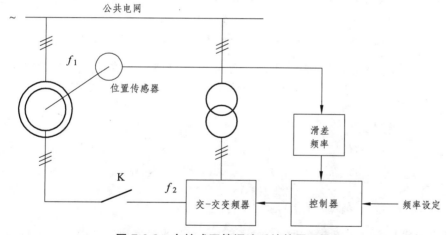

图 7.6.2　自控式双馈调速系统的原理图

自控式双馈调速系统与普通三相交流异步电动机相同，其转速随负载变化，但它还具有调节电机定子侧无功功率的功能。

由于交-交变频器的输出可以自动控制，自控式双馈调速系统有较强的调节能力，稳定性也较好，可以避免失步现象，所以可用于有冲击性负载的场合。国内曾研制出用于钢厂的热连轧机传动，取得了很好的效果。

7.6.2 双馈调速系统的矢量控制

双馈调速系统可以看作是三相交流异步电动机转子变频调速系统，为改善系统的动态品质，可以仿照定子变频调速系统那样采用矢量控制方法或直接转矩控制方法，这里仅仅考虑前者。

将三相交流异步电动机的数学模型变换到以同步转速旋转的两相坐标系（dq-ω_0）后，得到三相交流异步电动机 d 轴和 q 轴的动态等效电路，如图 7.6.3 所示。

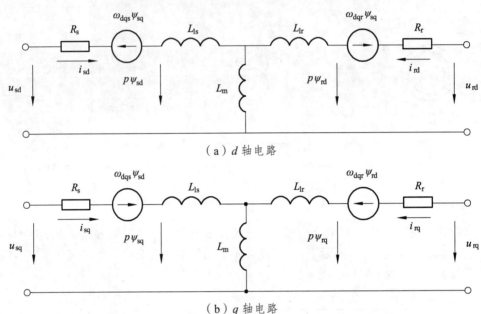

（a）d 轴电路

（b）q 轴电路

图 7.6.3　三相交流异步电动机 d 轴和 q 轴的动态等效电路

图 7.6.3 中，L_m 是联系定、转子电磁关系的互感，对应的磁链就是气隙磁链的 d 轴分量（Ψ_{md}）和 q 轴分量（Ψ_{mq}），流过互感的电流可称为励磁电流 i_{md}、i_{mq}，且有

$$i_{md} = i_{sd} + i_{rd} \qquad\qquad (7.6.2)$$

$$\Psi_{md} = L_m i_{md} \qquad\qquad (7.6.3)$$

$$i_{mq} = i_{sq} + i_{rq} \qquad\qquad (7.6.4)$$

$$\Psi_{mq} = L_m i_{mq} \qquad\qquad (7.6.5)$$

在双馈调速系统中常用定子磁链定向（Oriented）或气隙磁链定向（Oriented），如果按气隙磁链定向（Ψ_m 定向），即把 d 轴取在 Ψ_m 方向上，则

$$\Psi_{md} = \Psi_m \qquad\qquad (7.6.6)$$

$$\Psi_{mq} = 0 \qquad\qquad (7.6.7)$$

将式（7.6.3）、式（7.6.6）代入式（7.6.2），可得

$$i_{sd} = \frac{\Psi_m}{L_m} - i_{rd} \qquad\qquad (7.6.8)$$

同理，将式（7.6.7）、式（7.6.5）代入式（7.6.4），可得

$$i_{sq} = -i_{rq} \qquad\qquad (7.6.9)$$

根据在 dq 坐标系上三相交流异步电动机电磁转矩的表达式，即

$$T_e = n_p L_m (i_{sq} i_{rd} - i_{sd} i_{rq})$$

把式（7.6.8）、式（7.6.9）代入式（7.6.10），得

$$T_e = n_p L_m \left(-i_{rq} i_{rd} - \left(\frac{\Psi_m}{L_m} - i_{rd} \right) i_{rq} \right)$$

代入相关表达式，并化简就可以得到

$$T_e = -n_p \cdot \Psi_m \cdot i_{rq} \qquad\qquad (7.6.10)$$

式（7.6.12）表明，若能维持气隙磁链（Ψ_m）不变，则双馈调速系统中三相交流异步电动机电磁转矩与转子 q 轴电流分量（i_{rq}）成正比，只要控制转子 q 轴电流分量（i_{rq}）就可以控制三相交流异步电动机电磁转矩，负号表明电磁转矩（T_e）是作用在转子本身的反作用转矩。

为了维持气隙磁链（Ψ_m）不变，必须设置磁链观测器和有关的反馈控制系统，相关的文献中有较详细的讨论。

第8章　三相交流同步电动机变频调速系统

采用电力电子装置实现电压-频率协调控制,改变了交流同步电动机历来只能恒速运行而不能调速的运行状态,加上目前新型结构的同步电机,如开关磁阻电机、永磁同步电机及直流无刷电机等,性能越来越好,价格越来越低,使同步电机和异步电动机一样成为可调速电机家族的一员。

从使用角度看,启动困难、重载时振荡或失步等问题已不再是同步电动机广泛应用的障碍。随着电力电子技术在同步电动机调速系统中的应用,同步电机实现的调速系统正在飞速发展。

首先,介绍同步电动机变频调速的特点及其基本的类型;同步电动机变频调速的分类;它控同步电动机、自控式同步电动机变频调速系统;介绍转速开环恒压频比控制的同步电动机群(化纤行业的多机系统)调速系统、转速闭环由交-直-交电流型负载换流(LCI)变频器调速系统、转速闭环由交-交变频器供电的大型低速同步电动机变频调速系统。为了能够改善同步电动机变频调速系统的性能,也可以采用矢量控制,因此有必要介绍矢量控制在同步电机控制中的应用。从自动控制的角度,要分析一个系统的性能,要对系统进行建模,因此必须推导出同步电动机的多变量数学模型,为准确的矢量控制(Transvector)打下基础。在此基础上,分析自控式同步电动机变频调速系统,无刷直流电动机(DCBL)自控式同步电动机变频调速系统和正弦波永磁(PMSM)自控式同步电动机变频调速系统。

8.1　交流同步电动机变频调速系统特点及基本类型

根据电机学的原理,旋转交流电机可以分为三相交流异步电机(Asynchronous Machine)、三相交流同步电机(Synchronous Machine)。三相交流同步电机历来是以转速与电源频率保持严格同步而命名的。

只要电源频率保持恒定,同步电动机的转速在牵入同步后,只要不失步就绝对不变。小到电钟和记录式仪表的定时旋转机构,大到大型同步电动机-直流发电机组,无一不是发挥其转速恒定的优势。除此以外,同步电动机还有一个突出的优点,就是可以通过控制励磁来调节同步电动机的功率因数,可使功率因数达到1,甚至超前。

在工厂里,只需有一台或几台大容量设备(例如水泵)采用同步电动机,就足以改善全厂的功率因数。然而,由于同步电动机启动困难、重载时振荡或失步等问题的危险,过去除了上述特殊情况外,一般工业设备很少采用同步电动机拖动。

自从电力电子变流技术开发出来并获得广泛应用以后,情况就大不相同了。

采用电力电子装置实现电压-频率协调控制，改变了同步电动机历来只能恒速运行而不能调速的运行状态，使它和异步电动机一样成为可变速传动系统中的一员，原来由于供电电源频率固定不变而阻碍同步电动机广泛应用的问题都已迎刃而解。例如：启动问题，既然电力电子装置的输出频率可以平滑调节，当频率由低调到高时，转速就随之逐渐上升，不需要任何其他启动措施，甚至有些数千以至数万千瓦的大型高速同步电动机，还专门配上变频装置作为软启动设备；再如振荡和失步问题，其起因本来就是由于旋转磁场的同步转速固定不变，当同步电动机转子落后的角度太大时，便造成振荡乃至牵出同步、失步。现在有了频率的闭环控制，同步转速可以跟着频率改变，自然就不会振荡和失步。

同步电动机的转子旋转速度就是与气隙旋转磁场同步的转速，转差角频率恒等于零（$\omega_s = 0$），没有转差功率，其变频调速自然属于转差功率不变型的调速系统中的一种，没有其他类型。就频率控制的方法而言，同步电动机变频调速系统可以分为：它控式同步电机调速系统和自控式同步电机调速系统。

与第6章讨论的三相交流异步电动机变频调速系统一样，用独立的变频装置给同步电动机供电的系统称作它控式变频调速系统；用同步电动机本身轴上带转子位置检测器或同步电动机反电动势提供的转子位置信号来控制变频装置换相的系统是自控式变频调速系统。

三相交流同步电动机变频调速系统的原理以及所用的变频装置都和三相交流异步电动机变频调速系统基本相同，但是鉴于同步电动机有以下与三相交流异步电动机不同的特点，而且三相交流同步电动机变频调速系统还有自身特点：

（1）交流电机旋转磁场的同步转速（ω_0）与定子电源频率（f_1）有确定的关系：

$$\omega_0 = \frac{2\pi f_1}{n_p} \tag{8.1.1}$$

三相交流异步电动机的稳态转速（ω）总是低于同步转速（ω_0），二者之差叫作转差角频率（ω_s）；三相交流同步电动机的稳态转速（ω）等于同步转速（ω_0），依据三相交流异步电动机的定义，转差角频率（ω_s）为

$$\omega_s = 0 \tag{8.1.2}$$

（2）三相交流异步电动机的气隙磁场仅靠定子供电产生，而同步电动机除定子磁动势外，转子侧还有独立的直流励磁，或者用永久磁性材料励磁。

（3）三相交流同步电动机和三相交流异步电动机的定子都有同样的交流绕组，一般都是三相的，可以用交流电机绕组统一理论来分析，而转子绕组则不同，同步电动机转子除直流励磁绕组（或永久磁性材料）外，还可能有自身短路的阻尼绕组（Dumping Coil）。

（4）三相交流异步电动机的气隙是均匀的，而三相交流同步电动机则有隐极与凸极之分，隐极式电机气隙均匀，凸极式则不均匀，两轴的电感系数不等，造成三相交流同步电动机数学模型上的复杂性。但凸极效应能产生平均转矩，磁阻式同步电动机（Reluctance Synchronous Machine）就是单靠凸极效应运行的。

（5）三相交流异步电动机由于激磁的需要（必须建立气隙磁场），必须从电源吸取滞后的无功电流，空载时（轻载时）功率因数很低。三相交流同步电动机则可通过调节转子的直流励磁电流，改变功率因数，可以滞后，也可以超前。当功率因数为1.0时，交流电机绕组铜损最小，还可以节约变频装置的容量。

（6）由于三相交流同步电动机转子有独立励磁，在极低的电源频率下也能运行，因此，在同样条件下，三相交流同步电动机的调速范围比三相交流异步电动机更宽。

（7）三相交流异步电动机要靠加大转差才能提高转矩，而三相交流同步电动机只须加大功角就能增大转矩，三相交流同步电动机比三相交流异步电动机对转矩扰动具有更强的鲁棒性，能作出更快的动态响应。

8.2 它控式同步电动机变频调速系统

8.2.1 转速开环恒压频比控制的三相交流同步电动机群调速系统

如图 8.2.1 所示是转速开环恒压频比控制的三相交流同步电动机群调速系统原理图，是一种最简单的它控式变频调速系统，多用于化工、纺织工业小容量多电动机拖动系统中。

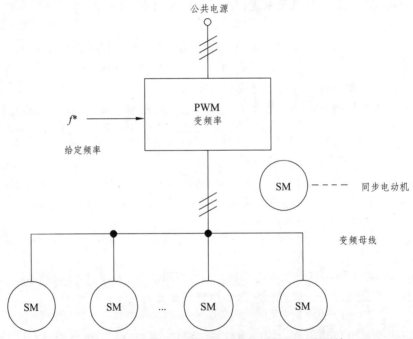

图 8.2.1　多台同步电机恒压频比开环控制调速系统

多台永磁或磁阻同步电动机并联接在变频器输出公共母线上，由统一的频率给定信号（f^*）同时调节各台三相交流同步电动机的转速。图 8.2.1 中的变频器采用电压型（PWM）变频器。

在电压型（PWM）变频器中，带定子压降补偿的恒压频比控制保证了气隙磁通恒定，调节频率给定值，可以逐渐地同时改变各台同步电动机的转速。这种开环调速系统存在一个明显的缺点，就是转子振荡和失步问题并未解决，因此各台三相交流同步电动机的负载不能太大。

转速开环恒压频比控制的三相交流同步电动机群调速系统结构简单、控制方便，只需一台变频器供电，成本低廉。但在实际应用中，要注意配电的可靠性，不要因为某台同步电机故障而影响系统工作，要设计可靠的保护装置。

8.2.2　由交–直–交电流型负载换流变频器供电的三相交流同步电动机调速系统

大型同步电动机转子上一般都具有直流励磁绕组，通过滑环由直流励磁电源供电，或者由交流励磁发电机经过随转子一起旋转的整流器供电。

对于经常高速运行的机械设备，定子常用交-直-交电流型变频器供电，其电机侧变换器（即逆变器（Inverter））比给三相交流异步电动机供电时更简单，可以省去强迫换流电路，而利用同步电动机定子中的感应电动势实现换相。这样的逆变器（Inverter）称作负载换流逆变器（Load-commutated Inverter，简称 LCI）。

如图 8.2.2 所示为交-直-交电流型负载换流逆变器供电的同步电动机调速系统原理图。

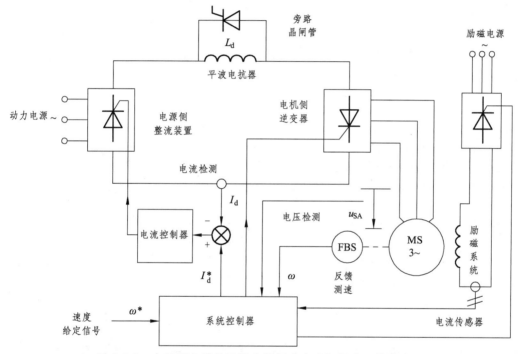

图 8.2.2　电流型负载换流逆变器同步电动机调速系统原理图

在图 8.2.2 中，系统控制器的作用包括：转速调节、转差控制、负载换流控制和励磁电流控制，FBS 是测速反馈环节。

由于变频装置是电流型的，还单独画出了电流控制器（包括电流调节和电源侧变换器的触发控制，主要调节直流母线电压，实现调压调频的目的）。

负载换流逆变器同步电动机调速系统剩下唯一的问题便是启动和低速时存在换流问题，因为低速时同步电动机感应电动势不够大，不足以保证可靠换流；特别当同步电动机静止时，感应电动势为零，根本就无法换流。

这时，在工程中采用"直流侧电流断续"的特殊方法，触发中间直流环节电抗器（L_d）的旁路晶闸管导通，让电抗器放电，同时切断直流电流，允许逆变器换相，换相后再关断旁路晶闸管，使电流恢复正常。

采用这种特殊的换流方式可使同步电动机调速系统的转速升到额定值的 3% ~ 5%，然后再切换到负载电动势换流。

直流侧电流断续换流时转矩会产生较大的脉动，因此，它只能用于启动过程而不适用于稳定运行。这样一来，采用直流侧电流断续同步电动机传动系统的调速范围一般不超过 10。

8.2.3　由交-交变频器供电的大型低速同步电动机调速系统

另一类大型同步电动机变频调速系统用于低速的电力拖动，例如无齿轮传动的可逆轧机、矿井提升机、水泥砖窑等。

该系统由交-交变频器（又称周波变换器，Cycle Converter）供电，其输出频率为 20 ~ 25 Hz（当公共电网频率为 50 Hz 时），对于一台 20 极的同步电动机，同步转速为 120 ~ 150 rpm，直接用来拖动轧钢机等设备是很合适的，可以省去庞大的齿轮传动装置，如图 8.2.3 所示。

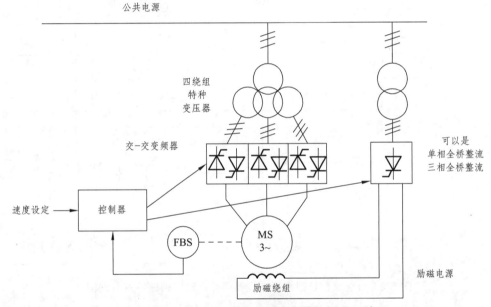

图 8.2.3　交-交变频器供电同步电动机调速系统

这类调速系统的基本结构如图 8.2.3 所示，可以实现四象限运行，控制器按需要可以是常规的，也可以采用矢量控制。下面将详细讨论矢量控制。

8.2.4　按气隙磁场定向的（Oriented）同步电动机矢量控制系统

为了获得高动态性能，同步电动机变频调速系统也可以采用三相交流异步电机的矢量控制，即通过坐标变换，把同步电动机等效成直流电动机，再模仿直流电动机的控制方法进行控制。但由于同步电动机的转子结构与三相交流异步电机不同，同步电动机矢量坐标变换也有同步电动机的特色。

368

正如前面介绍，同步电动机的主要特点是：定子有三相交流绕组，转子为直流励磁或永磁。为了突出主要问题，先忽略次要因素，作如下假定：

（1）假设同步电动机是隐极电机，或者说，忽略凸极的磁阻变化；

（2）忽略阻尼绕组效应；

（3）忽略磁化曲线的饱和非线性因素；

（4）忽略定子电阻和定子漏抗的影响。

其他假设条件和研究三相交流异步电机数学模型时相同，见第6章的相关章节。这样，二极同步电动机的物理模型如图8.2.4所示。

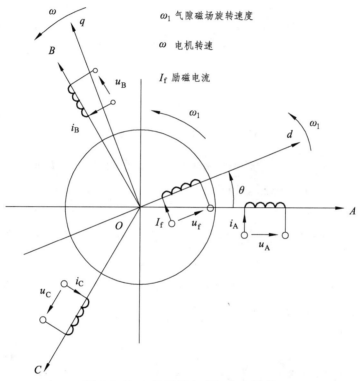

图 8.2.4 二极同步电动机物理模型

图 8.2.4 中，定子三相绕组轴线 A、B、C 是静止的，三相定子电压 u_A、u_B、u_C 和三相定子电流 i_A、i_B、i_C 都是平衡的，转子以同步转速旋转，转子上的励磁绕组在励磁电压（U_f）供电下流过励磁电流（I_f）。定义励磁磁极的轴线为 d 轴，与 d 轴正交的是 q 轴，dq 坐标在空间也以同步转速旋转，d 轴与轴线 A 之间的夹角为变量 θ。

在同步电动机中，除转子直流励磁外，定子磁动势还产生电枢反应，转子直流励磁与电枢反应合成起来产生气隙磁通，合成磁通在定子绕组中感应的电动势与外加电压基本平衡。

同步电动机磁动势与磁通的空间矢量如图8.2.5所示。

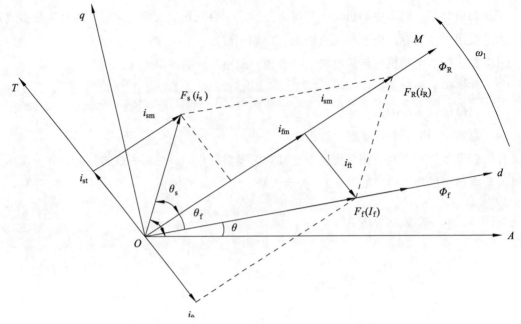

图 8.2.5　同步电动机磁动势与磁通形成图

图 8.2.5 中，F_f、Φ_f 为转子励磁磁动势和磁通，沿励磁方向为 d 轴，F_s 为定子三相合成磁动势；F_R、Φ_R 为合成的气隙磁动势和总磁通，θ_s 为 F_s、F_R 间的夹角，θ_f 为 F_f、F_R 间的夹角。

在正常运行时，必须保持同步电动机的气隙磁通恒定，因此采用按气隙磁场定向的矢量控制，这时，定义沿 F_R 和 Φ_R 的方向为 M 轴，与 M 轴正交的是 T 轴。

将 F_s 除以相应的匝数即为定子三相电流合成空间矢量（i_s），可将它沿 M、T 轴分解为励磁分量（i_{sm}）和转矩分量（i_{st}）。同样，F_f 与相当的励磁电流矢量（I_f）可分解成 i_{fm}、i_{ft}。

由图 8.2.5 可以得出下列关系式：

$$i_s = \sqrt{i_{sm}^2 + i_{st}^2} \tag{8.2.1}$$

$$I_f = \sqrt{i_{fm}^2 + i_{ft}^2} \tag{8.2.2}$$

$$i_R = i_{sm} + i_{fm} \tag{8.2.3}$$

$$i_{st} = -i_{ft} \tag{8.2.4}$$

$$i_{sm} = i_s \cos\theta_s \tag{8.2.5}$$

$$i_{fm} = I_f \cos\theta_f \tag{8.2.6}$$

在图 8.2.6 中画出了定子一相绕组的电压、电流与磁链的时间相量图。

370

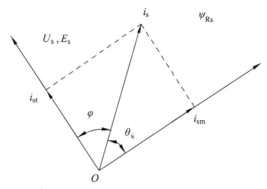

图 8.2.6 同步电机电压、电流及磁链相量图

气隙合成磁通（Φ_R）是空间矢量，Φ_R 对该相绕组的磁链（Ψ_{Rs}）则是时间相量，Ψ_{Rs} 在绕组中感应的电动势（E_s）超前于磁链（Ψ_{Rs}）90°。按照假设条件，忽略定子电阻和漏抗，则电动势（E_s）与相电压（U_s）近似相等，于是

$$U_s \approx E_s = 4.44K \cdot f_1 \cdot \Psi_{Rs} \qquad (8.2.7)$$

式中 K 为线圈绕组系数。

在图 8.2.6 中，定子三相电流合成空间矢量（$\vec{i}_s$）是该相电流相量，它滞后于相电压（$\vec{U}_s$）的相角（φ）就是同步电动机的功率因数角。根据电机学原理，$\vec{\Phi}_R$ 与 $\vec{F}_s$ 空间矢量的空间角差（θ_s）也就是磁链（$\vec{\Psi}_{Rs}$）与定子电流（$\vec{i}_s$）在时间上的相角差，因此存在

$$\varphi = 90° - \theta_s \qquad (8.2.8)$$

而且 i_{sm}、i_{st} 是 i_s 相量在时间相量图上的分量。

由此可知：定子电流的励磁分量（i_{sm}）可以从定子电流（i_s）和调速系统期望的功率因数值求出。最简单的情况是希望功率因数为 1，也就是说，希望满足下面的约束条件，即

$$i_{sm} = 0 \qquad (8.2.9)$$

这样，由期望的功率因数值确定的 i_{sm}（此时的功率因数值不一定为 1）可作为矢量控制系统的一个给定值。

如果把三相电流空间矢量（$\vec{i}_s$）或磁动势矢量（$\vec{F}_s$）和电流时间相量（$\vec{i}_s$）重叠在一起，可以把空间矢量图和时间相量图合二为一，称作时空矢量图，这时磁通（$\vec{\Phi}_R$）便与磁链（$\vec{\Psi}_{Rs}$）重合，很多文献都用这样的方式来表达。但是，画成时空矢量图只是为了方便，在概念上一定要把空间矢量和时间相量严格区分，不能混淆，为此，在图 8.2.5、图 8.2.6 中还是把它们分开来画。

以 A 轴为参考坐标轴，则 d 轴的位置角为 θ，在数值上可以表示为

$$\theta = \int_{-\infty}^{t} \omega_1 \mathrm{d}t \qquad (8.2.10)$$

可以通过电机轴上的位置传感器（BQ）测得，如图 8.2.7 所示。于是，定子电流空间矢量与 A 轴的夹角（λ）便成为

$$\lambda = \theta + \theta_f + \theta_s \qquad (8.2.11)$$

由电流空间矢量（i_s）的幅值和相位角可以求出三相定子电流：

$$i_A = |\vec{i_s}| \cdot \cos\lambda \tag{8.2.12}$$

$$i_B = |\vec{i_s}| \cdot \cos(\lambda - 120°) \tag{8.2.13}$$

$$i_C = |\vec{i_s}| \cdot \cos(\lambda - 240°) \tag{8.2.14}$$

按照式（8.2.1）～式（8.2.6）以及式（8.2.11）～式（8.2.14）构成矢量运算器，用来控制同步电动机的定子电流和励磁电流，即可实现同步电动机的矢量控制，其原理图如图8.2.7所示。

由于采用了电流计算，所以又称之为基于电流模型的同步电动机矢量控制系统。

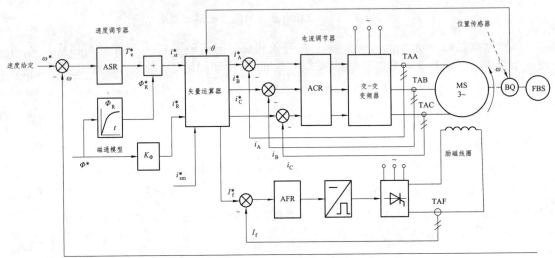

图 8.2.7 基于电流模型的同步电机矢量控制系统

根据机电能量转换原理，同步电动机的电磁转矩可以表达为

$$T_e = \frac{\pi}{2} n_p^2 \cdot \Phi_R \cdot F_s \cdot \sin(\theta_s) \tag{8.2.15}$$

定子旋转磁动势（$\bar{F_s}$）幅值：

$$|\bar{F_s}| = \frac{3\sqrt{2} N_s k_{Ns}}{\pi n_p} i_s \tag{8.2.16}$$

由式（8.2.1）及式（8.2.5）可知

$$i_s \cdot \sin(\theta_s) = i_{st} \tag{8.2.17}$$

将定子旋转磁动势幅值表达式（8.2.16）及式（8.2.17）代入电磁转矩表达式（8.2.15），整理后得

$$T_e = C_m \cdot \Phi_R \cdot i_{st} \tag{8.2.18}$$

式中，C_m 为转矩常数，可以表示为

$$C_m = \frac{3}{\sqrt{2}} n_p \cdot N_s \cdot k_{Ns} \tag{8.2.19}$$

式（8.2.18）表明，经矢量分解后，同步电动机的转矩公式获得了和直流电动机转矩一

样的特性。只要保证气隙磁通恒定，控制定子电流的转矩分量（i_{st}）就可以方便、灵活地控制同步电动机的电磁转矩。关键问题还是如何能够准确地按气隙磁通定向（Oriented）。

于是，如图 8.2.7 所示，同步电动机矢量控制调速系统采用了和直流电动机调速系统相仿的双闭环控制结构。转速调节器（ASR）的输出是转矩给定信号（T_e^*），按照式（8.2.18），转矩给定信号除以磁通模拟信号（Φ_R^*）即得定子电流的转矩分量的给定信号（i_{st}^*），磁通模拟信号是由磁通给定信号（Φ^*）经磁通滞后模型模拟其滞后效应后得到的。

与此同时，磁通给定信号（Φ^*）乘以系数（K_Φ）即得合成励磁电流的给定信号（i_R^*），另外，按功率因数要求得到定子电流励磁分量给定信号（i_{sm}^*）。

将 i_R^*、i_{st}^*、i_{sm}^* 和来自传置传感器（BQ）的旋转坐标相位角（θ）一起送入矢量运算器，按式（8.2.1）~式（8.2.6）以及式（8.2.11）~式（8.2.14）计算出定子三相电流的给定信号 i_A^*、i_B^*、i_C^* 和励磁电流的给定信号（i_f^*）。通过电流调节器（ACR）和磁势调节器（AFR）实行电流闭环控制，可使三相实际电流 i_A、i_B 及 i_C 跟随其给定值变化，获得良好的动态性能。当负载变化时，还能尽量保持同步电动机的气隙磁通、定子电动势及功率因数不变。

上述的矢量控制系统是在一系列假定条件下得到的近似结果。实际上，同步电动机常常是凸极的，其直轴（d 轴）和交轴（q 轴）磁路不对称，因而电感值也不一样，而且转子中的阻尼绕组对系统性能有一定影响，定子绕组电阻及漏抗也有影响，考虑到这些因素以后，实际系统的矢量运算器的算法就要进行一定的修正，其结果要比上述公式复杂得多，这时就必须考虑同步电动机在这些影响下的动态数学模型。

8.2.5 同步电动机的动态数学模型

如果对于上面的假设条件中的第（1）、（2）、（4）条不予考虑，即考虑了同步电动机的凸极效应、阻尼绕组和定子电阻、漏抗，则同步电动机的动态电压方程式可写成

$$\begin{cases} u_A = R_s \cdot i_A + \dfrac{\mathrm{d}\Psi_A}{\mathrm{d}t} \\[2mm] u_B = R_s \cdot i_B + \dfrac{\mathrm{d}\Psi_B}{\mathrm{d}t} \\[2mm] u_C = R_s \cdot i_C + \dfrac{\mathrm{d}\Psi_C}{\mathrm{d}t} \\[2mm] U_f = R_f \cdot I_{fA} + \dfrac{\mathrm{d}\Psi_f}{\mathrm{d}t} \\[2mm] 0 = R_D \cdot i_D + \dfrac{\mathrm{d}\Psi_D}{\mathrm{d}t} \\[2mm] 0 = R_Q \cdot i_Q + \dfrac{\mathrm{d}\Psi_Q}{\mathrm{d}t} \end{cases} \qquad (8.2.20)$$

式中，前三个方程是定子 A、B、C 三相的电压约束方程；第四个约束方程是励磁绕组电压约束方程，永磁同步电动机无此方程；最后两个电压约束方程是等效阻尼绕组的电压约束方程，之所以称等效阻尼绕组，是因为实际阻尼绕组是多导条压制成的类似鼠笼的绕组，这里把它等效成在 d 轴和 q 轴各自短路的两个独立绕组；所有符号的意义及其正方向都和分析三

相交流鼠笼异步电动机时一致。

将定子 A、B、C 三相坐标系变换到 dq 同步旋转坐标系，并用 p 表示微分算子，则可以把在时域的三个定子绕组电压约束方程变换成

$$\begin{cases} u_d = R_s \cdot i_d + p\Psi_d - \omega_1 \cdot \Psi_q \\ u_q = R_s \cdot i_q + p\Psi_q - \omega_1 \cdot \Psi_d \end{cases} \tag{8.2.21}$$

三个转子绕组电压约束方程不变，因为转子绕组已经在 dq 轴上了，可以改写成

$$\begin{cases} U_f = R_f \cdot I_f + p\Psi_f \\ 0 = R_D \cdot i_D + p\Psi_D \\ 0 = R_Q \cdot i_Q + p\Psi_Q \end{cases} \tag{8.2.22}$$

由式（8.2.21）可以看出，从三相静止坐标系变换到两相旋转坐标系以后，dq 轴电压约束方程等号右侧由电阻压降、脉变电动势和旋转电动势三项构成，其物理意义与三相交流异步电动机中相同。而在式（8.2.22）的转子 dq 轴电压约束方程中没有旋转电动势，因为转子转速就是同步转速，也就是说，转差角频率（ω_s）满足

$$\omega_s = 0 \tag{8.2.23}$$

在两相同步旋转坐标系 dq 轴上的磁链方程为

$$\begin{cases} \Psi_d = L_{sd} \cdot i_d + L_{md} \cdot I_f + L_{md} \cdot i_D \\ \Psi_q = L_{sq} \cdot i_q + L_{mq} \cdot i_q \\ \Psi_f = L_{md} \cdot i_d + L_{rf} \cdot I_f + L_{md} \cdot i_D \\ \Psi_D = L_{md} \cdot i_d + L_{md} \cdot I_f + L_{rd} \cdot i_D \\ \Psi_Q = L_{mq} \cdot i_q + L_{rQ} \cdot i_Q \end{cases} \tag{8.2.24}$$

式中，L_{sd} 为等效两相定子绕组 d 轴自感；L_{sq} 为等效两相定子绕组 q 轴自感；L_{ls} 为等效两相定子绕组漏感；L_{md} 为 d 轴定子与转子绕组间的互感，相当于同步电动机原理中的 d 轴电枢反应对应电感；L_{mq} 为 q 轴定子与转子绕组间的互感，相当于同步电动机原理中的 q 轴电枢反应对应电感；L_{rf} 为励磁绕组自感；L_{rD} 为 d 轴阻尼绕组自感；L_{rQ} 为 q 轴阻尼绕组自感。

各电感系数，存在以下关系：

$$\begin{cases} L_{sq} = L_{ls} + L_{mq} \\ L_{rf} = L_{lf} + L_{md} \\ L_{sd} = L_{ls} + L_{md} \\ L_{rD} = L_{lD} + L_{md} \\ L_{rQ} = L_{lQ} + L_{mq} \end{cases} \tag{8.2.25}$$

由于同步电动机有凸极效应，故 d 轴和 q 轴上的电感是不一样的。

将式（8.2.24）代入式（8.2.21）和式（8.2.22），整理后可得同步电动机的电压矩阵方程式：

$$U = H \cdot I \tag{8.2.26}$$

式中，矩阵 U、I、H 的表达式为

374

$$\begin{cases} \boldsymbol{U} = \begin{bmatrix} u_{\mathrm{d}} & u_{\mathrm{q}} & U_{\mathrm{f}} & 0 & 0 \end{bmatrix}^{\mathrm{T}} \\ \boldsymbol{I} = \begin{bmatrix} i_{\mathrm{d}} & i_{\mathrm{q}} & I_{\mathrm{f}} & i_{\mathrm{D}} & I_{\mathrm{Q}} \end{bmatrix}^{\mathrm{T}} \end{cases}$$

$$\boldsymbol{H} = \begin{bmatrix} R_{\mathrm{s}} + L_{\mathrm{sd}}p & -\omega_1 L_{\mathrm{sq}} & L_{\mathrm{md}}p & L_{\mathrm{md}}p & -\omega_1 L_{\mathrm{mq}} \\ \omega_1 L_{\mathrm{sd}} & R_{\mathrm{s}} + L_{\mathrm{sq}}p & \omega_1 L_{\mathrm{md}} & \omega_1 L_{\mathrm{md}} & L_{\mathrm{mq}}p \\ L_{\mathrm{md}}p & 0 & R_{\mathrm{f}} + L_{\mathrm{rf}}p & L_{\mathrm{md}}p & 0 \\ L_{\mathrm{md}}p & 0 & L_{\mathrm{md}}p & R_{\mathrm{D}} + L_{\mathrm{rD}}p & 0 \\ 0 & L_{\mathrm{mq}}p & 0 & 0 & R_{\mathrm{Q}} + L_{\mathrm{rQ}}p \end{bmatrix}$$

同步电动机同步旋转坐标系 dq 轴上的转矩及运动方程为

$$\frac{J}{n_{\mathrm{p}}} \cdot \frac{\mathrm{d}\omega}{\mathrm{d}t} = T_{\mathrm{e}} - T_{\mathrm{L}} \tag{8.2.27}$$

代入相关的表达式，得到

$$\frac{J}{n_{\mathrm{p}}} \cdot \frac{\mathrm{d}\omega}{\mathrm{d}t} = n_{\mathrm{p}}(\varPsi_d i_{\mathrm{q}} - \varPsi_q i_{\mathrm{d}}) - T_{\mathrm{L}} \tag{8.2.28}$$

其中忽略了黏性摩擦、轴性转矩因数。

把式（8.2.24）代入式（8.2.28）的转矩方程并整理后得

$$T_{\mathrm{e}} = n_{\mathrm{p}} L_{\mathrm{md}} I_{\mathrm{f}} i_{\mathrm{q}} + n_{\mathrm{p}}(L_{\mathrm{sd}} - L_{\mathrm{sq}}) i_{\mathrm{d}} i_{\mathrm{q}} + n_{\mathrm{p}}(L_{\mathrm{md}} i_{\mathrm{D}} i_{\mathrm{q}} - L_{\mathrm{mq}} i_{\mathrm{Q}} i_{\mathrm{d}})$$

$$T_{\mathrm{e}} \overset{\triangle}{=} G_1 + G_2 + G_3 \tag{8.2.29}$$

式中，G_1、G_2、G_3 的定义为

$$\begin{cases} G_1 = n_{\mathrm{p}} \cdot l_{\mathrm{md}} \cdot I_{\mathrm{f}} \cdot i_{\mathrm{q}} \\ G_2 = n_{\mathrm{p}} \cdot (L_{\mathrm{sd}} - L_{\mathrm{sq}}) \cdot i_{\mathrm{d}} \cdot i_{\mathrm{q}} \\ G_3 = n_{\mathrm{p}}(L_{\mathrm{md}} \cdot i_{\mathrm{D}} \cdot i_{\mathrm{q}} - L_{\mathrm{mq}} \cdot i_{\mathrm{Q}} \cdot i_{\mathrm{d}}) \end{cases} \tag{8.2.30}$$

观察式（8.2.29）各项，每一项转矩分量都有明确物理意义：G_1 是转子励磁磁动势和定子电枢反应磁动势相互作用所产生的转矩，是同步电动机主要的电磁转矩；G_2 是由凸极效应造成的磁阻变化在电枢反应磁动势作用下产生的电磁转矩，称作反应转矩或磁阻转矩，这是凸极电机特有的转矩，在隐极电机中，由于磁路对称，该项为零；G_3 是电枢反应磁动势与阻尼绕组磁动势相互作用的转矩，如果没有阻尼绕组，或者在稳态运行时阻尼绕组中没有感应电流，该项是零，只有在动态过程中，产生阻尼电流，才有阻尼转矩，帮助同步电动机尽快达到新的稳态。

8.3 自控式同步电动机变频调速系统

自控式同步电动机变频调速系统的特点是在同步电动机非负载轴端装有一个转子位置检测器（BQ），如图 8.3.1 所示。

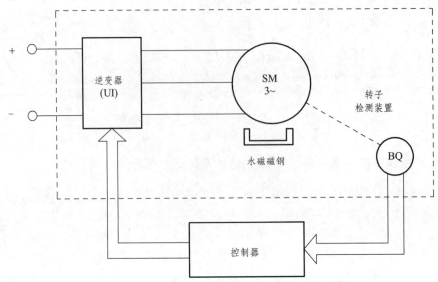

图 8.3.1　自控式同步电动机变频调速系统原理图

　　由转子位置检测器（BQ）发出的信号控制变频装置的逆变器（UI）换流，从而改变同步电动机的供电频率，保证转子转速与供电频率同步。调速时则由外部信号或脉宽调制（PWM）控制逆变器（UI）的输入直流电压。

　　图 8.3.1 中的同步电动机是永磁式的，容量大时也可以用励磁式的。从电动机本身看，它是一台同步电动机，但是如果把它和逆变器（UI）、转子位置检测器（BQ）合起来看，就像是一台直流电动机。直流电动机电枢里面的电流本来就是交变的，只是经过换向器和电刷才在外部电路表现为直流。这时，换向器相当于机械式的逆变器，电刷相当于磁极位置检测器。

　　与此相应，在自控式同步电动机变频调速系统中则采用电力电子逆变器和转子位置检测器（BQ），用静止的电力电子开关代替了容易产生火花的旋转接触式换向器，即用电子换向取代机械换向，显然具有很大的优越性。稍有不同的是，直流电动机的磁极在定子上，电枢是旋转的，而同步电动机的磁极一般都在转子上，电枢却是静止的，这只是相对运动上的不同，没有本质区别。

　　自控式同步电动机在其开发与发展的过程中，曾采用多种名称，有的至今仍习惯性地使用着，它们是：

　　（1）无换向器电动机，由于采用电子换向取代机械换向，因而得名，多用于带直流励磁绕组的同步电动机。

　　（2）正弦波永磁同步电动机，或直接称作永磁同步电动机（Permanent Magnet Synchronous Motor，PMSM）。当输入三相正弦波电流、气隙磁场为正弦分布，磁极采用永磁材料时，就使用这个普通的名称，多用于伺服系统和高性能的调速系统。

　　（3）梯形波永磁同步电动机，即无刷直流电动机（Brushless Direct Current Motor，简称DCBL）。磁极仍为永磁材料，但输入方波电流，气隙磁场呈梯形波分布，这样就更接近于直流电动机，但没有电刷，故称无刷直流电动机，多用于一般调速系统。实际上，无刷直流电动机也是永磁同步电动机，而通称为 PMSM 的同步电动机也可等效成无刷的直流电动机，它们在名称上的区别只是一种习惯而已。

尽管在名称上有区别，本质上都是一样的，所以统称作"自控式变频同步电动机"为好。下面将着重论述第 2、第 3 种永磁同步电动机的控制系统，因为它们具有以下特殊的优点，应用也日益广泛：

（1）采用了永磁材料作为磁极，特别是采用了稀土金属永磁，如钕铁硼（NdFeB），钐钴（SmCo）等，其磁能积高，可得到较高的气隙磁通密度，因此容量相同时电机的体积小、重量轻。

（2）转子没有铜损和铁损，没有滑环和电刷的摩擦损耗，运行效率高。

（3）转动惯量（J）小，允许脉冲转矩大，可获得较高的加速度，动态性能好。

（4）结构紧凑，远行可靠。

8.3.1　梯形波永磁同步电动机（DCBL）的自控式变频调速系统

前已指出，所谓无刷直流电动机（DCBL）实质上是一种特定类型的同步电动机，调速时虽然在表面上只控制了输入电压，但实际上也自动地控制了频率，仍属于同步电动机的变频调速。有人把无刷直流电动机的自控式变频同步电动机这一名称抽出四个字，简称为"直流变频"，并把一般的三相交流异步电动机变频调速对应地叫作"交流变频"，这种名称一时很流行，实际上是不对的。众所周知，直流的频率恒等于零，何来"变频"？可见如果对科学的名称随意简化，有时会得出荒谬的结果。

永磁无刷直流电动机的转子磁极采用瓦形（一般形式）磁钢，经专门的磁路设计，可获得梯形波分布的气隙磁场；定子采用集中整距绕组，因而感应的电动势也是梯形波。由逆变器提供与电动势严格同相的方波电流，同一相（如 A 相）的电动势（e_A）和电流（i_A）波形如图 8.3.2 所示。

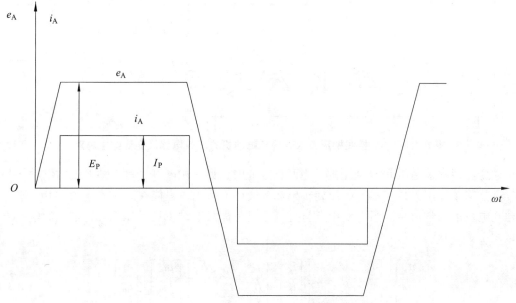

图 8.3.2　梯形波永磁同步电动机电动势与电流波形

由于各相电流都是方波，逆变器的电压只须按直流（PWM）的方法进行控制，比各种交流（PWM）控制都要简单得多，这是设计梯形波永磁同步电动机的初衷。然而由于定子绕组电感的作用，换相时电流波形不可能突跳，其波形实际上只能是近似梯形的，应该是指数上升波形，因而通过气隙传送到转子的电磁功率也是梯形波。通过证明可以发现，每次换相时平均电磁转矩都会降低一些，如图 8.3.3 所示。

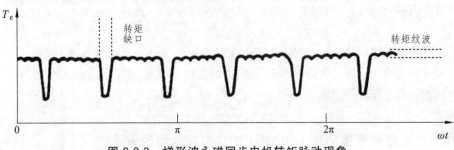

图 8.3.3　梯形波永磁同步电机转矩脉动现象

实际的电磁转矩波形每隔 60° 都出现一个缺口，而用 PWM 调压调速又使平顶部分出现电磁转矩纹波（Torque Ripple），这样的电磁转矩脉动使梯形波永磁同步电动机的调速性能低于正弦波的永磁同步电动机。

由三相桥式逆变器供电的 Y-Y 梯形波永磁同步电动机的等效电路及逆变器主电路原理图如图 8.3.4 所示。

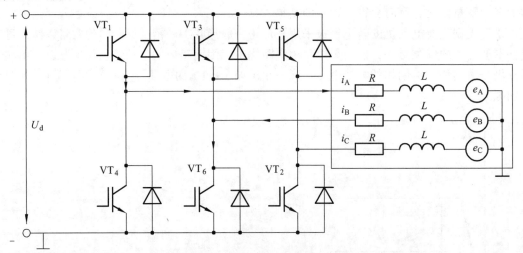

图 8.3.4　Y-Y 接线梯形波永磁同步电动机的等效电路及逆变器主电路

逆变器通常采用 120° 导通型的，当两相导通时，另一相断开。对于梯形波的电动势和电流，不能简单地用矢量表示，因而旋转坐标变换也不适用，只能在三相静止的 ABC 坐标系上建立电机的数学模型。当电机中点与直流母线负极共地时（见图 8.3.4），电机的电压方程可以用下式表示：

$$\begin{bmatrix} u_A \\ u_B \\ u_C \end{bmatrix} = \begin{bmatrix} R_s & 0 & 0 \\ 0 & R_s & 0 \\ 0 & 0 & R_s \end{bmatrix} \cdot \begin{bmatrix} i_A \\ i_B \\ i_C \end{bmatrix} + \begin{bmatrix} L_s & L_m & L_m \\ L_m & L_s & L_m \\ L_m & L_m & L_s \end{bmatrix} \cdot \begin{bmatrix} pi_A \\ pi_B \\ pi_C \end{bmatrix} + \begin{bmatrix} e_A \\ e_B \\ e_C \end{bmatrix} \tag{8.3.1}$$

式中，u_A、u_B、u_C 为三相输入对地电压；i_A、i_B、i_C 为三相同步电动机定子电流；e_A、e_B、e_C 为三相同步电动机定子反电动势；R_s 为定子绕组相电阻；L_s 为定子绕组相自感；L_m 为定子任意两相绕组间的互感。

由于三相定子绕组对称，故有

$$i_A + i_B + i_C = 0 \tag{8.3.2}$$

则有

$$\begin{cases} -L_m i_A = L_m i_B + L_m i_C \\ -L_m i_B = L_m i_A + L_m i_C \\ -L_m i_C = L_m i_B + L_m i_A \end{cases} \tag{8.3.3}$$

代入式（8.3.1），整理得到

$$\begin{bmatrix} u_A \\ u_B \\ u_C \end{bmatrix} = \begin{bmatrix} R_s & 0 & 0 \\ 0 & R_s & 0 \\ 0 & 0 & R_s \end{bmatrix} \cdot \begin{bmatrix} i_A \\ i_B \\ i_C \end{bmatrix} + \begin{bmatrix} L_s - L_m & 0 & 0 \\ 0 & L_s - L_m & 0 \\ 0 & 0 & L_s - L_m \end{bmatrix} \cdot \begin{bmatrix} pi_A \\ pi_B \\ pi_C \end{bmatrix} + \begin{bmatrix} e_A \\ e_B \\ e_C \end{bmatrix} \tag{8.3.4}$$

设图 8.3.2 中，方波电流的峰值为 I_p，梯形波电动势的峰值为 E_p，在一般情况下，同时只有两相导通，从逆变器直流侧看进去，为两相绕组串联，则电磁功率（P_m）为

$$P_m = 2 \cdot E_p \cdot I_p \tag{8.3.5}$$

忽略电流换相过程的影响，电磁转矩为

$$T_e = \frac{P_m}{\dfrac{\omega_1}{n_p}} = \frac{2n_p \cdot E_p \cdot I_p}{\omega_1}$$

化简，即为

$$T_e = 2n_p \cdot \Psi_p \cdot I_p \tag{8.3.6}$$

式中，Ψ_p 为梯形波励磁磁链的峰值，是恒定值。

由此可见，梯形波永磁同步电动机（即无刷直流电动机（DCBL））的电磁转矩与电流成正比，和一般的直流电动机相当。

这样，梯形波永磁同步电动机控制系统也和直流调速系统一样，要求不高时，可采用开环调速，对于动态性能要求较高的负载，可采用双闭环控制系统。

无论是开环还是闭环系统，都必须具备转子位置检测器（BQ）发出换相信号、调速时对直流电压的 PWM 控制等功能。现已生产出专用的集成化芯片，比如：MC33033、MC33035 等。

不考虑换相过程及 PWM 波形等因素的影响，当图 8.3.4 中的 VT_1、VT_6 导通时，A、B 两相导通而 C 相关断，则可得无刷直流电动机的动态电压方程为

$$(u_A - u_B) = 2 \cdot R_s \cdot i_A + 2(L_s - L_m) \cdot pi_A + 2 \cdot e_A \tag{8.3.7}$$

式中，$(u_A - u_B)$ 是 A、B 两相之间输入的平均线电压，采用 PWM 控制时，设占空比为 ρ，则

$$(u_A - u_B) = \rho \cdot U_d \tag{8.3.8}$$

于是，式（8.3.7）可改写成

$$(\rho \cdot U_d - 2 \cdot e_A) = 2R_s(T_1 p + 1) \cdot i_A \tag{8.3.9}$$

式中，T_1 为梯形波永磁同步电动机定子绕组漏磁时间常数，在数值上可以表示为

$$T_1 = \frac{L_s - L_m}{R_s} \tag{8.3.10}$$

根据运动控制系统基本理论，可知

$$\begin{cases} e_A = k_e \cdot \omega \\ e_B = -k_e \cdot \omega \end{cases} \tag{8.3.11}$$

$$T_e = \frac{n_p}{\omega}(e_A \cdot i_A + e_B \cdot i_B) \tag{8.3.12}$$

代入相关公式并化简，得到

$$T_e = 2n_p \cdot k_e \cdot i_A \tag{8.3.13}$$

梯形波永磁同步电动机运动方程为

$$\frac{J}{n_p} \cdot \frac{d\omega}{dt} = T_e - T_L \tag{8.3.14}$$

把式（8.3.7）~ 式（8.3.14）结合起来，可以得到无刷直流电动机（DCBL）的时域动态结构框图，如图 8.3.5 所示。

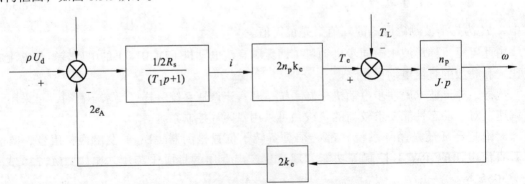

图 8.3.5　无刷直流电机时域动态结构图

图 8.3.5 为无刷直流电动机（DCBL）两相导通时的动态结构框图，其他工作状态的动态模型均与图 8.3.5 相类似。

实际上，换相过程中电流和转矩的变化、关断相电动势对电流影响、PWM 调压对电流

和转矩的影响等都是使动态模型产生时变和非线性的因素，其后果是造成转矩和转速的脉动，严重时会使电机无法正常运行，必须设法抑制或消除。

最后，简单介绍用于无刷直流电动机的无位置传感器技术。由图 8.3.1 可见，位置传感器（BQ）是构成自控式变频同步电动机调速系统必要的环节，但是在某些场合，在电机轴上安装位置传感器并增加额外的引线十分不便，于是便产生去掉位置传感器的要求，当然可以利用现代控制理论的观测器理论来解决此问题。在实际工作中，也积累了一些实用、有效的方法，无位置传感器技术就是一种典型方法。

前已指出，在 120°导通型的逆变器中，在任何时刻，三相中总有二相是被关断的，但该相绕组仍在切割转子磁场并产生电动势，如果能够检测出关断相电动势波形的过零点，就可以准确得到转子位置的信息，从而代替位置传感器的作用。这样的无位置传感器技术现已日趋成熟，已经出现了支持该技术的专用集成电路芯片（如：Philips TDA5145）。

8.3.2　正弦波永磁同步电动机的自控式变频调速系统

正弦波永磁同步电动机具有定子三相分布式绕组和永磁体转子，在磁路结构和绕组分布上保证定子绕组中的感应电动势具有正弦波形，外施的定子电压和电流也应为正弦波，一般靠交流 PWM 变频器提供。

在永磁同步电动机轴上安装转子位置检测器，能检测出磁极位置和转子相对于定子的绝对位置，因此须采用分辨率较高的光电编码器或旋转变压器，用以控制变频器电流的频率和相位，使定子和转子磁动势保持确定的相位关系，从而产生恒定的电磁转矩。

正弦波永磁同步电动机一般没有阻尼绕组，转子磁通由永久磁钢决定，是恒定不变的，可采用转子磁链定向控制，即将两相旋转坐标系的 d 轴定向在转子磁链（Ψ_r）方向上，无须再采用任何计算磁链的模型。

根据式（8.2.24），正弦波永磁同步电动机在 dq 坐标上的磁链方程简化为

$$\begin{cases} \Psi_d = L_{sd} \cdot i_d + \Psi_r \\ \Psi_q = L_{sq} \cdot i_q \end{cases} \tag{8.3.15}$$

式（8.2.26）的电压方程简化为

$$\begin{cases} u_d = R_s \cdot i_d + L_{sd} \cdot pi_d - \omega_1 \cdot L_{sq} \cdot i_q \\ u_q = R_s \cdot i_q + L_{sq} \cdot pi_q - \omega_1 \cdot L_{sd} \cdot i_d + \omega_1 \Psi_r \end{cases} \tag{8.3.16}$$

式（8.2.29）的转矩方程变成

$$T_e = n_p(\Psi_d \cdot i_q - \Psi_q \cdot i_d) \tag{8.3.17}$$

将相关的表达式代入式（8.3.17），得到电磁转矩的表达式为

$$T_e = n_p[\Psi_r \cdot i_q + (L_{sd} - L_{sq}) \cdot i_d \cdot i_q] \tag{8.3.18}$$

式中，最后一项是磁阻电磁转矩，正比于 L_{sd} 与 L_{sq} 之差。

在基频以下的恒转矩工作区中，控制定子电流矢量使之落在 q 轴上，即令

$$\begin{cases} i_d = 0 \\ i_q = i_s \end{cases} \quad (8.3.19)$$

此时磁链、电压和电磁转矩方程成为

$$\begin{cases} \Psi_d = \Psi_r \\ \Psi_q = L_{sq} \cdot i_s \\ u_d = -\omega_1 \cdot L_{sq} \cdot i_s = -\omega_1 \cdot \Psi_q \\ u_q = R_s \cdot i_s + L_{sq} \cdot p i_s + \omega_1 \cdot \Psi_r \\ T_e = n_p \cdot \Psi_r \cdot i_s \end{cases} \quad (8.3.20)$$

由于转子磁链（Ψ_r）恒定，电磁转矩与定子电流的幅值成正比，控制定子电流的幅值就能很好地控制电磁转矩，和直流电动机完全一样。

如图 8.3.6 所示为按转子磁链定向并满足约束条件：

$$i_d = 0 \quad (8.3.21)$$

因此，正弦波永磁同步电动机（PMSM）恒转矩的矢量图。

如果对正弦波永磁同步电动机的输出转矩没有特殊的要求，也可以使其工作在弱磁恒功率的状态，其矢量图如图 8.3.7 所示。

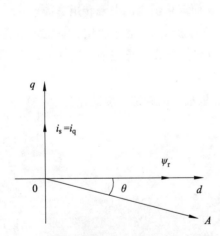

图 8.3.6　按转子磁链定向的正弦波永磁同步
电动机恒转矩的矢量图

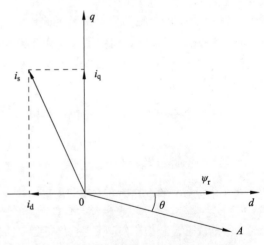

图 8.3.7　按转子磁链定向的正弦波永磁同步
电动机弱磁准恒功率的矢量图

这种控制方法也很简单，只要能准确地检测出转子 d 轴的空间位置，控制逆变器使三相定子的合成（Resultant）电流（或磁动势）矢量位于 q 轴上（超前于 d 轴 90°）就可以了，比三相交流异步电动机矢量控制系统要简单得多。

按转子磁链定向并满足式（8.3.21）的正弦波永磁同步电动机的自控式变频调速系统如图 8.3.8 所示。

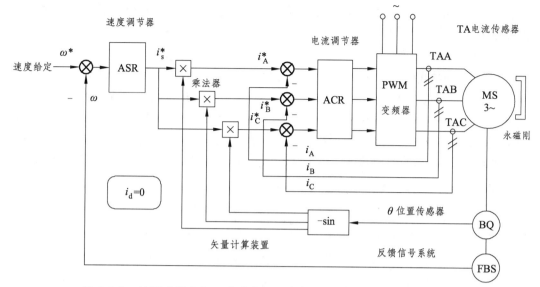

图 8.3.8　转子磁链定向正弦波永磁同步电动机的自控式变频调速系统

与第 2 章直流电动机调速系统比较，可以得到：转速调节器（ASP）的输出正比于电磁转矩的定子，电流给定值。

由图 8.3.6 的矢量图可知

$$i_A = i_s \cdot \cos(90° + \theta)$$ （8.3.22）

计算可以得到

$$i_A = -i_s \cdot \sin\theta$$ （8.3.23）

与此相应，根据假设，另外两相 B、C 相的电流与 A 相电流是对称的，即

$$\begin{cases} i_B = -i_s \cdot \sin(\theta - 120°) \\ i_C = -i_s \cdot \sin(\theta - 240°) \end{cases}$$ （8.3.24）

θ 角是旋转的 d 轴与静止的 A 轴之间的夹角，由转子位置检测器测出，经过查表法读取相应的正弦函数值后，与定子电流给定信号（i_s^*）相乘，即得三相电流给定信号 i_A^*、i_B^*、i_C^*。

图 8.3.8 中的交流 PWM 变频器须用电流控制，可以用带电流内环控制的电压型 PWM 变频器，也可以用电流滞环跟踪控制的变频器。

如果需要基速以上的弱磁调速，最简单的办法是利用定子绕组的反电势削弱励磁，使定子电流的直轴分量（i_d）小于零，其励磁方向与转子磁链（Ψ_r）相反，起去磁作用，这时的矢量图如图 8.3.7 所示。

但是，由于稀土永磁材料的磁阻很大，利用定子绕组的反电势削弱励磁的方法需要较大的定子电流直轴去磁分量，因此常规的正弦波永磁同步电动机在弱磁准恒功率区运行的效果不理想，只有在短期运行时才可以接受。如果要长期弱磁状态工作，必须采用特殊的弱磁方法，这是正弦波永磁同步电动机设计的重要问题。

在按转子磁链定向并满足式（8.3.21）的正弦波永磁同步电动机的自控式变频调速系统

中，定子电流与转子永磁磁通互相独立，控制系统简单，转矩恒定性好、脉动小，可以获得很宽的调速范围，适用于要求高性能的数控机床、机器人等场合。

但是，它有如下几点缺点：

（1）当负载增加时，定子电流增大，气隙磁链和定子反电动势都加大，迫使定子电压升高。为了保证足够的电源电压，电力电子装置须有足够的容量，但有效利用率不高。

（2）当负载增加时，定子电压矢量和电流矢量的夹角（θ）也会增大，造成功率因数降低。

（3）在常规情况下，弱磁恒功率的长期运行范围不大。

由于上述缺点，这种控制系统的适用范围受到限制，这是当前研究工作需要解决的问题。

第9章 伺服控制系统

伺服（Servo）意味着"伺候"和"服从"。广义的伺服系统是精确地跟踪或复现某个给定过程的控制系统，也可称作随动系统。狭义伺服系统又称位置随动系统，其被控制量（输出量）是负载机械空间位置的线位移或角位移，当位置给定量（输入量）作任意变化时，系统的主要任务是使输出量快速而准确地复现给定量的变化。

与第2章、第6章、第8章不同，伺服控制系统为高精度的运动控制系统，远比前面介绍的速度控制复杂。本章主要介绍三部分内容：伺服系统的特征及组成、伺服系统控制对象的数学模型、伺服系统的设计。

9.1 伺服系统的基本要求、特征及组成

伺服系统的功能是使输出快速而准确地复现给定，对伺服系统应该有一定的基本要求，而且具有特殊的性能及组成。

9.1.1 伺服系统的基本要求

（1）稳定性好：伺服系统在给定输入和外界干扰下，能在短暂的过渡过程后，达到新的平衡状态，或者恢复到原先的平衡状态；

（2）精度高：伺服系统的精度是指输出量跟随给定值的精确程度，如精密加工的数控机床，要求很高的定位精度；

（3）动态响应快：动态响应是伺服系统重要的动态性能指标，要求系统对给定的跟随速度足够快、超调小，甚至要求无超调；

（4）抗扰动能力强：在各种扰动作用时，系统输出动态变化小，恢复时间快，振荡次数少，甚至要求无振荡。

9.1.2 伺服系统的典型特征

（1）必须具备高精度的传感器，能准确地给出输出量的电信号；

（2）功率变换装置以及控制系统都必须是可逆的；

（3）足够宽的调速范围及足够大的低速带载性能；

（4）快速的响应能力和较强的抗干扰能力。

9.1.3 伺服系统的组成

伺服系统由伺服电动机、功率驱动器、控制器和传感器四大部分组成。除了位置传感器外，可能还需要电压、电流和速度传感器。伺服控制系统常用的组成形式有三种，即开环伺服控制系统、半闭环伺服控制系统、全闭环伺服控制系统，分别如图 9.1.1 ~ 9.1.3 所示。

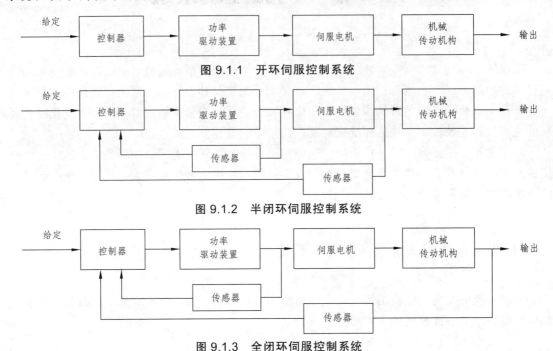

图 9.1.1　开环伺服控制系统

图 9.1.2　半闭环伺服控制系统

图 9.1.3　全闭环伺服控制系统

传感器的选择对于伺服系统的控制精度非常关键，常用的速度传感器、位置传感器、旋转变压器、感应变压器、测速发电机、自整角机等。随着计算机技术应用到控制领域，传感器也应该采用性能更为优越的数字测速装置，如光电码盘等。常见的光电码盘结构已在第 3 章介绍，这里不再赘述。

9.1.4　伺服系统的性能指标

伺服系统实际位置与目标值之间的误差，称作伺服系统的稳态跟踪误差。为了分析误差的特点，以如图 9.1.4 所示位置伺服系统为例进行分析。

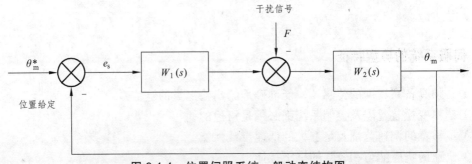

图 9.1.4　位置伺服系统一般动态结构图

386

伺服系统在动态调节过程中的性能指标称为动态性能指标，如超调量、跟随速度及上升时间、调节时间、振荡次数、抗扰动能力等。

由伺服系统系统结构和参数决定的稳态跟踪误差可分为三类：位置误差、速度误差和加速度误差，如图9.1.5所示。

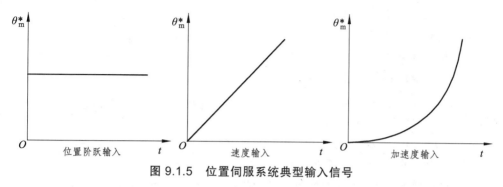

图 9.1.5　位置伺服系统典型输入信号

伺服系统在图9.1.5中三种典型的单位输入信号的作用下给定稳态误差如表9.1.1所示。

表 9.1.1　典型输入作用下的稳态误差

输入信号 给定误差 系统类型	单位阶跃输入 $\theta_m^*(s) = \dfrac{1}{s}$	单位速度输入 $\theta_m^*(s) = \dfrac{1}{s^2}$	单位加速度输入 $\theta_m^*(s) = \dfrac{1}{s^3}$
Ⅰ 型系统	0	$\dfrac{1}{K}$	∞
Ⅱ 型系统	0	0	$\dfrac{1}{K}$

9.2　直流伺服系统控制对象的数学模型

根据伺服电动机的种类，伺服系统可分为直流和交流两大类。伺服系统控制对象包括伺服电动机、驱动装置和机械传动机构。

9.2.1　直流伺服系统控制对象的数学模型

直流伺服系统的执行元件为直流伺服电动机，中、小功率的伺服系统采用直流永磁伺服电动机，当功率较大时，也可采用电励磁的直流伺服电动机。直流无刷电动机与直流电动机有相同的控制特性，也可归入直流伺服电动机。

直流伺服电动机的状态方程为

$$\begin{cases} \dfrac{d\omega}{dt} = \dfrac{1}{J}T_e - \dfrac{1}{J}T_L \\ \dfrac{dI_d}{dt} = -\dfrac{R_\Sigma}{L_\Sigma}I_d - \dfrac{1}{L_\Sigma}E + \dfrac{1}{L_\Sigma}U_{d0} \end{cases} \tag{9.2.1}$$

式中　　ω——伺服系统的运行速度；

　　　　T_e——直流电动机的电磁转矩；

　　　　T_L——负载转矩；

　　　　I_d——电机电枢电流；

　　　　R_Σ——电枢回路的总电阻；

　　　　L_Σ——电枢回路的总电感；

　　　　E——直流电机的反电动势；

　　　　U_{d0}——电枢回路的直流平均电压；

　　　　J——伺服系统转动惯量。

机械传动机构的运动方程为

$$\frac{\mathrm{d}\theta_\mathrm{m}}{\mathrm{d}t}=\frac{\omega}{j} \tag{9.2.2}$$

式中　　j——机械转速（rpm）与电气角速度间的比例关系。

驱动装置的近似等效传递函数 $G_1(s)$ 为

$$G_1(s)=\frac{K_\mathrm{s}}{T_\mathrm{s}\cdot s+1} \tag{9.2.3}$$

直流电动机状态方程为

$$\frac{\mathrm{d}U_{d0}}{\mathrm{d}t}=-\frac{1}{T_\mathrm{s}}U_0+\frac{K_\mathrm{s}}{T_\mathrm{s}}u_\mathrm{c} \tag{9.2.4}$$

综合式（9.2.1）~式（9.2.4），可以画出直流伺服系统的结构框图，如图 9.2.1 所示。

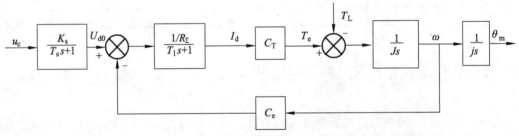

图 9.2.1　直流伺服系统的结构框图

采用电流闭环后，电流环的等效传递函数为惯性环节，故带有电流闭环控制的对象数学模型为

$$\begin{cases} \dfrac{\mathrm{d}\theta_\mathrm{m}}{\mathrm{d}t}=\dfrac{\omega}{j} \\[2mm] \dfrac{\mathrm{d}\omega}{\mathrm{d}t}=\dfrac{C_\mathrm{T}}{J}\cdot I_d-\dfrac{1}{J}\cdot T_L \\[2mm] \dfrac{\mathrm{d}I_d}{\mathrm{d}t}=-\dfrac{1}{T_\mathrm{i}}\cdot I_d+\dfrac{1}{T_\mathrm{i}}\cdot I_d^* \end{cases} \tag{9.2.5}$$

对图 9.2.1 利用梅森（S.J. Mason）法则进行化简，则得到电流给定下另一形式的结构图，如图 9.2.2 所示。

388

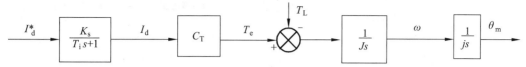

图 9.2.2　基于电流给定的直流伺服结构图

1. 直流伺服系统的设计

伺服系统的结构因系统的具体要求而异，对于闭环伺服控制系统，常用串联校正或并联校正方式进行动态性能的调整。校正装置串联配置在前向通道的校正方式称为串联校正，一般把串联校正单元称作调节器，所以又称为调节器校正。

若校正装置与前向通道并联，则称为并联校正；信号流向与前向通道相同时，称作前馈校正；信号流向与前向通道相反时，则称作反馈校正。

常用的调节器有比例-微分（PD）调节器、比例-积分（PI）调节器以及比例-积分-微分（PID）调节器，设计中可根据实际伺服系统的特征进行选择。

在伺服系统的前向通道上串联比例-微分（PD）调节器校正装置，可以使相位超前，以抵消惯性环节和积分环节使相位滞后而产生的不良后果。

比例-微分（PD）调节器的传递函数（$G_{PD}(s)$）为

$$G_{PD}(s) = K_p(1 + \tau_d \cdot s) \tag{9.2.6}$$

如果伺服系统的稳态性能满足要求，并有一定的稳定裕量，而稳态误差较大，则可以用比例-积分（PI）调节器进行校正。

比例-积分（PI）调节器的传递函数（$G_{PI}(s)$）为

$$G_{PI}(s) = K_p\left(1 + \frac{1}{\tau_i \cdot s}\right) \tag{9.2.7}$$

将比例-微分（PD）串联校正和比例-积分（PI）串联校正联合使用，构成比例-积分-微分（PID）调节器。

如果合理设计则可以综合改善伺服系统的动态和静态特性。

比例-积分-微分（PID）串联校正装置的传递函数（$G_{PID}(s)$）为

$$G_{PID}(s) = K_p \frac{(\tau_i \cdot s + 1) \cdot (\tau_d \cdot s + 1)}{(\tau_i \cdot s + 1)} \tag{9.2.8}$$

对于直流伺服电动机可以采用单位置环控制方式，直接设计位置调节器（APR）。

为了避免在过渡过程中电流冲击过大，应采用电流截止负反馈保护，原理图如图 9.2.3 所示，或者选择允许过载倍数比较高的伺服电动机。

忽略负载转矩，直流伺服系统控制对象传递函数（$G_{obj}(s)$）为

$$G_{obj}(s) = \frac{\dfrac{K_s}{J \cdot C_e}}{s \cdot (T_s s + 1) \cdot (T_m \cdot T_l \cdot s^2 + T_m \cdot s + 1)} \tag{9.2.9}$$

式中，T_m 为伺服系统机电时间常数，在数值上可以表示为

$$T_m = \frac{R_\Sigma \cdot J}{C_T \cdot C_e} \tag{9.2.10}$$

其中，C_e 是伺服电机的电势常数；C_T 是伺服电机的转矩常数。

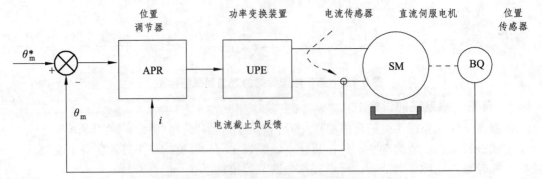

图 9.2.3　带有电流截止反馈单位置环控制

与图 9.2.3 相对应的直流伺服系统控制对象结构图如图 9.2.4 所示。

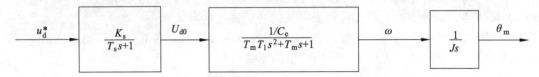

图 9.2.4　直流伺服系统控制对象结构图

如果采用比例-微分（PD）调节器，其传递函数（$G_{\text{APR}}(s)$）为

$$G_{\text{APR}}(s) = G_{\text{PD}}(s) = K_{\text{p}}(1 + \tau_{\text{d}} \cdot s) \tag{9.2.11}$$

伺服系统开环传递函数（$G_{\theta\text{op}}(s)$）为

$$G_{\theta\text{op}}(s) = \frac{\dfrac{K_{\theta}}{(\tau_{\text{d}} \cdot s + 1)}}{s \cdot (T_{\text{s}}s + 1) \cdot (T_{\text{m}} \cdot T_{\text{l}} \cdot s^2 + T_{\text{m}} \cdot s + 1)} \tag{9.2.12}$$

式中，K_{θ} 为系统开环放大系数，可以表示为

$$K_{\theta} = \frac{K_{\text{p}} \cdot K_{\text{s}}}{J \cdot C_{\text{e}}} \tag{9.2.13}$$

基于 PD 调节器的直流伺服位置控制系统结构图如图 9.2.5 所示。

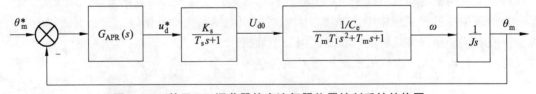

图 9.2.5　基于 PD 调节器的直流伺服位置控制系统结构图

假设各参数的定义及相关条件如下，即

$$\begin{cases} T_{\text{m}} \geqslant 4T_{\text{l}} \\ (T_{\text{m}} \cdot T_{\text{l}} \cdot s^2 + T_{\text{m}} \cdot s + 1) = (T_{\text{a}} \cdot s + 1) \cdot (T_{\text{b}} \cdot s + 1) \\ T_{\text{a}} \geqslant T_{\text{b}} > T_{\text{s}} \end{cases} \tag{9.2.14}$$

则基于比例-微分（PD）调节器的伺服系统闭环传递函数（$G_{\theta\mathrm{cl}}(s)$）为

$$G_{\theta\mathrm{cl}}(s) = \frac{K_\theta}{T_\mathrm{s} \cdot T_\mathrm{b} \cdot s^3 + (T_\mathrm{s} + T_\mathrm{b}) \cdot s^2 + s + K_\theta} \qquad (9.2.15)$$

对应的闭环传递函数的特征方程式为

$$T_\mathrm{s} \cdot T_\mathrm{b} \cdot s^3 + (T_\mathrm{s} + T_\mathrm{b}) \cdot s^2 + s + K_\theta = 0 \qquad (9.2.16)$$

用 Routh-Hurwitz 稳定判据，为保证系统稳定，则应该满足

$$K_\theta \leqslant \frac{T_\mathrm{s} + T_\mathrm{b}}{T_\mathrm{s} \cdot T_\mathrm{b}} \qquad (9.2.17)$$

对应的波特图（Bode）如图 9.2.6 所示。

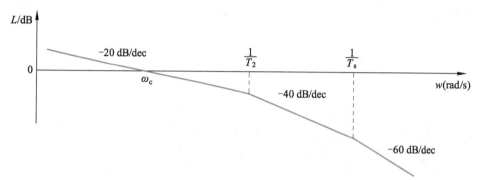

图 9.2.6　基于 PD 调节器单位置环伺服系统开环传递函数对数幅频特性

在电流闭环控制的基础上，设计位置调节器（APR），构成位置伺服系统，位置调节器的输出限幅是电流的最大值。

以直流伺服系统为例，对于交流伺服系统也适用，只须对伺服电动机和驱动装置作相应的改动，如图 9.2.7 所示。

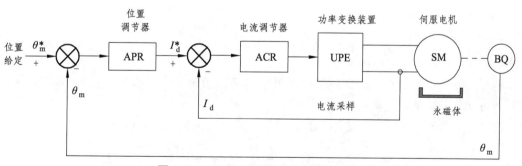

图 9.2.7　双闭环位置控制系统原理图

忽略负载转矩时，带有电流闭环控制对象的伺服系统传递函数 $G_{\mathrm{obj}}(s)$ 为

$$G_{\mathrm{obj}}(s) = \frac{\dfrac{C_\mathrm{T}}{J}}{s^2(T_\mathrm{i} \cdot s + 1)} \qquad (9.2.18)$$

为了消除负载扰动引起的静差，位置调节器（APR）选用 PI 调节器，其传递函数 $G_{APR}(s)$ 为

$$G_{APR}(s) = G_{PI}(s) = K_p \frac{(\tau_i \cdot s + 1)}{\tau_i \cdot s} \qquad (9.2.19)$$

双闭环位置伺服系统控制系统的流程图如图 9.2.8 所示。

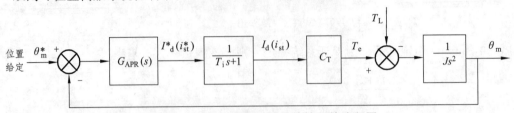

图 9.2.8　双闭环位置伺服系统控制的流程图

双闭环位置伺服控制系统的开环传递函数 $G_{\theta op}(s)$ 为

$$G_{\theta op}(s) = \frac{K_p(\tau_i \cdot s + 1)}{\tau_i \cdot s} \frac{\dfrac{C_T}{(j \cdot J)}}{s^2 \cdot (\tau_i \cdot s + 1)} \qquad (9.2.20)$$

代入并化简，得到

$$G_{\theta op}(s) = \frac{K_\theta(\tau_i \cdot s + 1)}{s^3(\tau_i \cdot s + 1)} \qquad (9.2.21)$$

双闭环位置伺服控制系统的开环放大系数（K_θ）为

$$K_\theta = \frac{K_p \cdot C_T}{J \cdot \tau_i} \qquad (9.2.22)$$

双闭环位置伺服控制系统的闭环传递函数（$G_{\theta cl}(s)$）为

$$G_{\theta cl}(s) = \frac{K_\theta(\tau_i \cdot s + 1)}{T_i \cdot s^4 + s^3 + K_\theta \cdot \tau_i \cdot s + K_\theta} \qquad (9.2.23)$$

对应的特征方程式为

$$T_i s^4 + s^3 + K_\theta \cdot \tau_i \cdot s + K_\theta = 0 \qquad (9.2.24)$$

式中，T_i 为电流调节器的时间常数。

特征方程式（9.2.24）未出现 s 的二次项，即劳斯表出现了首项零，由 Routh-Hurwitz 稳定判据可知，系统不稳定。

将位置调节器（APR）改选用 PID 调节器，其传递函数（$G_{APR}(s)$）为

$$G_{APR}(s) \triangleq G_{PID}(s) = K_p \frac{(\tau_i \cdot s + 1) \cdot (\tau_d \cdot s + 1)}{\tau_i \cdot s} \qquad (9.2.25)$$

基于 PID 调节器双闭环位置伺服控制系统的开环传递函数（$G_{\theta op}(s)$）为

$$G_{\theta op}(s) = \frac{K_p \cdot (\tau_i \cdot s + 1) \cdot (\tau_d \cdot s + 1)}{\tau_i \cdot s} \cdot \frac{\dfrac{C_T}{(J \cdot j)}}{s^2(T_i \cdot s + 1)}$$

化简，得

$$G_{\theta op}(s) = \frac{K_{\theta} \cdot (\tau_i \cdot s + 1) \cdot (\tau_d \cdot s + 1)}{s^3 (T_i \cdot s + 1)} \qquad (9.2.26)$$

式中，T_i 为电流调节器的时间常数，与式（9.2.24）中不一样。

基于 PID 调节器双闭环位置伺服控制系统闭环传递函数（$G_{\theta cl}(s)$）为

$$G_{\theta cl}(s) = \frac{K_{\theta} \cdot (\tau_i \cdot s + 1) \cdot (\tau_d \cdot s + 1)}{T_i \cdot s^4 + s^3 + K_{\theta} \cdot \tau_i \cdot T_d \cdot s^2 + K_{\theta}(\tau_i + \tau_d)s + K_{\theta}} \qquad (9.2.27)$$

对应的特征方程式：

$$T_i \cdot s^4 + s^3 + K_{\theta} \cdot \tau_i \cdot \tau_d \cdot s^2 + K_{\theta}(\tau_i + \tau_d)s + K_{\theta} = 0 \qquad (9.2.28)$$

由 Routh-Hurwitz 稳定判据，求得系统稳定条件：

$$\begin{cases} \tau_i \cdot \tau_d > T_i(\tau_i + \tau_d) \\ K_{\theta}(\tau_i + \tau_d)[\tau_i \cdot \tau_d - T_i(\tau_i + \tau_d)] > 1 \end{cases} \qquad (9.2.29)$$

对应的校正系统波特图如图 9.2.9 所示。

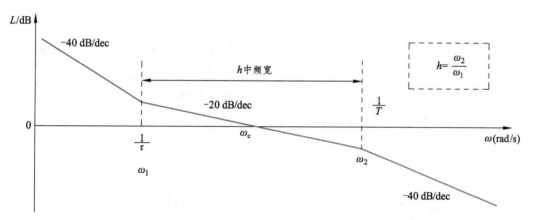

图 9.2.9　基于 PID 调节器的双环控制伺服系统开环传递函数对数幅频特性

若 APR 仍采用 PI 调节器，可在位置反馈的基础上，再加上微分负反馈，即转速微分负反馈，如图 9.2.10 所示。

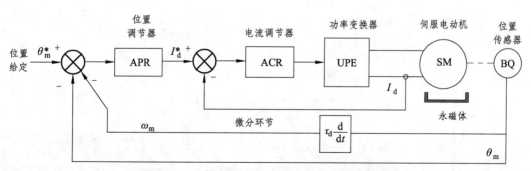

图 9.2.10　带有微分负反馈的伺服系统原理图

针对图 9.2.10 所示的带微分负反馈的伺服系统原理图，可以得到图 9.2.11 所示的结构图。

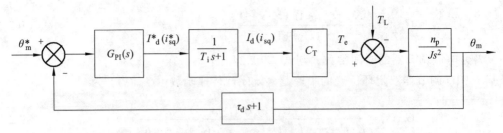

图 9.2.11　带有微分负反馈的伺服系统结构图

图中，n_{p} 为伺服电机的极对数，没有出现参数 j。

在调速系统的基础上，再设一个位置环，形成三环控制的位置伺服控制系统，如图 9.2.12 所示。图中，APR 为位置调节器；ASR 为转速调节器；ACR 为电流调节器；BQ 为光电位置传感器；DSP 为数字转速信号形成环节。

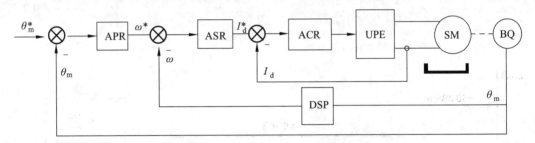

图 9.2.12　三环控制的伺服系统结构图

图 9.2.12 中，直流转速闭环控制系统按典型 II 型系统设计，开环传递函数 $G_{\mathrm{nop}}(s)$ 为

$$G_{\mathrm{nop}}(s) = \frac{K_{\mathrm{N}}(\tau_{\mathrm{n}} \cdot s + 1)}{s^2 (T_{\Sigma n} s + 1)} \tag{9.2.30}$$

根据式（9.2.30），可以得到三环伺服控制系统的结构流程图如图 9.2.13 ~ 图 9.2.15 所示。

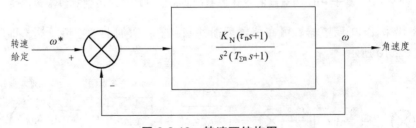

图 9.2.13　转速环结构图

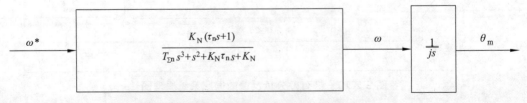

图 9.2.14　位置环的控制对象结构图

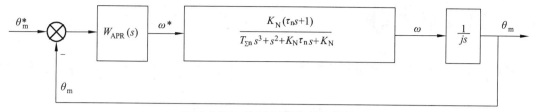

图 9.2.15　位置闭环控制结构图

位置环控制对象的传递函数为

$$W_{\theta obj}(s) = \frac{\theta_m(s)}{\omega^*(s)} = \frac{K_N(\tau_n s + 1)/J}{s(T_{\Sigma n}s^3 + s^2 + K_N\tau_n s + K_N)}$$

开环传递函数为

$$W_{\theta op}(s) = W_{APR}(s)\frac{K_N(\tau_n s + 1)/J}{s(T_{\Sigma n}s^3 + s^2 + K_N\tau_n s + K_N)}$$

位置调节器（APR）选用 P 调节器就可以实现稳态无静差，则系统的开环传递函数为

$$\begin{aligned} W_{\theta op}(s) &= \frac{K_p K_N(\tau_n s + 1)/J}{s(T_{\Sigma n}s^3 + s^2 + K_N\tau_n s + K_N)} \\ &= \frac{K_\theta(\tau_n s + 1)}{s(T_{\Sigma n}s^3 + s^2 + K_N\tau_n s + K_N)} \end{aligned}$$

式中，开环放大系数为

$$K_\theta = \frac{K_p K_N}{J}$$

伺服系统的闭环传递函数为

$$W_{\theta L}(s) = \frac{K_\theta(\tau_n s + 1)}{T_{\Sigma n}s^4 + s^3 + K_N\tau_n s^2 + (K_N + K_\theta\tau_n)s + K_\theta}$$

特征方程式为

$$T_{\Sigma n}s^4 + s^3 + K_N\tau_n s^3 + (K_N + K_\theta\tau_n)s + K_\theta = 0$$

用 Routh-Hurwitz 稳定判据，可求得系统的稳定条件：

$$\begin{cases} K_\theta < \dfrac{K_N(\tau_n - T_{\Sigma n})}{T_{\Sigma n}\tau_n} \\ -T_{\Sigma n}\tau_n^2 K_\theta^2 + (\tau_n^2 K_N - 2T_{\Sigma n}K_N\tau_n - 1)K_\theta + K_N^2(\tau_n - \tau_{\Sigma n}) > 0 \end{cases}$$

9.3 复合控制的伺服系统

从给定信号直接引出开环的前馈控制，和闭环的反馈控制一起，构成复合控制系统，如图 9.3.1 所示。

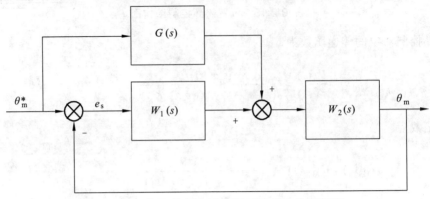

图 9.3.1　复合控制位置伺服系统的结构原理图

图 9.3.1 各方框的内容与前面一样，这里不再赘述，请参考相关的文献。

396

参考文献

[1] 陈伯时. 自动控制系统[M]. 北京：机械工业出版社，1981.

[2] 陈伯时. 电力拖动自动控制系统[M]. 2 版. 北京：机械工业出版社，1996.

[3] 陈伯时. 电力拖动自动控制系统[M]. 3 版. 北京：机械工业出版社，2003.

[4] 洪乃刚. 电机运动与控制系统[M]. 北京：机械工业出版社，2015.

[5] 杨兴瑶. 电动机调速原理及应用[M]. 北京：机械工业出版社，1979.

[6] 黄松清. 非线性系统理论与应用[M]. 成都：西南交通大学出版社，2013.

[7] 刘汉阳，黄松清. 开关状态函数化及其在多电平逆变器分析中的应用[J]. 电气技术，
2013（10）.

[8] 阮毅. 电力拖动控制系统[M]. 4 版. 北京：机械工业出版社版，2009.

[9] 尔桂花，窦曰轩. 运动控制系统[M]. 北京：清华大学出版社，2002.

[10] 许实章. 电机学[M]. 3 版. 北京：机械工业出版社，1985.

[11] 彭鸿才. 电机原理及拖动[M]. 2 版. 北京：机械工业出版社，2007.

[12] 胡虔生，胡敏强. 电机学 [M]. 北京：中国电力出版社，2007.

[13] 李华德. 交流调速控制系统[M]. 北京：电子工业出版社，2003.

[14] Bimal K. Bose. Modern Power Electronics and AC Drives[M]. Prentice Hall, 2002.

[15] 马小亮. 大功率交-交变频交流调速及矢量控制[M]. 北京：机械工业出版社，1992.

[16] 胡寿松. 自动控制原理[M]. 4 版. 北京：科学出版社，2010.

[17] 刘豹. 现代控制原理[M]. 北京：机械工业出版社，2004.

[18] 董景新，赵长德，熊沈蜀，郭美风. 控制工程基础[M]. 2 版. 北京：清华大学出版社，
2011.

[19] 熊光楞. 控制系统的数字仿真[M]. 北京：清华大学出版社，2010.

[20] 王兆安，刘进军. 电力电子技术[M]. 5 版. 北京：机械工业出版社，2009.

[21] 李正军. 计算机控制系统[M]. 北京：机械工业出版社，2008.

[22] 陈坚. 交流电机数学模型及调速系统[M]. 北京：国防工业出版社，1989.

[23] 汤蕴璆，罗应立，梁艳萍，电机学[M]. 3 版. 北京：机械工业出版社， 2008.

[24] 马小亮，大功率交-交变频交流调速及矢量控制[M]. 北京：机械工业出版社，1992.

[25] 赵圣宝，黄松清，基于开关状态函数化的三电平逆变器分析及仿真研究[J]. 电气技术，
2010（6）：27-30.

[26] 洪乃刚. 电力电子和电力拖动控制系统的 Matlab 仿真[M]. 北京：机械工业出版社，
2006.1.

[27] 童福尧. 电力拖动自动控制系统习题例题集[M]. 北京：机械工业出版社，2008.

[28] 《机械工程手册》《电机工程手册》编辑委员会. 电机工程手册[M]. 北京：机械工业出版社，1974.

[29] 冯纯伯，费树岷. 非线性控制系统分析与设计[M]. 2 版. 北京：电子工业出版社，1998.

[30] Songqing Huang. Stability Judging Method for Motor Driver Fed by Voltage-type Inverter Based on Different Geometry Theory[C]. The Eighth International Conference on Electrical Machines and Systems，ICEMS' 2005，September 27-29，Nanjing，China.

[31] Huang Songqing. Switch-Linearity Hybrid Technology and its Application in Power Electronic Converter[J]. 2008 3rd IEEE Conference on Industrial Electronics and Applications. ICIEA 2008, Holiday Inn Atrium, SINGAPORE.

[32] 黄松清. Reflection of the inverter design methods based on the inverters and asynchronous motors united[J]. 变频器世界，2004（5）：36-39.

[33] 黄松清. 基于矢量变换的甲流传动系统稳定性函数寻找方法[J]. 电工技术学报，2002，17（2）：17-23.

[34] 黄松清，汪洋. 特殊流行上三相交流异步电机的传动系统[J]. 安徽工业大学学报，2008.

[35] 黄松清，胡寅峰. 多电机同步传动系统的解耦控制[J]. 安徽工业大学学报：自然科学版，2011, 28（1）.

[36] 黄松清，胡寅峰. 基于预处理控制策略的双机同步传动系统[J]. 安徽工业大学学报：自然科学版，2010, 27（49）：379 -384.

[37] 黄松清，刘续良. 数字式直接转矩系统中的转矩脉动及对策[J]. 电子元器件应用，2010（12）：82-84.

[38] 孙长东，黄松清. 一种改进的 7 电平逆变器对比仿真研究[J]. 电气技术，2010（1）：41-44.

[39] 黄松清，余坚毅. ILAN 中基于网络流量模型的网络控制方法研究[J]. 控制工程，2012（5）.

[40] 黄松清，夏励. 基于电力电子开关技术实现的新型用户端混合无功补偿技术[J]. 自动化与仪器仪表，2012（1）：114-118.

[41] 刘国海，戴先中. 感应电动机调速系统的解耦控制[J]. 电工技术学报，2001（10）.

[42] 戴先中. 多变量非线性系统的神经网络逆控制方法[M]. 北京：科学出版社，2005.

[43] 张春朋等. 基于反馈线性化的异步电机非线性控制[J]. 中国电机工程学报，2003（2）.

[44] 黄松清. 电压型变频器、三相交流异步电机传动系统的稳定性[J]. 控制理论与应用，2005, 22（2）.

[45] 程明. 微特电机及系统[M]. 北京：中国电力出版社，2004.

[46] 郭庆鼎，王成元. 交流伺服系统[M]. 北京：机械工业出版社，1994.

[47] 寇宝泉，程树康. 交流伺服电机及其控制[M]. 北京：机械工业出版社，2008.